U0315216

看图学制度

图说变电运检通用制度

变电验收

本书编委会　编

内 容 提 要

为了确保国家电网公司变电运检五项通用制度有效落地，国网河北省电力公司积极探索新方法和新思路，创新提出用一种图解方式将五项通用制度及细则的相关要求进行细化分解，以图片代替文字，以问答代替条款，将五项通用制度及细则进行梳理解读，方便员工学习执行，保证各项生产工作的顺利完成。《看图学制度——图说变电运检通用制度》系列丛书共五册，分别为变电验收、变电运维、变电检测、变电评价、变电检修。本册为变电验收。

本书可供国家电网公司系统从事变电管理、检修、运维、试验等工作的专业人员使用。

图书在版编目（CIP）数据

看图学制度：图说变电运检通用制度 /《看图学制度：图说变电运检通用制度》编委会编 . — 北京：中国电力出版社，2017.6

ISBN 978-7-5198-0843-3

Ⅰ. ①看…　Ⅱ. ①看…　Ⅲ. ①变电所－电力系统运行－检修－图解　Ⅳ. ①TM63-64

中国版本图书馆CIP数据核字（2017）第122754号

出版发行：中国电力出版社
地　　址：北京市东城区北京站西街 19 号（邮政编码 100005）
网　　址：http://www.cepp.com.cn
责任编辑：孙世通（010-63412326）
责任校对：太兴华　马　宁　王小鹏　常燕昆　王开云
装帧设计：锋尚设计
责任印制：单　玲

印　刷：北京瑞禾彩色印刷有限公司
版　次：2017 年 6 月第一版
印　次：2017 年 6 月北京第一次印刷
开　本：880 毫米 ×1230 毫米　32 开本
印　张：30.375
字　数：810 千字
定　价：288.00 元（共五册）

版权专有　侵权必究

本书如有印装质量问题，我社发行部负责退换

本书编委会

主　任　苑立国

副主任　周爱国　张明文

委　员　赵立刚　沈海泓　王向东　刘海生

主　编　梁　爽

副主编　甄　利　郭亚成　贾志辉

编　写　田　萌　龚乐乐　王文臣　冯学宽　李　盼　刘小旭
陈芳宇　佟智勇　甄旭锋　陈　炎　张志刚　崔　猛
庞先海　路艳巧　卢国华　张志超　詹　栗　沈　辰
王　涛　张凤龙　周开峰

前 言
PREFACE

为进一步提高国家电网公司变电运检专业管理水平，实现全公司、全过程、全方位管理标准化，国家电网公司运维检修部历时两年，组织百余位系统内专业人员编制了变电验收、运维、检测、评价、检修等五项通用制度及细则，全面总结提炼了公司系统各单位好的经验和做法，准确涵盖了公司总部、省、地（市）、县各级已有的各项规定，具有通用性和标准化特点，对指导各项变电运检工作规范开展意义重大。为了确保变电运检五项通用制度有效落地，国网河北省电力公司积极探索新方法和新思路，创新提出用一种图解方式将五项通用制度及细则的相关要求进行细化分解，以图片代替文字，以问答代替条款，对五项通用制度及细则进行梳理解读，突出重点和关键点。通过手机微信、结集出版两种方式进行学习宣贯，方便员工学习执行，融入管理、生产工作的全过程，保证各项生产工作的顺利完成。《看图学制度——图说变电运检通用制度》系列丛书共五册，分别为变电验收、变电运维、变电检测、变电评价、变电检修。本册为变电验收。

本书编委会

2017 年 6 月

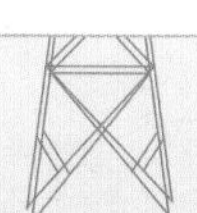

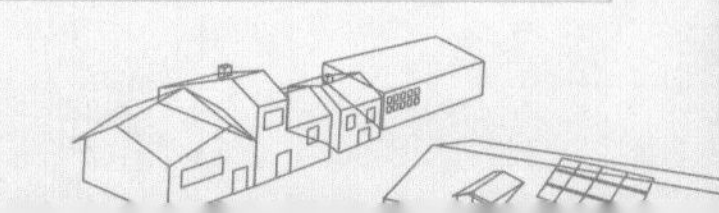

目 录

CONTENTS

第一部分

图说国家电网公司变电验收通用管理规定

“五通”的具体内容是什么?

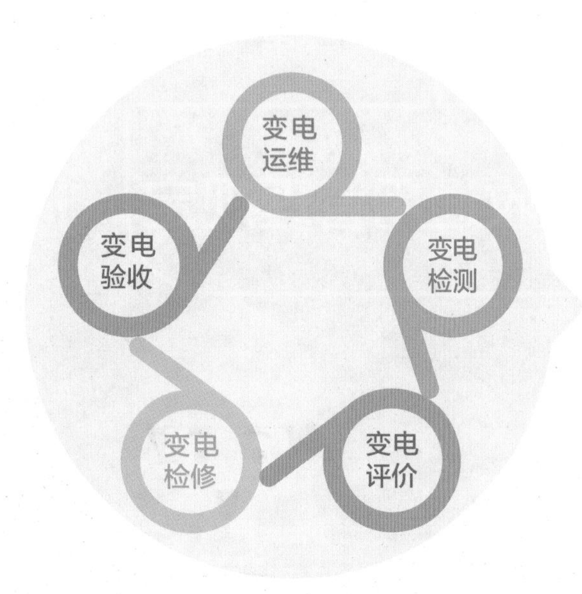

构成变电运检管理的完整体系，以变电验收、运维、检测、评价和检修为主线，验收向前期设计、制造延伸，检修向退役后延伸，覆盖了设备全寿命周期管理的各个环节；涵盖了各项业务和各级专业人员；以“反措”纵向贯通，突出补充了对设备的重点要求。

“五通一措”是国家电网公司通用制度体系下的管理制度，将代替国家电网公司各层级、各单位现有的各项变电运检管理办法、规定和细则，具有强制执行性。

“五通”的特点

1. 体系完整
2. 内容全面
3. 注重细节
4. 面向一线
5. 标准化基础上考虑差异化

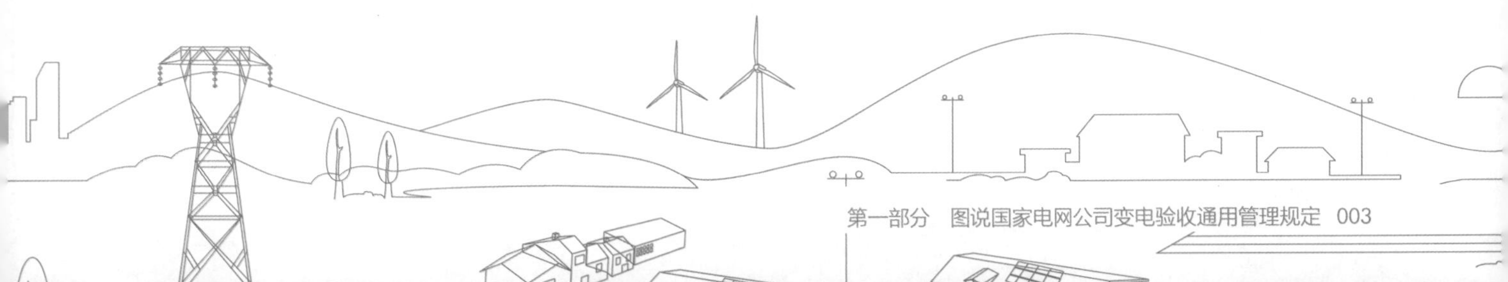

第一章　总则

国家电网公司变电验收通用管理规定有哪些?

总共有8章内容

第二章　职责分工

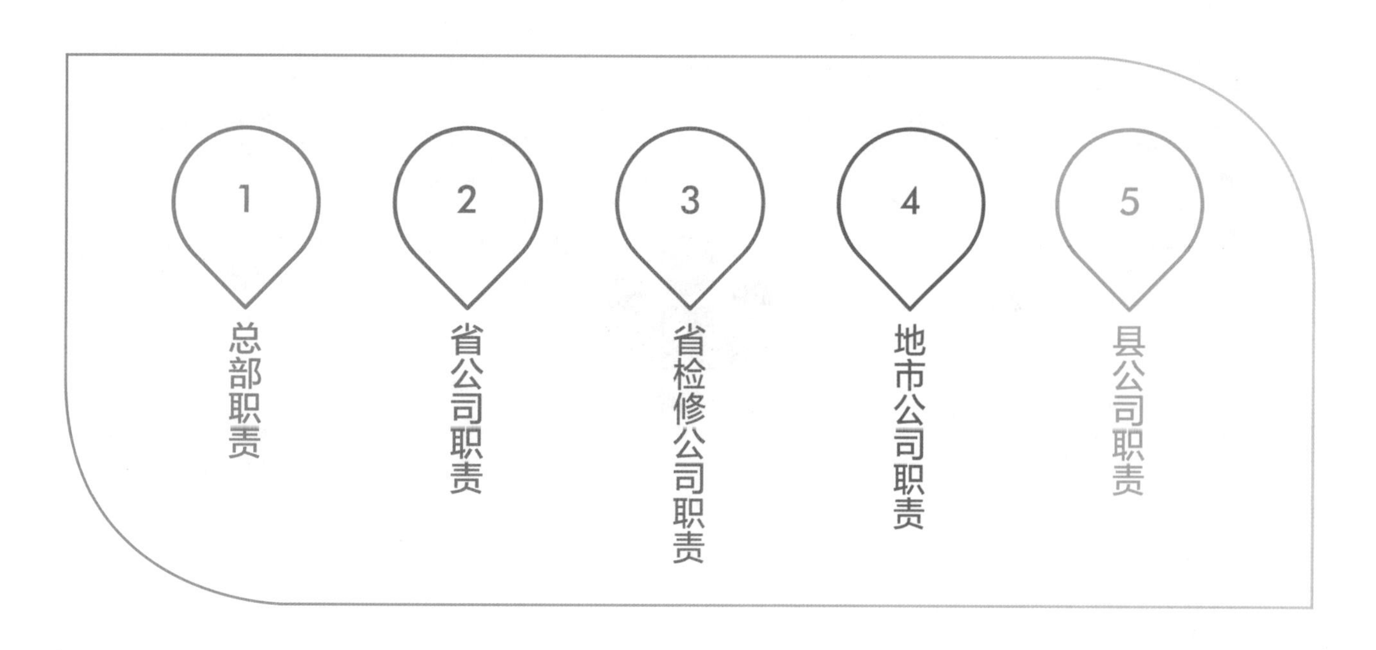

4 地市公司职责

地市公司运维检修部（简称地市公司运检部）履行以下职责：

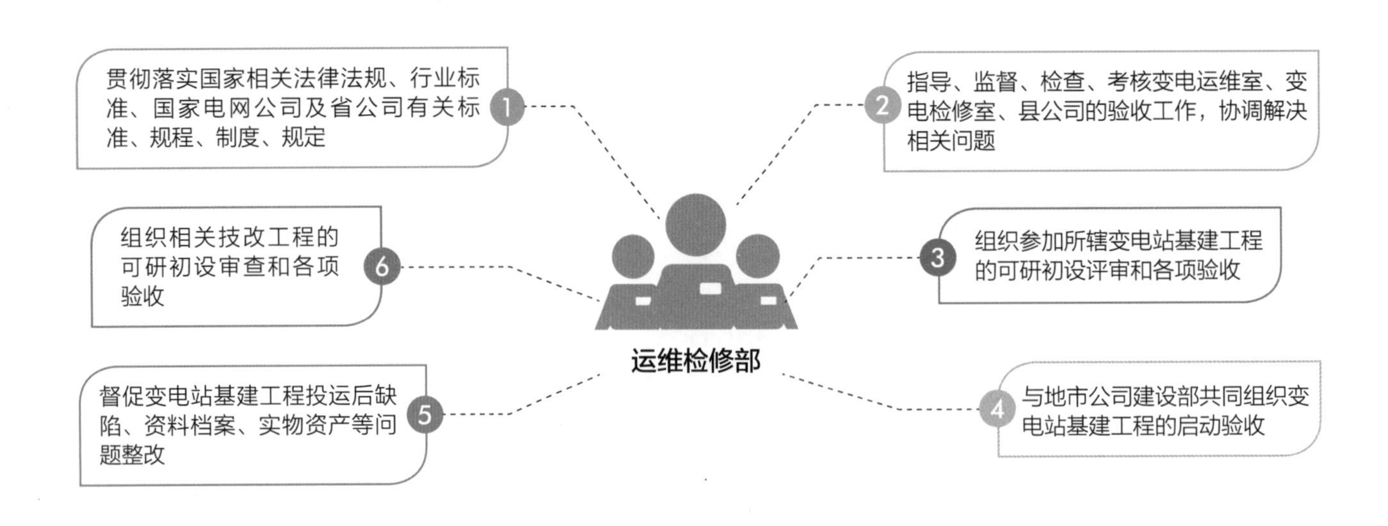

地市公司职责

地市公司变电运维室履行以下职责：

第三章 验收分类

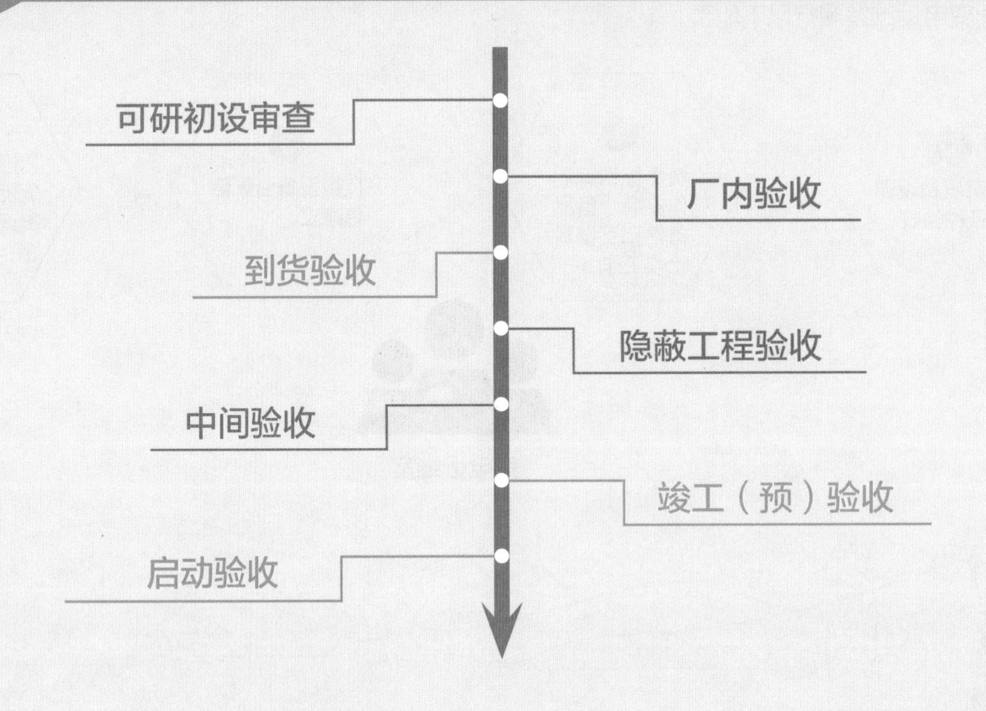

变电站技改工程验收

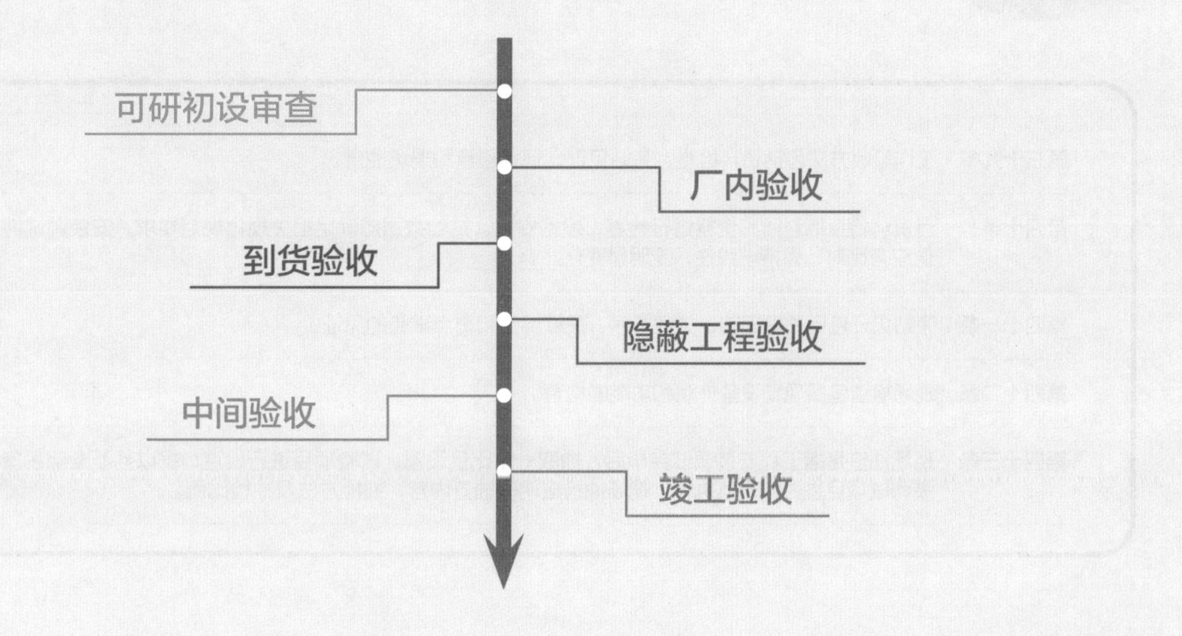

第四章 验收方法

第三十九条 工作验收方法包括资料检查、旁站见证、现场检查和现场抽查。

第四十条 运资料检查指对所有资料进行检查，设备安装、试验数据应满足相关规程规范要求，安装调试前后数值应有比对，保持一致性，无明显变化。

第四十一条 旁站见证包括关键工艺、关键工序、关键部位和重点试验的见证。

第四十二条 现场检查包括现场设备外观和功能的检查。

第四十三条 现场抽查是指工程安装调试完毕后，抽取一定比例设备、试验项目进行检查，据以判断全部设备的安装调试项目是否按规范执行。现场抽检应明确抽查内容、抽检方法及抽检比例。

第五章 变电站基建工程验收

可研初设审查

可研初设审查是指在可研初设阶段从设备安全运行、运检便利性方面对工程可研报告、初设文件、技术规范书等开展的审查。

厂内验收

厂内验收是指对设备厂内制造的关键点进行见证和出厂验收。

到货验收

到货验收是指设备运送到现场后进行的验收。

隐蔽工程验收

隐蔽工程验收是指对施工过程中本工序会被下一工序所覆盖，在随后的验收中不易查看其质量时开展的验收。

中间验收

中间验收是指在设备安装调试工程中对关键工艺、关键工序、关键部位和重点试验等开展的验收。

竣工（预）验收

竣工（预）验收是指施工单位完成三级自验收及监理初检后，对设备进行的全面验收。

启动验收

启动验收是指在完成竣工（预）验收并确认缺陷全部消除后，设备正式投入运行前的验收。

第六章 变电站技改工程验收

可研初设审查	厂内验收	到货验收	隐蔽工程验收	中间验收	竣工验收
可研初设审查是指在可研初设阶段从设备安全运行、运检便利性方面对工程可研报告、初设文件、技术规范书等开展的审查。	厂内验收是指对设备厂内制造的关键点进行见证和出厂验收。	到货验收是指设备运送到现场后进行的验收。	隐蔽工程验收是指对施工过程中本工序会被下一工序所覆盖，在随后的验收中不易查看其质量时开展的验收。	中间验收是指在设备安装调试工程中对关键工艺、关键工序、关键部位和重点试验等开展的验收。	竣工验收是指施工单位完成三级自验收及监理初检后，对设备进行的全面验收。

第七章 人员培训

培训目标

（1）专业管理人员熟悉变电验收流程、标准，掌握本规定各项管理要求。
（2）验收人员熟悉变电设备结构原理和技术特点，熟练掌握变电验收项目、验收标准和验收方法，具备设备验收相关能力。

培训内容

（1）变电验收管理要求。
（2）变电验收项目、验收标准、验收方法。
（3）变电验收卡及各项记录、报告的规范使用。
（4）变电设备结构原理和技术特点。

培训要求

（1）专业管理人员、验收人员每年至少参加一次变电验收通用管理规定和细则培训。
（2）验收人员每年至少参加一次变电设备技术技能培训。

第八章 检查与考核

地市公司运检部对所辖变电验收工作进行检查与考核

地市公司运检部每年对验收的二类变电站全部进行检查考核，对验收的三、四类变电站抽查考核的数量不少于 1/3

1. 变电验收工作管理
2. 变电验收过程规范性
3. 变电验收问题的及时反馈和跟踪闭环

各地市公司、省检修公司、省评价中心应将奖惩相关规定制度，报省公司运检部备案

第二部分

变电设备验收细则

第1分册

油浸式变压器（电抗器）验收细则

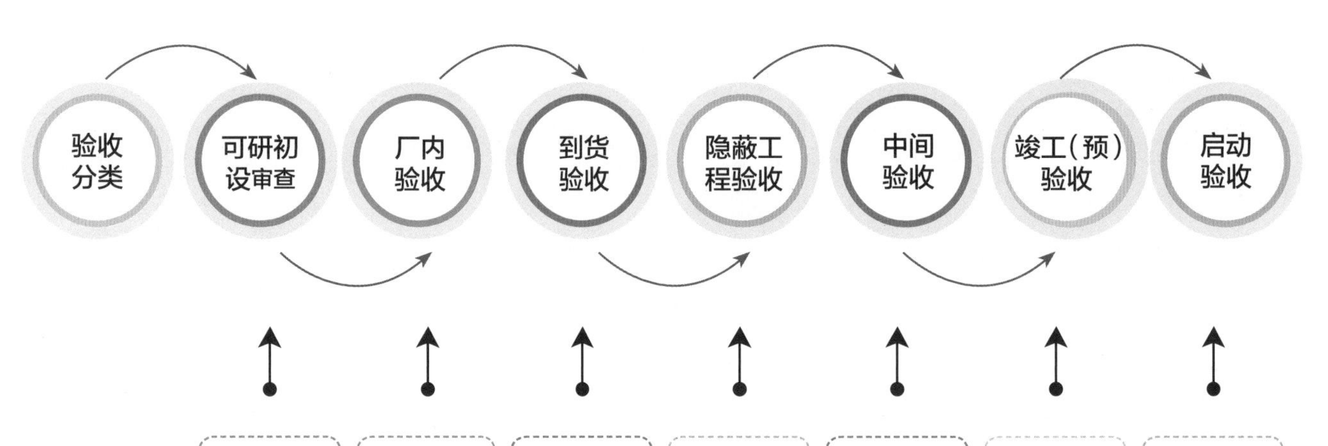

Q 变压器出厂验收的参加人员有哪些？

A

① 变压器出厂验收由所属管辖单位运检部选派相关专业技术人员参与。

② 1000（750）kV变压器验收人员应为技术专责，或具备班组工作负责人及以上资格，或在本专业工作满10年以上的人员。

③ 500（330）kV及以下变压器验收人员应为技术专责，或具备班组工作负责人及以上资格，或在本专业工作满5年以上的人员。

Q 变压器隐蔽工程验收有哪些要求？

A

① 项目管理单位应在变压器到货前一周将安装方案、工作计划提交设备运检单位，由设备运检单位审核，并安排相关专业人员进行隐蔽工程验收。

② 1000kV变压器隐蔽工程验收应全过程参与。

③ 750kV及以下变压器隐蔽工程验收在运检部门认为有必要时参与。

④ 变压器隐蔽工程验收项目主要对器身进行检查。

⑤ 变压器隐蔽工程验收工作按照本细则附录A9（变压器隐蔽工程验收标准卡）要求执行。

第2分册
断路器验收细则

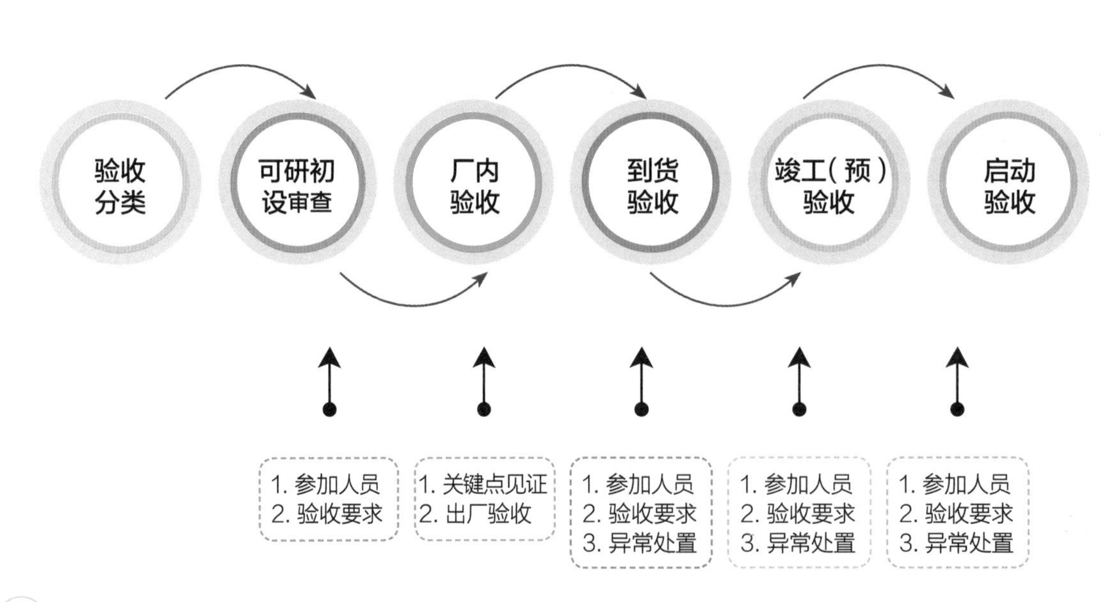

Q 断路器可研初设审查的验收要求是什么？

A

1. 断路器可研初设审查验收需由断路器专业技术人员提前对可研报告、初设资料等文件进行审查，并提出相关意见。

2. 可研初设审查阶段主要对断路器选型涉及的技术参数、结构形式、安装处地理条件进行审查、验收。

3. 审查时应审核断路器选型是否满足电网运行、设备运维、反措等各项要求。

4. 审查时应按照本细则附录 A1（断路器设备可研初设审查验收标准卡）要求执行。

5. 应做好评审记录（见国家电网公司变电验收通用管理规定附录 A1），报送运检部门。

Q 断路器厂内验收的参加人员有哪些?

A

1 断路器关键点见证由所属管辖单位运检部选派相关专业技术人员参与。

2 750kV高压断路器验收人员应为技术专责，或具备班组工作负责人及以上资格，或在本专业工作满10年以上的人员。

3 500（330）kV及以下断路器验收人员应为技术专责，或具备班组工作负责人及以上资格，或在本专业工作满3年以上的人员。

Q 断路器到货验收有哪些要求?

A

① 运检部门认为有必要时参加验收。

② 到货验收应进行货物清点、运输情况检查、包装及外观检查。

③ 到货验收工作按照本细则附录A4（断路器设备到货验收标准卡 ）要求执行。

Q 断路器竣工（预）验收有哪些要求?

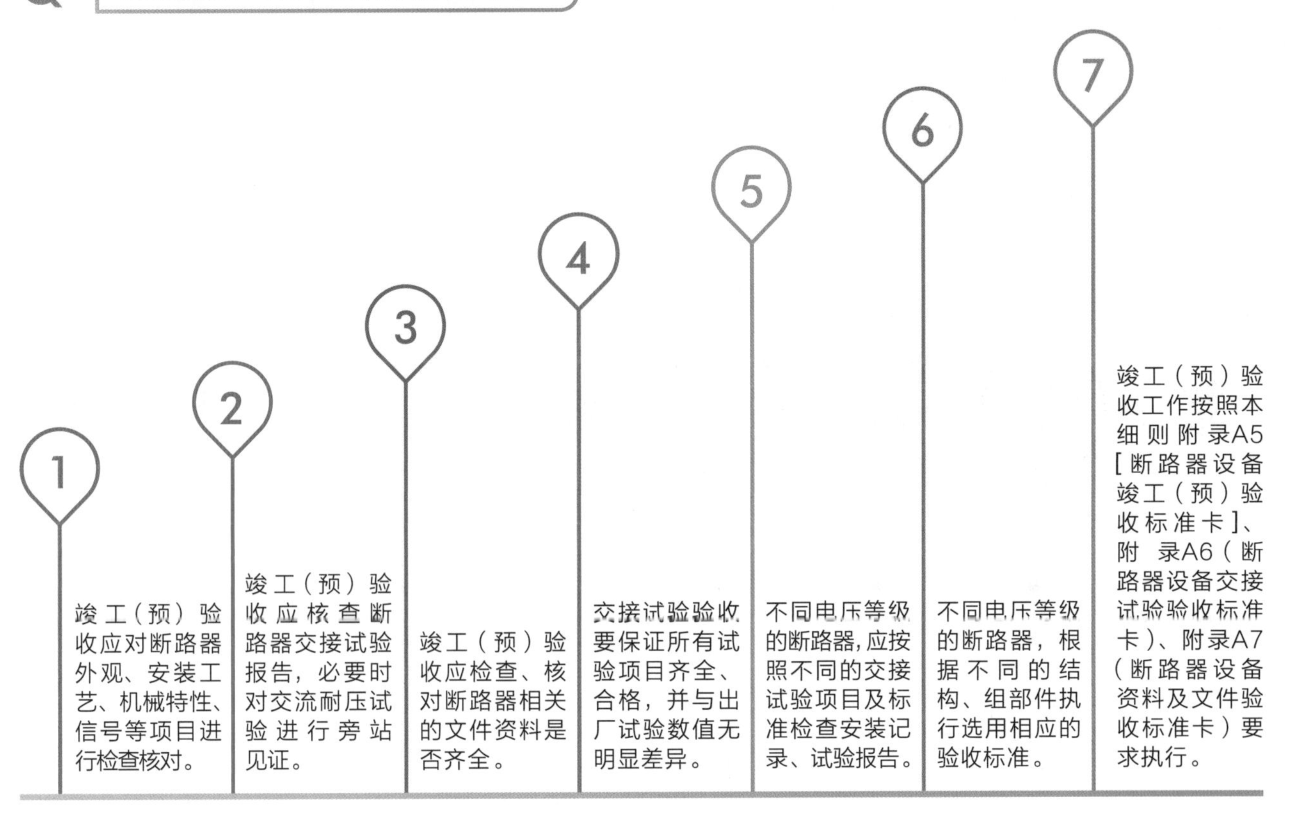

第3分册 组合电器验收细则

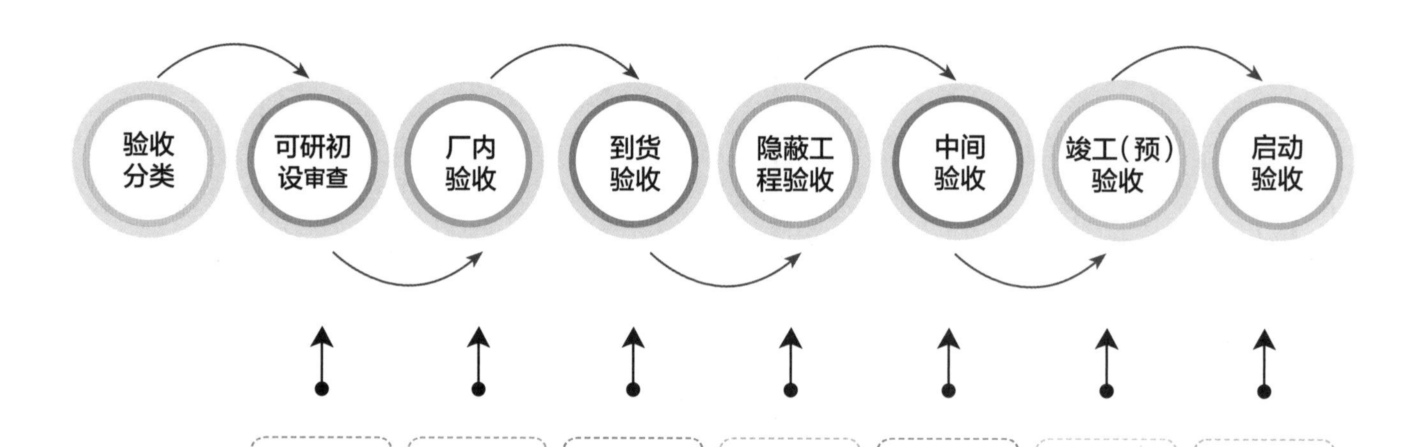

Q　组合电器厂内验收的验收要求是什么?

A

① 1000（750）kV特高压组合电器关键点见证应逐台进行，省检修分公司运维分部应委派1～2人参与全部关键点见证。

② 500（330）kV及以上组合电器应逐相进行关键点的一项或多项验收。

③ 对首次入网或者有必要的220kV及以下组合电器应进行关键点的一项或多项验收。

④ 关键点见证采用查阅制造厂家记录、监造记录和现场查看方式。

⑤ 物资部门应督促制造厂家在制造组合电器前20天提交制造计划和关键节点时间，有变化时，物资部门应提前5个工作日告知运检部门。

⑥ 关键点见证包括设备选材、气体密封性、绝缘件、导体、器身装配、总装配等。

⑦ 关键点见证时应按照本细则附录A2（组合电器关键点见证标准卡）要求执行。

Q 组合电器竣工验收有哪些要求?

1

竣工（预）验收应核查组合电器交接试验报告，必要时对交流耐压试验、局放试验进行旁站见证。

2

竣工（预）验收应检查、核对组合电器相关的文件资料是否齐全。

3

交接试验验收要保证所有试验项目齐全、合格，并与出厂试验数值无明显差异。

4

不同电压等级的组合电器，应按照不同的交接试验项目及标准检查其安装记录、试验报告。

5

不同电压等级的组合电器，应根据不同的结构、组部件执行相应的验收标准。

6

竣工（预）验收工作按照本细则附录A8（组合电器中间验收标准卡）、附录A9（组合电器交接试验验收标准卡）、附录A10（组合电器资料及文件验收标准卡）要求执行。

第4分册

隔离开关验收细则

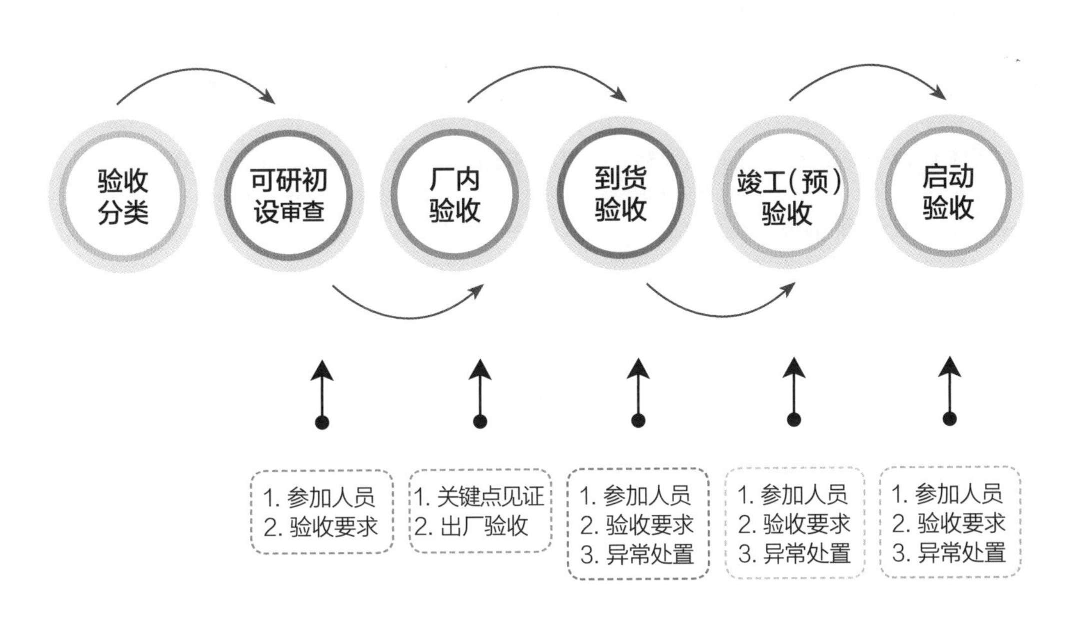

Q 隔离开关出厂验收有哪些要求?

① 必要时可对隔离开关出厂试验等关键项目进行旁站见证验收，其他项目可查阅制造厂记录或监造记录。

② 出厂验收内容包括隔离开关外观、隔离开关制造工艺、出厂试验过程和结果。

③ 物资部门应提前15日，将出厂试验方案和计划提交运检部门。

④ 运检部门审核出厂试验方案，检查试验项目及试验顺序是否符合相应的试验标准和合同要求。

⑤ 设备投标技术规范书保证值高于本细则验收标准要求的，按照技术规范书保证值执行。

⑥ 对关键点见证中发现的问题进行复验。

⑦ 试验应在相关的组部件组装完毕后进行。

⑧ 出厂验收时应按照本细则附录A3（隔离开关出厂验收标准卡）要求执行。

Q 隔离开关的竣工（预）验收有哪些异常处置方法？

验收发现质量问题时，验收人员应及时告知项目管理单位、施工单位，提出整改意见，填入“竣工（预）验收及整改记录”（见国家电网公司变电验收通用管理规定附录A7），报送运检部门。

竣工（预）验收及整改记录

序号	设备类型	安装位置 / 运行编号	问题描述（可附图或照片）	整改建议	发现人	发现时间	整改情况	复验结论	复验人	备注（属于重大问题的，注明联系单编号）

第5分册
开关柜验收细则

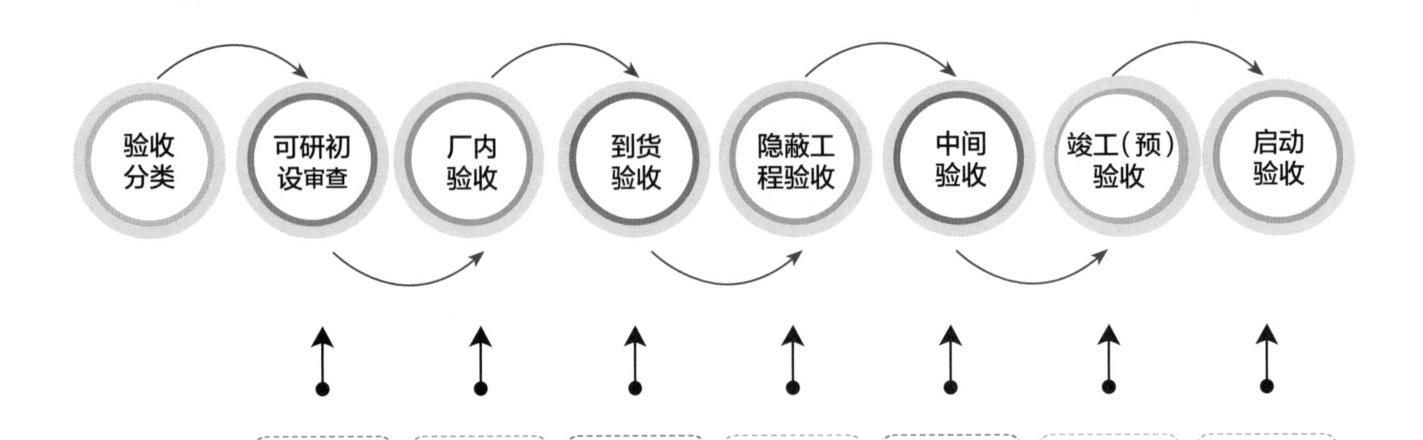

Q 开关柜厂内验收的验收要求是什么？

1. 对首次入网或者在必要时对高压开关柜应进行关键点的一项或多项验收。

2. 关键点见证采用查询制造厂家记录、监造记录和现场查看方式。

3. 物资部门应督促制造厂家在制造高压开关柜前20天提交制造计划和关键节点时间，有变化时，物资部门应提前5个工作日告知运检部门。

4. 关键点见证包括设备选材、投切电容器组用断路器老练试验、开关柜绝缘件局部放电试验、开关柜总装配验收等。

5. 关键点见证时应按照本细则附录A2（开关柜关键点见证标准卡）要求执行。

Q 开关柜出厂验收的异常处置方法是什么？

A 验收发现质量问题时，验收人员应及时告知物资部门、制造厂家，提出整改意见，填入“出厂验收记录”（见国家电网公司变电验收通用管理规定附录A3），报送运检部门。

Q 开关柜隐蔽工程验收的验收要求是什么？

1. 项目管理单位应在高压开关柜到货前一周将安装方案、工作计划提交设备运检单位，由设备运检单位审核，并安排相关专业人员进行阶段性验收。

2. 高压开关柜安装方案由所属管辖单位运检部、变电运维室、变电检修室专责进行审查。

3. 高压开关柜安装应具备安装使用说明书、出厂试验报告及合格证件等资料，并制定施工安全技术措施。

4. 高压开关柜隐蔽工程验收包括开关柜绝缘件安装、并柜、开关柜主母线连接等验收项目。

5. 高压开关柜主母线连接验收工作按照本细则附录A6（开关柜隐蔽工程验收标准卡）要求执行。

Q

开关柜启动验收的验收要求是什么?

A

❶ 验收工作组在高压开关柜启动验收前应提交竣工（预）验收报告。

❷ 高压开关柜启动验收内容包括投运后高压开关柜外观检查、仪器仪表指示、有无异常响动等。

❸ 启动投运验收时应按照本细则附录A10（开关柜启动投运验收标准卡）要求执行。

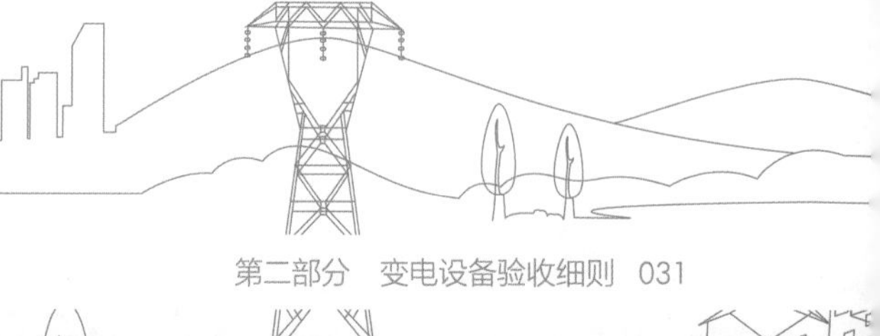

第6分册 电流互感器验收细则

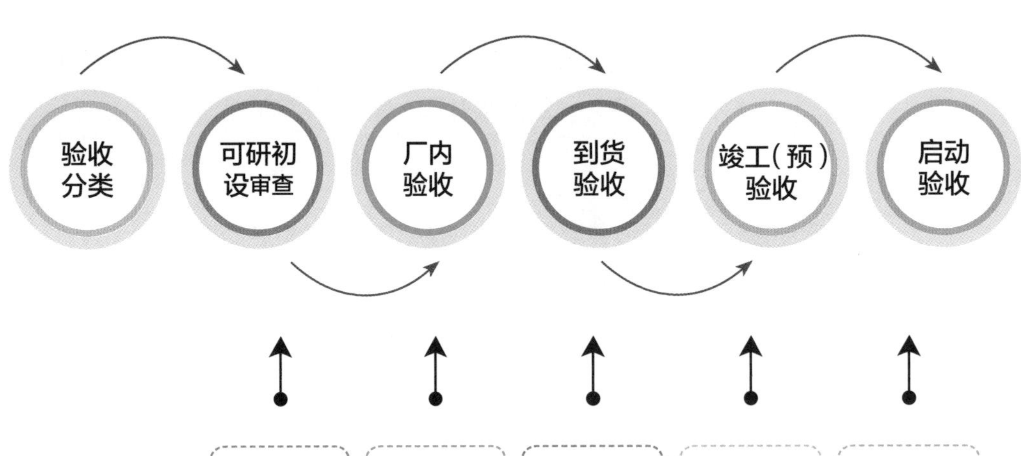

Q 电流互感器出厂验收的参加人员有哪些?

A

① 电流互感器出厂验收由所属管辖单位运检部选派相关专业技术人员参与。

② 1000（750）kV电流互感器验收人员应为技术专责，或具备班组工作负责人及以上资格，或在本专业工作满10年以上的人员。

③ 500（330）kV及以下电流互感器验收人员应为技术专责，或具备班组工作负责人及以上资格，或在本专业工作满3年以上的人员。

Q 电流互感器竣工（预）验收的参加人员有哪些?

A

①电流互感器竣工（预）验收由所属管辖单位运检部选派相关专业技术人员参与。
②电流互感器验收负责人员应为技术专责或具备班组工作负责人及以上资格。

Q 电流互感器竣工（预）验收的异常处置方法有哪些?

A

验收发现质量问题时，验收人员应及时告知项目管理部门、施工单位，提出整改意见，填入“竣工（预）验收及整改记录”（见国家电网公司变电验收通用管理规定附录A7），报送运检部门。

第7分册
电压互感器验收细则

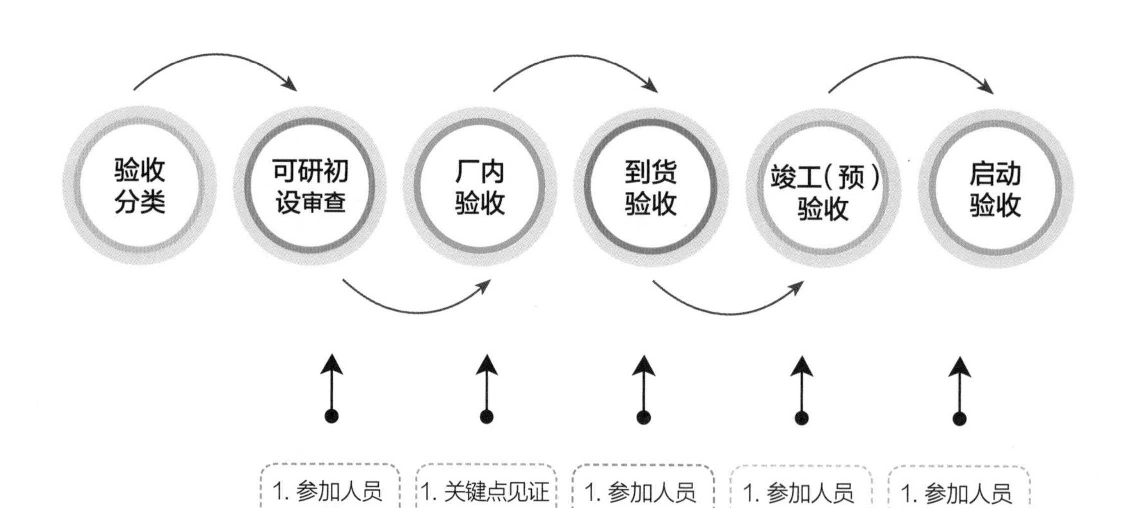

① 出厂验收内容包括电压互感器外观、出厂试验过程和结果。

② 1000（750）kV电压互感器出厂验收应对所有项目进行旁站见证验收。

③ 对首次入网的500（330）kV及以下电压互感器设备或者在运检部门认为必要时应进行出厂验收。500（330）kV及以下互感器出厂验收宜对密封性能试验、局部放电测量、铁磁谐振试验等关键项目进行现场见证验收，其他项目可查阅制造厂记录或监造记录。同时，可对相关出厂试验项目进行现场抽检。

④ 物资部门应提前15日，将出厂试验方案和计划提交运检部门。

⑤ 验收人员应审核出厂试验方案、试验项目、试验顺序是否符合相应的试验标准和合同要求。

⑥ 设备投标技术规范书保证值高于本细则验收标准卡要求的，按照技术规范书保证值执行。

⑦ 对关键点见证中发现的问题进行复验。

⑧ 出厂验收时应按照本细则附录A3（电压互感器出厂验收标准卡）中内容进行。

Q 电压互感器竣工验收时发现质量问题如何处理?

A

验收发现质量问题时，验收人员应及时告知项目管理部门、施工单位，提出整改意见，并填入“竣工（预）验收及整改记录”（见国家电网公司变电验收通用管理规定附录A7），报送运检部门。

第8分册
避雷器验收细则

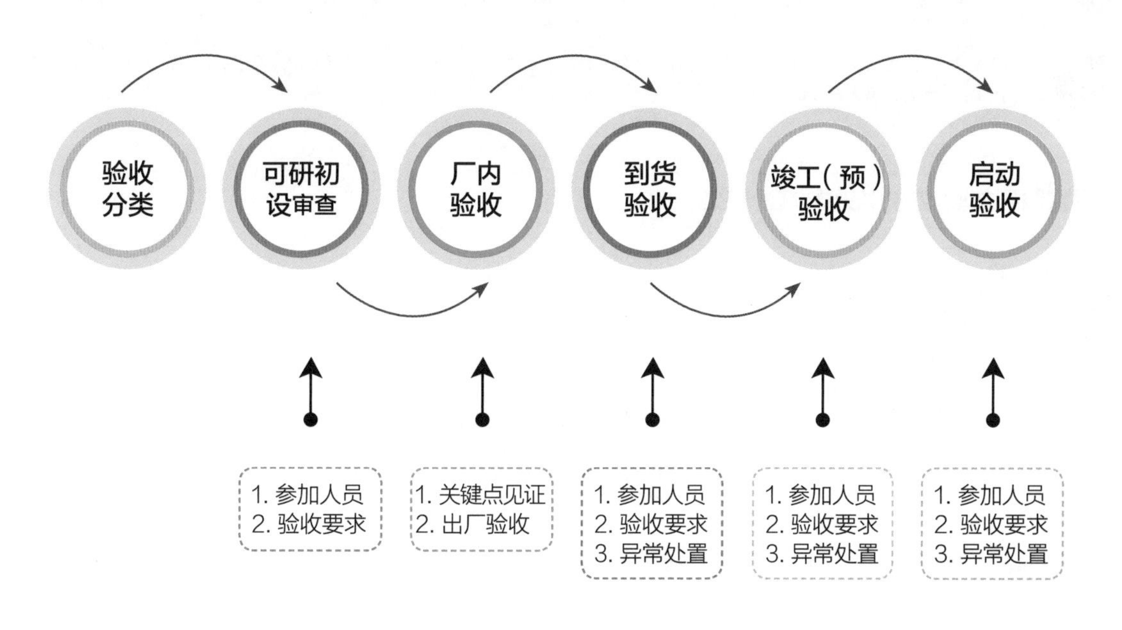

Q 避雷器厂内验收的参加人员有哪些?

A

1 避雷器关键点见证由所属管辖单位运检部选派相关专业技术人员参与。

2 1000（750）kV避雷器验收负责人应为技术专责、具备班组工作负责人及以上资格，或在本专业工作满10年以上的人员。

3 500（330）kV及以下避雷器验收负责人应为技术专责、具备班组工作负责人及以上资格，或在本专业工作满3年以上的人员。

Q 避雷器到货验收的验收要求是什么?

A

1 到货验收在运检部门认为有必要时派人参与。

2 到货验收应进行货物清点、包装及外观检查，应检查、核对避雷器相关的文件资料是否齐全。

3 到货验收工作按照本细则附录A4（避雷器到货验收标准卡）要求执行。

Q 避雷器竣工（预）验收的验收要求是什么？

1. 应对避雷器外观、安装工艺进行检查核对。

2. 应核查避雷器交接试验报告，要保证所有试验项目齐全、合格，并与出厂试验数值无明显差异。

3. 应检查、核对避雷器相关的文件资料是否齐全，是否符合验收规范、技术规范等要求。

4. 验收工作按照本细则附录A5 [避雷器竣工（预）验收标准卡]、附录A6（避雷器交接试验验收标准卡）、附录A7（避雷器资料及文件验收标准卡）要求执行。

Q 避雷器启动验收的验收要求是什么?

验收组在避雷器启动验收前应提交竣工（预）验收报告。

避雷器启动验收内容包括本体外观、监测装置检查及红外测温。

启动验收时应按照本细则附录A8（避雷器启动验收标准卡）要求执行。

第9分册
并联电容器验收细则

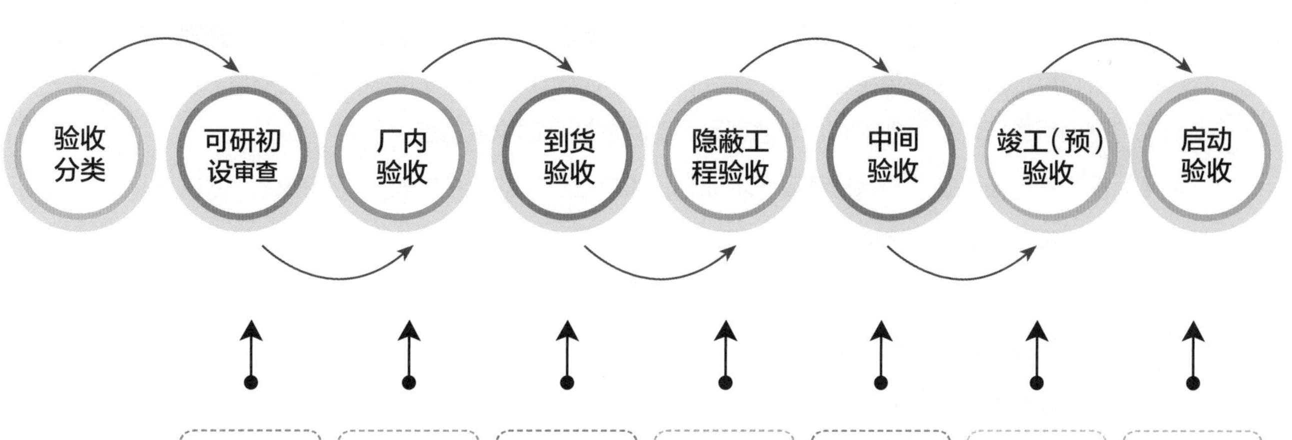

Q 并联电容器出厂验收有哪些要求?

① 运检部门必要时可对首次入网的并联电容器设备抽样进行所有项目的旁站见证验收。

② 出厂验收内容包括并联电容器设备外观、出厂试验的过程和结果。

③ 物资部门应提前15日，将出厂试验方案和计划提交运检部门。

④ 运检部门审核出厂试验方案，检查试验项目及试验顺序是否符合相应的试验标准和合同要求。

⑤ 并联电容器出厂验收应对电容器设备外观，电容器出厂试验中的极间耐压、介损及电容量测量、局部放电测量等关键项目，干式串联电抗器出厂试验中的损耗及阻抗测量、匝间耐压等关键项目进行旁站见证验收，其他项目可查阅制造厂记录或监造记录。

⑥ 设备投标技术规范书保证值高于本细则验收标准要求的，按照技术规范书保证值执行。

⑦ 对关键点验收中发现的问题进行复验。

⑧ 并联电容器出厂试验可只对电容器单元进行，无需组装完成，如有其他规定或必要时，需将电容器单元组装完成进行出厂试验。

⑨ 电容器单元出厂验收时应按照本细则附录A3 [并联电容器组出厂验收（外观）标准卡]、附录A4 [并联电容器组出厂验收（试验）标准卡] 要求执行，串联电抗器出厂验收按照干式电抗器验收要求进行。

第10分册 干式电抗器验收细则

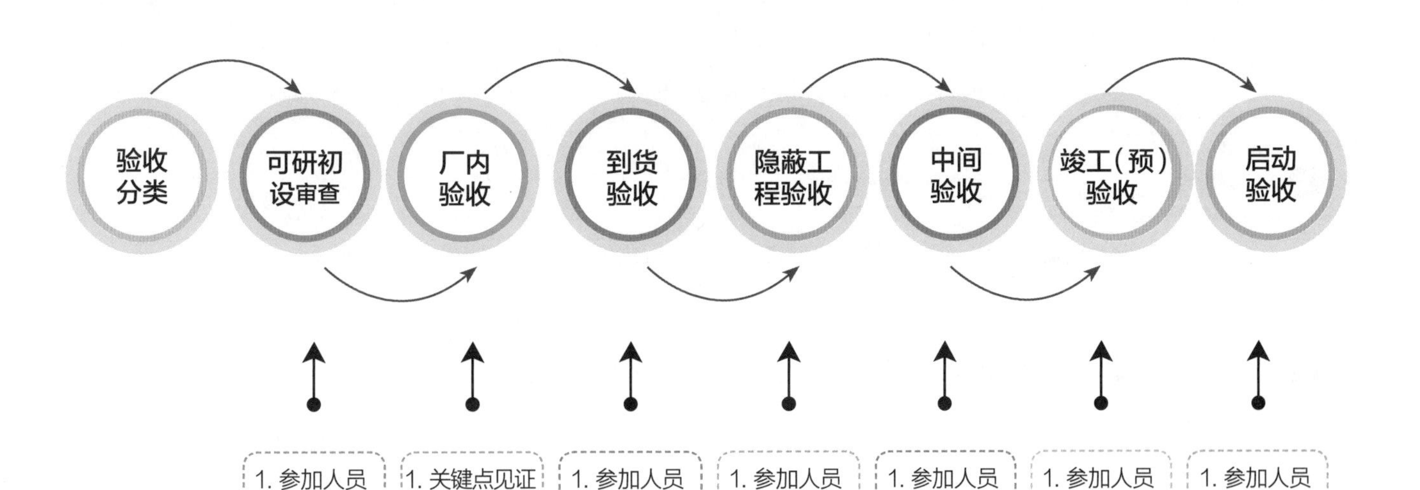

干式电抗器出厂验收有哪些要求?

1. 运检部门必要时可对首次入网的干式电抗器进行一项或多项出厂验收。
2. 出厂验收采用查询制造厂记录、资料检查和现场查看方式。
3. 出厂验收内容包括干式电抗器外观、出厂试验过程和结果。应对干式电抗器外观、出厂试验中的外施耐压试验、感应耐压试验、匝间过电压试验、温升试验及声级测量等关键项目进行旁站见证验收，其他项目可查阅制造厂记录或监造记录。
4. 物资部门应提前15日，将出厂试验方案和计划提交运检部门。
5. 运检部门审核出厂试验方案，检查试验项目及试验顺序是否符合相应的试验标准和合同要求。
6. 设备投标技术规范书保证值高于本细则验收标准要求的，按照技术规范书保证值执行。
7. 对关键点验收中发现的问题进行复验。
8. 试验应在相关的组、部件组装完毕后进行。
9. 出厂验收时应按照本细则附录A3［干式电抗器出厂验收（外观）标准卡］、附录A4［干式电抗器出厂验收（试验）标准卡］要求执行。

Q 干式电抗器竣工（预）验收有哪些要求?

A

1

竣工（预）验收采用资料检查和现场查看方式进行。

2

竣工（预）验收应对干式电抗器外观、技术参数进行检查核对。竣工验收应核查干式电抗器安装记录、交接试验报告及出厂试验报告。

3

竣工（预）验收应检查、核对干式电抗器相关的文件资料是否齐全。

4

交接试验验收要保证所有试验项目齐全、合格，并与出厂试验数值无明显差异。

5

竣工（预）验收工作按照本细则附录A8［干式电抗器竣工（预）验收标准卡］、附录A9（干式电抗器交接试验验收标准卡）、附录A10（干式电抗器资料及文件验收标准卡）要求执行。

第11分册
串联补偿装置验收细则

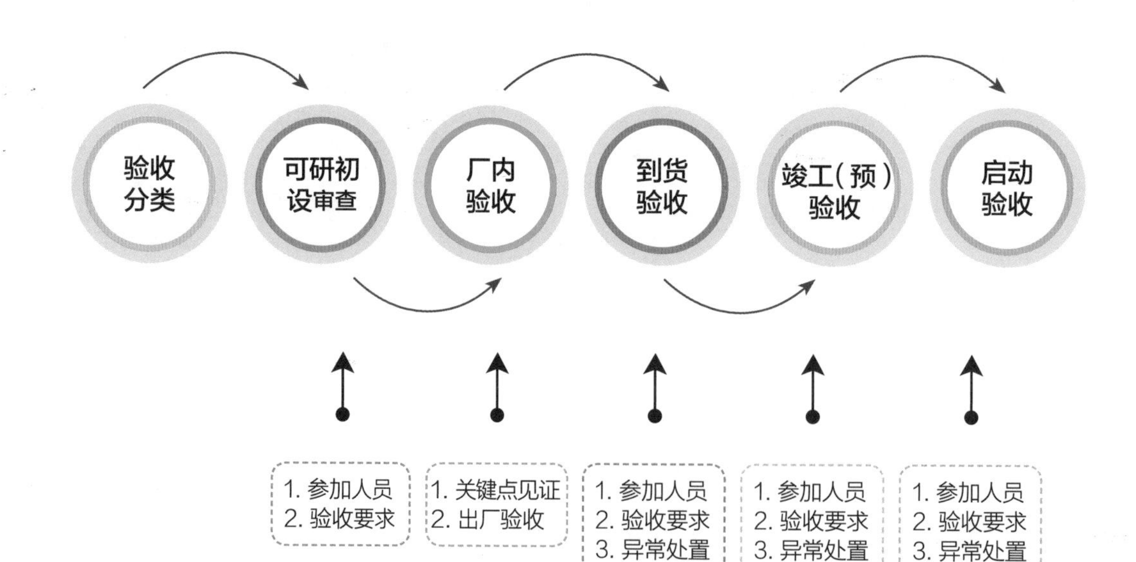

串联补偿装置可研初设审查的验收要求是什么？

1. 串联补偿装置可研初设审查验收需由串联补偿装置专业技术人员提前对可研报告、初设资料等文件进行审查，并提出相关意见。

2. 可研初设审查阶段主要对串联补偿装置设备选型涉及的技术参数、结构形式进行审查、验收。

3. 审查应审核串联补偿装置选型是否满足电网运行、设备运维、反措等各项要求。

4. 审查应按照本细则附录A1（串联补偿装置可研初设审查验收标准卡）要求执行。

5. 应做好评审记录（见本细则附录A1），报送运检部门。

Q 串联补偿装置到货验收的验收要求和异常处置方法有哪些?

A

验收要求:

(1)到货验收应进行货物清点、运输情况检查、包装及外观检查。

(2)到货验收工作按照本细则附录A5(串联补偿装置到货验收标准卡)要求执行。

异常处置方法:

验收发现质量问题时,验收人员应及时告知物资部门、制造厂家,提出整改意见,填入“到货验收记录”(见国家电网公司变电验收通用管理规定附录A4),报送运检部门。

串联补偿装置竣工（预）验收的验收要求是什么?

1. 验收应对串联补偿装置外观、安装工艺进行检查核对。

2. 验收应核查串联补偿装置交接试验报告，要保证所有试验项目齐全、合格，并与出厂试验数值无明显差异。

3. 针对不同电压等级的串联补偿装置，应按照不同的交接试验项目及标准检查安装记录、试验报告。

4. 电压等级不同的串联补偿装置，根据不同的结构、组部件执行选用相应的验收标准。

5. 验收应检查、核对串联补偿装置相关的文件资料是否齐全，是否符合验收规范、技术合同等要求。

6. 竣工验收工作按照本细则附录A6［串联补偿装置竣工（预）验收标准卡］、附录A7（串联补偿装置交接试验验收标准卡）、附录A8（串联补偿装置资料及文件验收标准卡）等要求执行。

Q 串联补偿装置启动验收的验收要求和异常处置方法有哪些?

验收要求1

串联补偿装置启动验收内容包括串联补偿装置外观检查、声音检测、调试试验等。

验收要求2

启动验收时应按照本细则附录A9（串联补偿装置启动验收标准卡）要求执行。

异常处置方法

验收发现质量问题时，验收人员应及时告知项目管理单位、施工单位，要求立即进行整改，未能及时整改的填入“工程遗留问题记录”（见国家电网公司变电验收通用管理规定附录A8），报送运检部门。

第12分册

母线及绝缘子验收细则

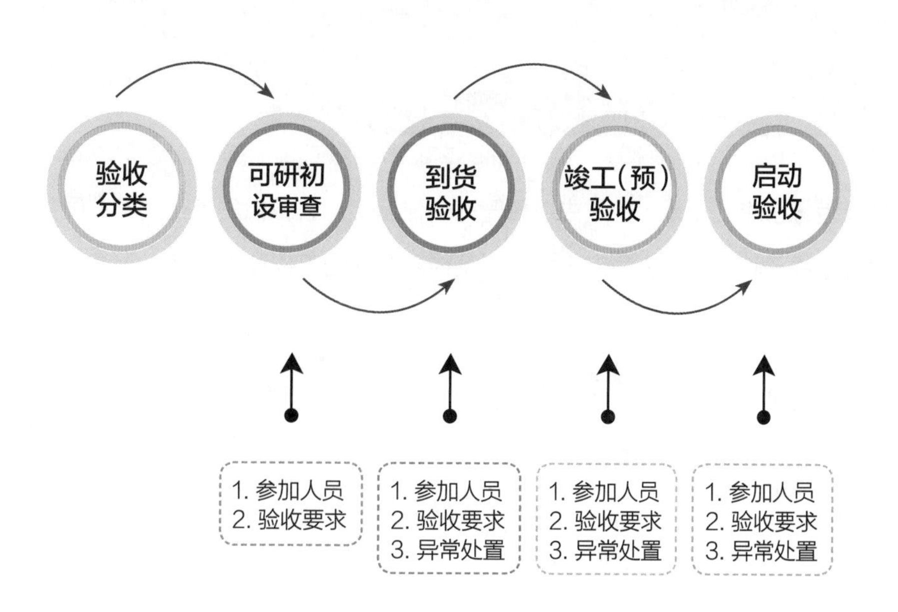

Q 母线及绝缘子到货验收有何要求?

A

① 到货验收在运检部门认为有必要时派人参与。

② 到货验收应进行货物清点及外观检查。

③ 到货验收按照本细则附录A2（母线及绝缘子到货验收标准卡）要求执行。

Q 母线及绝缘子竣工（预）验收的参加人员有哪些?

A

① 母线及绝缘子竣工（预）验收由所属管辖单位运检部选派相关专业技术人员参与。

② 母线及绝缘子验收负责人员应为技术专责或具备班组工作负责人及以上资格。

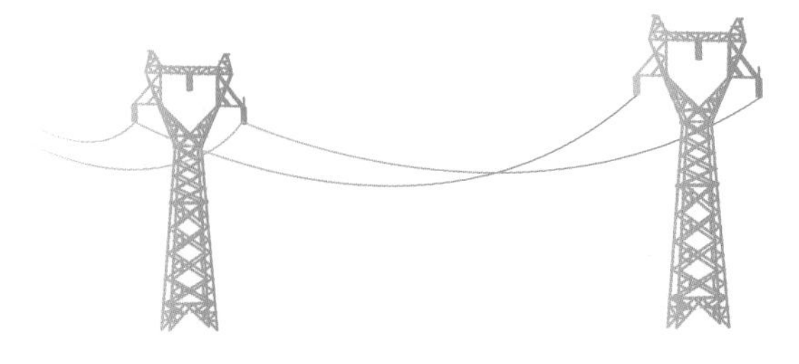

第13分册

穿墙套管验收细则

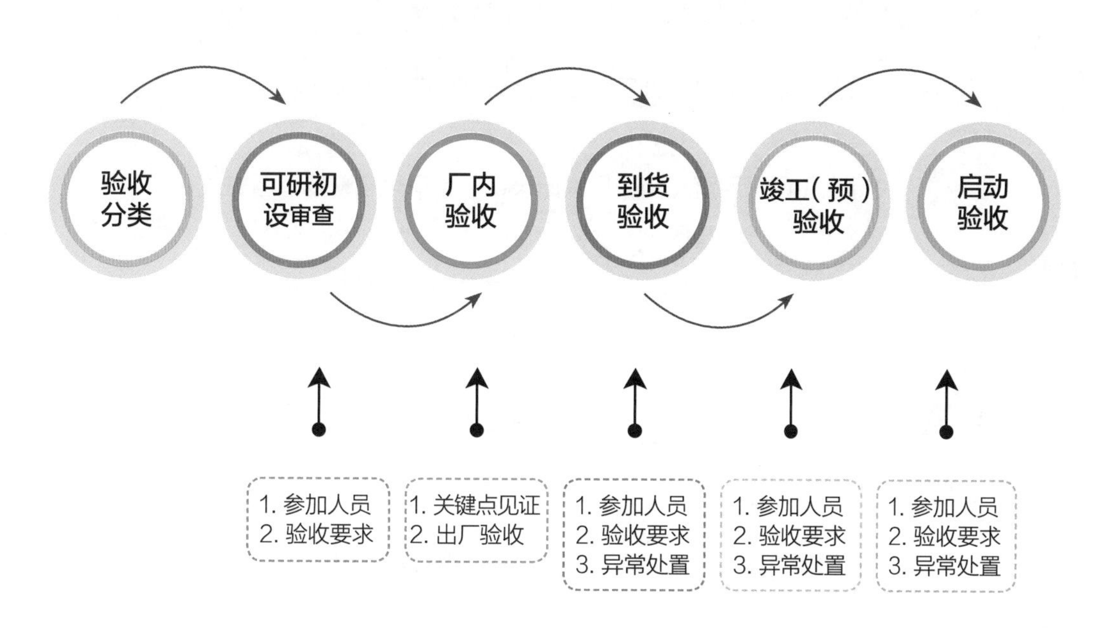

Q 穿墙套管的厂内验收要求有哪些？

运检部门认为有必要时参加关键点验收。

750kV穿墙套管关键点见证应逐台逐项进行。

500（330）kV及以下穿墙套管应逐台进行关键点的一项或多项验收。

关键点见证采用查阅制造厂家记录、监造记录和现场查看方式。

物资部门应督促制造厂家在制造前20天提交制造计划和关键节点时间，有变化时，物资部门应提前5个工作日告知运检部门。

关键点见证包括设备选材、部件工艺、总装配等。

关键点见证时应按照本细则附录A2（穿墙套管关键点见证标准卡）要求执行。

穿墙套管竣工（预）验收的要求有哪些?

1. 竣工（预）验收应对外观、安装工艺等项目进行检查核对。

2. 竣工（预）验收应核查穿墙套管交接试验报告，必要时对交流耐压试验进行旁站见证。

3. 竣工（预）验收应检查、核对穿墙套管相关的文件资料是否齐全。

4. 交接试验验收要保证所有试验项目齐全、合格，并与出厂试验数值无明显差异。

5. 竣工（预）验收工作按照本细则附录A5［穿墙套管竣工（预）验收标准卡］、附录A6（穿墙套管交接试验验收标准卡）、附录A7（穿墙套管资料及文件验收标准卡）要求执行。

第14分册
电力电缆验收细则

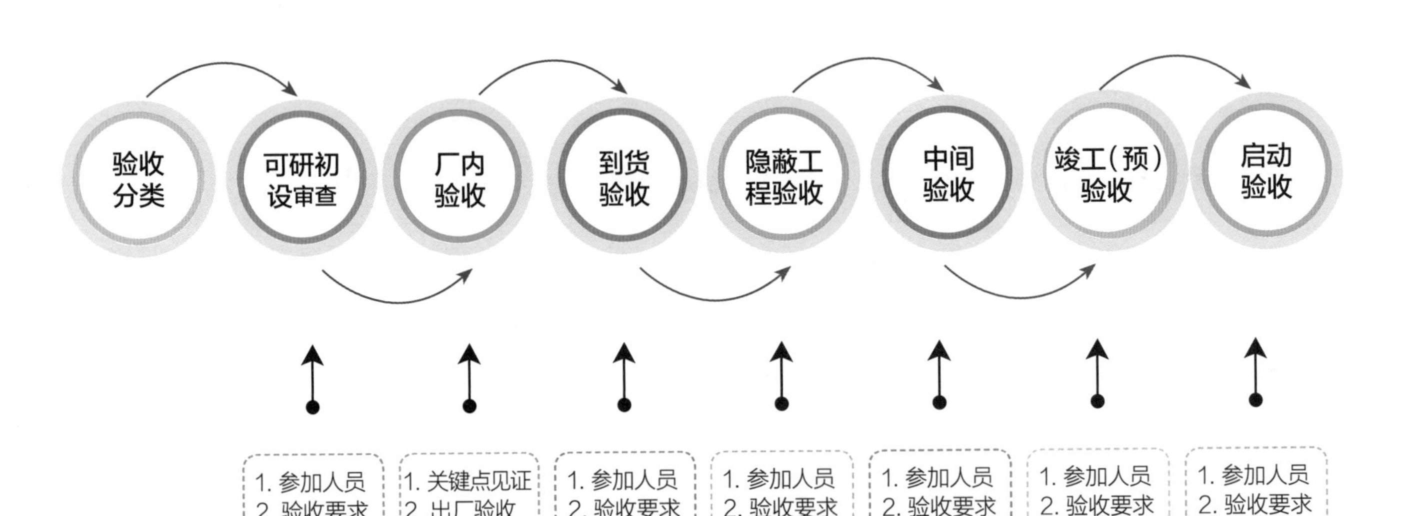

Q 电力电缆到货验收的验收要求是什么？

A

①

电力电缆到货验收在运检部门认为有必要时派人参与。

②

到货验收应进行货物清点、运输情况检查、包装及外观检查。

③

到货验收工作应按照本细则附录A7（电力电缆到货验收标准卡）要求执行。

Q 电力电缆隐蔽工程验收的验收要求是什么？

A

①

项目管理单位应在电力电缆施工前5个工作日，将工作计划提交设备运检单位，由设备运检单位审核，并安排相关专业人员进行隐蔽工程和转序环节的验收。

②

根据运维单位验收反馈意见，项目管理部门应督促相关单位对验收中发现的问题进行整改。

③

隐蔽工程验收工作应按照本细则附录A8（电力电缆隐蔽工程验收标准卡）要求执行。

Q 电力电缆启动验收的验收要求和异常处置方法有哪些?

A

验收要求:

① 竣工(预)验收组在电力电缆投运前应提交竣工(预)验收报告。

② 电力电缆启动投运验收内容主要包括电缆终端外观、接线端子及接地线紧固检查。

③ 启动投运验收时应按照本细则附录A12(电力电缆启动验收标准卡)要求执行。

异常处置方法:

验收发现质量问题时,验收人员应及时告知项目管理单位、施工单位,要求立即进行整改,未能及时整改的填入“工程遗留问题记录”(见国家电网公司变电验收通用管理规定附录A8),报送运检部门。

第15分册
消弧线圈验收细则

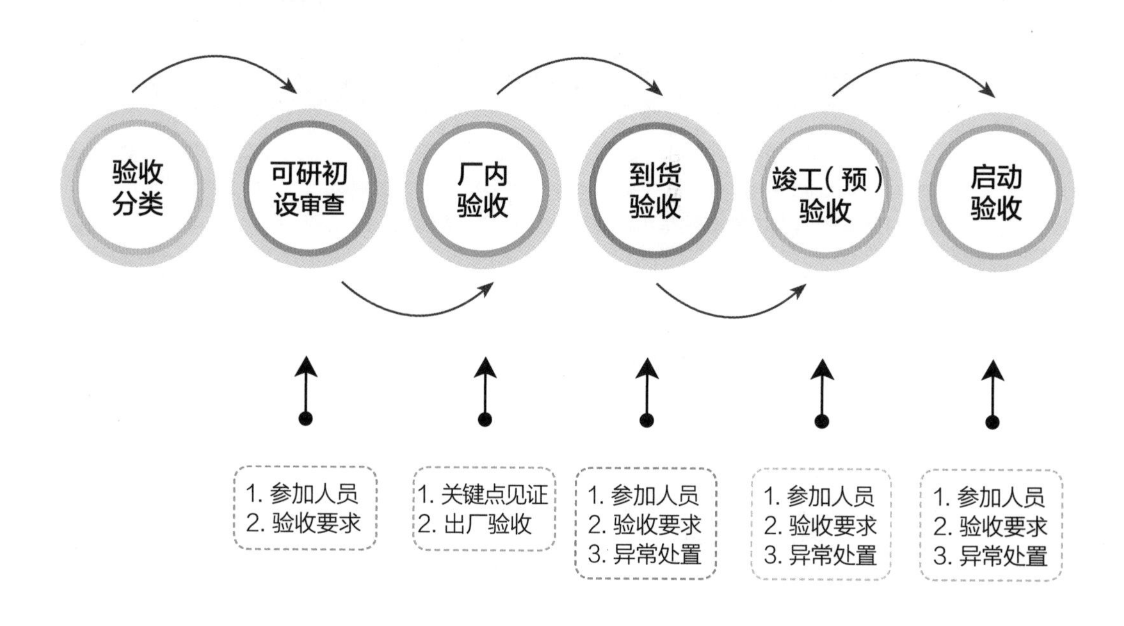

消弧线圈可研初设审查的验收要求是什么?

可研初设审查验收需由专业技术人员提前对可研报告、初设资料等文件进行审查，并提出相关意见。 1

可研初设审查阶段主要对消弧线圈选型涉及的容量、补偿方式、选线方式等进行审查、验收。 2

审查时应审核消弧线圈选型是否满足电网运行、设备运维、反措等各项要求。 3

审查时应按照本细则附录A1（消弧线圈可研初设审查验收标准卡）要求执行。 4

参与可研初设人员应做好评审记录（见国家电网公司变电验收通用管理规定附录A1），报送运检部门。 5

消弧线圈出厂验收的参加人员有哪些?

A

出厂验收由所属管辖单位运检部选派相关专业技术人员参与，验收负责人应为技术专责、具备班组工作负责人及以上资格，或在本专业工作满3年以上的人员。

消弧线圈出厂验收的异常处置方法有哪些?

A

验收发现质量问题时，验收人员应及时告知物资部门、制造厂家，提出整改意见，填入“出厂验收记录”（见国家电网公司变电验收通用管理规定附录A3），并报送运检部门。

第16分册
高频阻波器验收细则

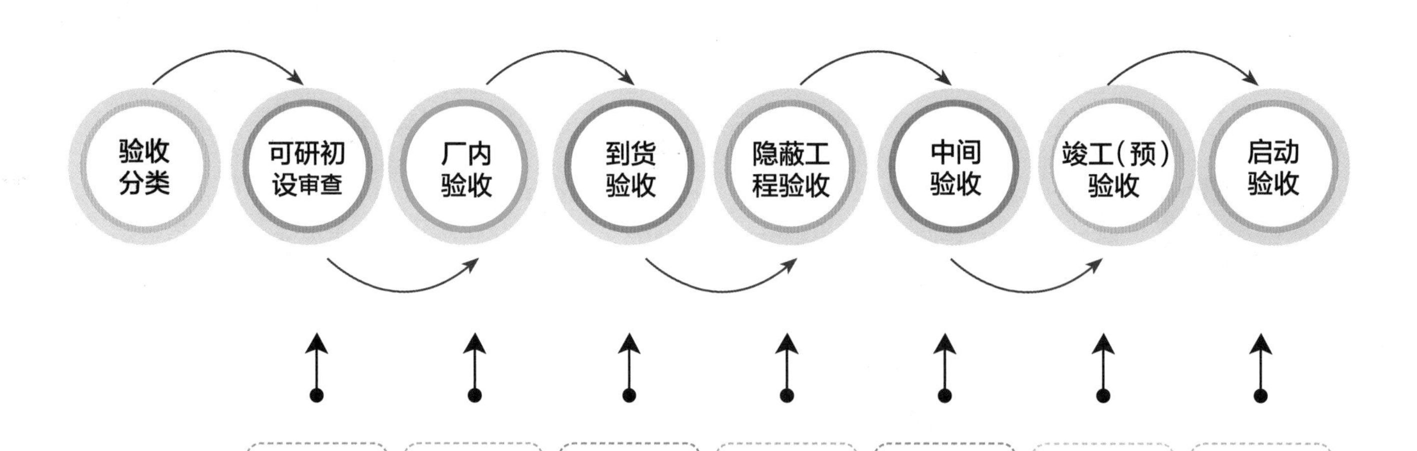

Q 高频阻波器的厂内验收要求有哪些？

A

1. 运检部门必要时可对首次入网的高频阻波器进行一项或多项关键点验收。

2. 关键点验收采用查阅制造厂记录、监造记录和现场查看方式。

3. 物资部门应督促制造厂在制造高频阻波器前 20 天提交制造计划和关键节点时间，有变化时，物资部门应提前 5 个工作日告知运检部门。

4. 关键点验收包括设备选材、线圈绕制、线圈浇注、总装配等。

5. 关键点验收时应按照本细则附录 A2（高频阻波器关键点验收标准卡）要求执行。

Q 高频阻波器竣工（预）验收的要求有哪些?

A

① 竣工（预）验收采用资料检查和现场查看方式进行。

② 竣工（预）验收应对高频阻波器外观、技术参数进行检查核对。竣工验收应核查高频阻波器安装记录、交接试验报告及出厂报告。

③ 竣工（预）验收应检查、核对高频阻波器相关的文件资料是否齐全。

④ 交接试验验收要保证所有试验项目齐全、合格，并与出厂试验数值无明显差异。

⑤ 竣工（预）验收工作按照本细则附录A8［高频阻波器竣工（预）验收标准卡］、附录A9（高频阻波器交接试验验收标准卡）、附录A10（高频阻波器资料及文件验收标准卡）要求执行。

第17分册
耦合电容器验收细则

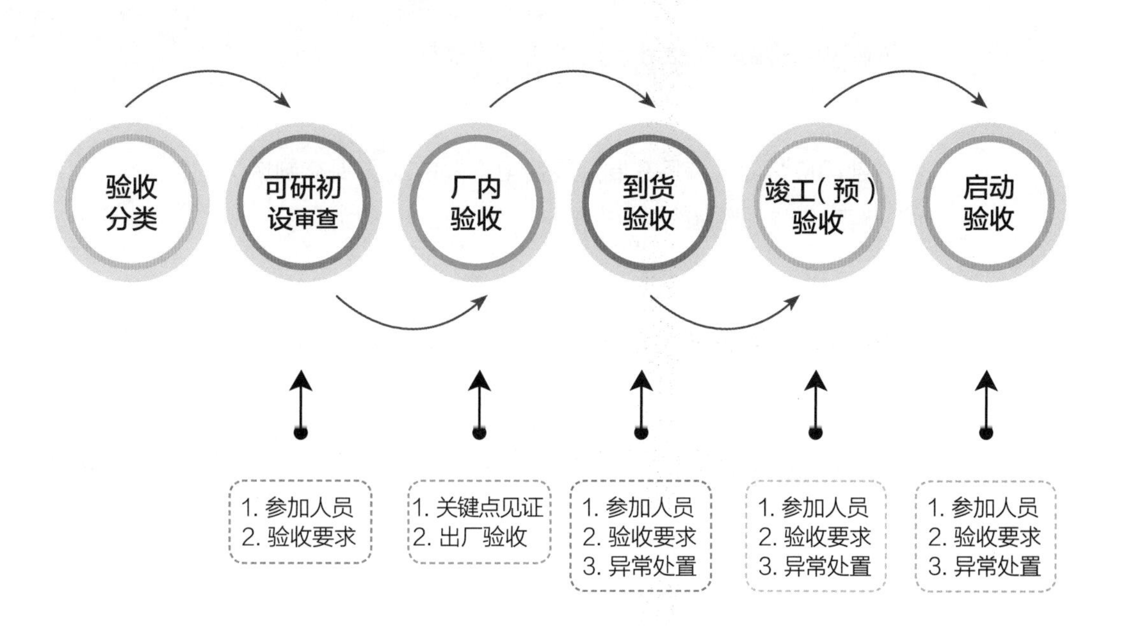

Q 耦合电容器厂内验收的验收要求是什么？

A

1 对首次入网的耦合电容器或者运检部门认为有必要时应进行关键点见证。

2 关键点见证采用查阅制造厂记录和现场查看方式。

3 物资部门应督促制造厂在制造耦合电容器前20天提交制造计划和关键节点时间，有变化时，物资部门应提前5个工作日告知运检部门。

4 关键点见证包括设备选材、电容元件制作、器身装配、真空浸渍、总装配等。

5 关键点见证时应按照本细则附录A2（耦合电容器关键点见证标准卡）要求执行。

Q 耦合电容器到货验收的验收要求和异常处置方法有哪些?

A

验收要求:

① 运检部门认为有必要时参加到货验收。

② 到货验收应进行货物清点、运输情况检查、包装及外观检查。

③ 产品安装使用说明书、合格证书、出厂试验报告等技术资料应齐全。

④ 到货验收工作按照本细则附录A4（耦合电容器到货验收标准卡）要求执行。

异常处置方法:

验收发现质量问题时，验收人员应及时告知物资部门、制造厂家，提出整改意见，填入“到货验收记录”（见国家电网公司变电验收通用管理规定附录A4），报送运检部门。

Q 耦合电容器竣工（预）验收的验收要求是什么？

A

1 竣工（预）验收应对耦合电容器外观、安装施工工艺进行检查。

2 竣工（预）验收应检查、核对耦合电容器相关的文件资料是否齐全。

3 交接试验验收要保证所有试验项目齐全、合格，并与出厂试验数值无明显差异。

4 竣工（预）验收工作按照本细则附录A5［耦合电容器竣工（预）验收标准卡］、附录A6（耦合电容器交接试验验收标准卡）、附录A7（耦合电容器资料及文件验收标准卡）要求执行。

第18分册
高压熔断器验收细则

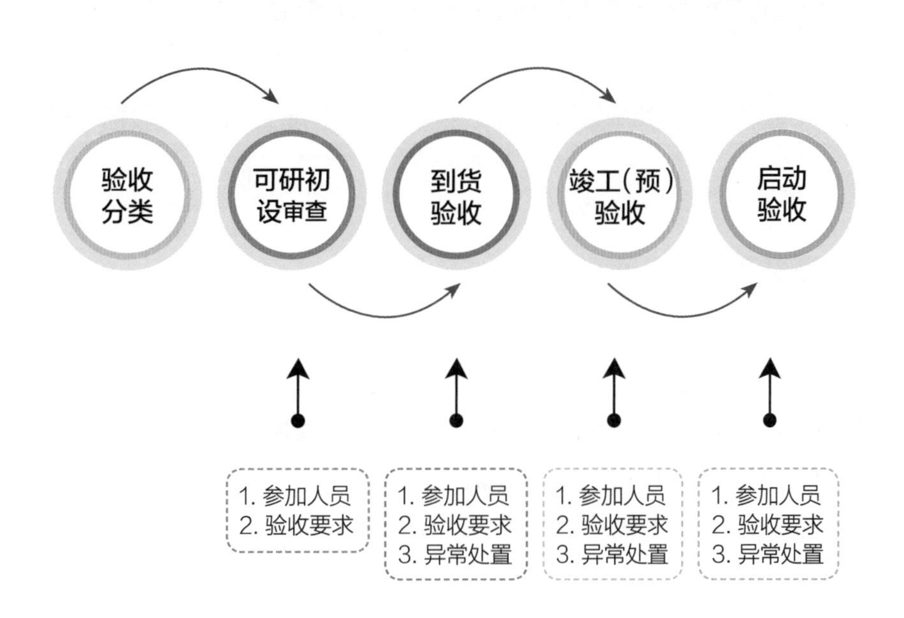

Q 高压熔断器竣工（预）验收有何要求?

A

1. 竣工（预）验收应对高压熔断器外观、安装方向、底座绝缘、熔管连接部位紧固情况及电阻进行检查核对。

2. 竣工（预）验收应检查、核对高压熔断器相关的文件资料是否齐全。

3. 竣工（预）验收工作按照本细则附录A3［高压熔断器竣工（预）验收标准卡］要求执行。

Q 高压熔断器启动验收有何要求?

A

① 竣工（预）验收组在高压熔断器启动验收前应提交竣工（预）验收报告。

② 高压熔断器启动验收内容包括熔断器外观检查（具备条件的）、接触部位红外测温及高压熔断器所保护的设备电压、电流测量等项目。

③ 启动验收时应按照本细则附录A4（高压熔断器启动验收标准卡）要求执行。

第19分册 中性点隔直装置验收细则

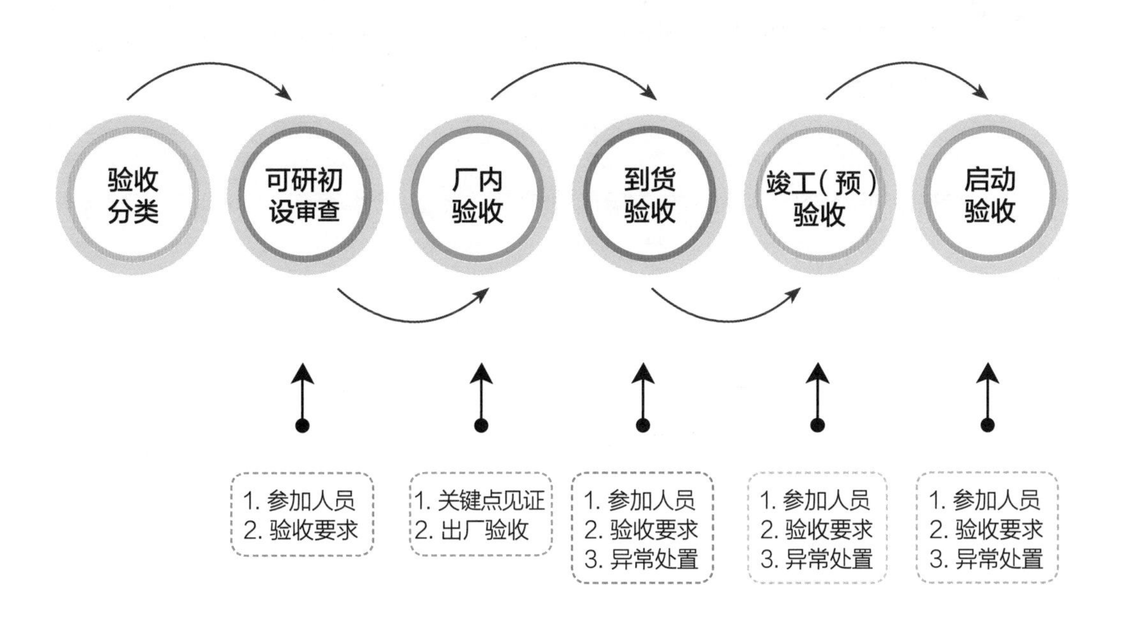

Q 中性点隔直装置的可研初设审查验收要求有哪些?

A

1. 中性点电容隔直/电阻限流装置可研初设审查验收需由专业技术人员提前对可研报告、初设资料等文件进行审查，并提出相关意见。

2. 可研初设审查阶段主要对中性点电容隔直/电阻限流装置的选型、涉及的技术参数、结构形式进行审查、验收。

3. 审查时应审核变压器中性点电容隔直 / 电阻限流装置选型是否满足电网运行、设备运维要求。

4. 审查时应按照本细则附录A1（中性点电容隔直装置可研初设审查验收标准卡）、附录A2（中性点电阻限流装置可研初设审查验收标准卡）要求执行。

5. 应做好评审记录（见国家电网公司变电验收通用管理规定附录A1），反馈至运检部门。

Q 中性点隔直装置竣工（预）验收的要求有哪些?

A

1. 验收时应对中性点电容隔直 / 电阻限流装置本体、后台信号进行检查核对。

2. 验收时应核查中性点电容隔直 / 电阻限流装置交接试验报告，必要时进行旁站见证。

3. 验收时应检查、核对中性点电容隔直 / 电阻限流装置相关的文件资料是否齐全。

4. 验收时要保证所有试验项目齐全、合格，并与出厂试验数值比较无明显差异。

5. 验收应按照本细则附录A6［中性点电容隔直装置竣工（预）验收标准卡］、附录A7［中性点电阻限流装置竣工（预）验收标准卡］、附录A8（中性点电容隔直/电阻限流装置资料及文件验收标准卡）要求执行。

第20分册
接地装置验收细则

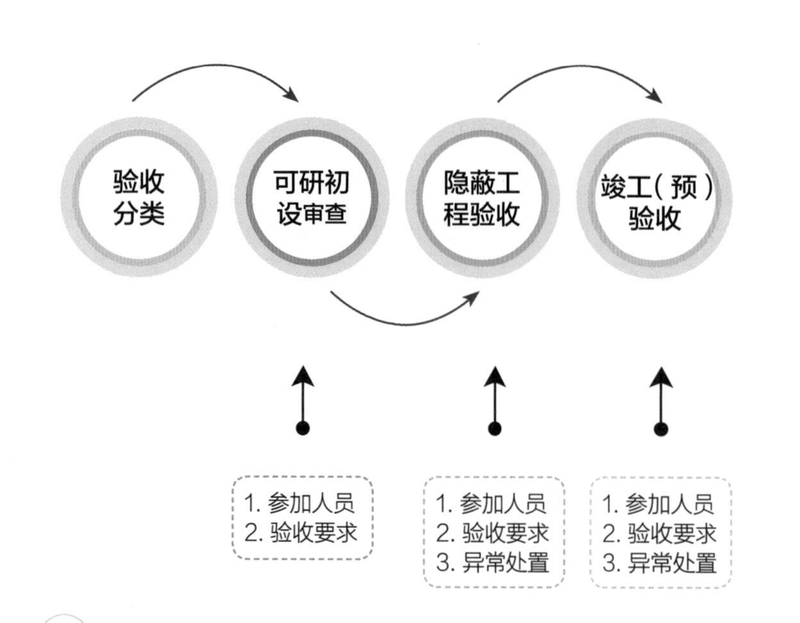

接地装置可研初设审查的验收要求是什么？

接地装置可研初设审查验收需由专业技术人员提前对可研报告、初设资料等文件进行审查，并提出相关意见。

可研初设审查阶段主要对接地装置设计方案、接地装置材质及土壤电阻率进行审查、验收。

审查时应审核接地装置的设计是否满足电网运行、设备运维、反措等各项要求。

审查时应按照本细则附录A1（接地装置可研初设审查验收标准卡）要求执行。

应做好评审记录（见国家电网公司变电验收通用管理规定附录A1），报送运检部门。

Q 接地装置隐蔽工程验收的验收要求是什么？

A

接地装置隐蔽工程验收项目主要对接地装置系统、接地装置敷设、接地体的连接进行检查。

项目管理单位应在接地装置开始安装前一周将安装方案、工作计划提交设备运检单位，由设备运检单位审核，并安排相关专业人员进行隐蔽工程验收。

接地装置隐蔽工程验收按照本细则附录A2（接地装置隐蔽性工程验收标准卡）要求执行，并留下施工关键环节的影像资料。

Q 接地装置竣工（预）验收的异常处置方法有哪些?

A 验收发现质量问题时，验收人员应及时告知项目管理单位、施工单位，提出整改意见，填入“隐蔽工程验收记录”（见国家电网公司变电验收通用管理规定附录A5），报送运检部门。

第21分册
端子箱及检修电源箱验收细则

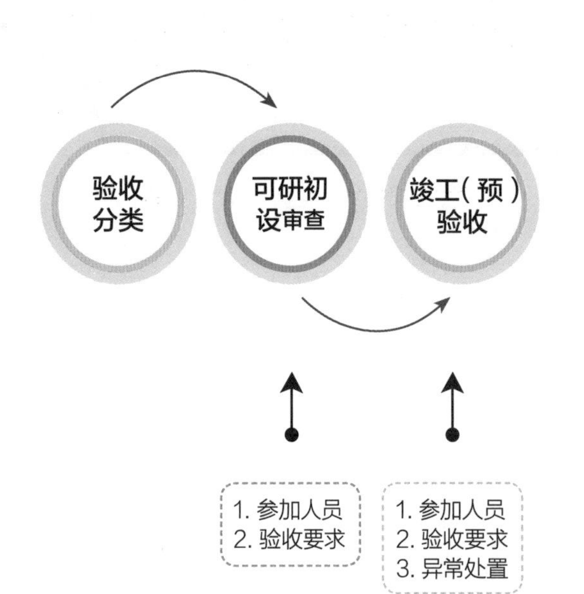

Q

端子箱及检修电源箱可研初设审查的参加人员有哪些?

1

端子箱及检修电源箱可研初设审查由所属管辖单位运检部选派相关专业技术人员参与。

端子箱及检修电源箱可研初设审查的参加人员应为技术专责或在本专业工作满3年以 上的人员。

Q 端子箱及检修电源箱竣工（预）验收的参加人员和验收要求有哪些？

A

参加人员：

① 端子箱及检修电源箱竣工（预）验收由所属管辖单位运检部选派相关专业技术人员参与。

② 端子箱及检修电源箱验收人员应为技术专责或具备班组工作负责人及以上资格。

验收要求：

① 竣工（预）验收应对端子箱及检修电源箱外观、密封性、漏电保安器、防火封堵、端子排二次接线及绝缘性、安装等进行检查核对。

② 竣工（预）验收应核查端子箱及检修电源箱交接试验报告。

③ 竣工（预）验收要保证所有试验项目齐全、合格，并与出厂试验数值无明显差异。

④ 竣工（预）验收工作按照本细则附录A2［端子箱竣工（预）验收标准卡］、附录A3［检修电源箱竣工（预）验收标准卡］要求执行。

Q 端子箱及检修电源箱竣工（预）验收的异常处置方法有哪些？

A

验收发现质量问题时，验收人员应及时告知项目管理单位、施工单位，提出整改意见，填入“竣工（预）验收及整改记录”（见国家电网公司变电验收通用管理规定附录A7），报送运检部门。

第22分册
站用变压器验收细则

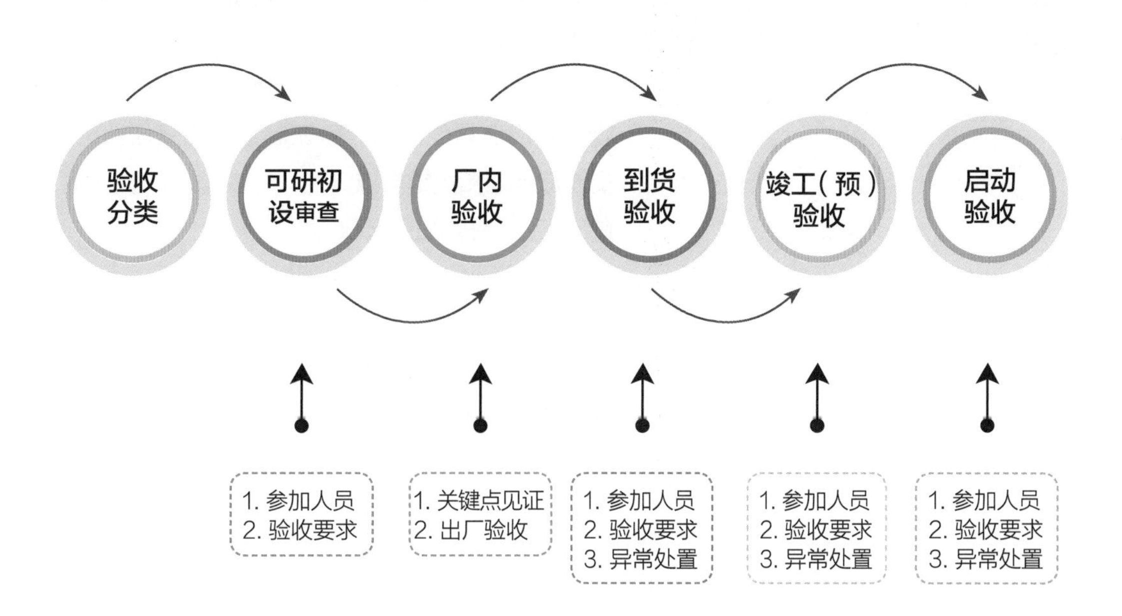

站用变压器厂内验收的要求有哪些?

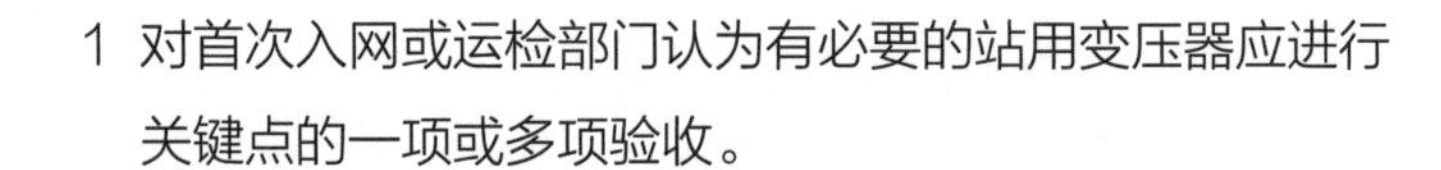

1 对首次入网或运检部门认为有必要的站用变压器应进行关键点的一项或多项验收。

2 关键点见证采用查阅制造厂家记录、监造记录和现场见证方式。

3 物资部门应督促制造厂家在制造站用变压器前20天提交制造计划和关键节点时间，有变化时，物资部门应提前5个工作日告知运检部门。

4 油浸式站用变压器关键点见证包括设备选材、油箱制作、器身装配、器身干燥等；干式站用变压器关键点见证包括设备选材、铁芯制作、线圈制作、引线制作等。

站用变压器竣工（预）验收的要求有哪些?

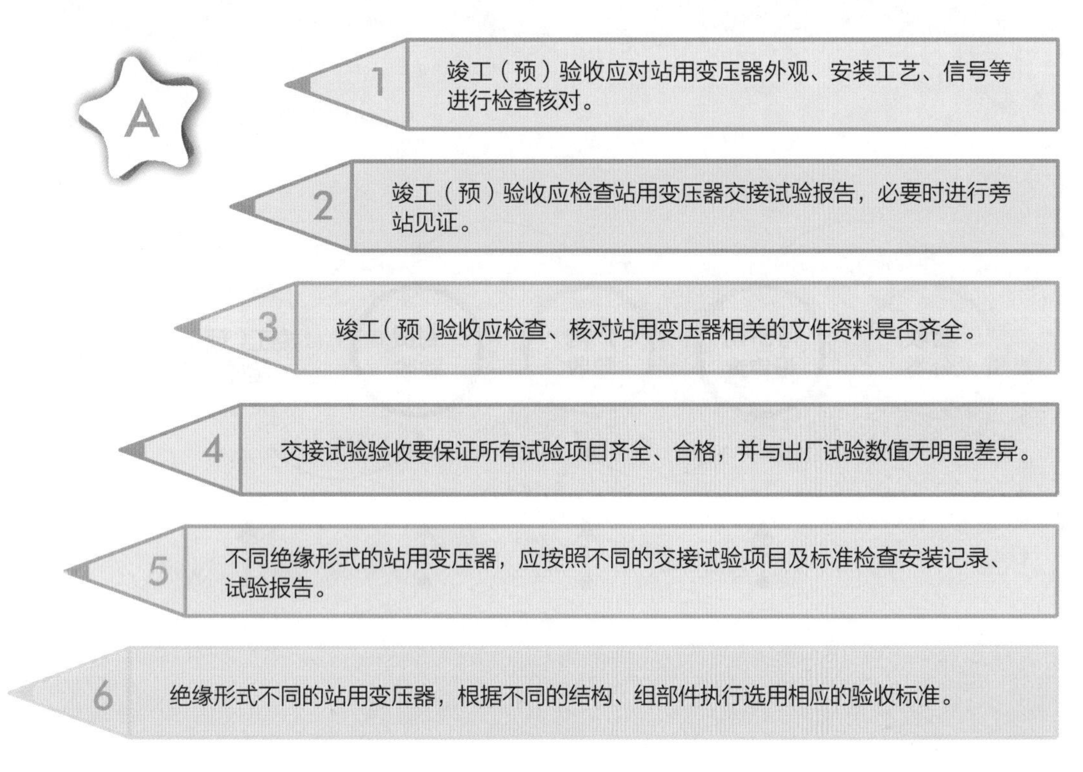

第23分册
站用交流电源系统验收细则

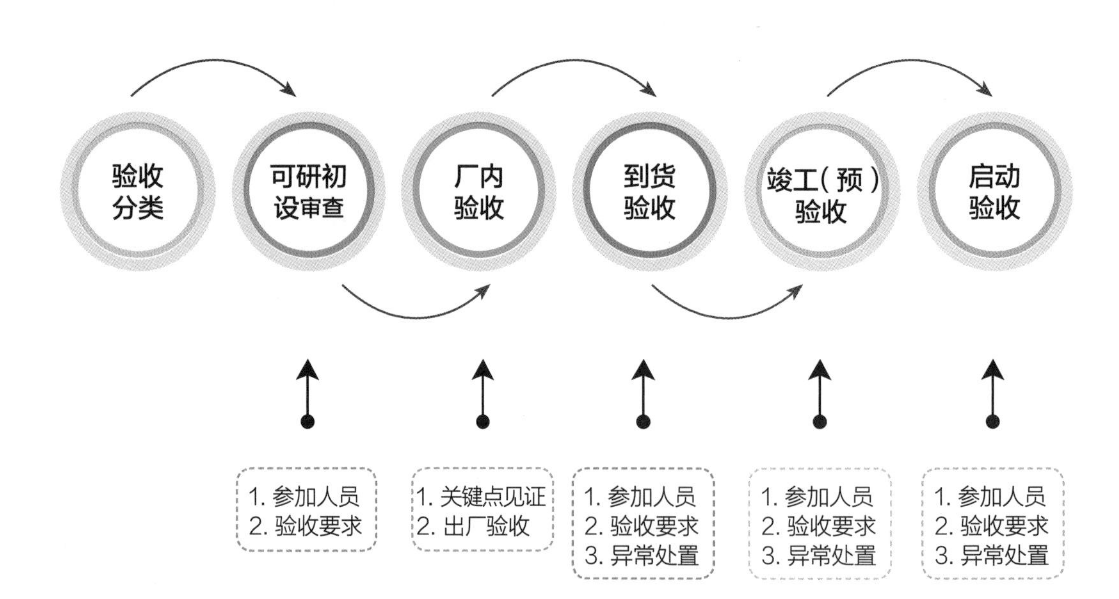

Q 站用交流电源系统出厂验收的参加人员有哪些？

A

① 站用交流电源系统出厂验收由所属管辖单位运检部选派相关专业技术人员参与。

② 站用交流电源系统验收人员应为技术专责，或具备班组工作负责人及以上资格，或在本专业工作满3年以上的人员。

站用交流电源系统出厂验收的异常处置方法有哪些？ Q

A

验收发现质量问题时，验收人员应及时告知物资部门、制造厂家，提出整改意见，填入“出厂验收记录”（见国家电网公司变电验收通用管理规定附录A3），报送运检部门。

Q 站用交流电源系统竣工（预）验收的验收要求是什么？

A

① 竣工（预）验收应对外观、内部元器件及接线、通电情况、信号等进行检查核对。

② 竣工（预）验收应核查站用交流电源系统验收交接试验报告。

③ 竣工（预）验收应检查、核对站用交流电源系统相关的文件资料是否齐全，是否符合验收规范、技术合同等要求。

④ 交接试验验收要保证所有试验项目齐全、合格，并与出厂试验数值无明显差异。

⑤ 竣工（预）验收工作按照本细则附录A5［站用交流电源系统竣工（预）验收（站用交流电源柜）标准卡］、附录A6［站用交流电源系统竣工（预）验收（站用交流不间断电源系统UPS）标准卡］、附录A7（站用交流电源系统资料及文件验收标准卡）要求执行。

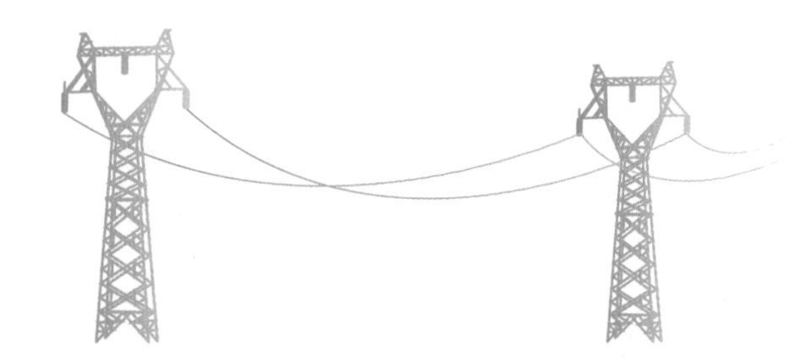

第24分册

站用直流电源系统验收细则

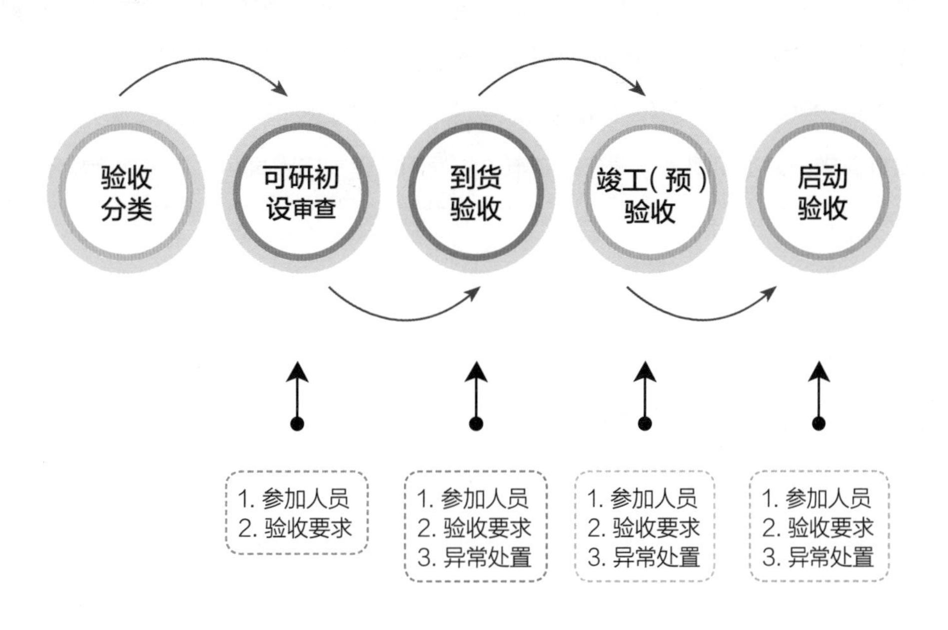

Q 站用直流电源系统可研初设审查的验收要求有哪些?

A

① 站用直流电源系统可研初设审查验收需由直流系统专业技术人员提前对可研报告、初设资料等文件进行审查，并提出相关意见。

② 可研和初设审查阶段主要对直流电源系统设备的技术参数、接线方式进行审查、验收，并选择技术先进、性能稳定、可靠性高、符合环保和节能要求、型式试验合格且报告在有效期内的定型产品。

③ 审查时应审核站用直流电源系统选型是否满足电网运行、设备运维、反措等各项要求。

④ 审查时应按照本细则附录A1（站用直流电源系统可研初设审查验收标准卡）要求执行。

⑤ 应做好评审记录（见国家电网公司变电验收通用管理规定附录A1），报送运检部门。

Q 站用直流电源系统到货验收的验收要求有哪些?

A

① 运检部门认为有必要时参加验收。

② 到货验收应进行货物清点、运输情况检查、包装及外观检查。

③ 到货验收工作按照本细则附录A3（站用直流电源系统到货验收标准卡）要求执行。

Q 站用直流电源系统竣工（预）验收 的参加人员和异常处置方法有哪些?

站用直流电源系统竣工（预）验收由所属管辖单位运检部选派相关专业技术人员参与。

站用直流电源系统竣工（预）验收负责人员应为技术专责或具备班组工作负责人及以上资格。

验收发现质量问题时，验收人员应及时告知项目管理单位、施工单位，提出整改意见，填入“竣工（预）验收及整改记录”（见国家电网公司变电验收通用管理规定附录A7），报送运检部门。

第25分册
构支架验收细则

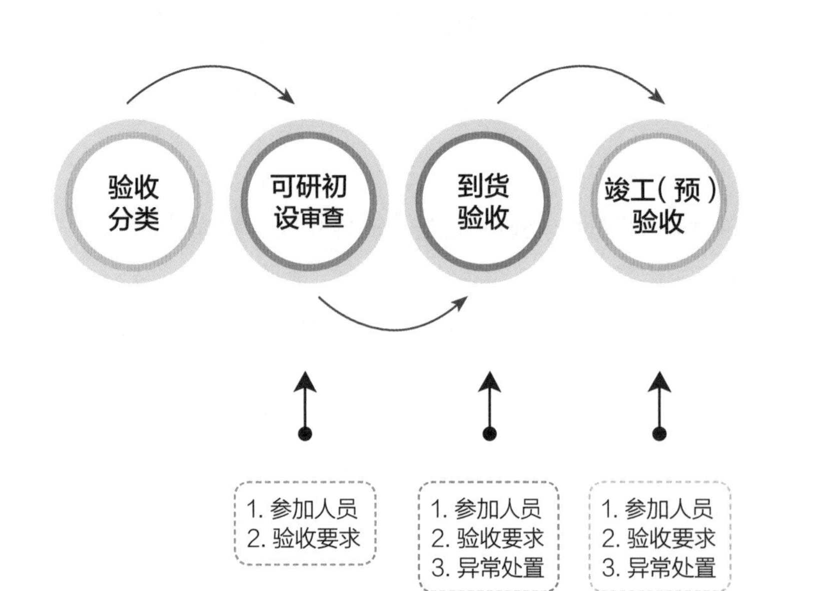

构支架可研初设审查的验收要求有哪些?

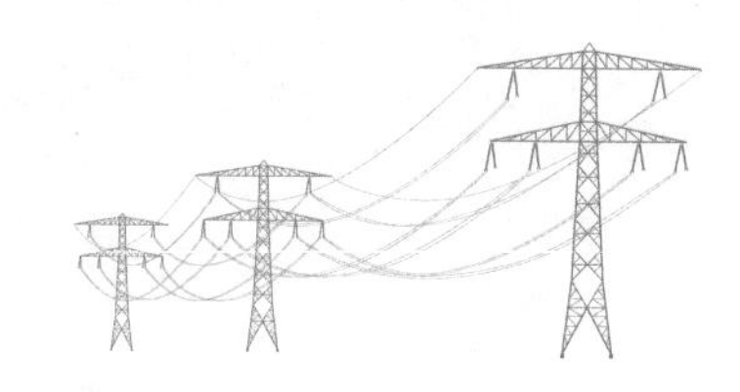

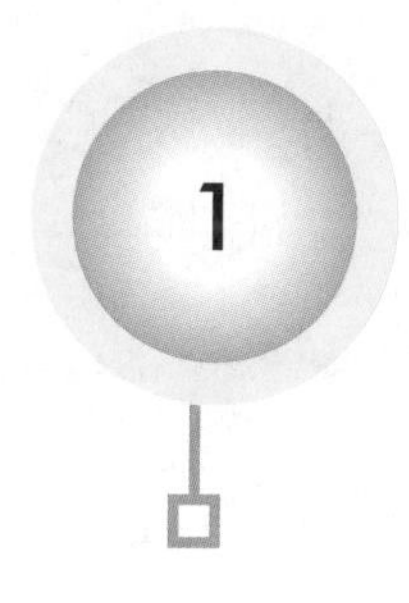

构支架可研初设审查验收需由专业技术人员提前对可研报告、初设资料等文件进行审查，并提出相关意见。

可研初设审查阶段主要对构支架涉及的技术参数进行审查。

审查时主要审核选型及安装方式是否满足电网运行、设备运维、反措等各项要求。

审查应按照本细则附录A1（构支架可研初设审查验收标准卡）要求执行。

应做好评审记录（见国家电网公司变电验收通用管理规定附录A1），报送运检部门。

Q 构支架竣工（预）验收的要求有哪些？

A

1

竣工（预）验收应对构支架外观、构支架基础、构支架接地等项目进行检查。

2

竣工（预）验收应检查、核对构支架相关的文件资料是否齐全。

3

竣工（预）验收按照本细则附录A3［构支架竣工（预）验收标准卡］、附录A4（构支架技术资料及文档验收标准卡）要求执行。

第26分册
辅助设施验收细则

Q 辅助设施的验收分类具体包括哪些内容?

A

1 变电站辅助设施包括防误闭锁装置、SF_6气体含量监测设施，采暖、通风、制冷、除湿设施，消防设施，安防设施，防汛排水系统，照明设施，视频监控系统，在线监测装置和智能辅助设施平台。

2 变电站辅助设施应与变电站主体工程同时设计、同时施工、同时投入运行，当辅助设施存在缺陷影响主设备运行时应尽快处理。

3 变电站辅助设施验收包括可研初设审查和竣工（预）验收两个关键环节。

Q 防误闭锁装置竣工（预）验收的要求是什么？

A

1. 图纸资料的验收：包括一次系统接线图、电磁锁闭锁的接线图、锁具设备地址码、设备状态采集信息的核对验收。

2. 防误规则的检验：包括电气防误、监控防误系统、独立微机防误装置逻辑规则的检验。

3. 各防误锁具及防误闭锁操作回路均必须进行传动试验，以检验回路接线的正确性。

4. 传动验收过程中应注意闭锁情况的校验，即进行一些非正确的操作步骤试验以检验装置的闭锁情况正确可靠。

5. 防误系统主控机、分布式通信控制器及充电装置的安装、二次接线、标牌及装置标签等应符合安装规范。

6. 防误装置使用的直流电源应与继电保护、控制回路的电源分开，交流电源应使用不间断供电电源。

7. 竣工（预）验收及资料文件验收按照本细则附录A2[防误闭锁装置竣工（预）验收标准卡]要求执行。

1

SF_6气体泄漏监测系统验收内容包括装置主机、探头、风扇检查及模拟试验检查。

2

气体传感器安装布点合理，无盲区。

3

设备、屏内设备及端子排上内、外部连线正确，电缆标号齐全正确，空气开关等元器件标识齐全。

4

竣工（预）验收及资料文件验收按照本细则附录A3［SF_6气体含量监测设施竣工（预）验收标准卡］要求执行。

采暖、通风、制冷、除湿设施的竣工（预）验收内容有哪些?

1

采暖、通风、制冷、除湿设施竣工（预）验收内容包括机械通风装置、空调、除湿机等设备配置型号、数量及安装位置的检查确认。

2

机械通风设施竣工（预）验收内容包括风机、控制箱安装工艺检查、功能检查。

3

空调、除湿机竣工（预）验收内容包括室内外主机、管路的布置及功能检查。

4

通风、空调及除湿机系统应进行试运行验收，无异常振动与声响，风向正确，噪声不超过设备说明书标准。

5

电暖器竣工（预）验收内容包括安装工艺检查及功能检查。

6

竣工（预）验收及资料文件验收按照本细则附录A4［采暖、通风、制冷、除湿设施竣工（预）验收标准卡］要求执行。

Q

智能辅助设施平台的竣工（预）验收内容有哪些?

A

1

智能辅助设施平台设备外观及安装工艺验收包括辅助控制主机型号规格、接线、标志及附件安装的验收。

2

智能辅助平台接口测试应符合国家电网公司测试要求。

3

环境、视频、火灾消防、采暖、通风、制冷、除湿、照明、SF_6、安全防范、门禁等所有监控量在智能辅助监控系统主界面上进行一体化显示和控制测试。

4

SF_6告警信息、火灾告警、环境温度超温、水浸告警信号能上传到调度控制中心。

5

智能辅助平台系统与子系统及站内自动化系统之间进行联动测试。

6

竣工（预）验收及资料文件验收按照本细则附录A11［智能辅助设施平台竣工（预）验收标准卡］要求执行。

第27分册
土建设施验收细则

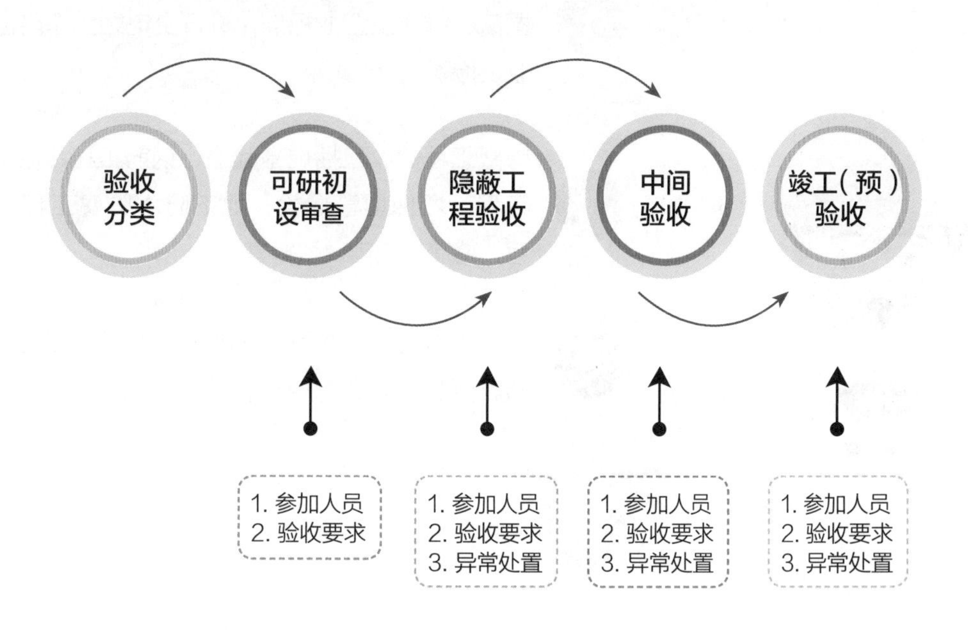

土建设施隐蔽工程验收的要求有哪些?

1 验收人员依据变电站土建工程设计、施工、验收相关国家、行业及企业标准，进行变电站土建隐蔽工程验收及检验。

2 隐蔽工程验收包括地基验槽、钢筋工程、地下混凝土工程、埋件埋管螺栓、地下防水防腐工程、屋面工程、幕墙及门窗、资料等。

3 隐蔽工程验收应按照本细则附录A2（变电站隐蔽工程验收标准卡）要求执行。

A

Q 土建设施竣工（预）验收的要求有哪些？

A

1 验收人员依据变电站土建工程设计、施工、验收相关国家、行业及企业标准，进行变电站土建竣工（预）验收。

2 竣工（预）验收包括围墙工程、护坡工程、变电站大门、场坪工程、道路工程、电缆沟道工程、主变压器基础工程、建筑物工程等。

3 竣工（预）验收时应严格审查所用材料的出厂合格证件及试验报告等资料，并核查相关竣工图纸，确保现场土建设施与设计相符，做到图实一致。

4 竣工（预）验收应按照本细则附录 A4［变电站土建设施竣工（预）验收标准卡］要求执行。

第28分册
避雷针验收细则

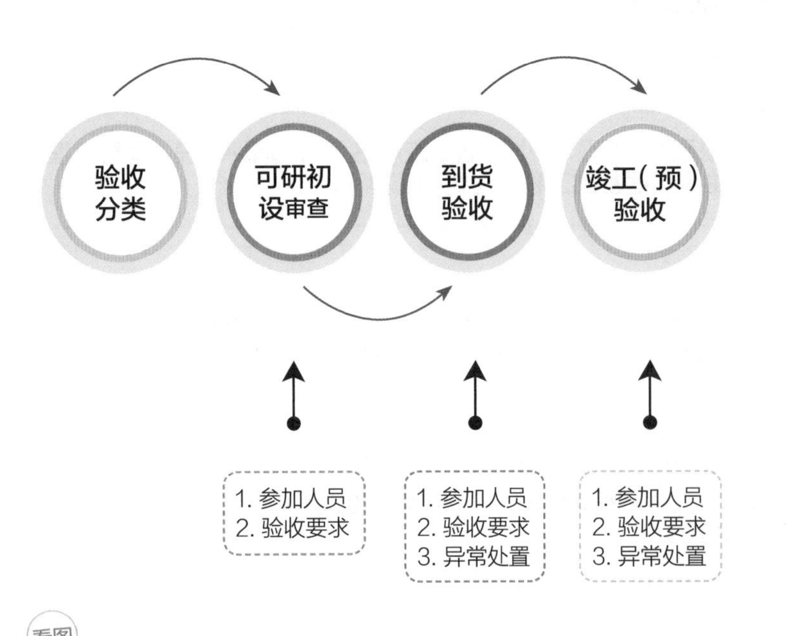

避雷针可研初设审查的验收要求有哪些?

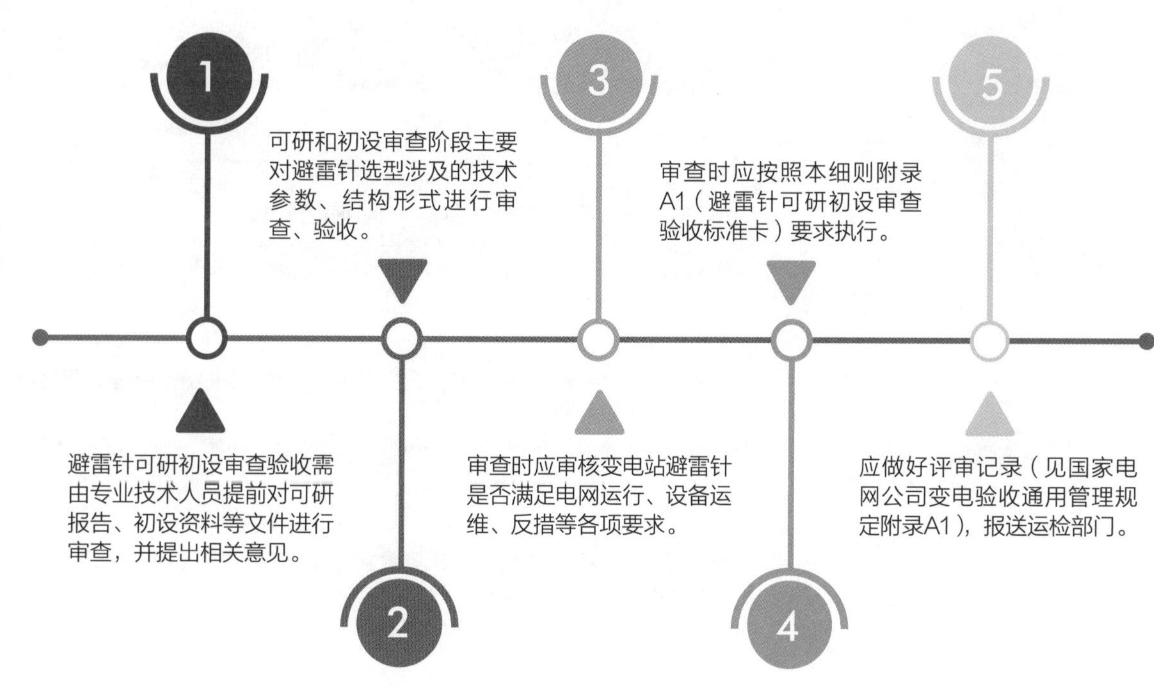

Q 避雷针竣工（预）验收的要求有哪些？

A

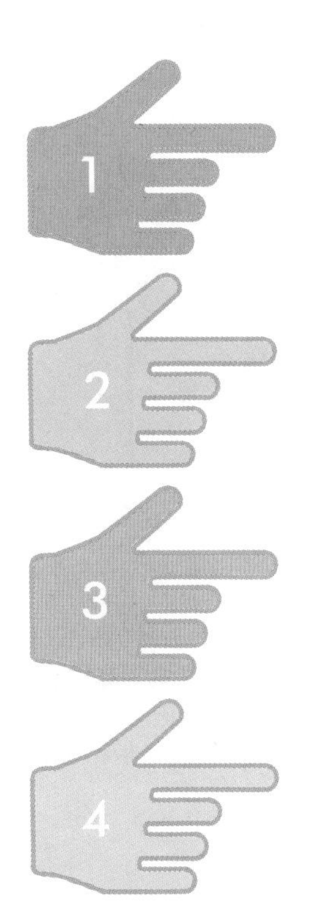

竣工（预）验收应对避雷针外观进行检查。

竣工（预）验收应核查避雷针相关测试报告或记录。

竣工（预）验收应检查、核对避雷针相关的文件资料是否齐全，是否符合验收规范、技术合同等要求。

竣工（预）验收工作按照本细则附录A3［避雷针竣工（预）验收标准卡］、附录A4（避雷针资料及文件验收标准卡）执行。

看图学制度

图说变电运检通用制度

变电运维

本书编委会　编

内 容 提 要

为了确保国家电网公司变电运检五项通用制度有效落地，国网河北省电力公司积极探索新方法和新思路，创新提出用一种图解方式将五项通用制度及细则的相关要求进行细化分解，以图片代替文字，以问答代替条款，将五项通用制度及细则进行梳理解读，方便员工学习执行，保证各项生产工作的顺利完成。《看图学制度——图说变电运检通用制度》系列丛书共五册，分别为变电验收、变电运维、变电检测、变电评价、变电检修。本册为变电运维。

本书可供国家电网公司系统从事变电管理、检修、运维、试验等工作的专业人员使用。

图书在版编目（CIP）数据

看图学制度：图说变电运检通用制度 /《看图学制度：图说变电运检通用制度》编委会编 . — 北京：中国电力出版社，2017.6

ISBN 978-7-5198-0843-3

Ⅰ.①看… Ⅱ.①看… Ⅲ.①变电所－电力系统运行－检修－图解 Ⅳ.①TM63-64

中国版本图书馆CIP数据核字（2017）第122754号

出版发行：中国电力出版社

地　　址：北京市东城区北京站西街 19 号（邮政编码 100005）

网　　址：http://www.cepp.com.cn

责任编辑：孙世通（010-63412326）

责任校对：太兴华　马　宁　王小鹏　常燕昆　王开云

装帧设计：锋尚设计

责任印制：单　玲

印　刷：北京瑞禾彩色印刷有限公司

版　次：2017 年 6 月第一版

印　次：2017 年 6 月北京第一次印刷

开　本：880 毫米 ×1230 毫米　32 开本

印　张：30.375

字　数：810 千字

定　价：288.00 元（共五册）

版权专有　侵权必究

本书如有印装质量问题，我社发行部负责退换

本书编委会

主　任　苑立国

副主任　周爱国　张明文

委　员　赵立刚　沈海泓　王向东　刘海生

主　编　贾志辉

副主编　梁　爽　郭亚成　甄　利

编　写　田　萌　龚乐乐　霍　红　丁立坤　王军辉　王　涛
梁　晶　赵　颖　王　爽　张　毅　滕燕青　聂　晶
于　超　薛媛媛　邹　捷　刘小旭　李　盼　刘娅菲
陈　菲　佟智勇　陈　炎　庞先海　郭建戌　贾海涛
孔凡宁　卢国华　苗俊杰　刘　林　周开峰

前 言
PREFACE

为进一步提高国家电网公司变电运检专业管理水平，实现全公司、全过程、全方位管理标准化，国家电网公司运维检修部历时两年，组织百余位系统内专业人员编制了变电验收、运维、检测、评价、检修等五项通用制度及细则，全面总结提炼了公司系统各单位好的经验和做法，准确涵盖了公司总部、省、地（市）、县各级已有的各项规定，具有通用性和标准化特点，对指导各项变电运检工作规范开展意义重大。为了确保变电运检五项通用制度有效落地，国网河北省电力公司积极探索新方法和新思路，创新提出用一种图解方式将五项通用制度及细则的相关要求进行细化分解，以图片代替文字，以问答代替条款，对五项通用制度及细则进行梳理解读，突出重点和关键点。通过手机微信、结集出版两种方式进行学习宣贯，方便员工学习执行，融入管理、生产工作的全过程，保证各项生产工作的顺利完成。《看图学制度——图说变电运检通用制度》系列丛书共五册，分别为变电验收、变电运维、变电检测、变电评价、变电检修。本册为变电运维。

本书编委会

2017 年 6 月

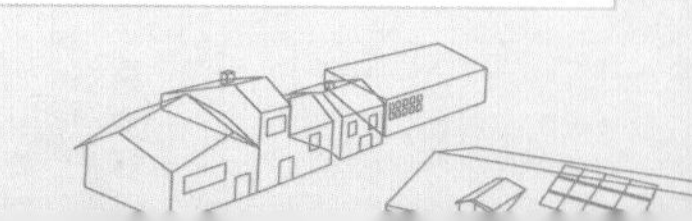

目 录
CONTENTS

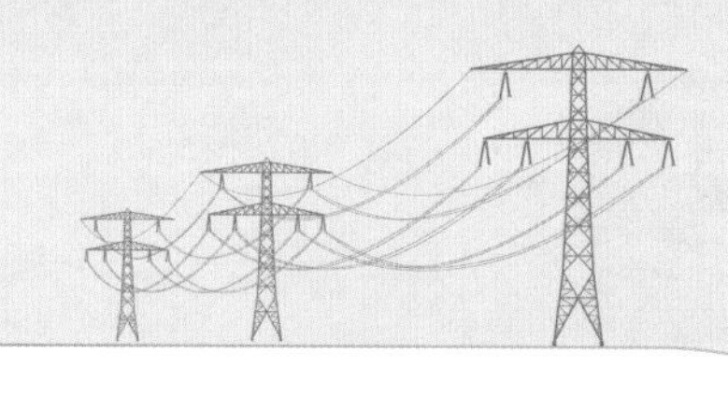

第一部分

图说国家电网公司变电运维通用管理规定

▍“五通”的具体内容是什么?

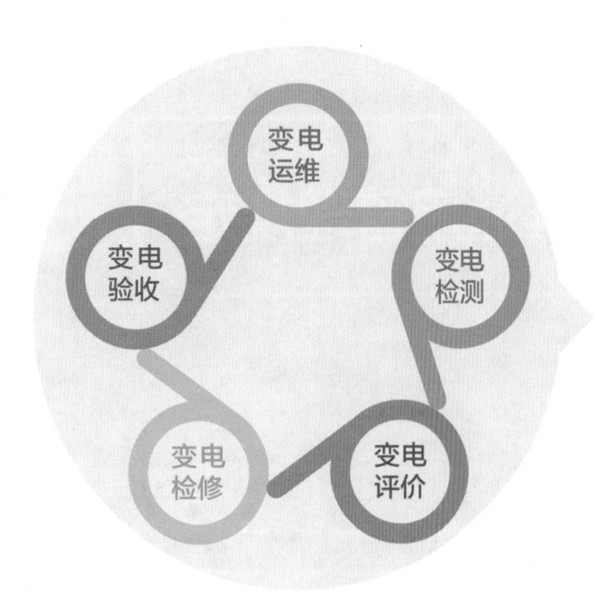

构成变电运检管理的完整体系，以变电验收、运维、检测、评价和检修为主线，验收向前期设计、制造延伸，检修向退役后延伸，覆盖了设备全寿命周期管理的各个环节；涵盖了各项业务和各级专业人员；以“反措”纵向贯通，突出补充了对设备的重点要求。

“五通一措”是国家电网公司通用制度体系下的管理制度，将代替国家电网公司各层级、各单位现有的各项变电运检管理办法、规定和细则，具有强制执行性。

“五通”的特点

1. 体系完整
2. 内容全面
3. 注重细节
4. 面向一线
5. 标准化基础上考虑差异化

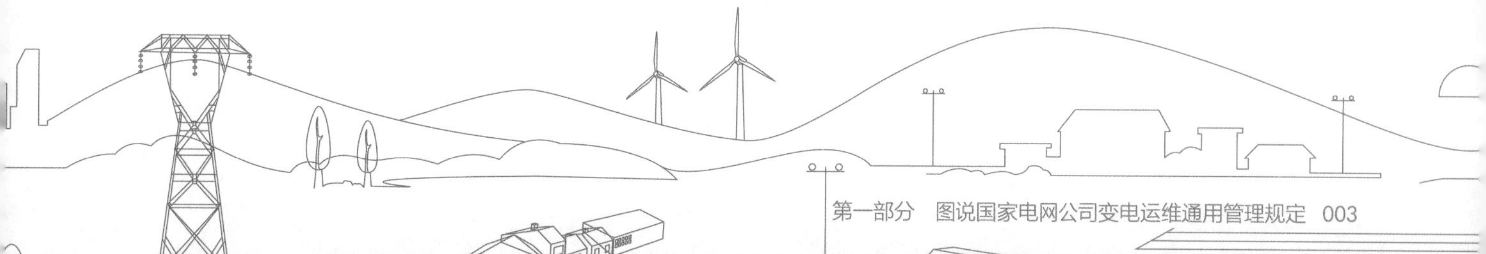

第一章 总则

国家电网公司变电运维通用管理规定有哪些？

总共有31章内容

总则

职责分工

一般规定

变电站分类

运维班管理

生产准备

运行规程管理

设备巡视

倒闸操作

工作票管理

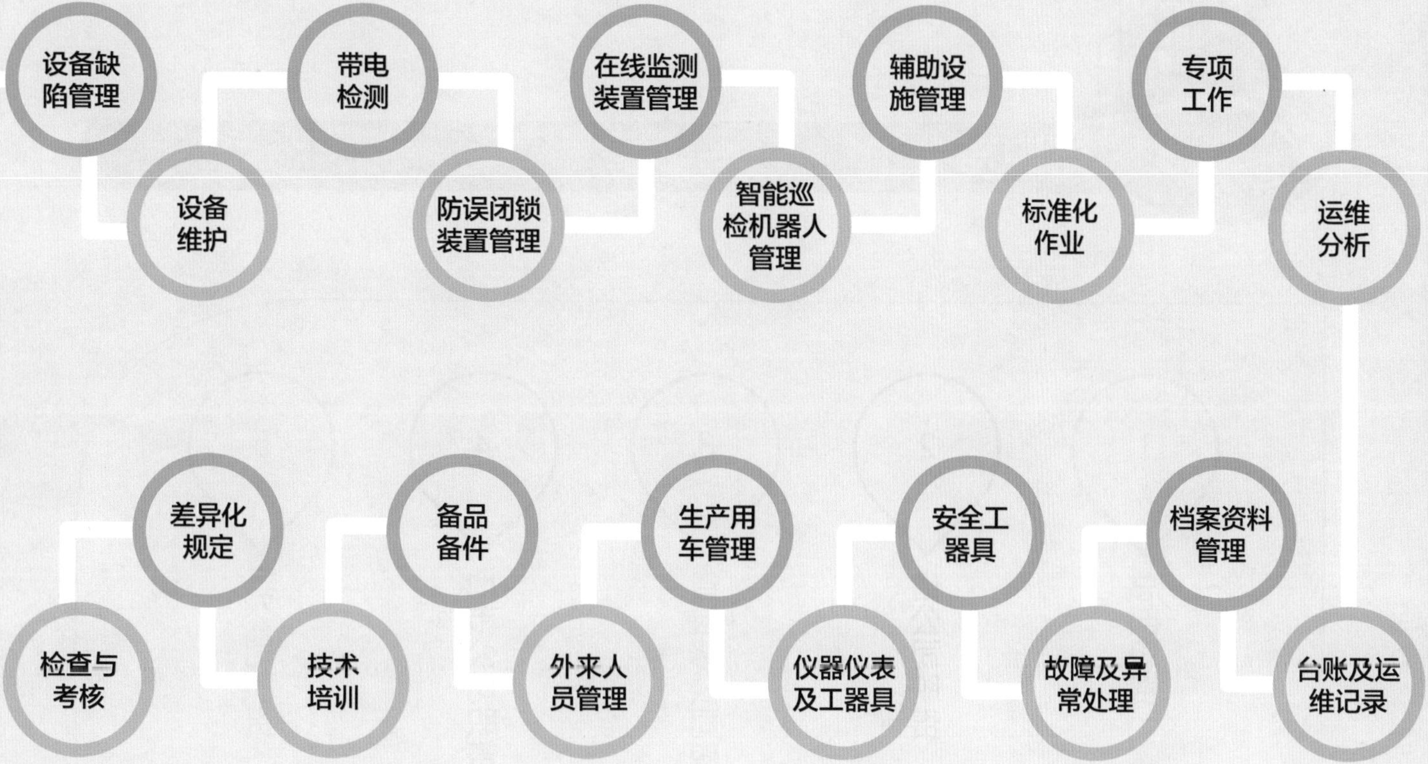

设备缺陷管理

设备维护

带电检测

防误闭锁装置管理

在线监测装置管理

智能巡检机器人管理

辅助设施管理

标准化作业

专项工作

运维分析

台账及运维记录

档案资料管理

故障及异常处理

安全工器具

仪器仪表及工器具

生产用车管理

外来人员管理

备品备件

技术培训

差异化规定

检查与考核

第二章 职责分工

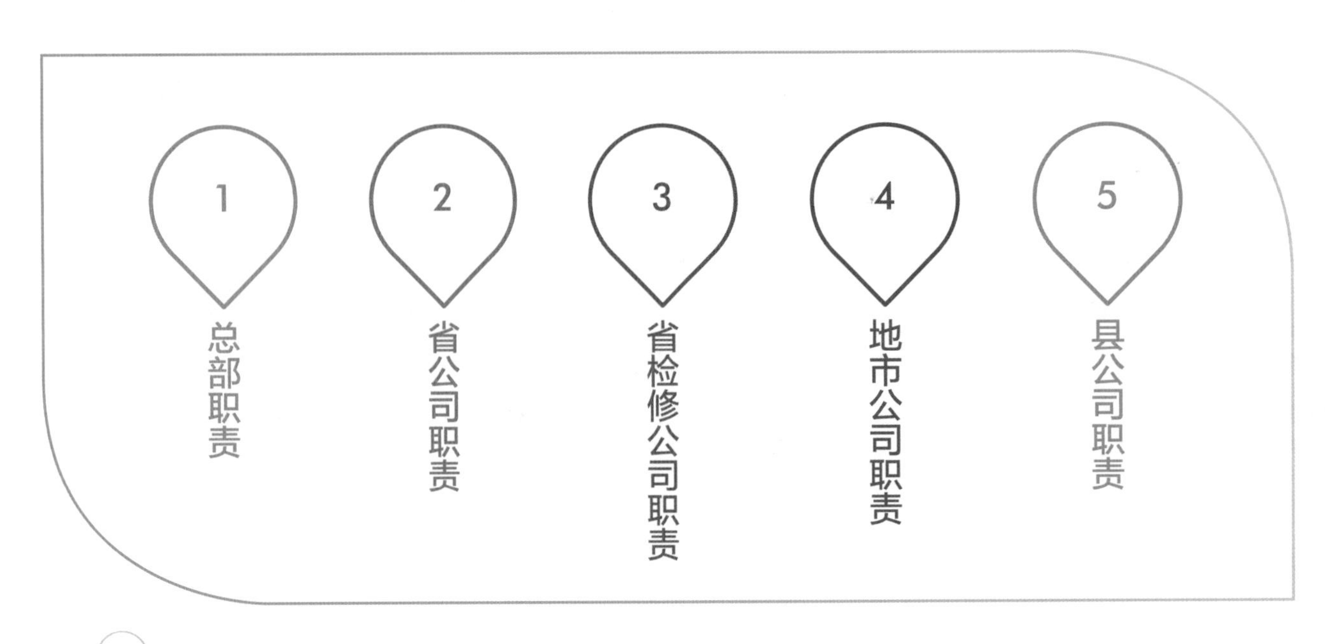

地市公司职责

地市公司运维检修部（简称地市公司运检部）履行以下职责：

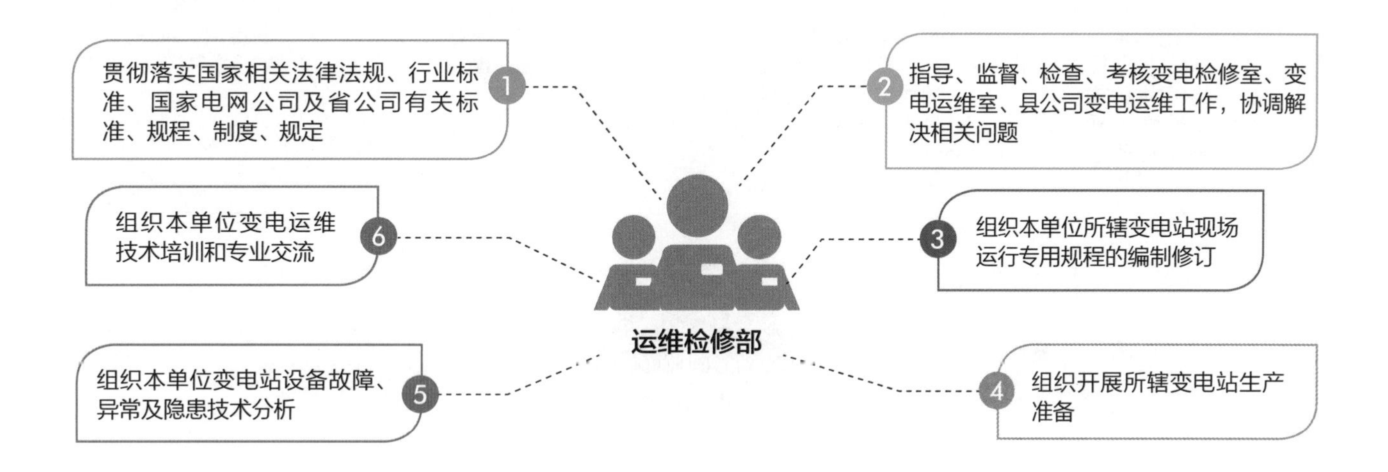

地市公司职责

地市公司变电运维室履行以下职责：

1. 贯彻落实国家相关法律法规、行业标准、国家电网公司及省公司有关标准、规程、制度
2. 指导、监督、检查、考核运维班变电运维工作，协调解决相关问题
3. 组织开展变电站例行、全面、熄灯、特殊巡视
4. 制定相关维护、消缺方案并实施
5. 开展变电站生产准备相关工作
6. 开展所辖变电站现场运行专用规程的编制修订

变电运维室

第三章 一般规定

运维人员应接受相应的安全生产教育和岗位技能（设备巡视、设备维护、倒闸操作、带电检测等）培训，经考试合格上岗。

运维人员因故离岗连续三个月以上者，应经过培训并履行电力安全规程考试和审批手续，方可上岗正式承担运维工作。

运维人员应掌握所管辖变电站电气设备的各级调度管辖范围，倒闸操作应按值班调控人员或运维负责人的指令执行。

运维人员应严格执行相关规程规定和制度，完成所辖变电站的现场倒闸操作、设备巡视、定期轮换试验、消缺维护及事故处理等工作。

运维人员应统一着装，遵守劳动纪律，在值班负责人的统一指挥下开展工作，且不得从事与工作无关的其他活动。

第四章　变电站分类

按照电压等级、在电网中的重要性，将变电站分为：

一类变电站

二类变电站

三类变电站

四类变电站

实施差异化运检

一类变电站

一类变电站是指交流特高压站，直流换流站，核电、大型能源基地（300万kW及以上）外送及跨大区（华北、华中、华东、东北、西北）联络750/500/330kV变电站。

二类变电站

二类变电站是指除一类变电站以外的其他750/500/330kV变电站，电厂外送变电站（100万kW及以上、300万kW以下）及跨省联络220kV变电站，主变压器或母线停运、开关拒动造成四级及以上电网事件的变电站。

三类变电站

三类变电站是指除二类以外的220kV变电站，电厂外送变电站（30万kW及以上，100万kW以下），主变压器或母线停运、开关拒动造成五级电网事件的变电站，为一级及以上重要用户直接供电的变电站。

四类变电站

四类变电站是指除一、二、三类以外的35kV及以上变电站。

第三十八条　对各类变电站实施分级管理

国家电网公司负责组织并提出一类变电站工作要求。

省公司运检部及各级运维单位负责编制二、三、四类变电站工作方案并具体实施。

第三十九条　各单位要按照公司变电站分类要求，每年及时调整本单位负责运维的各类变电站目录（见国家电网公司变电运维通用管理规定附录A），于每年1月31日前报国家电网公司运检部备案。

第五章 运维班管理

运维班设置

地市检修分公司运维班工作半径不宜大于60km或超过60min车程

运维班值班方式

应24h有人值班，夜间值班不少于2人。
值班模式一：采用三班轮换制模式；
值班模式二：采用“2+N”模式应急，“2”为夜间，“N”为正常白班人员

运维班岗位职责

班长岗位职责
副班长（安全员）岗位职责
副班长（专业工程师）岗位职责
运维工岗位职责

交接班

交接班方式：轮班制值班模式下，按值交接，全员签字；“2+N”模式下，每日早、夜间值班交接夜间情况，全班签字。交接班主要内容：运行方式、缺陷处理、两票、检修工作开展、资料收存，工器具使用情况及其他事项等

运维计划

计划制订

年度、月度、周计划

计划内容

倒闸操作、巡视、定期试验及轮换、设备带电检测及日常维护、设备消缺

计划执行

明确负责人和时限，到岗到位监督

文明生产

遵守纪律，分工明确，环境整洁，材料齐备，各类工器具、资料存放整齐

第六章 生产准备

运维单位明确	人员配置	人员培训	规程编制	工器具及仪器仪表	办公与生活设施购置	工程前期参与	验收及设备台账信息录入
一类变电站由省运检部编制方案报国家电网公司运检部审批。二类变电站由运维单位编制方案报省运检部审批。三、四类变电站由地市、省运检部编制方案并实施。	新建站核准后，主管部门应在一个月内明确变电站生产准备及运维单位。	结合工程情况对生产准备人员开展有针对性的培训。	投运前一周，完成规程的编写、审核与发布，生产管理制度、规范、规程、标准配备齐全。	投运前一个月，配备足够数量的仪器仪表、工器具、安全工器具、备品备件等。建立实物资产台账。	结合工程情况对生产准备人员开展有针对性的培训。	投运前一周，完成设备标志牌、相序牌、警示牌的制作和安装。	投运前一周，运维班将设备台账、主接线图等录入PMS系统。根据公司验收通用管理规定及细则开展验收工作。

第七章 运行规程管理

规

通用规程主要对变电站运行提出通用和共性的管理和技术要求，适用于本单位管辖范围内各相应电压等级变电站。

程

专用规程主要结合变电站现场实际情况提出具体的、差异化的、针对性的管理和技术规定，仅适用于该变电站。

编

一类变电站现场运行专用规程报国家电网公司运检部备案。

二类变电站现场运行专用规程报省公司运检部备案。

制

变电站现场运行规程应在运维班、变电站及对应的调控中心同时存放。

重新修订通用规程的情况：①当国家、行业、公司发布最新技术政策，通用规程与此冲突时；②当上级专业部门提出新的管理或技术要求，通用规程与此冲突时；③当发生事故教训，提出新的反事故措施后；④当执行过程中发现问题后。

重新修订专用规程的情况：①当通用规程发生改变，专用规程与此冲突时；②当各级专业部门提出新的管理或技术要求，专用规程与此冲突时；③当变电站设备、环境、系统运行条件等发生变化时；④当发生事故教训，提出新的反事故措施后；⑤当执行过程中发现问题后。

变电站现场运行规程每年进行一次复审，由各级运检部组织，审查流程参照编制流程执行。

变电站现场运行规程每五年进行一次全面修订，由各级运检部组织，修订流程参照编制流程执行，经全面修订后重新发布，原规程同时作废。

第八章　设备巡视

巡视要求	巡视类别	一类变电站	二类变电站	三类变电站	四类变电站
对站内设备及设施外观、异常声响、设备渗漏、监控系统、二次装置及辅助设施异常告警、消防安防系统完好性、变电站运行环境、缺陷和隐患跟踪检查等方面的常规性巡查	例行巡视	2天	3天	7天	14天
在例行巡视项目基础上，对站内设备开启箱门检查，记录设备运行数据，检查设备污秽情况，检查防火、防小动物、防误闭锁等有无漏洞，检查接地引下线是否完好，检查变电站设备厂房等方面的详细巡查	全面巡视	7天	15天	30天	60天
为深入掌握设备状态，由运维、检修、设备状态评价人员联合开展对设备的集中巡查和检测	专业巡视	1月	1季	半年	1年
夜间熄灯开展的巡视，重点检查设备有无电晕、放电，接头有无过热现象	熄灯巡视	30天			
因设备运行环境、方式变化而开展的巡视	特殊巡视	因设备运行环境、方式变化开展			

变电站特殊巡视情况都有哪些?

1 大风后

2 雷雨后

3 冰雪、冰雹后、雾霾过程中

4 新设备投入运行后

5 设备经过检修、改造或长期停运后重新投入系统运行后

6 设备缺陷有发展时

7 设备发生过负载或负载剧增、超温、发热、系统冲击、跳闸等异常情况

8 法定节假日、上级通知有重要保供电任务时

9 电网供电可靠性下降或存在发生较大电网事故（事件）风险时段

第九章　倒闸操作

倒闸操作过程中严防发生下列误操作：

1. 误分、误合断路器。
2. 带负荷拉、合隔离开关或手车触头。
3. 带电挂（合）接地线（接地刀闸）。
4. 带接地线（接地刀闸）合断路器（隔离开关）。
5. 误入带电间隔。
6. 非同期并列。
7. 误投退（插拔）压板（插把）、连接片、短路片，误切错定值区，误投退自动装置，误分合二次电源开关。

倒闸操作程序

操作票印章使用规定

1

操作票印章包括已执行、未执行、作废、合格、不合格。

2

操作票作废应在操作任务栏内右下角加盖“作废”章，在作废操作票备注栏内注明作废原因；调控通知作废的任务票应在操作任务栏内右下角加盖“作废”章，并在备注栏内注明作废时间、通知作废的调控人员姓名和受令人姓名。

3

若作废操作票含有多页，应在各页操作任务栏内右下角均加盖“作废”章，在作废操作票首页备注栏内注明作废原因，自第二张作废页开始可只在备注栏中注明“作废原因同上页”。

4

操作任务完成后，在操作票最后一步下边一行顶格居左加盖“已执行”章；若最后一步正好位于操作票的最后一行，在该操作步骤右侧加盖“已执行”章。

5

在操作票执行过程中因故中断操作，应在已操作完的步骤下边一行顶格居左加盖“已执行”章，并在备注栏内注明中断原因；若此操作票还有几页未执行，应在未执行的各页操作任务栏右下角加盖“未执行”章。

6

经检查票面正确，评议人在操作票备注栏内右下角加盖“合格”评议章并签名；检查为错票，在操作票备注栏内右下角加盖“不合格”评议章并签名，并在操作票备注栏说明原因。

7

一份操作票超过一页时，评议章盖在最后一页。

第十章 工作票管理

工作票管理规定：

第六十六条 工作票应遵循《国家电网公司电力安全工作规程》中的有关规定，填写应符合规范。

第六十七条 运维班每天应检查当日全部已执行的工作票。每月初汇总分析工作票的执行情况，做好统计分析记录，并报主管单位。

第六十八条 工作票应按月装订并及时进行三级审核，保存期为一年。

第六十九条 运维专职安全管理人员每月至少应对已执行工作票的不少于30%进行抽查。对不合格的工作票，提出改进意见，并签名。

第七十条 变电工作票、事故应急抢修单，一份由运维班保存，另一份由工作负责人交回签发单位保存。

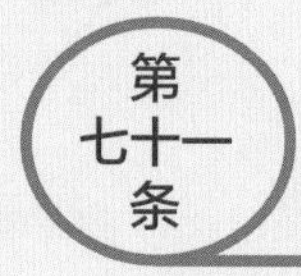

二次工作安全措施票由二次班组自行保存。

第十一章　设备缺陷管理

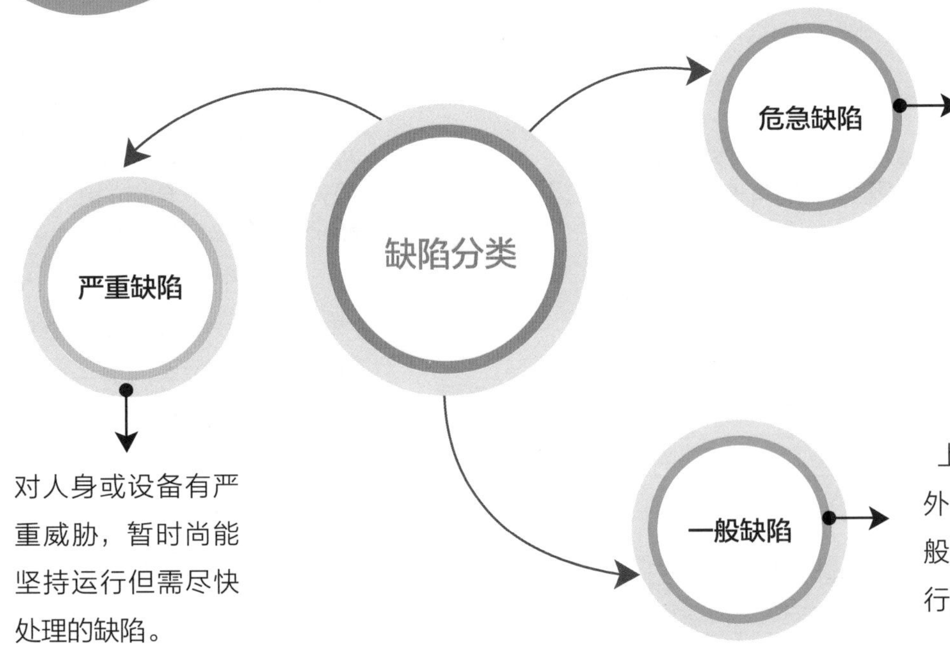

设备或建筑物发生了直接威胁安全运行并需立即处理的缺陷，否则，随时可能造成设备损坏、人身伤亡、大面积停电、火灾等事故。

对人身或设备有严重威胁，暂时尚能坚持运行但需尽快处理的缺陷。

上述危急、严重缺陷以外的设备缺陷，指性质一般、情况较轻、对安全运行影响不大的缺陷。

缺陷处理注意事项

1

设备缺陷的处理时限：

危急缺陷处理不超过24h；

严重缺陷处理不超过一个月；

需停电处理的一般缺陷不超过一个检修周期，可不停电处理的一般缺陷原则上不超过三个月。

2

发现危急缺陷后，应立即通知调控人员采取应急处理措施。

3

缺陷未消除前，根据缺陷情况，运维单位应组织制定预控措施和应急预案。

4

对于影响遥控操作的缺陷，应尽快安排处理，处理前后均应及时告知调控中心，并做好记录。必要时配合调控中心进行遥控操作试验。

第十二章　设备维护

日常维护

项目	周期
避雷器动作次数、泄漏电流抄录（雷雨后增加一次）	一个月
管束结构变压器冷却器在大负荷来临前冲洗	每年1~2次
高压带电显示装置检查维护	一个月
单个蓄电池电压测量	一个月
蓄电池内阻测试	一年

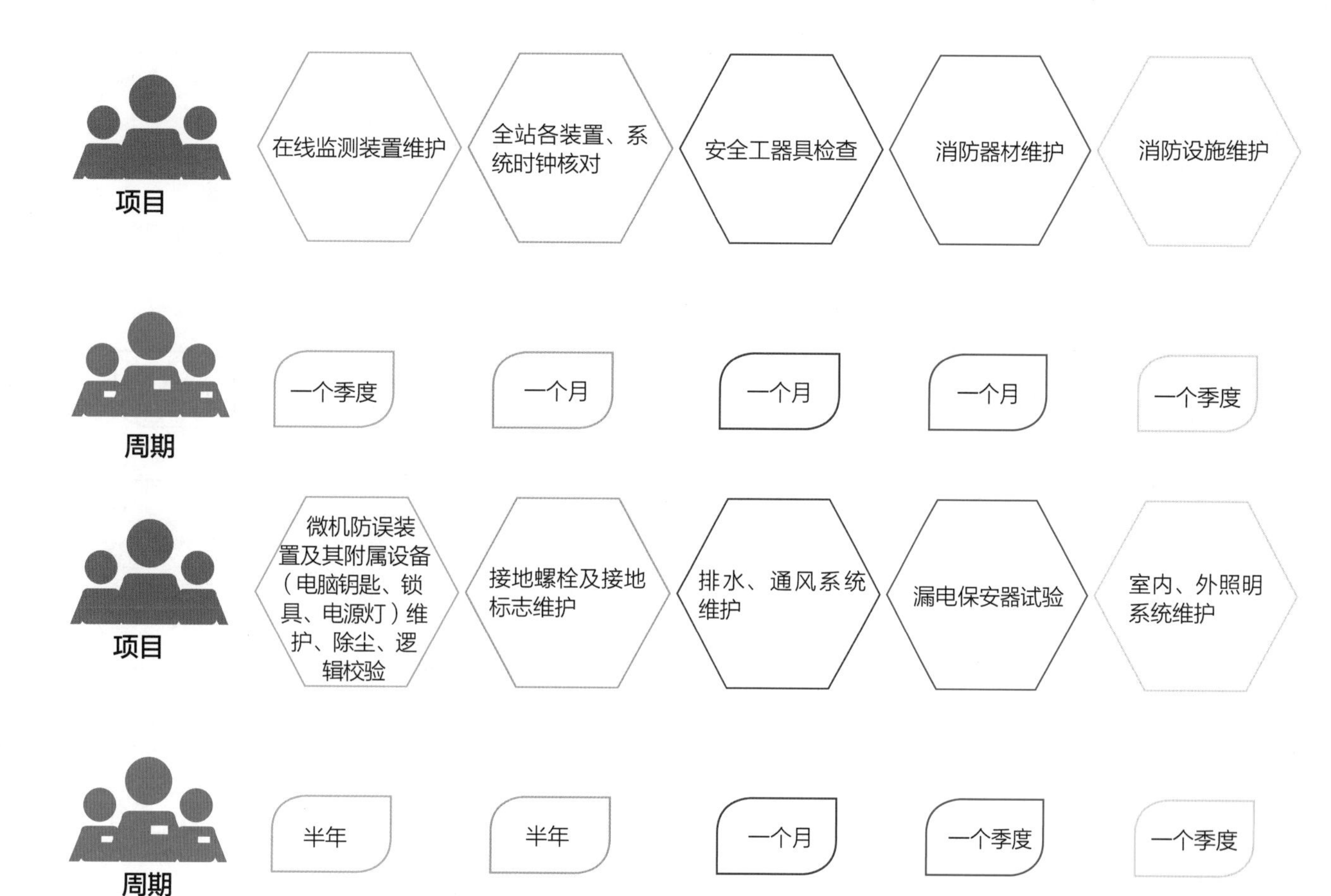
项目
在线监测装置维护
全站各装置、系统时钟核对
安全工器具检查
消防器材维护
消防设施维护
周期
一个季度
一个月
一个月
一个月
一个季度
项目
微机防误装置及其附属设备（电脑钥匙、锁具、电源灯）维护、除尘、逻辑校验
接地螺栓及接地标志维护
排水、通风系统维护
漏电保安器试验
室内、外照明系统维护
周期
半年
半年
一个月
一个季度
一个季度

项目

机构箱、端子箱、汇控柜等的加热器及照明

安防设施维护

二次设备清扫

电缆沟清扫

周期

一个季度

一个季度

半年

一年

项目

事故油池通畅检查

配电箱、检修电源箱检查、维护

室内SF_6氧量告警仪检查维护

防汛物资、设施全面检查、试验

周期

五年

半年

一个季度

每年汛前（5月）

设备定期轮换、试验

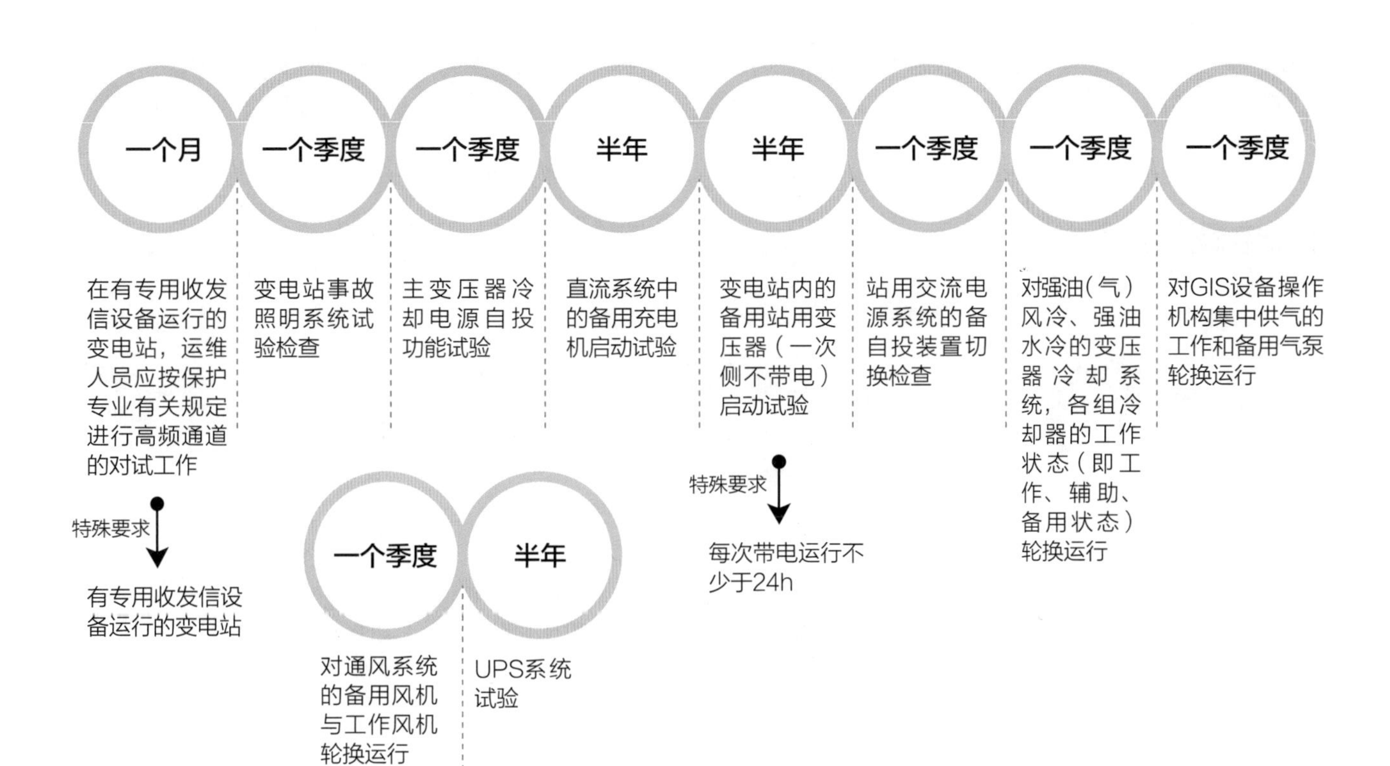
一个月
在有专用收发信设备运行的变电站，运维人员应按保护专业有关规定进行高频通道的对试工作
特殊要求
有专用收发信设备运行的变电站
一个季度
变电站事故照明系统试验检查
一个季度
主变压器冷却电源自投功能试验
半年
直流系统中的备用充电机启动试验
半年
变电站内的备用站用变压器（一次侧不带电）启动试验
特殊要求
每次带电运行不少于24h
一个季度
站用交流电源系统的备自投装置切换检查
一个季度
对强油（气）风冷、强油水冷的变压器冷却系统，各组冷却器的工作状态（即工作、辅助、备用状态）轮换运行
一个季度
对GIS设备操作机构集中供气的工作和备用气泵轮换运行
一个季度
对通风系统的备用风机与工作风机轮换运行
半年
UPS系统试验

第十三章 带电检测

带电检测项目

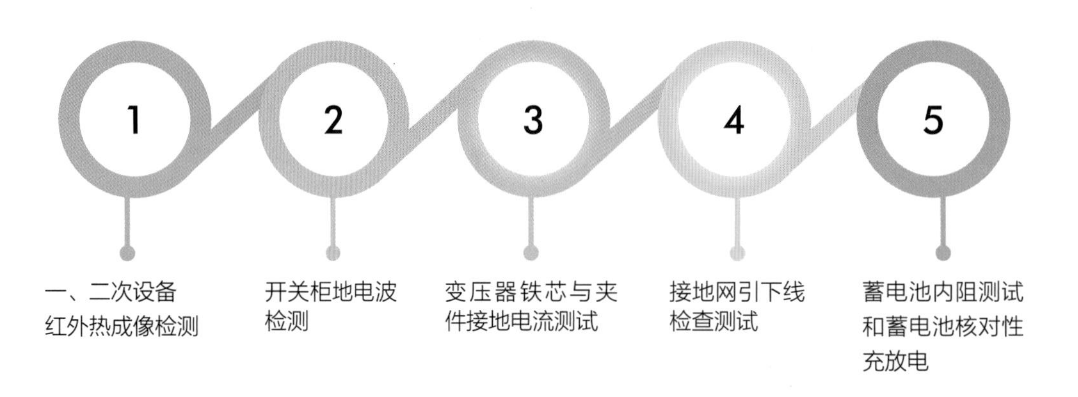

迎峰度夏（冬）、大负荷、新设备投运、
检修结束送电期间要增加检测频次

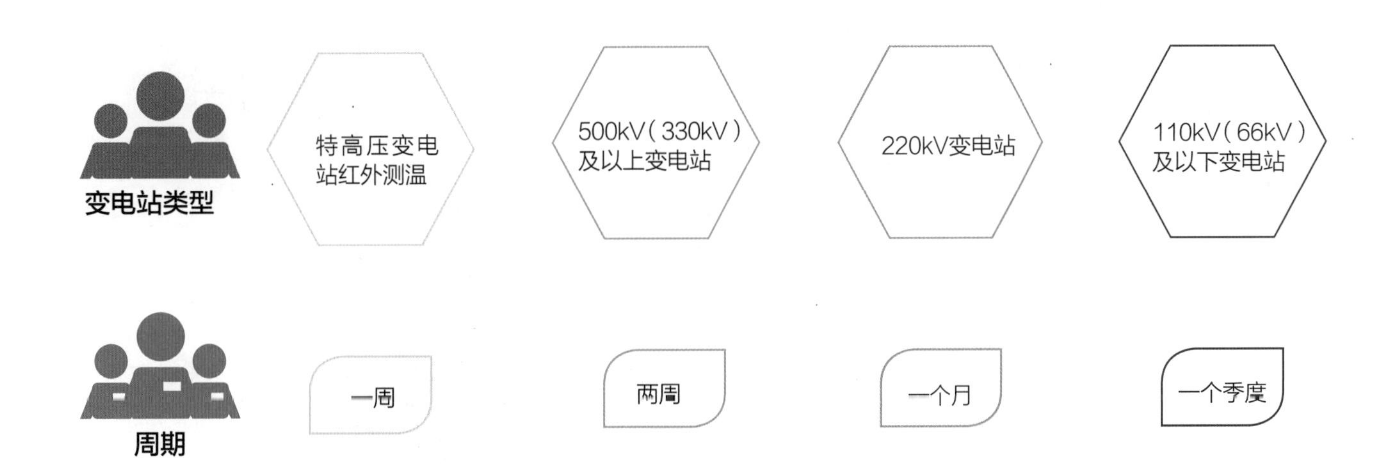

带电检测异常处理流程

1

检测人员检测过程中发现设备异常

2

检测人员上报本单位运检部

3

220kV及以上设备需要将异常情况以报告的形式报省公司运检部和省设备状态评价中心

4

省设备状态评价中心根据上报的异常数据在1个工作日内进行分析和诊断，必要时安排复测

5

省设备状态评价中心将结论和建议反馈至省公司运检部及运维单位，安排跟踪检测或停电检修试验

第十四章 防误闭锁装置管理

"五防"包括：

1. 防止误分、误合断路器
2. 防止带负载拉、合隔离开关或手车触头
3. 防止带电挂（合）接地线（接地刀闸）
4. 防止带接地线（接地刀闸）合断路器（隔离开关）
5. 防止误入带电间隔

防误装置及电气设备出现异常要求解锁操作，应由防误装置检修专业人员核实防误装置确已故障并出具解锁意见，经防误装置专责人到现场核实无误并签字后，由变电站运维人员报告当值调控人员，方可解锁操作。

日常管理要求

现场操作通过电脑钥匙实现，操作完毕后应将电脑钥匙中当前状态信息返回给防误装置主机进行状态更新，以确保防误装置主机与现场设备状态对应。

防误装置日常运行时应保持良好的状态。

防误闭锁装置应有符合现场实际并经审批的“五防”规则。

每年应定期对变电运维人员进行培训工作，使其熟练掌握防误装置，做到“四懂三会”。

每年春季、秋季检修预试前，对防误装置进行普查，保证防误装置正常运行。

第十五章　在线监测装置管理

巡视检查项目

在线监测装置不可以任意退出!

第十六章　智能巡检机器人管理

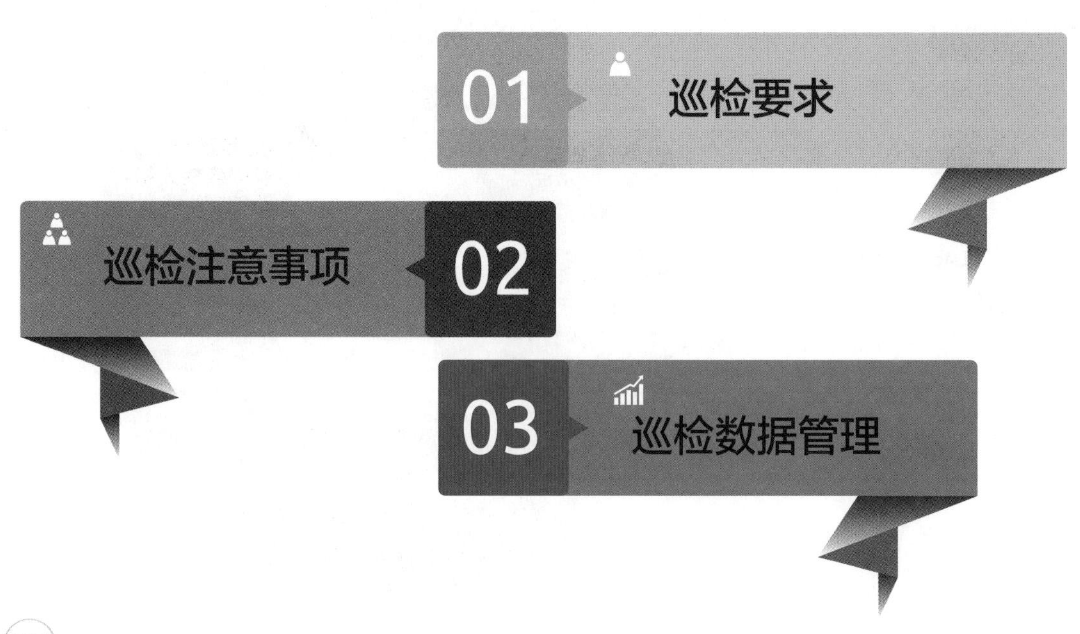

巡检要求

（一）积极应用智能巡检机器人开展巡检工作，与运维人员互相补充，建立协同巡检机制。

（二）在《变电站现场运行专用规程》中，应有关于智能巡检机器人运行管理、使用方面的相关内容，建立台账和运行记录。

国网河北省电力公司

保定供电分公司220千伏固店变电站

现场运行专用规程

二〇一五年九月

（三）运维人员按照智能巡检机器人厂家提供的技术数据、规范、操作要求，熟练掌握其使用方法，及时处理巡检系统异常。

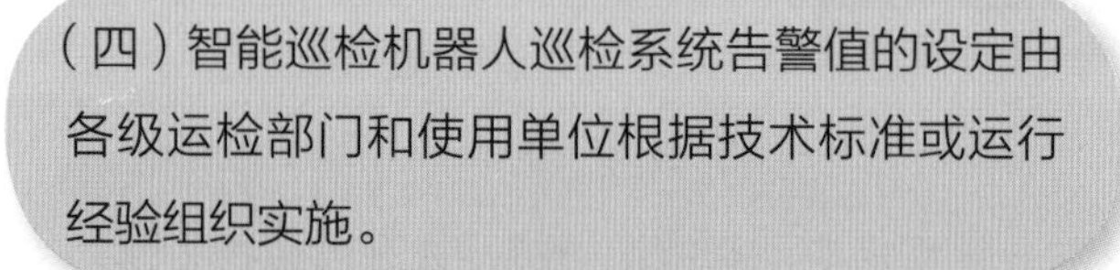

（四）智能巡检机器人巡检系统告警值的设定由各级运检部门和使用单位根据技术标准或运行经验组织实施。

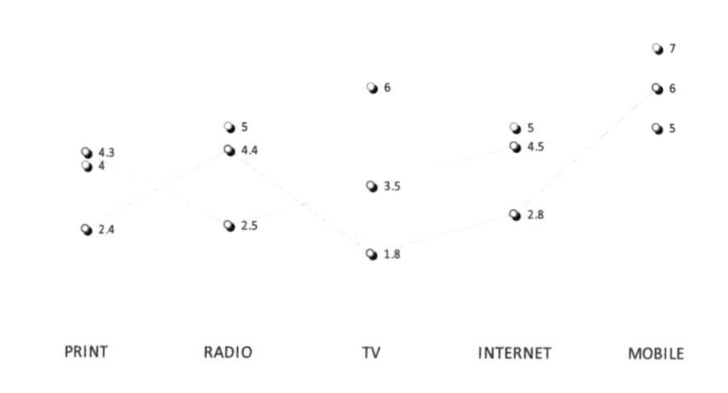

（五）运维人员应确保智能巡检机器人巡视路线无障碍；若外界环境参数超出机器人的设定标准，不应启动巡视任务。

（六）运维班应根据变电站巡视检查项目和周期，制定智能巡检机器人巡视任务和巡视周期。

变电站种类	一类变电站	二类变电站	三类变电站	四类变电站
巡视周期	2天	3天	7天	14天
特殊巡视	特殊时段和特殊天气应增加特殊巡视			

（七）智能巡检机器人新安装后一个月内应同步开展人工巡检，以验证其巡视效果，运行一个月后，可替代人工例行巡视。

（八）智能巡检机器人巡视结果异常时，应立即安排人员进行现场核实。

巡检注意事项

运维人员应按照机器人巡检操作规程，正确使用巡检系统后台，禁止如下操作：

（一）私自关闭、启动巡检系统后台；
（二）安装、运行各种无关软件；
（三）删除巡检系统后台程序、文件；
（四）私自修改巡检系统后台的设定参数，挪动巡检系统后台的安装位置；
（五）私自在巡检系统后台上连接其他外部设备；
（六）通过巡检系统后台接入互联网；
（七）在巡检系统后台上进行与工作无关的操作。

巡检数据管理

（一）运维人员应每天查看智能巡检机器人巡检数据，发现问题及时复核。交接班时应将智能巡检机器人运行情况、巡检数据等事项交接清楚。

（二）巡检数据维护工作应由专人负责，每季度备份一次巡检数据。

（三）机器人巡检系统视频、图片数据保存至少三个月，其他数据长期保存。

第十七章 辅助设施管理

辅助设施主要指为保证变电站安全稳定运行而配备的消防、安防、工业视频、通风、制冷、采暖、除湿、给排水系统、SF_6监测系统、照明系统、道路、建筑物

变电站消防设施的相关报警信息应传送至调控中心

变电站须具备完善的安防设施，应能实现安防系统运行情况监视、防盗报警等主要功能

运维人员应根据运维计划要求，定期进行辅助设施维护、试验及轮换工作

运维班应结合本地区气象、环境、设备情况增加辅助设施检查维护工作频次

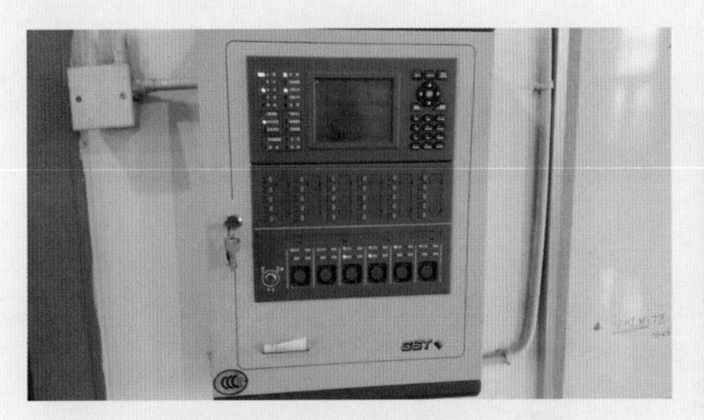

火警

消防沙箱

第十八章 标准化作业

标准作业卡的编制原则为任务单一、步骤清晰、语句简练，避免标准作业卡繁杂冗长、不易执行。

原则上由工作负责人按模板编制，班长或副班长（专业工程师）负责审核。

标准作业卡正文分为基本作业信息、工序要求（含风险辨识与预控措施）两部分。

编制标准作业卡前，应根据作业内容开展现场查勘，并根据现场环境开展安全风险辨识，制定预控措施。

作业工序存在不可逆性时，应在工序序号上标注*，如*2。

工艺标准及要求应具体、详细，有数据控制要求的应标明。

标准作业卡编号应在本运维单位内具有唯一性。其中工作类别包括验收、巡视、维护、检修、带电检测、停电试验。

标准作业卡的编审工作应在开工前一天完成。

Q 标准作业卡的执行有哪些步骤?

A

（一） 变电站巡视、维护、带电检测、消缺等工作均应按照标准化作业的要求进行。

（二） 现场工作开工前，工作负责人应组织全体工作人员对标准作业卡进行学习，重点交代人员分工、关键工序、安全风险辨识和预控措施等，全体工作人员应签字确认。

（三） 工作过程中，工作负责人应对安全风险、关键工艺要求及时进行提醒。

（四） 工作负责人应及时在标准作业卡上对已完成的工序打钩，并记录有关数据。

（五） 全部工作完毕后，全体工作人员应在标准作业卡中签名确认。工作负责人应对现场标准化作业情况进行评价，针对问题提出改进措施。

（六） 已执行的标准作业卡至少应保留一年。

第十九章　专项工作

专项工作包括哪些内容?

1. 消防管理
2. 防污闪管理
3. 防汛管理
4. 防（台）风管理
5. 防寒管理
6. 防高温管理
7. 防潮管理
8. 防小动物管理
9. 防鸟害管理
10. 防沙尘灾害管理
11. 防地震灾害管理
12. 防外力破坏管理
13. 危险品管理

第二十章　运维分析

专题分析的主要内容

设备出现的故障及多次出现的同一类异常情况

设备存在的家族性缺陷、隐患，采取的运行监督控制措施

其他异常及存在安全隐患的情况及其监督防范措施

综合分析的主要内容

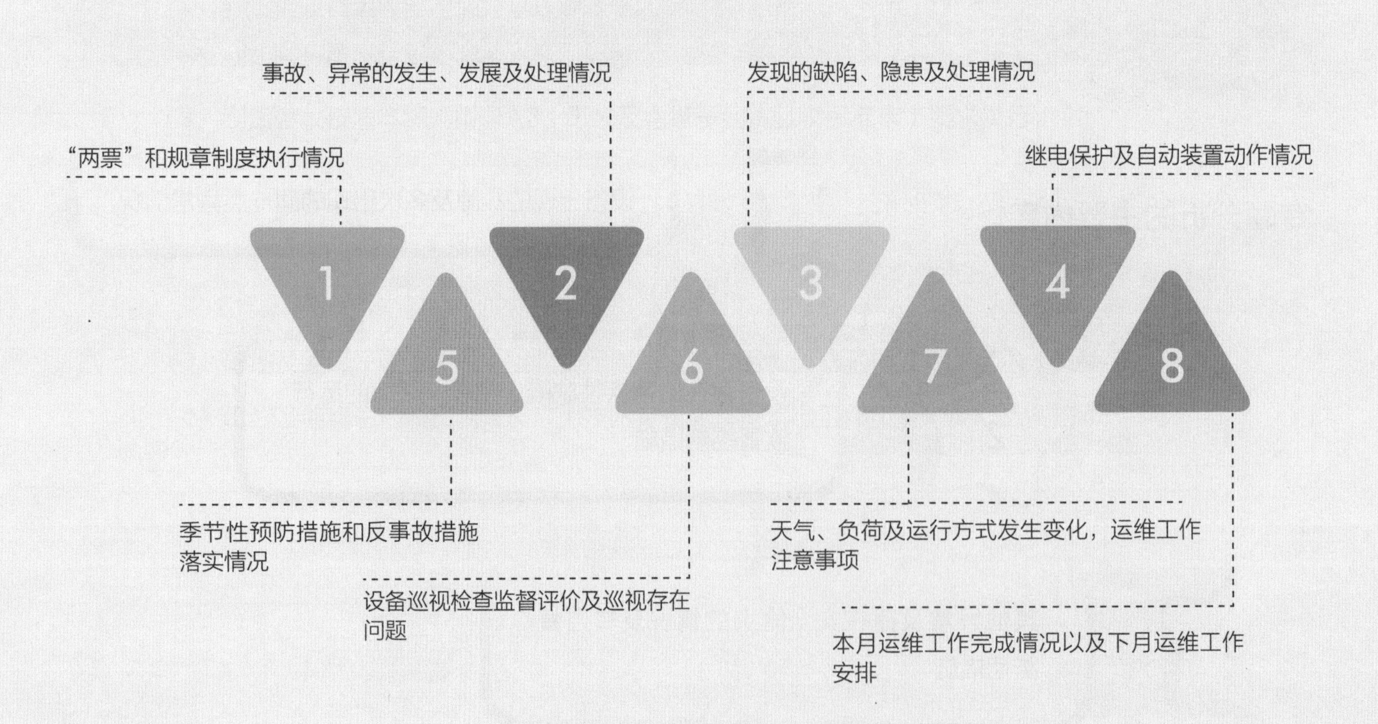
事故、异常的发生、发展及处理情况
发现的缺陷、隐患及处理情况
“两票”和规章制度执行情况
继电保护及自动装置动作情况
1
2
3
4
5
6
7
8
季节性预防措施和反事故措施落实情况
天气、负荷及运行方式发生变化，运维工作注意事项
设备巡视检查监督评价及巡视存在问题
本月运维工作完成情况以及下月运维工作安排

第二十一章 台账及运维记录

1. 运维工作记录应包以下内容：

   1. 运维工作日志
   2. 设备巡视记录
   3. 设备缺陷记录
   4. 电气设备检修试验记录
   5. 继电保护及安全自动装置工作记录
   6. 断路器跳闸记录
   7. 调控指令记录
   8. 避雷器动作及泄漏电流记录
   9. 设备测温记录
   10. 运维分析记录
   11. 反事故演习记录
   12. 解锁钥匙使用记录
   13. 蓄电池检测记录
   14. 事故预想记录

2. 设备台账应覆盖所有设备、设施，且准确、完整。

第二十二章 档案资料管理

运维班应具备的法律法规	
	中华人民共和国电力法
	中华人民共和国消防法
	道路交通安全法
	电力安全事故应急处置和调查处理条例
	国家电网公司电力安全工作规程变电部分
	国家电网公司安全事故调查规程
	国家电网公司安全工作规定
	国家电网公司十八项电网重大反事故措施
	电力系统用蓄电池直流电源装置运行与维护技术规程
	微机继电保护装置运行管理规程
	公司输变电设备状态检修、设备评价管理规定
	输变电设备状态检修试验规程
	国家电网公司防止电气误操作安全管理相关规定
	带电设备红外诊断应用规范
	国家电网公司供电电压、电网谐波及技术线损管理规定
	国家电网公司输变电设备防雷工作管理规定
	电力设备典型消防规程
	各级调度规程（根据调度关系）
	变电站现场运行通用规程、所辖变电站现场运行专用规程

运维班应具备的管理制度	
	国家电网公司变电运维通用管理规定和细则
	国家电网公司变电评价通用管理规定和细则
	国家电网公司变电验收通用管理规定和细则
	国家电网公司变电检修通用管理规定和细则
	国家电网公司变电检测通用管理规定和细则
	两票管理规定
	设备缺陷管理规定
	变电站安全保卫规定
	现场应急处置方案

运维班应具备的图纸图表	
	所辖变电站一次主接线图
	所辖变电站站用电系统图
	所辖变电站直流系统图
	所辖变电站设备最小载流元件表
	保护配置一览表
	地区污秽等级分布图
	视频监控布置图

运维班应具备的技术资料	变电站设备说明书
	变电站继电保护整定通知单
	变电站工程竣工（交接）验收报告
	变电站设备修试报告
	变电站设备评价报告

变电站应具备的规程	国家电网公司电力安全工作规程（变电部分）
	各级调度规程（根据调度关系）
	变电站现场进行通用规程
	变电站现场运行专用规程

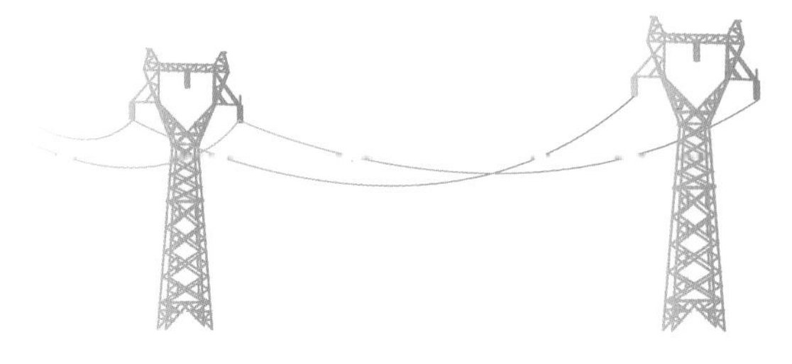

变电站应具备的技术图纸图表	一次主接线图
	站用电主接线图
	直流系统图
	正常和事故照明接线图
	继电保护、远动及自动装置竣工图
	巡视路线图
	全站平、断面图
	组合电器气隔图
	直埋电力电缆走向图
	接地装置布置及直击雷保护范围图
	消防系统图（或布置图）：火灾报警系统图、变压器（高抗）消防系统
	地下隐蔽工程竣工图
	主设备保护配置图
	断路器、隔离开关操作控制回路图
	测量、信号、故障录波及监控系统回路、布置图
	设备最小载流元件表
	交直流熔断器及开关配置表
	有关人员名单（各级调控人员、工作票签发人、工作负责人、工作许可人、有权单独巡视设备的人员等）

第二十三章　故障及异常处理

事故异常处理步骤

1. 运维人员初步检查判断，将天气情况、监控信息及保护动作简要情况向调控人员作汇报。

2. 现场有工作时应通知现场人员停止工作、保护现场，了解现场工作与故障是否关联。

3. 涉及站用电源消失、系统失去中性点时，应根据调控人员指令倒换运行方式并投退相关继电保护。

4. 详细检查继电保护、安全自动装置动作信号、故障相别、故障测距等故障信息，复归信号，综合判断故障性质、地点和停电范围，然后检查保护范围内的设备情况。将检查结果汇报调控人员和上级主管部门。

5. 检查发现故障设备后，应按照调控人员指令将故障点隔离，将无故障设备恢复送电。

第二十四章 安全工器具

1 变电运维班应配置充足、合格的安全工器具，建立安全工器具台账，统一分类编号，定置存放。

2 运维班应定期检查安全工器具，做好检查记录（见国家电网公司变电运维通用管理规定附录Q2），对发现不合格或超试验周期的应隔离存放，做出“禁用”标识，停止使用。

3 应根据安全工器具试验周期规定建立试验计划表（见国家电网公司变电运维通用管理规定附录Q3），试验到期前运维人员应及时送检，确认合格后方可使用。

4 安全工器具宜根据产品要求存放于合适的温度、湿度及通风条件处，与其他物资材料、设备设施应分开存放。

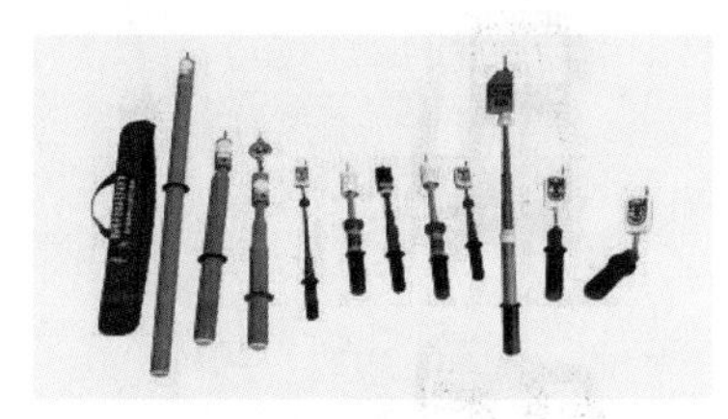

第二十五章　仪器仪表及工器具

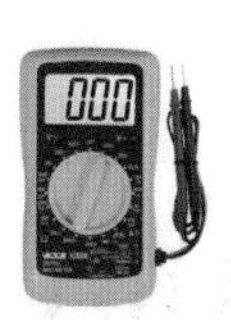

1

配置充足、合格的仪器仪表及工器具，并定置存放，放置地点和仪器仪表、工器具上，均应标明名称和编号。

2

建立仪器仪表及工器具台账记录。仪器仪表、工器具应存放在专用橱柜内。

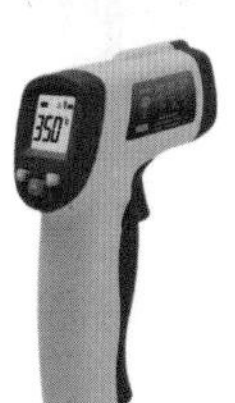

3

各设备室的温湿度计应定置管理，安装地点应设置温湿度计标识，粘贴在温湿度计正上方。

4

仪器仪表等应按照有关规定，由具备资质的检测机构定期检测，试验合格后方可使用，校验合格的装备上应有明显的检测试验合格证。

第二十六章　生产用车管理

1 运维班应配置满足变电站运行维护工作需要的生产用车。

2 生产用车严禁私用，使用前后应做好相关的登记工作。

3 专（兼）职驾驶员定期做好生产用车的例行保养、检查工作，保证车况良好。

4 专（兼）职驾驶员不得擅自将生产用车交给他人驾驶。

5 变电站内生产用车行驶应严格遵守限速、限高规定，按照规定的路线行驶和停放。

第二十七章 外来人员管理

外来人员是指除负责变电站管理、运维、检修人员外的各类人员（如外来参观人员、工程施工人员等）。

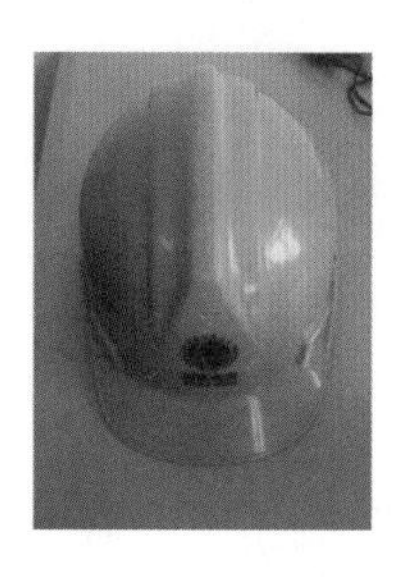

无单独巡视设备资格的人员到变电站参观检查，应在运维人员的陪同下方可进入设备场区。

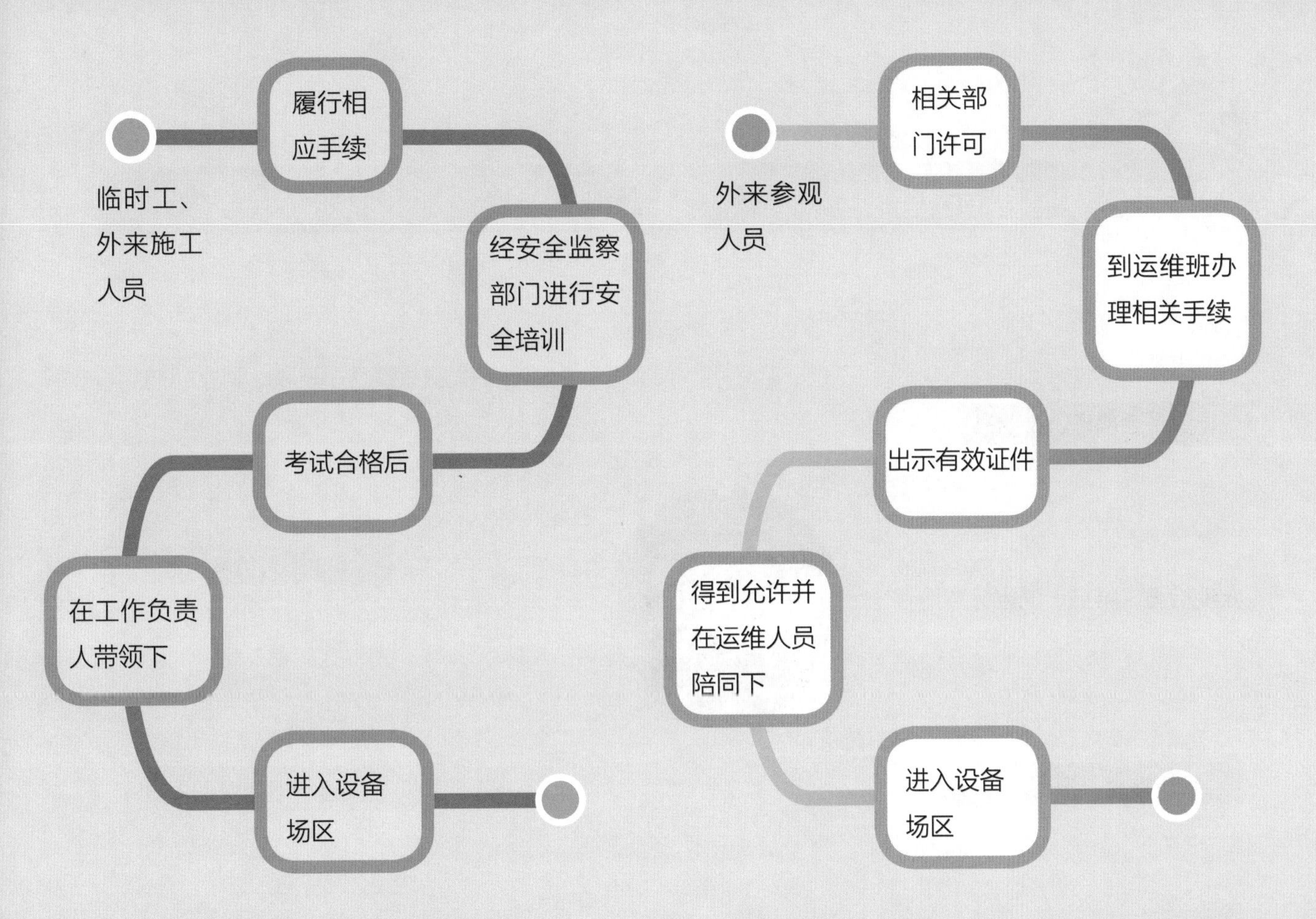
履行相应手续
临时工、外来施工人员
经安全监察部门进行安全培训
考试合格后
在工作负责人带领下
进入设备场区
相关部门许可
外来参观人员
到运维班办理相关手续
出示有效证件
得到允许并在运维人员陪同下
进入设备场区

第二十八章 备品备件

档案、合格证、说明书

防火、防尘、防潮、防水、防腐、防晒

定期检查、维护、试验

专人负责管理

每年核查，不足补充

视同运行设备管理

第二十九章　技术培训

1. 变电设备运维管理要求
2. 变电设备巡视、倒闸操作、缺陷管理、设备维护、带电检测、故障及异常处理等内容
3. 变电站现场运行规程和应急预案
4. 变电设备巡视、维护作业卡及各项记录、报告的规范使用
5. 两票使用及倒闸操作技能
6. 变电设备结构原理和技术特点

2

运维人员每月至少进行一次变电运维相关技术、技能培训

1

专业管理人员、运维人员每年至少参加一次变电设备运维细则培训

3

运维班应每月开展一次事故预想，每季度开展一次反事故演习

第三十章 差异化规定

特高压变电站	省公司组织启动和开展各项生产准备工作，编制生产准备工作方案并报国家电网公司运检部审批
	省检修公司确定新建特高压交流变电站运行维护组织机构，按国家电网公司标准配备必需的生产及管理人员，3 个月内到位，6 个月内应确定所有运维人员并分批到位，在设备安装、调试前全部运维人员应进驻现场
	制订培训计划，并认真组织实施，参加施工单位的安装调试，熟悉设备的构造及安装方法，掌握调试方法，选择其他特高压交流变电站进行现场实习，无特高压交流变电站工作经验的要安排不少于 1 个月的现场学习

地下变电站	根据变电站投运后现场建筑布置与出入通道情况编写该地下变电站专用的《变电站现场应急疏散预案》，并组织运维班人员学习；变电站投运前，运维班负责人应组织运维人员根据该预案进行紧急疏散演习
	在变电站投运前组织学习站内暖通设备（排风风机、管道排风机、边墙排风机、排烟风机、正压送风机、空调室内机和室内除湿机等）的配置情况与操作方法，编写《变电站暖通系统故障现场处置方案》
	运维人员应掌握站内排水设施的配置情况与操作方法，并定期检查排水通畅情况，汛期前确保防汛措施完善；掌握氧量仪和 SF_6 气体泄漏报警仪、强力通风装置的配置情况及使用方法
	根据地下设备区域的消防布置编写该站专用的《变电站火灾事故现场处置方案》，并组织运维班人员进行学习与演练

高海拔地区变电站	高海拔地区变电站内应配备供氧设备、医药箱等医疗设备，必要时可设立高压氧舱
	生产用车应根据工作需要配备供氧设备，医药箱内药品充足；驾驶人员应具备山路驾驶经验和技能，并定期检查车况良好
	具备必要的防高原病和疫区防传染配套设施、措施

高寒地区变电站	电力设备、建筑物、消防设施应满足防寒、防冻要求，安全工器具、仪器仪表等适用范围应满足地区的低温要求
	保证必要的防寒防护用品、急救药品和生活物资在有效期内
	生产用车应有防寒、防滑措施

风沙地区变电站	户外所有端子箱、机构箱、汇控柜、智能柜防尘罩密封应完好，不留通风口，但应满足散热功能。根据现场需要，箱内的继电器应有防尘罩
	风沙危害较大地区，应注重、加强近地表的防护措施，防止地表重复起沙；变电站外围的沙化地面应采取固沙措施
	变电站保护室、蓄电池室、设备室通风窗口应具备防风、防沙功能，电缆沟盖板、充氮灭火装置喷头应满足防沙要求
	变电站外围设计应有防止漂浮物进站的设施；变电站室外设备区照明应有防护罩，视频控头具备防风、防沙、自清理功能

海岛变电站	变电站应具备完善的防潮、防凝露设施及防锈蚀措施
	开展防台风工作，明确重点部位、薄弱环节，制定防台风预案，开展防台风演练
	应有足够的防洪抢险器材和保证足量的救生衣、物资，并对其进行检查、检验和试验，确保物资处于良好状态

第三十一章 检查与考核

<table>
<tr><th>部门</th><th>检查与考核范围</th><th>检查与考核周期</th><th>检查与考核内容</th></tr>
<tr><td>国家电网公司运检部</td><td>负责对一类变电站进行检查与考核，对二、三、四类变电站进行抽查</td><td>每年对省公司管辖一类变电站抽查考核的数量不少于一座，对二、三、四类变电站进行抽查</td><td rowspan="5">（一）日常运维管理（设备巡视、设备定期轮换试验、设备缺陷管理）。
（二）专项管理（防汛、防潮、防寒、防风、防毒、防小动物、防污闪、带电检测、设备状态评价、反措落实）。
（三）安全管理（工作票管理、操作票及倒闸操作管理、防误闭锁装置管理、消防管理、安全工器具管理、安全保卫管理、防止变电站全停措施）。
（四）基础资料管理（运维制度、图纸资料、技术资料、规程规定、现场运规）。
（五）标准化作业执行情况</td></tr>
<tr><td>省公司运检</td><td>负责对一、二类变电站进行检查与考核，对三、四类变电站进行抽查</td><td>每年对管辖一、二类变电站抽查考核的数量不少于 1/3，对三、四类变电站进行抽查</td></tr>
<tr><td>省检运检部</td><td rowspan="2">负责对所辖变电站进行检查与考核</td><td>每年对管辖一、二类变电站全部进行检查考核，对管辖三、四类变电站抽查考核的数量不少于 1/3</td></tr>
<tr><td>地市公司运检部</td><td>每年对管辖二类变电站全部进行检查考核，对管辖三、四类变电站抽查考核的数量不少于 1/3</td></tr>
<tr><td>县公司运检部</td><td>负责对所辖变电站进行检查与考核</td><td>每年对管辖三类变电站全部进行检查考核，对管辖四类变电站抽查考核的数量不少于 1/3</td></tr>
</table>

第二部分

变电设备运维细则

第1分册
油浸式变压器（电抗器）运维细则

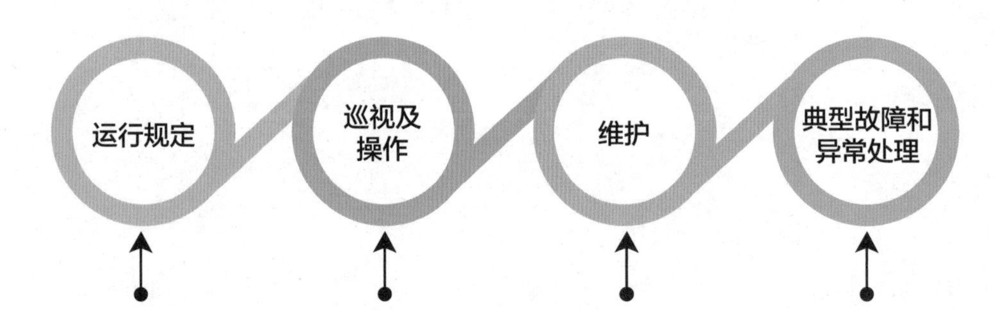

运行规定

1. 一般规定
2. 运行温度要求
3. 负载状态的分类及运行规定
4. 运行电压要求
5. 并列运行的基本条件
6. 紧急申请停运规定

巡视及操作

1. 巡视
2. 操作

维护

1. 吸湿器维护
2. 冷却系统维护
3. 变压器事故油池维护
4. 气体继电器集气盒放气
5. 变压器铁芯、夹件接地电流测试
6. 红外监测
7. 在线监测装置载气更换

典型故障和异常处理

1. 本体主保护动作
2. 有载调压重瓦斯动作
3. 后备保护动作
4. 变压器着火
5. 套管炸裂
6. 压力释放阀动作
7. 轻瓦斯动作
8. 声响异常
9. 强油风冷变压器冷却器全停
10. 油温异常升高
11. 油位异常
12. 套管渗漏、油位异常和末屏放电
13. 油色谱在线监测装置告警

变压器中应投信号的保护装置有哪些?

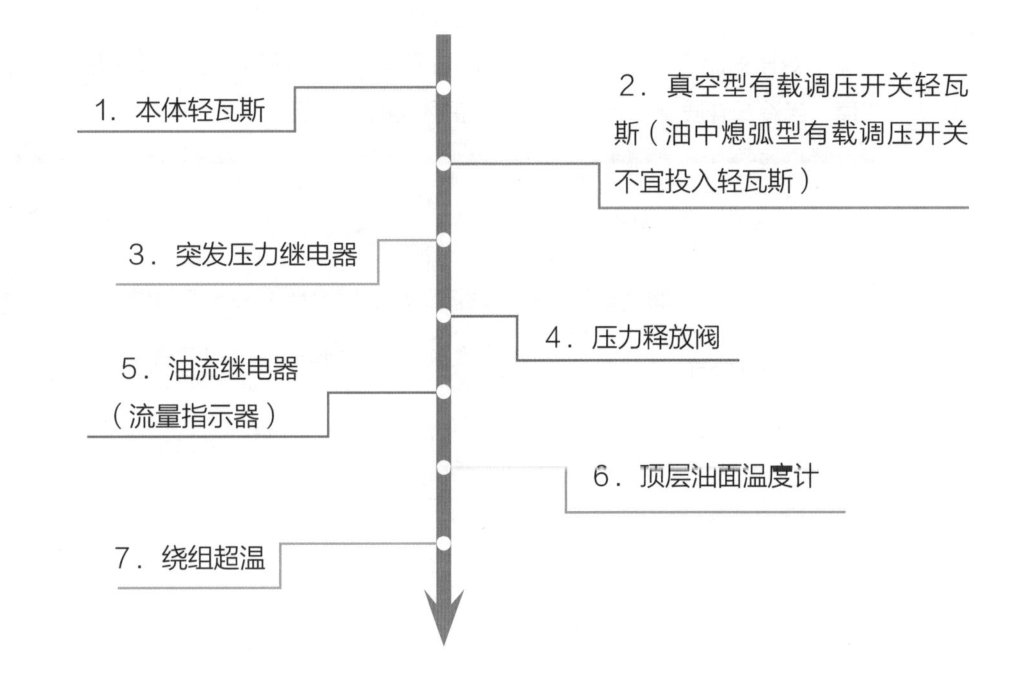

Q 变压器的运行温度有哪些规定?

除了变压器制造厂家另有规定外，油浸式变压器顶层油温一般不应超过下表所列数值。当冷却介质温度较低时，顶层油温也相应降低。

油浸式变压器顶层油温在额定电压下的一般限值　　单位：℃

冷却方式	冷却介质最高温度	顶层最高油温	不宜经常超过温度	告警温度设定
自然循环自冷（ONAN）、自然循环风冷（ONAF）	40	95	85	85
强迫油循环风冷（OFAF）	40	85	80	80
强迫油循环水冷（OFWF）	30	70	—	—

Q 什么情况下有载调压开关禁止调压操作?

A

1 真空型有载开关轻瓦斯保护动作发信时。

2 有载开关油箱内绝缘油劣化不符合标准时。

3 有载开关储油柜的油位异常时。

4 变压器过负荷运行时，不宜进行调压操作；过负荷1.2倍时，禁止调压操作。

变压器的并列运行条件有哪些?

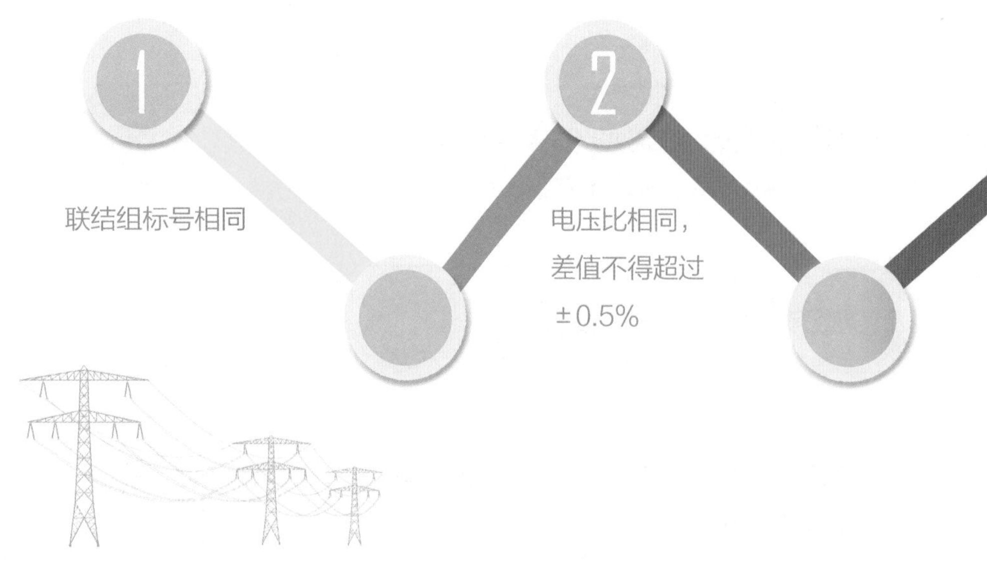

联结组标号相同

电压比相同，差值不得超过±0.5%

阻抗电压值偏差小于10%

a）电压比不等或者阻抗电压不等的变压器，任何一台变压器除满足GB/T 1094.7—2008《电力变压器　第7部分：油浸式电力变压器负载导则》和制造厂规定外，其每台变压器并列运行绕组的环流应满足制造厂的要求。
b）阻抗电压不同的变压器，可以适当提高短路阻抗百分较高的变压器的二次电压，使并列运行变压器的容量均能充分利用。

Q 变压器的例行巡视包括哪些部位?

1. 变压器本体及套管
2. 分接开关
3. 冷却系统
4. 非电量保护装置
5. 储油柜
6. 其他

Q 变压器维护操作有哪些规定?

A

1. 吸湿器维护：吸湿剂受潮变色超过 2/3、油封内的油位超过上下限、吸湿器玻璃罩及油封破损时应及时维护。

2. 变压器事故油池维护：及时清理杂物和抽排积水。

3. 冷却系统维护。

4. 变压器铁芯、夹件接地电流测试：220kV 每 6 个月不少于一次；35 ~ 110kV 每年不少于一次；新安装及大修变压器投运后一周内。

5. 气体继电器集气盒放气。

6. 红外检测：220kV 及以下变电站，迎峰度夏前和迎峰度夏中各开展一次精确测温。

7. 在线监测装置载气更换：气瓶上高压指示下降到报警值时，应更换气瓶。

Q 变压器本体主保护动作和变压器有载调压重瓦斯动作分别有什么现象?

变压器本体主保护动作：监控系统发出重瓦斯保护动作、差动保护动作、差动速断保护动作信息，主画面显示主变压器各侧断路器跳闸，各侧电流、功率显示为零。

保护装置发出重瓦斯保护动作、差动保护动作、差动速断保护动作信息。

变压器有载调压重瓦斯动作：监控系统发出有载调压重瓦斯保护动作信息，主画面显示主变压器各侧断路器跳闸，各侧电流、功率显示为零。

保护装置发出变压器有载调压重瓦斯保护动作信息。

Q 变压器后备保护动作的处理原则有哪些?

A

ⓐ 检查变压器后备保护动作范围内是否存在造成保护动作的故障，检查故障录波器有无短路引起的故障电流，检查是否存在越级跳闸现象。

ⓑ 认真检查核对后备保护动作信息，同时检查其他设备保护动作信号，一、二次回路，直流电源系统和站用电系统运行情况。

ⓒ 站用电系统全部失电应尽快恢复正常供电。

ⓓ 按照调度指令或《变电站现场运行专用规程》的规定，调整变压器中性点运行方式。

ⓔ 检查运行变压器是否过负荷，根据负荷情况投入冷却器。若变压器过负荷运行，应汇报值班调控人员转移负荷。

ⓕ 检查失电母线及各线路断路器，根据调度命令转移负荷。

ⓖ 检查故障发生时现场是否存在检修作业，是否存在引起变压器后备保护动作的可能因素，若有检修作业应立即停止工作。

ⓗ 如果发现后备保护范围内有明显故障点，汇报值班调控人员，按照值班调控人员指令隔离故障点。

ⓘ 确认出线断路器越级跳闸，在隔离故障点后，汇报值班调控人员，按照值班调控人员指令处理。

ⓙ 检查站内无明显异常，应联系检修人员，查明后备保护是否误动及误动原因。

ⓚ 记录后备保护动作时间及一、二次设备检查结果并汇报。

ⓛ 提前布置检修试验工作的安全措施。

第2分册
断路器运维细则

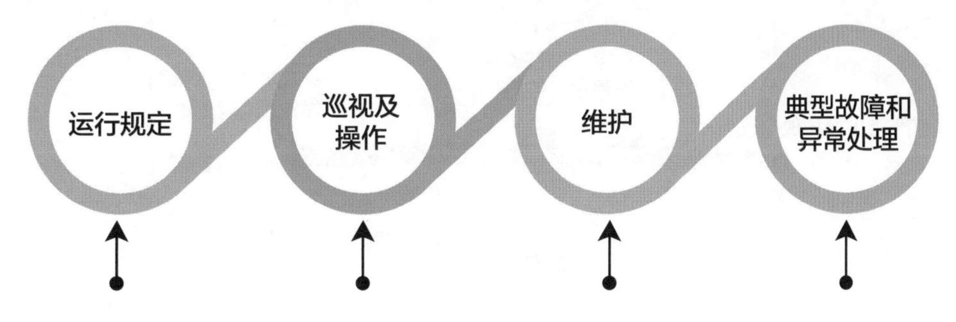

1. 一般规定
2. 本体
3. 操动机构
4. 其他
5. 紧急申请停运规定

1. 巡视
2. 操作

1. 端子箱、机构箱、汇控柜维护
2. 断路器本体（地电位）锈蚀
3. 指示灯更换
4. 储能空开更换
5. 红外检测

1. 断路器灭弧室爆炸
2. 保护动作断路器拒分
3. 控制回路断线
4. SF_6气体压力降低
5. 操动机构压力低闭锁分合闸
6. 操动机构频繁打压
7. 液压机构油泵打压超时
8. 油断路器油位异常
9. 操作失灵

下列情况时，应立即汇报调控人员申请设备停运：

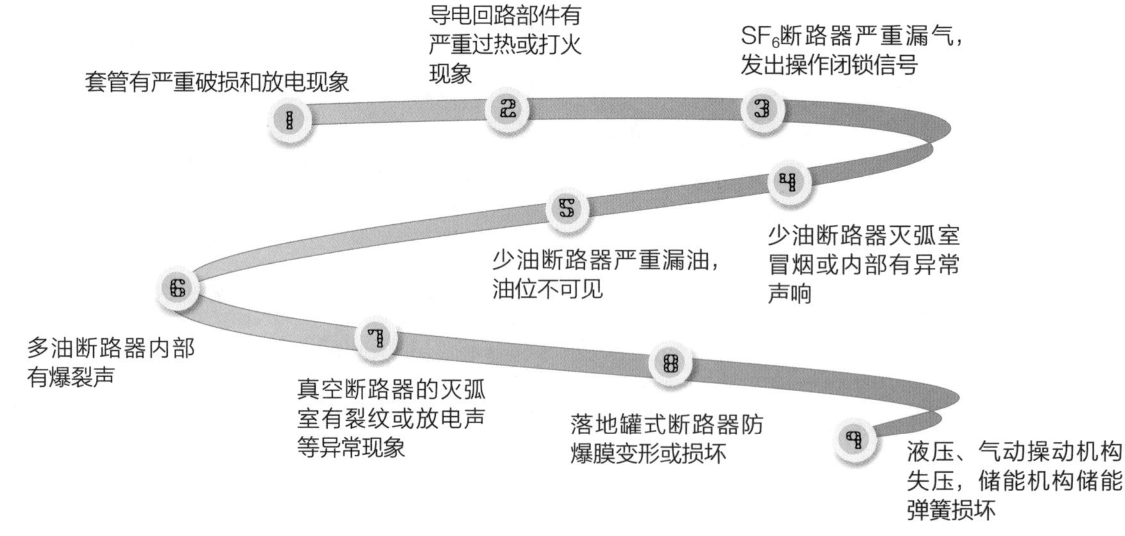

哪些情况下，断路器跳闸后不得试送?

A

1. 全电缆线路
2. 调度通知线路有带电检修工作
3. 低频减载保护、系统稳定控制、联切装置及远动装置动作后跳闸的断路器
4. 断路器开断故障电流的次数达到规定次数时
5. 断路器铭牌标称容量接近或小于安装地点的母线短路容量时

Q 断路器各项维护有哪些要求?

A

1 端子箱、机构箱、汇控柜维护：箱体、箱内加热驱潮装置元件及回路、照明回路、电缆孔洞封堵维护要求参照端子箱部分相关内容。

2 断路器本体（地电位）锈蚀：对表面处理后的部分涂抹防腐材料，并喷涂同色度的面漆。处理时应保证有足够的安全距离。

3 指示灯更换：应选用相同规格型号的指示灯；更换时，应戴线手套，使用的工具应绝缘良好，防止发生短路接地；拆解的二次线应做好标记，并进行绝缘包扎处理；更换完成后，应检查指示灯指示与设备实际状态相符。

4 储能开关更换：应选用相同规格型号的空开；更换前应断开上级电源空开或拆除电源线，并确认储能空开两侧无电压；更换时，应戴线手套，使用的工具应绝缘良好，防止发生短路接地；拆解的二次线应做好标记，并进行绝缘包扎处理；更换后检查相序正确，确认无误后方可投入。

5 红外检测：检测范围包括断路器引线、线夹、灭弧室、外绝缘及二次回路；检测重点为断路器引线、线夹、灭弧室及二次回路。

检查监控系统断路器跳闸情况及光字、告警等信息。

结合保护装置动作情况，核对断路器的实际位置，确定拒动断路器。

检查断路器保护出口压板是否按规定投入，控制电源是否正常，控制回路接线有无松动，直流回路绝缘是否良好，气动、液压操动机构压力是否正常，弹簧操动机构储能是否正常，SF_6气体压力是否在合格范围内，汇控柜或机构箱内远方/就地把手是否在“远方”位置，分闸线圈是否有烧损痕迹。

向值班调控人员汇报一、二次设备检查结果，按照值班调控人员指令隔离故障点及拒动断路器，并将非故障设备恢复运行。

第3分册
组合电器运维细则

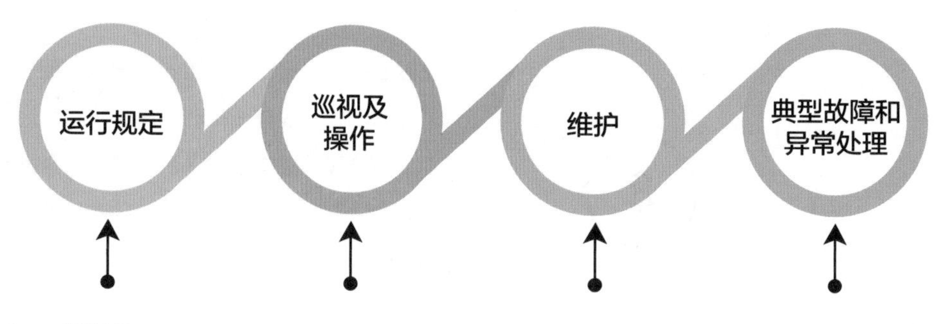

1. 一般规定
2. 紧急申请停运规定

1. 巡视
2. 操作

1. 汇控柜维护
2. 高压带电显示装置维护
3. 指示灯更换
4. 储能空开更换
5. 组合电器红外热像检测

1. 内部绝缘故障、击穿
2. SF_6气体压力异常
3. 声响异常
4. 局部过热
5. 分、合闸异常
6. 组合电器发生故障气体外逸时的安全技术措施

- 当SF_6气体压力异常发报警信号时，应尽快联系检修人员处理；当气室内的SF_6压力降低至闭锁值时，严禁分、合闸操作。

- 正常情况下应选择远方电控操作方式，当远方电控操作失灵时，方可选择就地电控操作方式。

- 组合电器各元件之间装设的电气联锁，运维人员不得随意解除闭锁，也不宜随意更改、增加闭锁功能。

- 组合电器室应装设强力通风装置，风口应设置在室内底部，排风口不能朝向居民住宅或行人，排风机电源开关应设置在门外。

- 工作人员进入组合电器室，应先通风15min，并用检漏仪测量SF_6气体含量合格。尽量避免一人进入组合电器室进行巡视，不准一人进入从事检修工作。

- 组合电器室低位区应安装能报警的氧量仪和SF_6气体泄漏报警仪，在工作人员入口处应装设显示器。上述仪器应定期检验，保证完好。

组合电器各项维护有哪些要求?

汇控柜维护：加热装置在入冬前应进行一次全面检查并投入运行，发现缺陷及时处理；驱潮防潮装置应长期投入，在雨季来临之前进行一次全面检查，发现缺陷及时处理。

储能空开更换：更换储能空开前，应断开上级电源，并用万用表测量确认电源侧无电压。

指示灯更换：测量指示灯两端对地电压，若电压正常则判断为指示灯故障，自行更换；若电压异常则判断为回路其他单元故障，联系检修人员处理。

高压带电显示装置维护：对于具备自检功能的带电显示装置，利用自检按钮检查显示单元是否正常。对于不具备自检功能的带电显示装置，测量显示单元输入端电压，若有电压则判断为显示单元故障，自行更换；若无电压则判断为传感单元故障，联系检修人员处理。

组合电器红外热像检测：检测本体及进出线电气连接、汇控柜等处，对电压互感器隔室、避雷器隔室、电缆仓隔室、接地线及汇控柜内二次回路重点检测。

Q SF_6气体压力异常的处理原则是什么？

A

1 现场检查 SF_6 压力表外观是否完好，所接气体管道阀门是否处于打开位置。

2 监控系统发出气体压力低告警或闭锁信号，但现场检查 SF_6 压力表指示正常，判断为误发信号，联系检修人员处理。

3 若 SF_6 压力确已降低至告警值，但未降至闭锁值，联系检修人员处理。

4 补气后，检查 SF_6 各管道阀门的开闭位置是否正确，并跟踪监视 SF_6 压力变化情况。

5 若 SF_6 压力确已降到闭锁操作压力值或直接降至零值，应立即断开操作电源，锁定操动机构，并立即汇报值班调控人员，申请将故障组合电器隔离。

第4分册
隔离开关运维细则

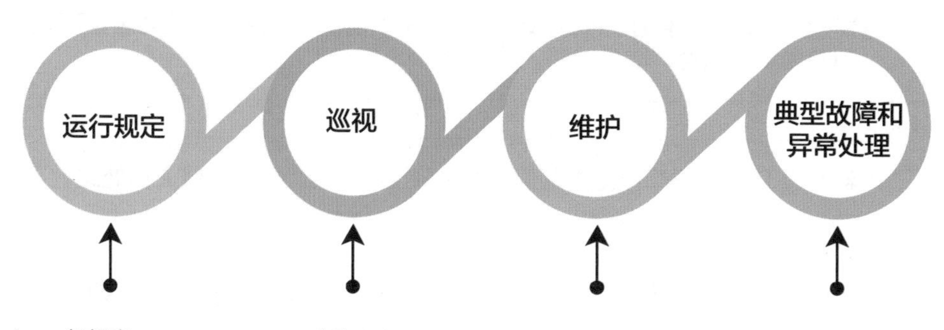

1. 一般规定
2. 导电部分
3. 绝缘子
4. 操动机构和传动部分
5. 其他
6. 紧急停运规定

1. 例行巡视
2. 全面巡视
3. 熄灯巡视
4. 特殊巡视
5. 操作

1. 端子箱、机构箱维护
2. 红外检测

1. 绝缘子断裂
2. 拒分、拒合
3. 合闸不到位
4. 导电回路异常发热
5．绝缘子有破损或裂纹
6．隔离开关位置信号不正确

发现哪些情况，应立即向值班调控人员申请停运处理？

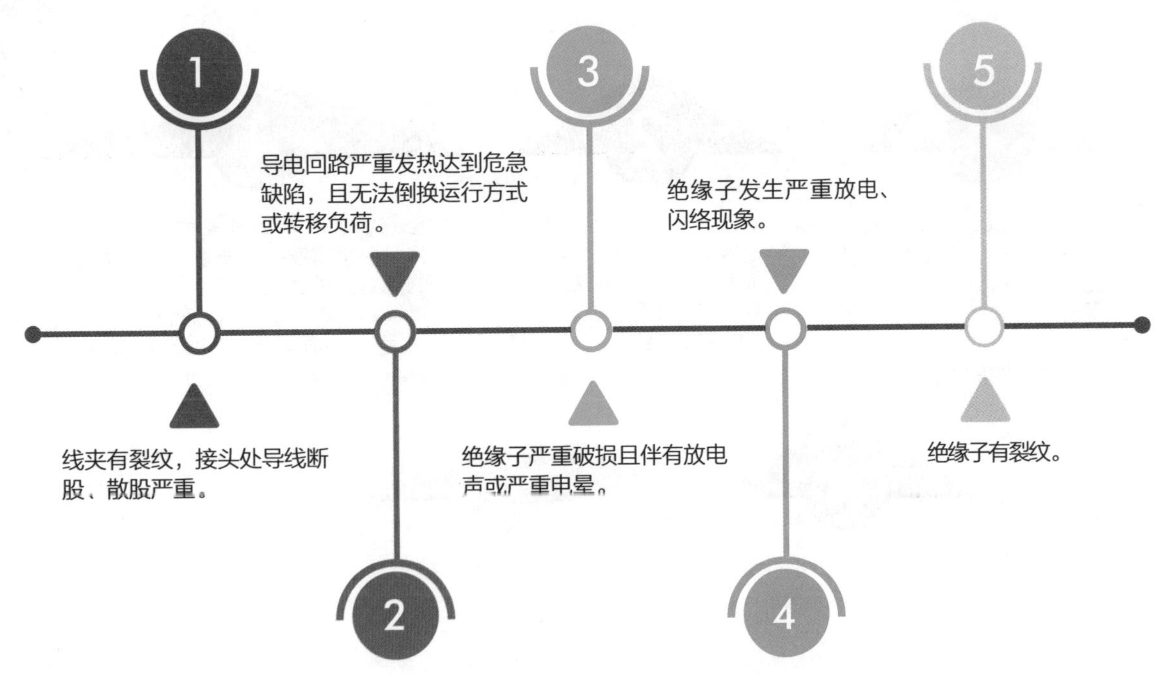

隔离开关导电部分有哪些巡视内容?

A

1

合闸状态的隔离开关触头接触良好，合闸角度符合要求；分闸状态的隔离开关触头间的距离或打开角度符合要求，操动机构的分、合闸指示与本体实际分、合闸位置相符。

2

触头、触指（包括滑动触指）、压紧弹簧无损伤、变色、锈蚀、变形，导电臂(管)无损伤、变形现象。

3

引线弧垂满足要求，无散股、断股，两端线夹无松动、裂纹、变色等现象。

4

导电底座无变形、裂纹，连接螺栓无锈蚀、脱落现象。

5

均压环安装牢固，表面光滑，无锈蚀、损伤、变形现象。

隔离开关传动部分有哪些巡视内容?

1 传动连杆、拐臂、万向节无锈蚀、松动、变形现象。

2 轴销无锈蚀、脱落现象，开口销齐全。

3 接地开关平衡弹簧无锈蚀、断裂现象，平衡锤牢固可靠；接地开关可动部件与其底座之间的软连接完好、牢固。

A

允许隔离开关操作的范围有哪些?

1. 拉、合系统无接地故障的消弧线圈。
2. 拉、合系统无故障的电压互感器、避雷器或220kV及以下电压等级空载母线。
3. 拉、合系统无接地故障的变压器中性点的接地开关。
4. 拉、合与运行断路器并联的旁路电流。
5. 拉、合110kV及以下且电流不超过2A的空载变压器和充电电流不超过5A的空载线路，但当电压在20kV以上时，应使用户外垂直分合式三联隔离开关。
6. 拉开330kV及以上电压等级3/2接线方式中的转移电流（需经试验允许）。
7. 拉、合电压在10kV及以下时，电流小于70A的环路均衡电流。

Q 手动拉、合隔离开关的操作要点有哪些?

A

手动拉开隔离开关开始时应慢而谨慎，在触头刚刚分开的时刻应迅速拉开，然后检查动静触头断开是否到位。

手动合上隔离开关开始时应迅速果断，但合闸终了不应用力过猛，以防瓷质绝缘子断裂造成事故。

Q 隔离开关机构箱及箱内照明、驱潮加热维护检查项目有哪些?

A

1

照明、驱潮加热装置工作正常，加热器线缆的隔热护套完好，附近线缆无烧损现象。

2

机构箱透气口滤网无破损，箱内清洁无异物，无凝露、积水现象。

3

箱门开启灵活，关闭严密，密封条无脱落、老化现象，接地连接线完好。

Q 隔离开关合闸不到位处理原则是什么?

A

1. 应从电气和机械两方面进行初步检查。

a）电气方面:

1）检查接触器是否励磁，限位开关是否提前切换，机构是否动作到位;

2）若接触器励磁，应立即断开控制电源和电机电源，检查电机回路电源是否正常，接触器接点是否损坏或接触不良，电机是否损坏;

3）若接触器未励磁，应检查控制回路是否完好;

4）若空开跳闸或热继电器动作，应检查控制回路或电机回路有无短路接地，电气元件是否烧损，热继电器性能是否正常。

b）机械方面:

1）检查驱动拐臂、机械联锁装置是否已达到限位位置;

2）检查触头部位是否有异物（覆冰），绝缘子、机械联锁、传动连杆、导电臂(管)是否存在断裂、脱落、松动、变形等异常问题。

2. 若电气回路有问题，无法及时处理，应断开控制电源和电机电源，手动进行操作。

3. 手动操作时，若卡滞、无法操作到位或观察到绝缘子晃动等异常现象时，应停止操作，汇报值班调控人员并联系检修人员处理。

第5分册
开关柜运维细则

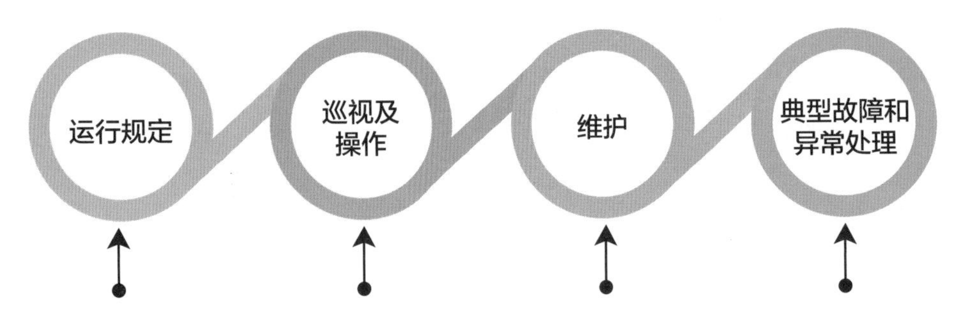

1. 一般运行规定
2. 开关柜内断路器运行规定
3. 开关柜防误闭锁装置运行规定
4. 开关柜配电室运行规定
5. 紧急申请停运规定

1. 巡视
2. 操作

1. 高压带电显示装置维护
2. 开关柜红外测温
3. 暂态地电压局部放电检测

1. 开关柜绝缘击穿
2. 开关柜着火
3. 开关柜声响异常
4. 开关柜过热
5. 手车式开关柜位置指示异常
6. 开关柜线路侧接地刀闸无法分、合闸
7. 开关柜电缆室门不能打开
8. 开关柜手车推入或拉出操作卡涩
9. 开关柜手车断路器不能分、合闸
10. 充气式开关柜气压异常

Q 开关柜防误闭锁装置有哪些运行规定?

A

1

成套高压开关柜五防功能应齐全、性能良好，出线侧应装设具有自检功能的带电显示装置，并与线路侧接地刀闸实行联锁；配电装置有倒送电源时，间隔网门应装有带电显示装置的强制闭锁。

2

开关柜所装设的高压带电显示装置应符合DL/T 538—2006《高压带电显示装置》标准要求。

3

手车式断路器无论在工作位置还是在试验位置，均应用机械联锁把手车锁定。断路器与其手车之间应具有机械联锁，断路器必须在分位方可将手车从“工作位置”(“试验位置”)拉出或推至“试验位置”(“工作位置”)。断路器手车与线路接地开关之间必须具有机械联锁，手车在“试验位置”或“检修位置”方可合上线路接地开关。反之，线路接地开关在分位时方将断路器手车推至“工作位置”。

4

应充分利用停电时间检查断路器机构与手车断路器、手车与接地刀闸、隔离开关与接地刀闸的机械闭锁装置。

5

加强带电显示闭锁装置的运行维护，保证其与柜门间强制闭锁的运行可靠性。防误操作闭锁装置或带电显示装置失灵应作为严重缺陷尽快予以消除。

Q 手车分为哪几种位置?

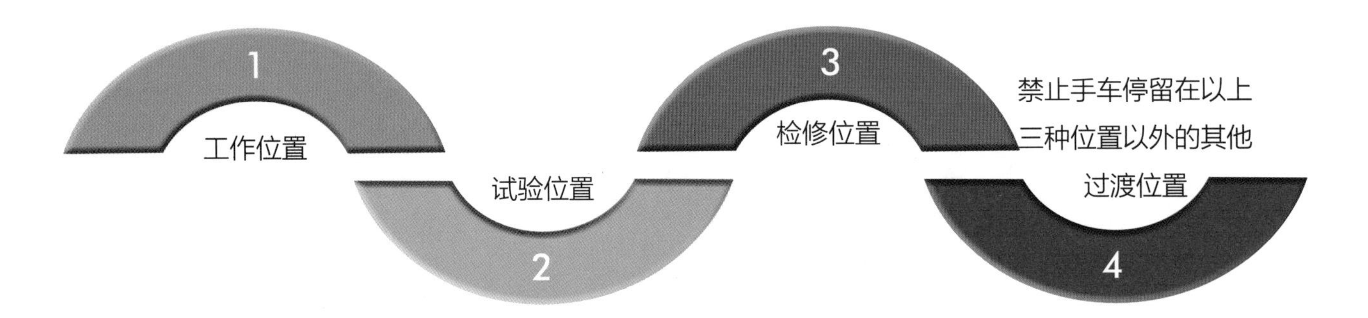

Q 开关柜红外检测周期为多少?

1. 精确检测周期：1000kV，1周，省评价中心3个月；750kV及以下，1年。新设备投运后1周内(但应超过24h)。
2. 新安装及A、B类检修重新投运后1周内。
3. 迎峰度夏(冬)、大负荷、检修结束送电、保电期间和必要时增加检测频次。

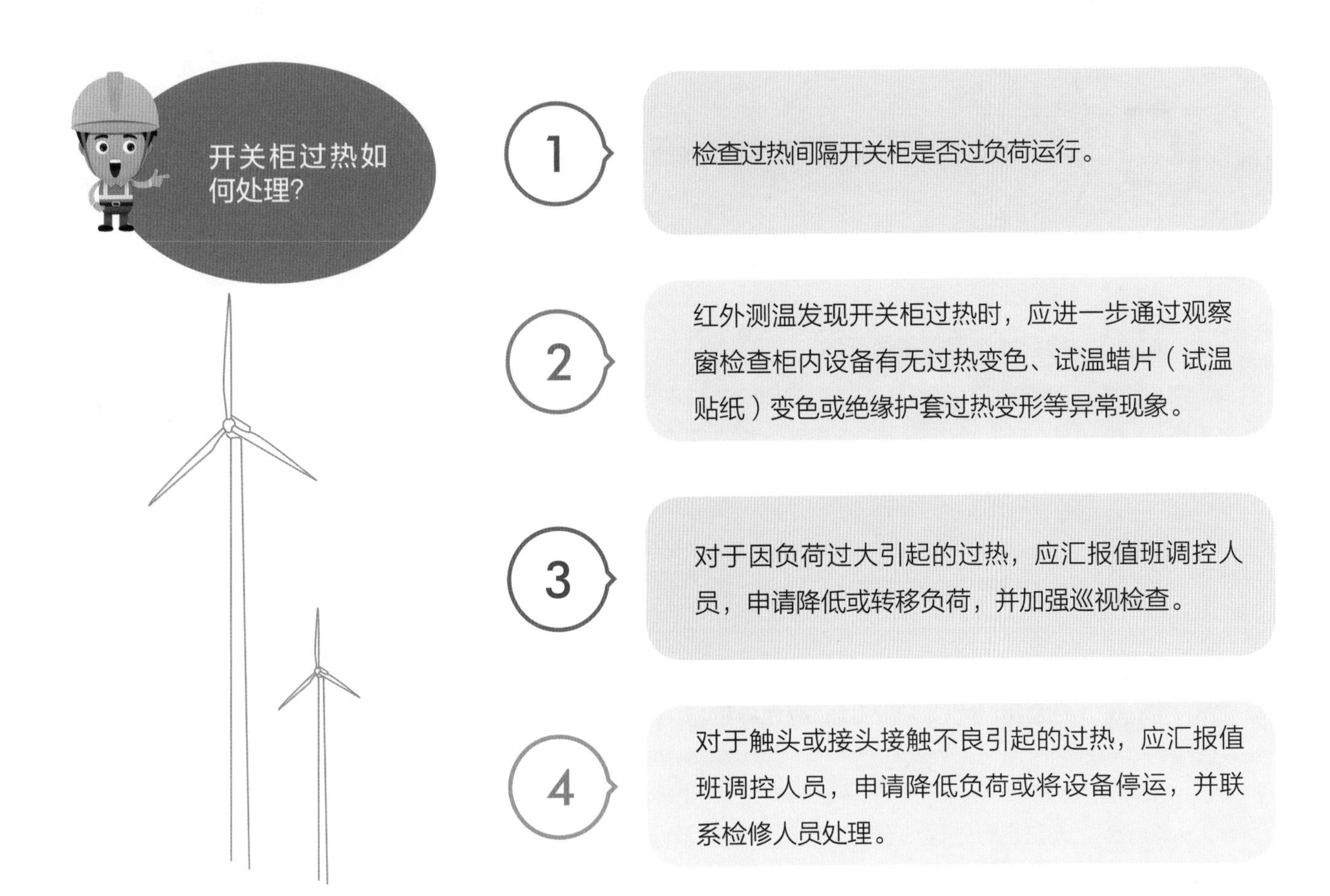

1. 检查过热间隔开关柜是否过负荷运行。

2. 红外测温发现开关柜过热时，应进一步通过观察窗检查柜内设备有无过热变色、试温蜡片（试温贴纸）变色或绝缘护套过热变形等异常现象。

3. 对于因负荷过大引起的过热，应汇报值班调控人员，申请降低或转移负荷，并加强巡视检查。

4. 对于触头或接头接触不良引起的过热，应汇报值班调控人员，申请降低负荷或将设备停运，并联系检修人员处理。

开关柜手车推入或拉出操作卡涩如何处理?

1. 检查操作步骤是否正确。

2. 检查手车是否歪斜。

3. 检查操作轨道有无变形、异物。

4. 检查电气闭锁或机械闭锁有无异常。

5. 无法自行处理或查明原因时，应联系检修人员处理。

第6分册

电流互感器运维细则

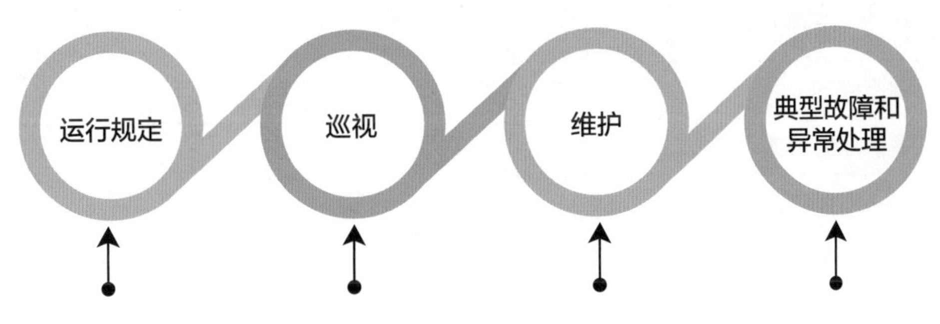

1. 一般规定
2. 紧急申请停运的规定

1. 例行巡视
2. 全面巡视
3. 熄灯巡视
4. 特殊巡视

红外检测

1. 本体渗漏油
2. SF_6气体压力降低报警
3. 本体及引线接头发热
4. 异常声响
5. 末屏接地不良
6. 外绝缘放电
7. 二次回路开路
8. 冒烟着火

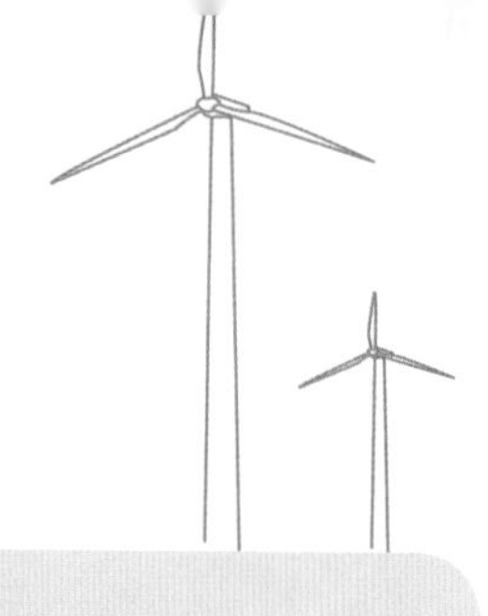

电流互感器什么情况下紧急申请停运?

① 外绝缘严重裂纹、破损，严重放电。

② 严重异音、异味、冒烟或着火。

③ 严重漏油，看不到油位。

④ 严重漏气，气体压力表指示为零。

⑤ 本体或引线接头严重过热。

⑥ 金属膨胀器异常膨胀变形。

⑦ 压力释放装置（防爆片）已冲破。

⑧ 末屏开路。

⑨ 二次回路开路不能立即恢复时。

⑩ 设备的油化试验或SF_6气体试验时主要指标超过规定不能继续运行。

Q 电流互感器红外检测周期为多少?

A

1000kV：1周，省评价中心3个月；
330~750kV：1个月；
220 kV：3个月；
110（66）kV：半年；
35kV及以下：1年。

新投运后1周内（但应超过24h）。

Q 电流互感器二次回路开路现象有哪些?

1. 监控系统发出告警信息，相关电流、功率指示降低或为零。

2. 相关继电保护装置发出“TA断线”告警信息。

3. 本体发出较大噪声，开路处有放电现象。

4. 相关电流表、功率表指示为零或偏低，电能表不转或转速缓慢。

第7分册
电压互感器运维细则

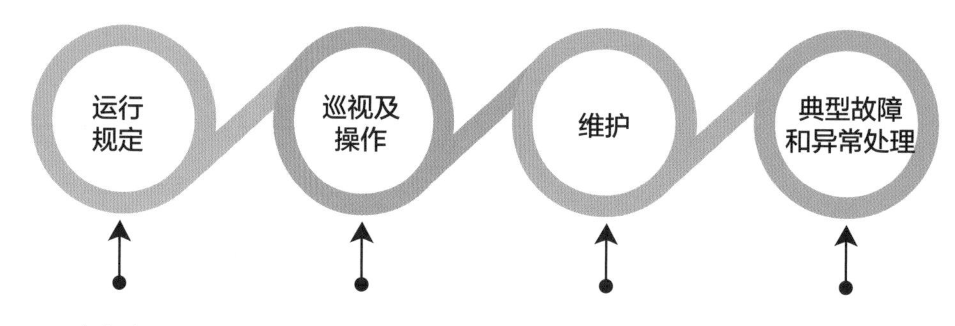

1. 一般规定
2. 紧急申请停运的规定

1. 巡视
2. 操作

1. 高压熔断器更换
2. 二次熔断器、空气开关更换
3. 红外检测

1. 本体渗漏油
2. SF_6气体压力降低报警
3. 本体发热
4. 异常声响
5. 外绝缘放电
6. 二次电压异常
7. 冒烟着火

电压互感器出现哪些情况时，应立即汇报值班调控人员申请将电压互感器停运?

1. 高压熔断器连续熔断2次。
2. 外绝缘严重裂纹、破损，电压互感器有严重放电，已威胁安全运行时。
3. 内部有严重异音、异味、冒烟或着火。
4. 油浸式电压互感器严重漏油，看不到油位。
5. SF_6电压互感器严重漏气或气体压力低于厂家规定的最小运行压力值。
6. 电容式电压互感器电容分压器出现漏油。
7. 电压互感器本体或引线端子有严重过热。
8. 膨胀器永久性变形或漏油。
9. 压力释放装置（防爆片）已冲破。
10. 电压互感器接地端子N（X）开路、二次短路，不能消除。
11. 设备的油化试验或SF_6气体试验时主要指标超过规定不能继续运行。

电压互感器熄灯巡视检查项目有哪些？

Q2

电压互感器停用时，应注意哪些事项?

A

引线、接头无放电、发红、严重电晕痕迹，外绝缘套管无闪络、放电。

1. 按继电保护和自动装置有关规定要求变更运行方式，防止继电保护误动和拒动。
2. 将二次回路主熔断器或二次空气开关断开，防止电压反送。

二次熔断器、二次空气开关更换时应注意什么？

1. 运行中电压互感器二次回路熔断器熔断、二次空气开关损坏时，应立即进行更换，并注意二次电压消失对继电保护、自动装置的影响，采取相应的措施，防止误动、拒动。

2. 更换前应做好安全措施，防止二次回路短路或接地。

3. 更换时，应采用型号、技术参数一致的备品。

4. 更换后，应立即检查相应的电压指示，确认电压互感器二次回路是否恢复正常，若存在异常，按照缺陷流程处理。

Q 电压互感器SF_6气体压力降低处理原则是什么？

A

1 检查表计外观是否完好，指针是否正常，记录SF_6气体压力值。

2 检查表计压力是否降低至报警值，若为误报警，应查找原因，必要时联系检修人员处理。

3 若确系SF_6气体压力异常，应检查各密封部件有无明显漏气现象并联系检修人员处理。

4 气体压力恢复前应加强监视，因漏气较严重一时无法进行补气或SF_6气体压力为零时，应立即汇报值班调控人员申请停运处理。

第8分册
避雷器运维细则

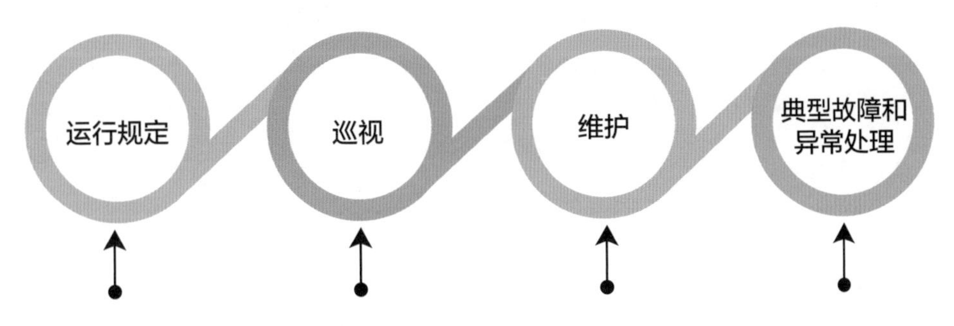

1. 一般规定
2. 紧急申请停运规定

1. 例行巡视
2. 全面巡视
3. 熄灯巡视
4. 特殊巡视

红外检测

1. 本体发热
2. 泄漏电流指示值异常
3. 外绝缘破损
4. 本体炸裂，引线脱落接地
5. 绝缘闪络

运行中的避雷器有哪些情况时，应立即汇报值班调控人员申请将避雷器停运？

1. 本体严重过热达到危急缺陷程度。
2. 瓷套破裂或爆炸。
3. 底座支持瓷瓶严重破损、裂纹。
4. 内部异常声响或有放电声。
5. 运行电压下泄漏电流严重超标。
6. 连接引线严重烧伤或断裂。

Q 避雷器例行巡视检查项目有哪些?

①引流线无松股、断股和弛度过紧及过松现象，接头无松动、发热或变色等现象。

②均压环无位移、变形、锈蚀现象，无放电痕迹。

③瓷套部分无裂纹、破损、无放电现象，防污闪涂层无破裂、起皱、鼓泡、脱落；硅橡胶复合绝缘外套伞裙无破损、变形。

④密封结构金属件和法兰盘无裂纹、锈蚀。

⑤压力释放装置封闭完好且无异物。

⑥设备基础完好，无塌陷；底座固定牢固，整体无倾斜；绝缘底座表面无破损、积污。

⑦接地引下线连接可靠，无锈蚀、断裂。

⑧引下线支持小套管清洁、无碎裂，螺栓紧固。

⑨运行时无异常声响。

⑩监测装置外观完整、清洁、密封良好、连接紧固，表计指示正常，数值无超标；放电计数器完好，内部无受潮、进水。

⑪接地标识、设备铭牌、设备标识牌、相序标识齐全、清晰。

⑫原存在的设备缺陷是否有发展趋势。

Q 避雷器红外检测精确测温周期是怎样规定的?

A

① 1000kV：1周，省评价中心3个月；

② 330~750kV：1个月；

③ 220kV：3个月；

④ 110（66）kV：半年；

⑤ 35kV及以下：1年。

⑥ 新安装及A、B类检修重新投运后1个月。

Q 避雷器本体发热处理原则是什么?

A

1 确认本体发热后，可判断为内部异常。

2 立即汇报值班调控人员申请停运处理。

3 接近避雷器时，注意与避雷器设备保持足够的安全距离，应远离避雷器进行观察。

第9分册

并联电容器运维细则

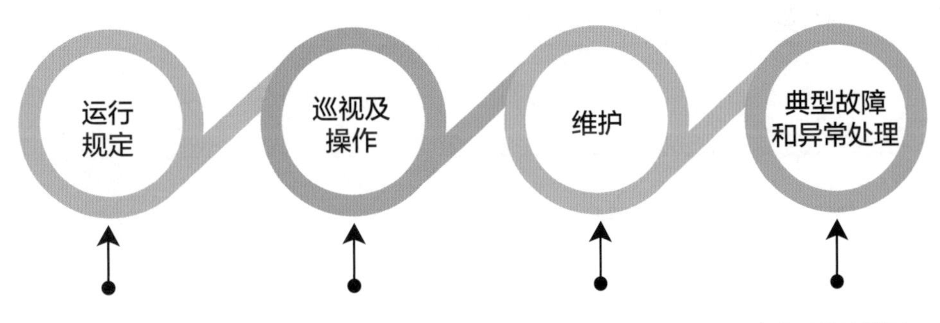

1. 一般规定
2. 紧急申请停运规定

1. 巡视
2. 操作

红外检测

1. 电容器故障跳闸
2. 不平衡保护告警
3. 壳体破裂、漏油、鼓肚
4. 声音异常
5. 瓷套异常
6. 温度异常

Q 并联电容器允许在什么情况下运行?

A 并联电容器允许在不超过额定电流的30%的运行情况下长期运行。三相不平衡电流不应超过5%。

Q 运行中的电力电容器有哪些情况时，应立即申请停运?

① 电容器发生爆炸、喷油或起火。

② 接头严重发热。

③ 电容器套管发生破裂或有闪络放电。

④ 电容器、放电线圈严重渗漏油时。

⑤ 电容器壳体明显膨胀，电容器、放电线圈或电抗器内部有异常声响。

⑥ 集合式并联电容器压力释放阀动作时。

⑦ 当电容器2个及以上外熔断器熔断时。

⑧ 电容器的配套设备有明显损坏，危及安全运行时。

Q 电容器新投入或经过大修后的巡视项目有哪些?

A

1 声音应正常，如果发现响声特大、不均匀或者有放电声，应认真检查。

2 单体电容器壳体无膨胀变形，集合式电容器油温、油位正常。

3 红外测温各部分本体和接头无发热。

Q 电容器故障跳闸后的巡视项目有哪些？

A

1

检查电容器各引线接点有无发热现象，外熔断器有无熔断或松弛。

2

检查本体各部件无位移、变形、松动或损坏现象。

3

检查外表涂漆无变色，壳体无膨胀变形，接缝无开裂、渗漏油。

4

检查外熔断器、放电回路、电抗器、电缆、避雷器是否完好。

5

检查瓷件无破损、裂纹及放电闪络痕迹。

正常情况下电容器的投切原则是什么?

A

正常情况下电容器的投入、切除由调控中心AVC系统自动控制，或由值班调控人员根据调度颁发的电压曲线自行操作。

电容器切除后再合闸应遵循什么原则?

A

电容器切除后，须经充分放电后（必须在5min以上），才能再次合闸。因此在操作时，若发生断路器合不上或跳跃等情况时，不可连续合闸，以免电容器损坏。

你知道吗

Q 电容器红外检测精确测温周期是怎样规定的?

A

1000kV：1周，省评价中心3个月。

750kV及以下：1年；新设备投运后1周内（但应超过24h）。

重点检测并联电容器组各设备的接头、电容器、放电线圈、串联电抗器。

Q 电容器红外检测范围是什么?

A

检测范围为电容器、放电线圈、串联电抗器、电流互感器、避雷器及所属设备。

Q 电容器故障跳闸处理原则是什么?

A

1 联系调控人员停用该电容器AVC功能，由运维人员至现场检查。

2 检查保护动作情况，记录保护动作信息。

3 检查电容器有否喷油、变形、放电、损坏等现象。

4 检查外熔断器的通断情况。

5 集合式电容器需检查油位及压力释放阀动作情况。

6 检查电容器内其他设备（电抗器、避雷器）有无损坏、放电等故障现象。

7 联系检修人员抢修。

8 由于故障电容器可能发生引线接触不良、内部断线或熔丝熔断，存在剩余电荷，在接触故障电容器前，应戴绝缘手套，用短路线将故障电容器的两极短接接地。对双星形接线电容器的中性线及多个电容器的串接线，还应单独放电。

电容器冒烟着火处理原则是什么?

1 检查现场监控系统告警及动作信息，如相关电流、电压数据。

2 检查记录继电保护及自动装置动作信息，核对设备动作情况，查找故障点。

3 在确认各侧电源已断开且保证人身安全的前提下，用灭火器材灭火。

4 立即向上级主管部门汇报，及时报警。

5 及时将现场检查情况汇报给值班调控人员及有关部门。

6 根据值班调控人员指令，进行故障设备的隔离操作。

第10分册 干式电抗器运维细则

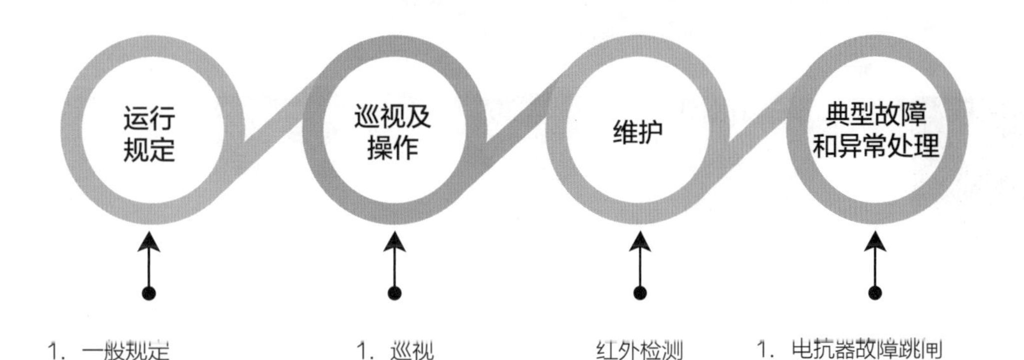

Q 正常运行时，串联电抗器的工作电流要求是什么？

正常运行时，串联电抗器的工作电流不大于其1.3倍的额定电流。

Q 运行中的干式电抗器出现哪些情况时，应立即申请停用？

A

1 接头及包封表面异常过热、冒烟。

2 包封表面有严重开裂，出现沿面放电。

3 支持瓷瓶有破损裂纹、放电。

4 出现突发性声音异常或振动。

5 倾斜严重，线圈膨胀变形。

Q 干式电抗器熄灯巡视项目有哪些？

A

1. 检查绝缘子无电晕、闪络、放电痕迹。
2. 检查引线、接头无放电、发红过热迹象。

Q 干式电抗器故障跳闸后的巡视项目有哪些？

1. 检查线圈匝间及支持部分有无变形、烧坏。
2. 检查回路内引线接点有无发热现象。
3. 检查本体各部件有无位移、变形、松动或损坏。
4. 检查外表涂漆是否变色，外壳有无膨胀、变形。
5. 检查瓷件有无破损、裂缝及放电闪络痕迹。

Q 电抗器的投切原则是什么?

A 电抗器的投切按调度部门下达的电压曲线或调控人员命令进行,系统正常运行情况下电压需调整时，应向调控人员申请，经许可后方可进行操作。

Q 哪些情况下将母线上并联电抗器退出?

A 因总断路器跳闸使母线失压后，应将母线上各组并联电抗器退出运行，待母线恢复后方可投入。正常操作中不得用总断路器对并联电抗器进行投切。

并联电抗器红外检测精确测温周期是怎样规定的?

1000kV变电站，精确测温每月一次；330～750kV变电站，迎峰度夏前、迎峰度夏期间、迎峰度夏后各开展一次精确测温；220kV及以下变电站，迎峰度夏前和迎峰度夏中各开展一次精确测温。

你知道吗

电抗器红外检测范围是什么？

检测范围为电抗器及附属设备。

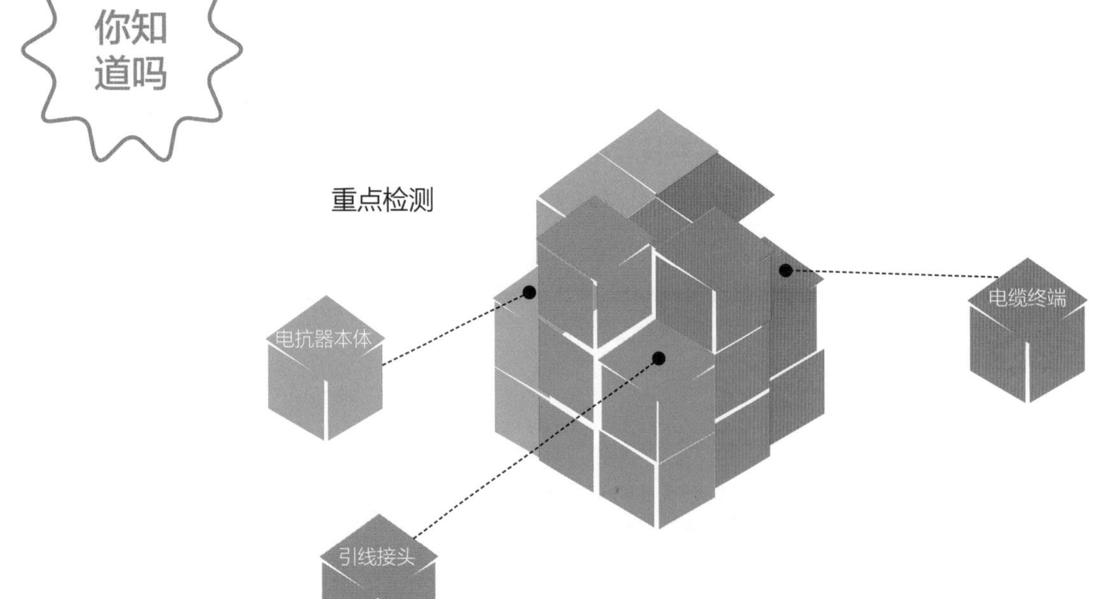

Q 电抗器故障跳闸处理原则是什么?

1. 现场检查电抗器本体是否有无着火、闪络放电、断线短路、小动物爬入和鸟害引起短路等故障情况。

2. 现场检查继电保护装置的动作情况，复归信号并打印故障报告。

3. 检查保护范围内相关设备有无损坏、放电、异物缠绕等故障象征。

4. 根据故障点情况，立即向调控人员申请隔离故障点，联系检修人员抢修。

空芯电抗器内部有鸟窝或异物如何处理?

如有异物，在保证安全距离的情况下，可采用不停电方法用绝缘棒将异物挑离。

2

不宜进行带电处理的应填报缺陷，安排计划停运处理。

如同时伴有内部放电声，应立即汇报调控人员，及时停运处理。

第11分册 串联补偿装置运维细则

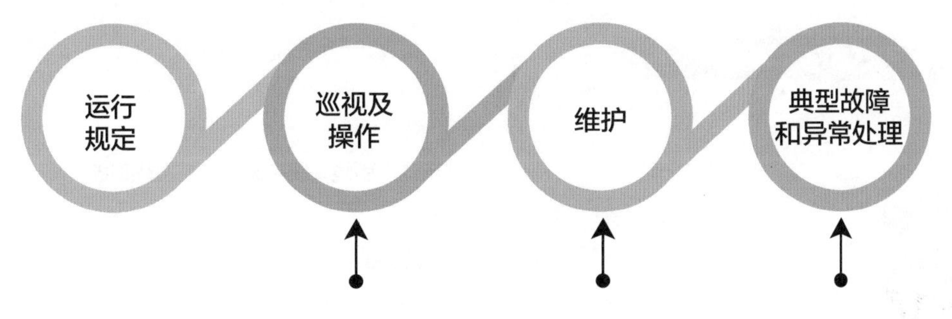

1. 巡视
2. 操作

1. 冷却系统维护
2. 红外测温

1. 电容器不平衡保护动作
2. 电容器过负荷保护动作
3. MOV不平衡保护动作
4. MOV过电流保护动作
5. 平台闪络保护动作
6. 电容器着火
7. 电容器本体或引线接头发热
8. （可控串联补偿）冷却系统水冷管路及其部件破裂、漏水

Q 串联补偿装置正常运行过程中有哪些运行要求?

A 串联补偿装置正常运行过程中，电容器不平衡电流、MOV能量等运行数据应在正常范围内，可控串联补偿装置阀冷却系统压力、流量、温度、电导率等的仪表指示值应正常。

Q 串联补偿装置熄灯巡视项目有哪些?

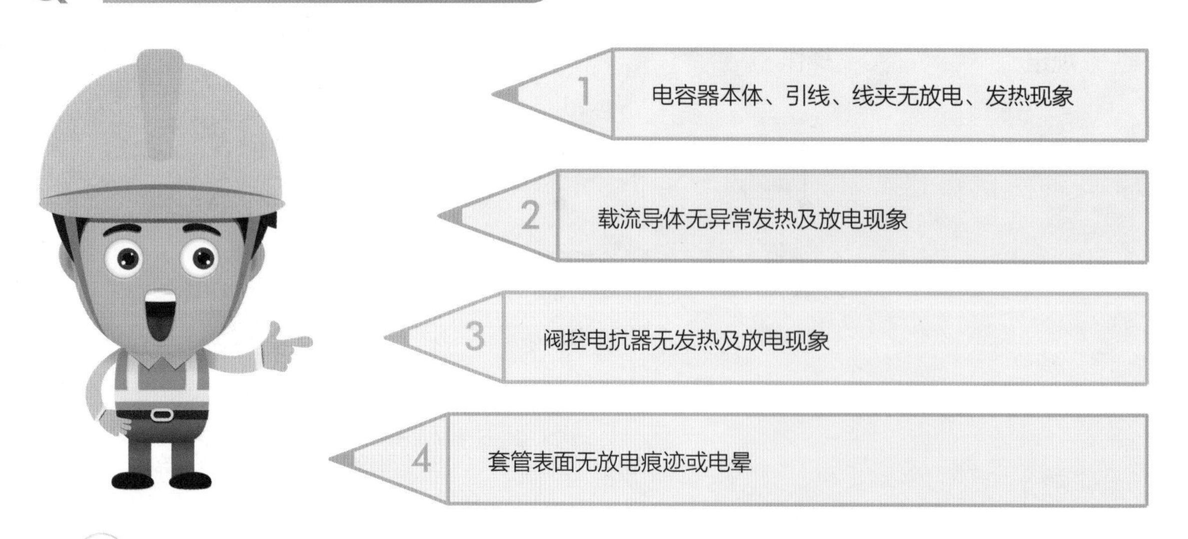

Q 
新投入或者经过大修的串联补偿装置的巡视项目有哪些?

A

新投入或大修后的串补装置应密切监视电容器运行状态，并对电容器及其他平台设备进行红外测温。

2

监视电容器不平衡电流、阀冷却系统等运行数据不应有明显变化。

Q 电容器本体或引线接头发热处理原则是什么?

A

1. 依据红外测温导则确定发热缺陷性质。

2. 现场检查发热部位有无开焊、漏油现象。

3. 查看并记录监控系统电容器不平衡电流值，同时检查有无其他保护信号。

4. 向调度和主管部门汇报，并记录缺陷，密切监视缺陷发展情况，必要时可迅速按调度命令将串联补偿装置退出运行。

5. 提前布置串联补偿装置电容器检修试验工作的安全措施。

第12分册
母线及绝缘子运维细则

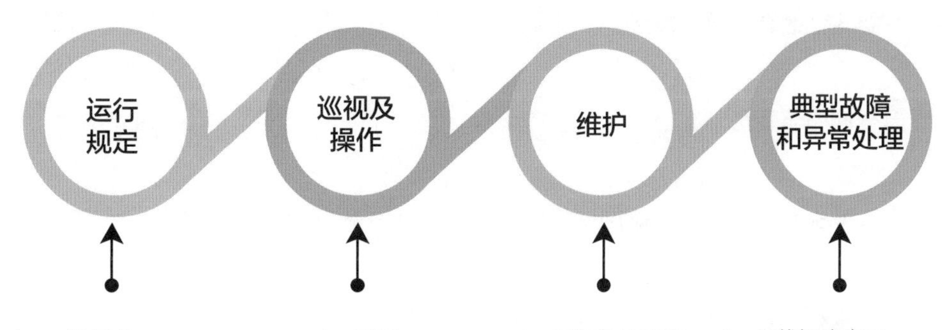

Q 母线出现哪些情况时，应立即汇报值班调控人员申请停运？

A

1 母线支柱绝缘子倾斜、断裂、放电或覆冰严重时。

2 悬挂型母线滑移。

3 单片悬式瓷绝缘子严重发热。

4 硬母线伸缩节变形。

5 软母线或引流线有断股，截面损失达25%以上或不满足母线短路通流要求时。

6 母线严重发热，热点温度≥130℃或δ≥95%时。

7 母线异常音响或放电声音较大时。

8 户外母线搭挂异物，危及安全运行,无法带电处理时；其他引线脱落，可能造成母线故障时。

Q 母线停送电操作的注意事项有哪些?

A

① 母线停电前应检查停电母线上所有元件确已转移，同时应防止电压互感器反送电。

② 拉开母联、分段开关前后，应检查该开关电流。

③ 如母联开关设有断口均压电容且母线电压互感器为电磁式的，为了避免拉开母联开关后可能产生串联谐振而引起过电压，应先停用母线电压互感器，再拉开母联开关；复役时相反。

④ 母线送电操作程序与停电操作程序相反。

⑤ 母线送电时，应对母线进行检验性充电。用母联（或分段）断路器给母线充电前，应将专用充电保护投入；充电后，退出专用充电保护。用旁路开关对旁路母线充电前应投入旁路开关线路保护或充电保护。

⑥ 母线充电后检查母线电压。

Q 倒母线操作的注意事项有哪些?

A

① 倒母线操作时，应按照合上母联断路器，投入母线保护互联压板，拉开母联断路器控制电源，再切换母线侧隔离开关的顺序进行。运行断路器切换母线隔离开关应“先合、后拉”。

② 冷倒（热备用断路器）切换母线刀闸，应“先拉、后合”。

③ 倒母线操作时，在某一设备间隔母线侧隔离开关合上或拉开后，应检查该间隔二次电压切换正常。

④ 双母线接线方式下变电站倒母线操作结束后，先合上母联断路器控制电源开关，然后再退出母线保护互联压板。

⑤ 母线停电前，有站用变压器接于停电母线上的，应先做好站用电的调整。

Q 母线标识维护、更换的注意事项有哪些?

A

1. 发现标识脱落、辨识不清时，应视现场实际情况对标识进行维护或更换。
2. 维护时保持与带电设备足够的安全距离。

Q 母线及绝缘子的红外测温是怎样规定的?

A

1. 1000kV精确测温每月一次；330～750kV迎峰度夏前、迎峰度夏期间、迎峰度夏后各开展一次精确测温；220kV及以下，迎峰度夏前和迎峰度夏中各开展一次精确测温。
2. 检测范围为母线、引流线、绝缘子及各连接金具。
3. 重点检测母线各连接接头（线夹）等部位。
4. 配置智能机器人巡检系统的变电站，可由智能机器人完成红外普测和精确测温，由专业人员进行复核。

Q

母线短路失压的处理原则是什么?

A

立即检查母线设备，并设法隔离或排除故障。

① 如故障点在母线侧隔离开关外侧，可将该回路两侧隔离开关拉开。故障隔离或排除以后，按调度命令恢复母线运行。

② 若故障点不能立即隔离或排除，对于双母线接线，按值班调控人员指令对无故障的元件倒至运行母线运行，应汇报调控中心，并联系检修人员处理。

③ 若找不到明显故障点，则不准将跳闸元件接入运行母线送电，以防止故障扩大至运行母线。可按照值班调控人员指令处理试送母线。线路对侧有电源时应由线路对侧电源对故障母线试送电。

第13分册
穿墙套管运维细则

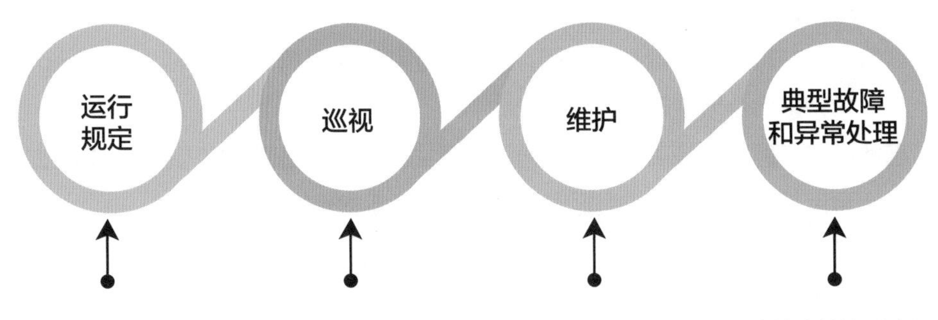

1. 一般规定
2. 紧急申请停运规定

1. 例行巡视
2. 全面巡视
3. 熄灯巡视
4. 特殊巡视

1. 标识维护、更换
2. 红外测温

1. 穿墙套管炸裂（断裂）
2. 穿墙套管渗漏油或过热
3. 穿墙套管末屏放电

Q 穿墙套管运行的一般规定是什么?

1. 穿墙套管送电前应试验合格，各项检查项目合格，各项指标满足要求，方可投运。
2. 接地端子及不用的电压抽取端子应可靠接地。
3. 油纸电容型穿墙套管在最低环境温度下不应出现负压。

紧急申请停运规定是什么? Q

穿墙套管出现下列情况时，应立即汇报值班调控人员申请停运：

1. 穿墙套管严重渗漏油。穿墙套管法兰开裂。
2. 电容型穿墙套管末屏接地线断裂、放电。
3. 穿墙套管局部过热。穿墙套管发生严重放电。

Q 穿墙套管例行巡视项目有哪些?

A

1. 名称、编号、相序等标识齐全、完好，清晰可辨。
2. 表面及增爬裙无严重积污，无破损、无变色；复合绝缘粘接部位无脱胶、起鼓等现象。
3. 连接柱头及法兰无开裂、锈蚀现象。
4. 本体、引线连接线夹及法兰处无明显过热。
5. 高压引线、末屏接地线连接正常。
6. 无放电痕迹，无异常响声，无异物搭挂。
7. 固定钢板牢固且接地良好，无锈蚀、孔洞或缝隙。
8. 充油型穿墙套管无渗漏油，油位指示正常。
9. 穿墙套管四周与墙壁应封闭严密，无裂缝或孔洞。

穿墙套管标识维护、更换原则是什么?

A

1. 发现标识脱落、辨识不清时，应视现场实际情况对标识进行维护或更换。
2. 维护时保持与带电设备足够的安全距离。

穿墙套管红外检测范围是什么?

A

穿墙套管红外检测范围为套管本体、末屏、法兰及各连接处。

Q 穿墙套管炸裂（断裂）处理原则是什么?

A

1. 检查穿墙套管炸裂（断裂）情况。
2. 对故障相周围一次设备进行全面检查，确认故障范围。
3. 记录保护动作时间及一、二次设备检查结果并向值班调控人员汇报。
4. 按值班调控人员指令隔离故障设备，布置现场安全措施。

Q 穿墙套管渗漏油或过热如何处理?

A

1. 套管严重渗漏或者瓷套破裂，需要更换时，向值班调控人员申请停运处理。
2. 套管油位异常时，应利用红外测温装置检测油位，向值班调控人员申请停运处理。
3. 套管接点过热时，应利用红外测温进行检测，严重时向值班调控人员申请停运处理。
4. 停电处理前，应加强监视。

第14分册

电力电缆运维细则

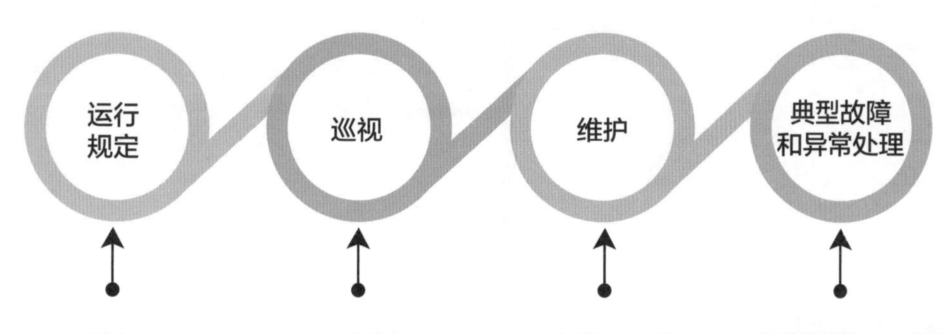

1. 一般规定
2. 紧急申请停运规定

1. 例行巡视
2. 全面巡视
3. 熄灯巡视
4. 特殊巡视

1. 电缆孔洞封堵
2. 红外检测

1. 电缆终端起火、爆炸处理
2. 电缆终端过热处理
3. 电缆终端存在异响处理
4. 电缆终端渗、漏油处理

电力电缆的一般规定有哪些？

1. 电力电缆弯曲半径应满足下表要求。

项目	35kV及以下的电缆				66kV及以上的电缆
	单芯电缆		三芯电缆		
	无铠装	有铠装	无铠装	有铠装	
敷设时	20*D*	15*D*	15*D*	12*D*	20*D*
运行时	15*D*	12*D*	12*D*	10*D*	15*D*

注1：*D*为成品电缆标称外径。
注2：非本表范围电缆的最小弯曲半径按制造厂提供的技术资料的规定。

2. 电缆终端、设备线夹、与导线连接部位不应出现温度异常现象，电缆终端套管各相同位置部件温差不宜超过2K；设备线夹、与导线连接部位各相相同位置部件温差不宜超过6K。

3. 电缆夹层、电缆竖井、电缆沟敷设的非阻燃电缆应包绕防火包带或涂防火涂料，涂刷应覆盖阻火墙两侧不小于1m范围。

4. 电缆竖井中应分层设置防火隔板，电缆沟每隔一定的距离（60m）应采取防火隔离措施。

5. 电缆接地箱焊接部位应做防腐处理。

6. 电缆金属支架应接地良好，并进行防腐处理，交流系统的单芯电缆或分相后的分相电缆的固定夹具不应构成闭合磁路。

电力电缆出现哪些情况时，应立即汇报调控人员申请将电力电缆停运?

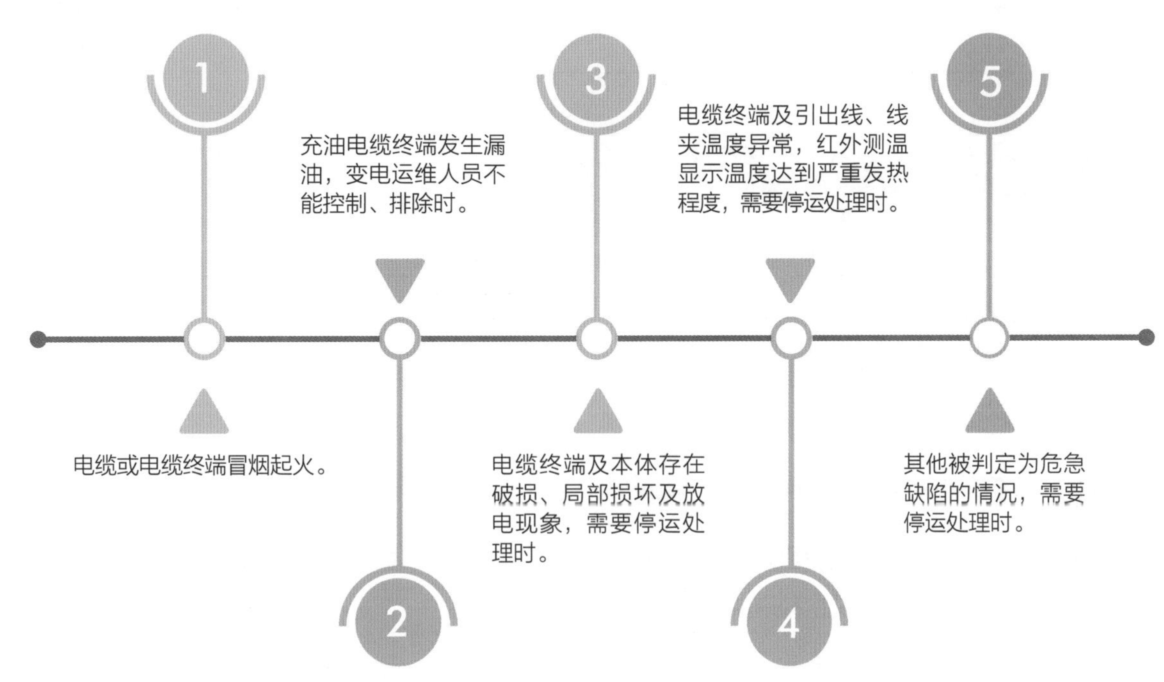

Q 电力电缆本体例行巡视项目有哪些?

A

① 电缆本体无明显变形。

② 外护套无破损和龟裂现象。

Q 异常天气时的巡视项目有哪些?

A

① 雷雨、冰雹天气过后，终端引线无断股迹象，电缆终端上无飘落积存杂物，无放电痕迹及破损现象。

② 雨雪天气后，电缆夹层、电缆沟无进水、积水情况。若存在应及时排水，并对排水设施进行检查、疏通，潮气过大时应做好通风。

③ 浓雾、小雨天气时，终端无闪络和放电。

④ 下雪天气时，应根据终端连接部位积雪融化迹象检查无过热。检查终端积雪情况，并应及时清除终端上的积雪和形成的冰柱。

Q 电缆孔洞封堵要求是什么?

A

在封堵电缆孔洞时，封堵应严实可靠，不应有明显的裂缝和可见的缝隙，孔洞较大者应加耐火衬板后再进行封堵。

Q 组合电器厂内验收的要求是什么?

A

① 重点检测部位为金属搭接处、应力控制处、接地线等易发热、放电部位。

② 检测时，电力电缆带电运行时间应该在24h以上，宜在设备负荷高峰状态下进行。

③ 尽量移开或避开电力电缆与测温仪之间的遮挡物，记录环境温度、负荷及其近3h内的变化情况，以便分析参考。

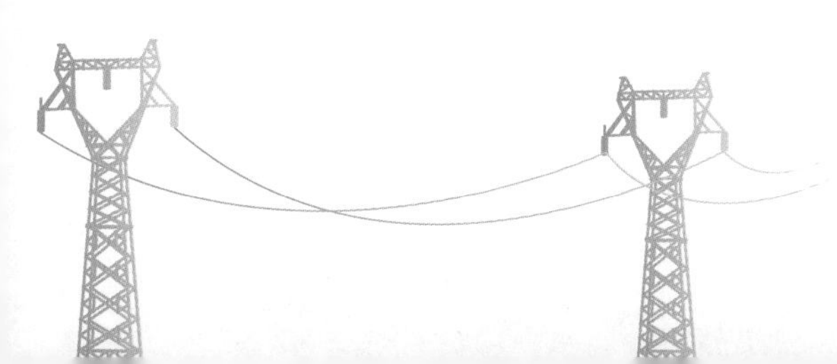

Q 电缆终端存在的异常现象及处理原则是什么？

异常现象

1. 电缆终端发出异常声响。
2. 电缆终端表面存在放电痕迹。

处理原则

1. 检查终端外绝缘是否存在破损、污秽，是否有放电痕迹。
2. 检查终端上是否悬挂异物。
3. 若需停电处理，应汇报调控中心，并联系检修人员处理。

Q 电缆本体及附件起火、爆炸的处理原则是什么？

A

1. 电缆本体及附件起火初期，应检查故障电缆本体及附件所在间隔断路器是否已跳闸，保护是否正确动作。
2. 保护未动作或者断路器未断开时，应立即拉开所在间隔断路器，汇报调控，做好安全措施，迅速报火警并灭火，防止火势继续蔓延。
3. 户内终端起火应进行排风，人员进入前宜佩戴正压式呼吸器。
4. 确认现场故障情况，将故障点与其他带电设备隔离。
5. 做好记录，联系检修人员处理。

第15分册
消弧线圈运维细则

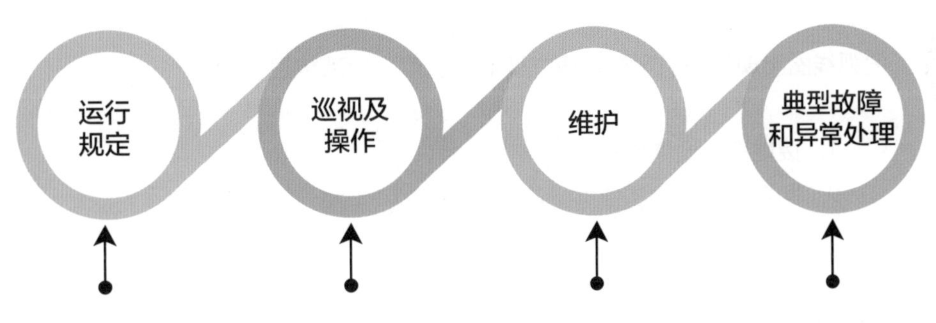

1. 一般规定
2. 紧急停运规定

1. 巡视
2. 操作

1. 红外检测
2. 吸湿器维护
3. 更换消弧线圈成套柜外交流空气开关

1. 消弧线圈保护动作处理
2. 消弧线圈、接地变压器着火处理
3. 接地告警处理
4. 有载拒动告警处理
5. 位移过限告警处理
6. 并联电阻异常处理
7. 频繁调挡处理

消弧线圈控制屏交直流输入电源由哪里供电?

A

消弧线圈控制屏交直流输入电源应由站用电系统、直流系统独立供电，不宜与其他电源并接，投运前应检查交直流电源正常并确保投入。

消弧线圈出现哪些情况时，应立即汇报调度，申请将设备停运?

A

1. 接地变压器或消弧线圈冒烟着火。
2. 油浸式接地变压器或消弧线圈严重漏油或者喷油。
3. 接地变压器或消弧线圈套管有严重破损和放电现象。
4. 干式接地变压器或消弧线圈本体表面有树枝状爬电现象。
5. 阻尼电阻烧毁。
6. 正常运行情况下，声响明显增大，内部有爆裂声。
7. 附近的设备着火、爆炸或发生其他情况，对成套装置构成严重威胁。
8. 当发生危及成套装置安全的故障时，有关的保护装置拒动。

消弧线圈操作的注意事项有哪些?

1. 消弧线圈装置运行中从一台变压器的中性点切换到另一台时，必须先将消弧线圈断开后再切换。不得将两台变压器的中性点同时接到一台消弧线圈上。
2. 中性点接有消弧线圈的主变压器在停电时，应先拉开消弧线圈的隔离开关，再停主变压器；送电时相反。
3. 系统中发生单相接地或中性点位移电压大于15%U_n（U_n为系统标称电压除以$\sqrt{3}$）时，禁止操作或手动调节该段母线上的消弧线圈。
4. 装置参数设定后应作记录，记录设定时间、设定值等，以便分析、查询。
5. 满足手动调匝消弧线圈切换分接头的操作规定。
6. 消弧线圈投运时应先投控制器，再投一次设备；停电操作顺序与此相反。
7. 母线送电时，宜先投入消弧线圈，再送馈线；停电操作顺序与此相反。
8. 消弧线圈并联电阻过电流延时切除接地变压器功能不应投入运行。
9. 母线并列或跨站合环操作时，分接两段母线上的消弧线圈均不宜退出运行。
10. 中性点经消弧线圈接地的变压器，正常运行时最高运行负荷应扣除消弧线圈容量，不得满载运行。
11. 带有接地变压器的消弧线圈刀闸在系统有接地时，要先拉开接地变压器开关，再拉开消弧线圈刀闸；正常无接地时，可先拉开刀闸，再分断路器。

Q 消弧线圈红外检测精确测温周期是怎样规定的?

A 1000kV：1周，省评价中心3个月；330~750kV：1个月；220 kV：3个月；110（66）kV：半年；35kV及以下：1年；新投运后1周内（但应超过24h）。

Q 消弧线圈吸湿剂维护原则是什么?

A

① 吸湿剂受潮变色超过2/3、油封内的油位超过上下限、吸湿器玻璃罩及油封破损时应及时维护。

② 更换吸湿器及吸湿剂期间，应将相应重瓦斯保护改投信号。

③ 吸湿器内的吸湿剂宜采用同一种变色硅胶，其颗粒直径为4～7mm，且留有1/5～1/6空间。

④ 油封内的油应补充至合适位置，补充的油应合格。

⑤ 维护后应检查呼吸正常、密封完好。

消弧线圈保护动作现象及处理原则是什么?

现象

1. 现场检查保护范围内一次设备有无明显短路、爆炸痕迹，油浸式接地变压器或消弧线圈有无喷油，气体继电器内部有无气体积聚。
2. 认真检查核对消弧线圈保护动作信息及一、二次回路情况。
3. 故障发生时现场是否存在检修作业，是否存在引起保护动作的可能因素。
4. 综合消弧线圈各部位检查结果和继电保护装置动作信息，分析确认故障设备，快速隔离故障设备。
5. 记录保护动作时间及一、二次设备检查结果并汇报。
6. 确认故障设备后，应根据调控指令快速隔离故障设备并提前布置检修试验工作的安全措施。
7. 确认保护范围内无故障后，应查明保护是否误动及误动原因。

处理原则

1. 事故音响启动。
2. 监控系统发出消弧线圈速断保护动作、过电流保护动作、零序过电流保护动作、零序过电压保护动作信息，主画面显示消弧线圈断路器跳闸。
3. 保护装置发出消弧线圈速断保护动作、过电流保护动作、零序过电流保护动作、零序过电压保护动作信息。

第16分册

高频阻波器运维细则

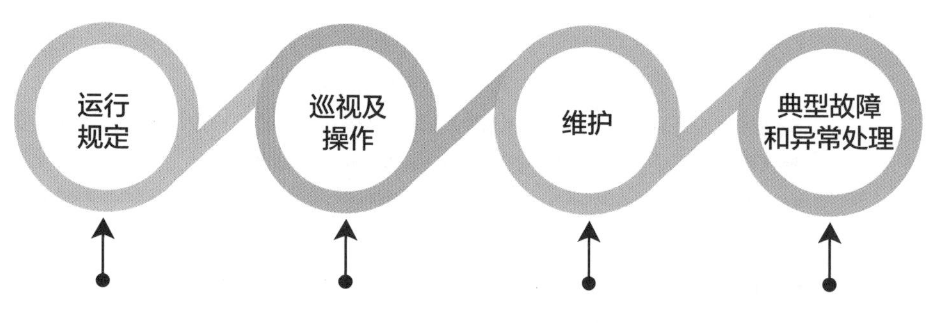

1. 一般规定
2. 紧急申请停运规定

1. 巡视
2. 操作

红外检测

1. 内部元件故障
2. 高频阻波器接头过热
3. 内有异物
4. 有异常声响

Q **在雷电过电压下操作后，高频阻波器应检查哪些项目?**

在雷电过电压下操作后，应检查高频阻波器内的避雷器是否完好（用望远镜），如发现避雷器损坏，应立即汇报加以更换，避免调谐装置和主线圈可能承受的电压冲击。

Q 高频阻波器出现哪些故障时，应立即申请停运?

A

1. 瓷瓶严重破损，放电闪络。
2. 引线接头发热严重，烧断。
3. 高频阻波器内元件着火、爆炸。
4. 高频阻波器支柱瓷瓶断裂，金具脱落。

高频阻波器例行巡视项目有哪些?

① 引线接头处接触良好，无过热发红现象，无断股、扭曲、散股。

② 设备外观完整、表面清洁，无放电痕迹或油漆脱落以及流（滴）胶、裂纹现象，各部位连接牢固。

③ 套管瓷瓶及硅橡胶增爬伞裙表面清洁，无裂纹及放电、受潮痕迹。

④ 高频阻波器及内部各元件[调谐元件、保护元件（避雷器）等]正常。

⑤ 无异常振动和声响。

⑥ 悬式绝缘子完整，无放电痕迹，无位移。

⑦ 支柱绝缘子无破损和裂纹，防污闪涂料无鼓包、起皮及破损，增爬裙无塌陷变形，粘接面牢固。

⑧ 高频阻波器内无杂物、鸟窝，构架无变形。

⑨ 支撑条无松动、位移、缺失，紧固带无松动、断裂。

⑩ 检查原存在的设备缺陷是否有发展。

高频阻波器的投退跟随线路完成，无单独操作。

1. 所在线路必须停役。
2. 合上线路接地闸刀，在高频阻波器线路侧挂接地线。

A

1000kV：1周，省评价中心3月；330~750kV：1个月；220kV：3个月；110（66）kV：半年；35kV及以下：1年；新设备投运后1周内（但应超过24h）。

高频阻波器红外测温范围是什么?

A

1. 检测范围为高频阻波器及附属设备。
2. 重点检测高频阻波器本体、引线接头。

Q 高频阻波器内部元件故障的现象和处理原则是什么?

A

现象：

1. 监控系统发出高频装置故障、通道故障或收信异常。
2. 现场保护装置发出高频装置故障、通道故障，经高频通道测试收信异常。
3. 现场检查高频阻波器内部有异响，现场有零星碎片散落等疑似内部调谐元件故障。

处理原则：

发现高频阻波器内部调谐元件故障，应汇报调控人员，停运线路，联系检修人员处理。

Q 高频阻波器内有异物的处理原则是什么?

A

1. 发现运行中高频阻波器内部有鸟窝或异物，应填报缺陷，联系检修人员查明原因。
2. 经检修人员分析，影响安全运行的，应汇报调控人员，及时停运线路，联系检修人员处理。

第17分册 耦合电容器运维细则

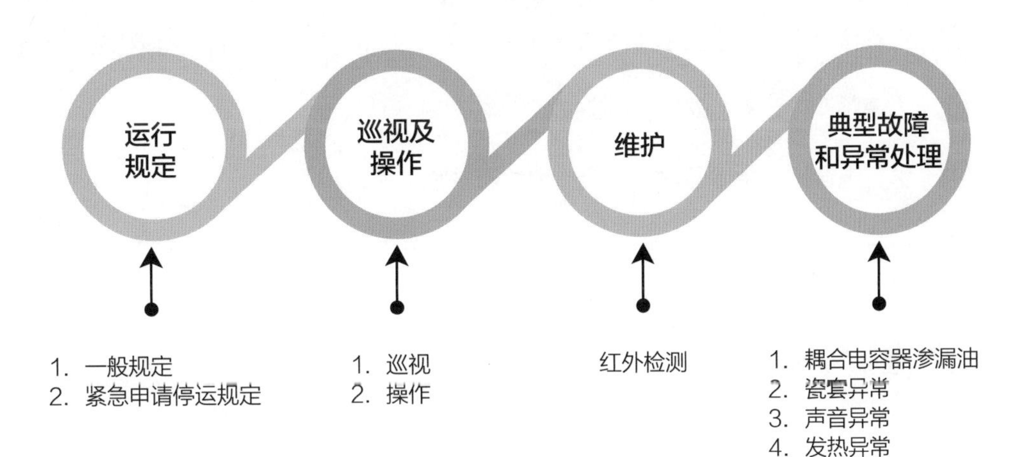

耦合电容器运行的一般规定是什么？

1. 耦合电容器二次侧严禁开路运行。
2. 在耦合电容器设备上工作影响高频保护时，应向调控人员申请停用相关高频保护。
3. 当高频保护频繁启动时，应对耦合电容器进行特巡。
4. 耦合电容器发生渗漏油时，应作为危急缺陷上报。
5. 运行中的结合滤波器，接地隔离开关应在断开位置，人员不得触及刀口及引线。
6. 当耦合电容器内部有放电声或异常声响增大时，应远离设备进行观察，及时报告调控人员停运。

耦合电容器紧急申请停运是如何规定的?

运行中耦合电容器有下列故障之一时，应立即申请停用:

1. 耦合电容器本体存在严重发热时。
2. 耦合电容器渗漏油时。
3. 耦合电容器有异常放电时。
4. 耦合电容器外绝缘有严重破损，有放电闪络时。
5. 运行中膨胀器异常伸长顶起上盖。
6. 耦合电容器所匹配的结合滤波器有打火放电现象，应报告调控人员,立即退出使用该通道的纵联保护及重合闸装置。

Q 耦合电容器新投入后的巡视项目有哪些?

1. 声音应正常，如果发现响声特大、不均匀或者有放电声，应认真检查。
2. 本体无变形、渗漏油。
3. 红外测温本体和接头无发热。
4. 高频保护通道测试正常。

Q 异常天气时耦合电容器的巡视项目有哪些?

1. 大风后，检查接线端子接线牢固。
2. 雾霾、霜冻、雷雨后，检查套管外绝缘无闪络。
3. 高温天气时，检查无渗漏油。

耦合电容器红外检测是怎样规定的?

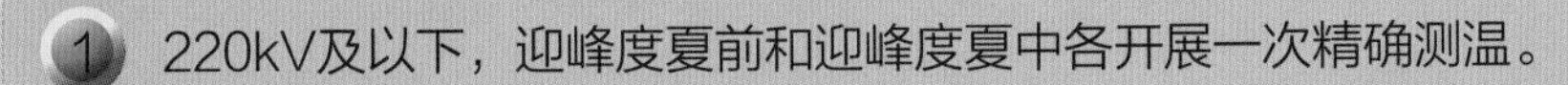

1. 220kV及以下，迎峰度夏前和迎峰度夏中各开展一次精确测温。

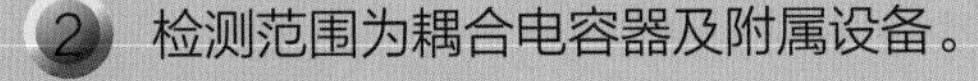

2. 检测范围为耦合电容器及附属设备。
3. 重点检测套管、引线、接头及二次回路。
4. 配置智能机器人巡检系统的变电站，可由智能机器人完成红外普测和精确测温，由专业人员进行复核。

耦合电容器瓷套异常现象及处理原则是什么?

现象

1. 瓷套外表面严重污秽，伴有一定程度电晕或放电。
2. 瓷套有开裂、破损现象。

处理原则

1. 瓷套表面污秽较严重并伴有明显放电或较严重电晕现象的，应立即汇报调控人员，作紧急停运处理。
2. 耦合电容器瓷套有开裂、破损现象的，应立即汇报调控人员，作紧急停运处理。
3. 现场无法判断时，联系检修人员检查处理。

Q 耦合电容器声音异常现象及处理原则是什么?

A

现象：

1. 伴有异常振动声、放电声。
2. 异常声响与正常运行时比较有明显增大。

处理原则：

1. 测试高频通道是否正常。
2. 检查耦合电容器有否存在渗漏油。
3. 检查耦合电容器高压瓷套表面是否爬电，瓷套是否破裂。
4. 现场无法判断时，联系检修人员检查处理。

第18分册
高压熔断器运维细则

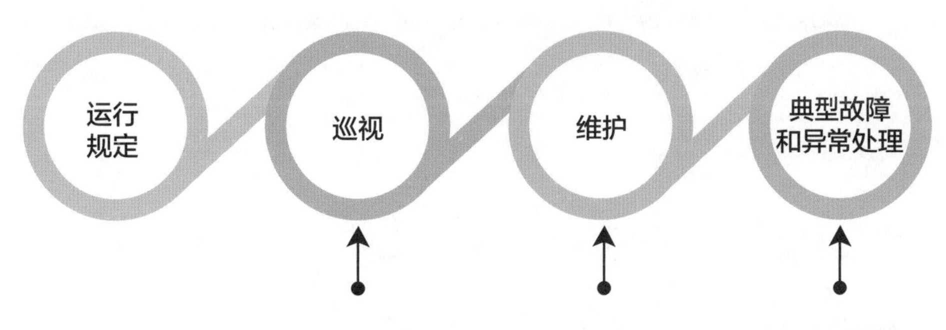

高压熔断器的额定电流选择有何要求?

高压熔断器的额定电流选择应能满足被保护设备熔断保护的可靠性、选择性、灵敏性，其保护特性应与被保护对象的过载特性相适应，考虑到可能出现的短路电流，选用相应分断能力的高压熔断器。

高压熔断器更换有何要求?

1. 高压熔断器更换应使用参数相同、质量合格的熔断器。
2. 在雷电活动时段不得进行户外高压熔断器的更换工作。
3. 户外高压熔断器不允许使用户内型熔断器进行替代。
4. 安装时间超过5年的电容器户外用高压熔断器（外熔断件）应进行更换。

Q 高压熔断器例行巡视有哪些具体要求?

A

1. 外观无破损裂纹、无变形，外绝缘部分无闪烁放电痕迹及其他异常现象。
2. 各接触点外观完好、接触紧密，无过热现象及异味，外表面无异常变色。
3. 表面应无严重凝露、积尘现象。
4. 所有外露金属件的防腐蚀层应表面光洁、无锈蚀。
5. 原存在的设备缺陷是否有发展趋势。
6. 结合变电站现场运行专用规程中高压熔断器结构特点补充检查的其他项目。

Q 异常天气时高压熔断器巡视有哪些具体要求?

A

1. 潮湿天气检查高压熔断器（尤其是户内）无凝露。
2. 大风天气重点检查户外高压熔断器安装位置、角度等无变化，动、静触头的紧固件无松动现象，无异物搭挂。
3. 雪后检查户外熔断器外表面无结冰，无影响绝缘水平的冰溜。

Q 高压熔断器更换有何规定（不包括电容器喷射式熔断器）?

A

1. 更换前应退出可能误动的保护。
2. 更换前应拉开或取下电压互感器二次空气开关或熔断器。
3. 更换前应拉开电压互感器一次隔离开关，并将熔断器两侧接地；手车式将手车拉至检修位置。
4. 更换前应测量熔断相并确认。
5. 更换前应检查电压互感器（TV）本体无异常。
6. 更换前应检查新电压互感器（TV）熔断器应完好，参数符合要求。
7. 更换应使用专用工具拆卸熔断器套管，装卸高压熔断器，应戴护目眼镜和绝缘手套。
8. 更换后复原熔断器套管并拧紧，确认各连接部位接触良好。
9. 更换后应测量二次各相电压正常，检查保护运行正常。
10. 户外高压熔断器更换过程中，登高作业应使用合格的绝缘梯，专人扶梯，登高者使用合格的安全带。
11. 户外高压熔断器更换过程中应使用扳手或螺丝刀拆卸无弹簧侧熔断器套管侧盖。
12. 户外高压熔断器更换过程可用手按住熔断件，利用弹簧压力弹出熔断件。
13. 跌落式熔断器更换时，先拉中间相，后拉边相（如有风时先拉背风的边相，后拉迎风的边相）；合时顺序与此相反。

Q TV、站用变压器限流式高压熔断器熔断的处理原则是什么？

A

1 应退出可能误动的保护。

2 检查确定熔断相别。

3 根据调度命令停电并做好安全措施。

4 更换新熔断器时，应检查额定值与被保护设备相匹。

5 更换前后使用万用表测量熔断器阻值合格。

6 送电后测量TV二次电压正常，投入相应的保护。

7 更换后再次熔断不得试送，联系检修人员处理。

Q 高压熔断器本体故障的现象及处理原则是什么?

现象

高压熔断器的外观出现裂纹、碎裂、断股等明显异常。

处理原则

1. 限流式熔断器瓷熔断件损坏时，无论填充料是否泄漏，都必须更换熔断器。

2. 喷射式熔断器拉线断股时，可以只更换熔丝。

第19分册

中性点隔直装置运维细则

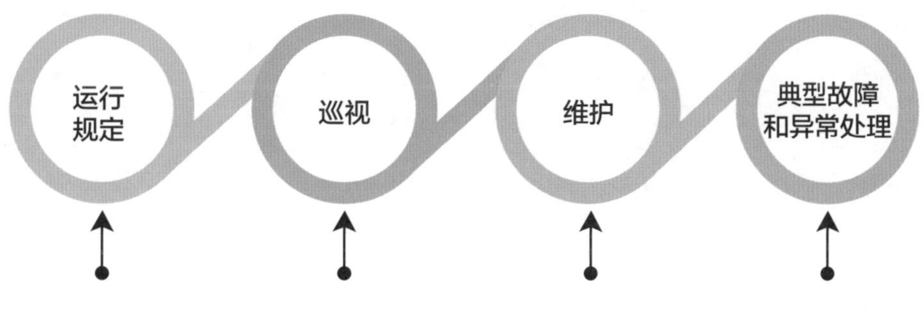

一般规定

1. 例行巡视
2. 全面巡视
3. 熄灯巡视
4. 特殊巡视

1. 消缺维护
2. 红外检测

1. 中性点电容隔直/电阻限流装置控制电源故障
2. 中性点电容隔直装置机械旁路开关拒动

中性点隔直装置例行巡视有何规定?

1. 中性点电容隔直／电阻限流装置的信号灯、面板指示正常，开关、把手位置正确。
2. 中性点电容隔直／电阻限流装置柜（室）通风设备工作正常，无受潮，接地良好。
3. 绝缘体表面无破损、裂纹、放电痕迹。
4. 中性点电容隔直／电阻限流装置闸刀位置正确，与运行方式相符，引线接头完好，无过热迹象。
5. 中性点电容隔直／电阻限流装置无异常振动、声音及异味。
6. 测控装置运行正常，控制模式正常，遥测遥信正常，无告警。
7. 检查原存在的设备缺陷是否有发展。

Q 中性点隔直装置特殊巡视有何规定?

雨雪天气时，检查中性点电容隔直 / 电阻限流装置柜内加热器是否启动，有无进水受潮。

高温天气、变压器过载运行期间，检查中性点电容隔直/电阻限流装置柜（室）通风设备工作正常，内部元器件无过热。

变压器出现短路跳闸、外部过电压、系统谐振等异常状况后，应检查中性点电容隔直 / 电阻限流装置内部元器件完好，无放电、异响、异味。

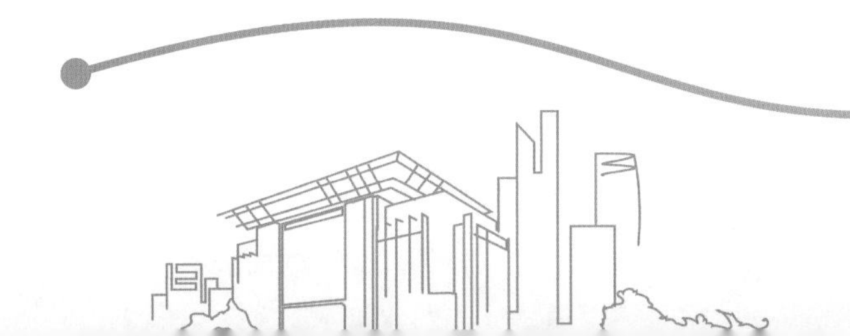

Q 中性点隔直装置红外检测范围是什么?

1 检测范围是中性点电容隔直/电阻限流装置柜体。

2 重点检测电容器、熔断器、高能氧化锌组件、电阻器、放电间隙、互感器、引线接头等。

Q 中性点电容隔直装置投运时的一般规定是什么?

A 中性点电容隔直装置投运时应通过测控装置操作，完成一次由直接接地工作状态到电容接地工作状态，再由电容接地工作状态回到直接接地工作状态的状态转换操作。

Q 中性点电容隔直装置机械旁路开关拒动故障的现象及处理原则是什么?

A

现象:

1. 测控装置发直流电流越限信号。
2. 测控装置采集的电流或电压数值满足机械旁路开关动作定值,开关未能正确动作。

处理原则:

1. 检查装置控制模式,若未处于自动工作模式,应将装置改为自动工作模式。
2. 检查机械旁路开关控制回路有无异常,若有异常,应将装置改为手动模式,将旁路开关手动分闸,联系检修人员处理。

第20分册
接地装置运维细则

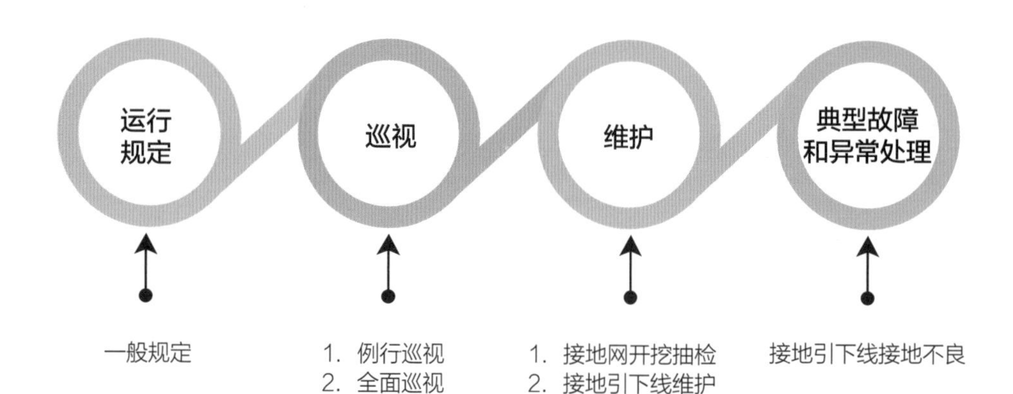

Q 接地装置例行巡视有哪些具体规定?

A

引向建筑物的入口处、设备检修用临时接地点的“⏚”接地黑色标识清晰可识别。

黄绿相间的色漆或色带标识清晰、完好。

检查原存在的缺陷是否有发展。

接地引下线无松脱、锈蚀、伤痕和断裂，与设备、接地网接触良好，防腐处理完好。

运行中的接地网无开挖及露出土层，地面无塌陷下沉。

Q 接地装置特殊巡视有哪些具体规定?

A

① 系统发生不对称短路故障后，应检查变压器中性点成套装置、接地开关及接地引下线有无烧蚀、伤痕、断股。

② 雷雨过后，重点检查避雷器、避雷针等设备接地引下线有无烧蚀、伤痕、断股，接地端子是否牢固。

③ 洪水后，地网不得露出地面、发生破坏，接地引下线无变形、破损。

Q 主设备及设备构架接地引下线的一般规定是什么?

A

主设备及设备构架接地引下线均应符合热稳定校核及机械强度的要求。接地引下线应便于定期进行检查测试，连接良好，且截面符合要求。

Q 接地导通测试有哪些具体规定？

1

测试范围

各个电压等级的场区之间；各高压和低压设备，包括构架、端子箱、汇控箱、电源箱等，主控楼及内部各接地干线，场区内和附近的通信及内部各接地干线，独立避雷针及微波塔与土接地网之间；其他必要部分与主接地网之间。

2

测试周期

独立避雷针每年一次；其他设备、设施，220kV及以上变电站每年一次，110（66）kV变电站每3年一次，35kV变电站每4年一次。应在雷雨季节前开展接地导通测试。

3

测试前应对基准点及被测点表面的氧化层进行处理。

Q 接地引下线接地处理原则是什么？

A

1 检查接地引下线有无松动、腐蚀、烧伤。

2 若接地连接螺栓松动，应紧固或更换连接螺栓、压接件，加防松垫片。

3 若接地导通测试数据严重超标，且接地引下线连接部位无异常，应对接地网开挖检查。

4 若接地引下线烧伤、断裂、严重腐蚀，应联系检修人员处理。

5 检修处理完毕后，应进行接地导通测试。

第21分册
端子箱及检修电源箱运维细则

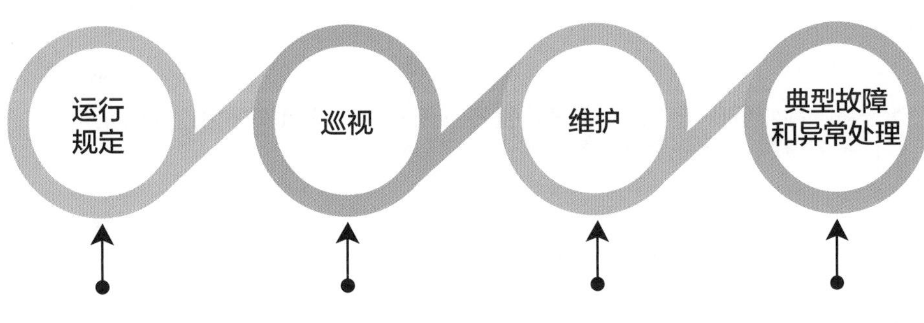

1. 一般规定
2. 标识规定
3. 接地规定
4. 接线规定
5. 封堵规定
6. 端子箱驱潮加热装置规定

1. 例行巡视
2. 全面巡视
3. 特殊巡视

1. 箱体维护
2. 封堵维护
3. 驱潮加热装置维护
4. 照明装置维护
5. 熔断器、空气开关、接触器、插座维护
6. 红外检测

1. 箱门或箱体变形
2. 端子箱受潮

Q 端子箱及检修电源箱的一般规定是什么？

A

- 端子箱及检修电源箱送电前经验收合格，方可投运。

- 端子箱基座高于地面，周围地面无塌陷、无积水。

- 端子箱及检修电源箱内部应干净、整齐，无灰尘、蛛网等异物；箱内无积水，无凝露现象；箱内通风孔畅通，无堵塞；端子箱锁具应完好。

- 敞开式设备同一间隔内的多台隔离开关的电机电源，在端子箱内必须分别设置独立的开断设备。

- 电缆芯绝缘层外观无破损，备用电缆芯线需分别作绝缘包扎处理。

Q 端子箱及检修电源箱特殊巡视有哪些具体规定?

1. 在高温、大负荷运行期间，应对箱内设备进行红外测温。
2. 新投入运行以及检修、改造或长期停运后重新投入运行，检查箱门密封良好，箱内元件无发热。
3. 气温骤降后，检查箱体内驱潮加热装置正确投入，手动加热器要及时投入。
4. 大雨过后，通风孔无堵塞，箱体内无进水，驱潮加热装置正确投入。
5. 大风、冰雪、冰雹及雷雨后，检查端子箱无变形，箱内设备运行正常、无损坏。
6. 沙尘暴天气或沙尘天气后，检查端子箱无变形，箱门密封良好，通风孔无堵塞。

端子箱及检修电源箱红外检测有哪些具体规定?

1 精确测温周期：每半年至少1次。新设备投运后1周内（但应超过24h）。

2 检测范围为端子箱及检修电源箱内所有设备。

3 测试设备温度是否在正常范围，若有疑问，应汇报并进行复测。

4 重点检测接线端子、二次电缆、空气开关、熔断器、接触器。

Q 端子箱受潮处理原则是什么?

1. 检查驱潮加热装置运行是否正常。如果驱潮加热装置故障，应及时更换。

2. 如果防凝露装置正常，应查找受潮原因，若箱体密封损坏，应及时处理箱体密封。

3. 如果是天气原因造成箱体凝露，可开启箱门通风干燥，必要时使用干燥的抹布均匀擦除，擦拭过程应缓慢，并做好防范措施。

4. 如箱体凝露危及设备安全运行时，向值班调控人员申请停运处理。

Q 端子箱驱潮加热装置有哪些具体规定?

A

1. 端子箱内应加装驱潮加热装置，装置应设置为自动或常投状态，驱潮加热装置电源应单独设置，可手动投退。
2. 温湿度传感器应安装于箱内中上部，发热元器件悬空安装于箱内底部，与箱内导线及元器件保持足够的距离。

第22分册 站用变压器运维细则

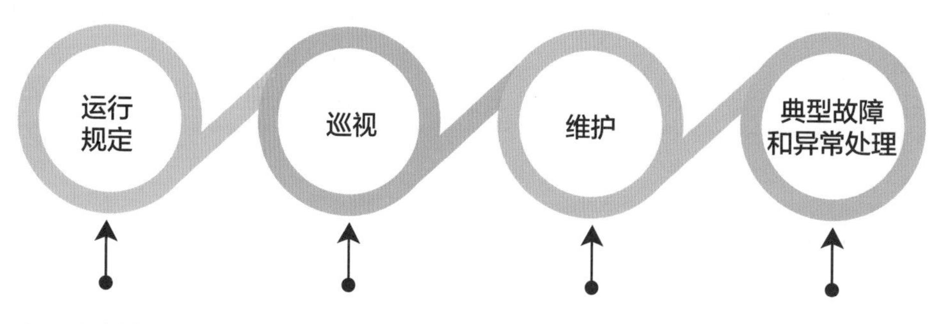

1. 一般规定
2. 运行温度要求
3. 紧急停运规定

1. 例行巡视
2. 全面巡视
3. 熄灯巡视
4. 特殊巡视

1. 吸湿剂更换
2. 外熔断器（高压跌落熔断器）更换
3. 定期切换试验
4. 红外检测

1. 站用变压器过电流保护动作
2. 站用变压器着火
3. 干式站用变压器超温告警

站用变压器吸湿剂的更换步骤是什么？

1. 吸湿剂受潮变色超过2/3应及时维护。
2. 保证工作中与设备带电部位的安全距离，必要时将站用变压器停电处理。
3. 呼吸器内吸湿剂宜采用同一种变色吸湿剂，其颗粒直径大于3mm，且留有1/6～1/5空间。
4. 油杯内的油应补充至合适位置，补充的油应合格。
5. 维护后应检查呼吸正常、密封完好。

Q 新投入或经过大修的站用变压器的特殊巡视有哪些具体规定?

A

1. 声音应正常，如果发现响声特大、不均匀或者有放电声，应认为内部有故障。
2. 油位变化应正常，应随温度的增加合理上升，如果发现假油面，应及时查明原因。
3. 油温变化应正常，站用变压器带负载后，油温应缓慢上升，上升幅度合理。
4. 干式站用变压器本体温度应变化正常，站用变压器带负载后，本体温度上升幅度应合理。

Q 在什么情况下，站用变压器有载分接开关禁止调压操作?

A

1. 有载分接开关油箱内绝缘油劣化不符合标准。
2. 有载分接开关储油柜的油位异常。

Q 站用变压器着火处理原则是什么？

A

1. 检查站用变压器各侧断路器是否断开，保护是否正确动作。

2. 站用变压器保护未动作或者断路器未断开时，应立即断开站用变压器各侧电源及故障站用变压器回路直流电源，迅速采取灭火措施，防止火灾蔓延。

3. 灭火后检查直流电源系统和站用电系统运行情况，及时恢复失电低压母线及其负载供电。

4. 检查故障发生时现场是否存在引起站用变压器着火的检修作业。

5. 记录保护动作时间及一、二次设备检查结果。

6. 汇报上级管理部门，联系检修人员处理。

第23分册
站用交流电源系统运维细则

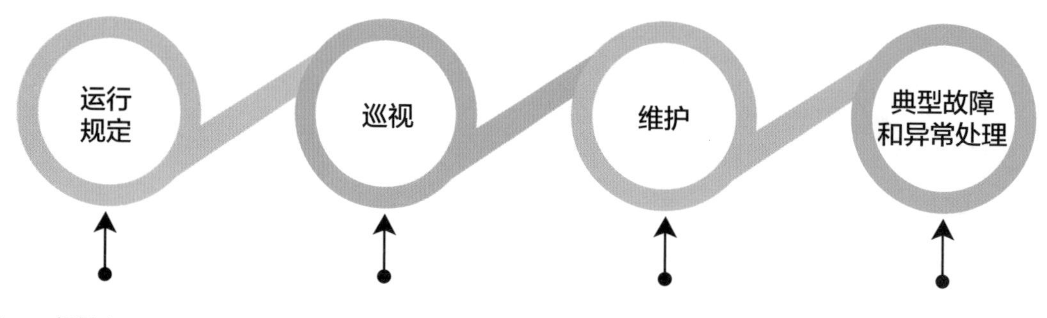

1. 一般规定
2. 交流电源屏（箱）
3. 站用交流不间断电源系统（UPS）
4. 自动装置

1. 例行巡视
2. 全面巡视
3. 特殊巡视

1. 低压熔断器更换
2. 消缺（故障）维护
3. 站用交流不间断电源装置UPS除尘
4. 红外检测

1. 站用交流母线全部失压
2. 站用交流一段母线失压
3. 低压断路器跳闸、熔断器熔断
4. 站用交流不间断电源装置交流输入故障
5. 备自投装置异常告警
6. 自动转换开关自动投切失败

Q 站用电系统重要负荷如何供电?

A 站用电系统重要负荷（如主变压器冷却系统、直流系统等）应采用双回路供电，且接于不同的站用电母线段上，并能实现自动切换。

Q 站用交流电源系统有何特殊巡视规定?

A

1

雨、雪天气，检查配电室无漏雨，户外电源箱无进水受潮情况。

2

雷电活动及系统过电压后，检查交流负荷、断路器动作情况，UPS 不间断电源主从机柜浪涌保护器、所用电屏（柜）避雷器动作情况。

第24分册
站用直流电源系统运维细则

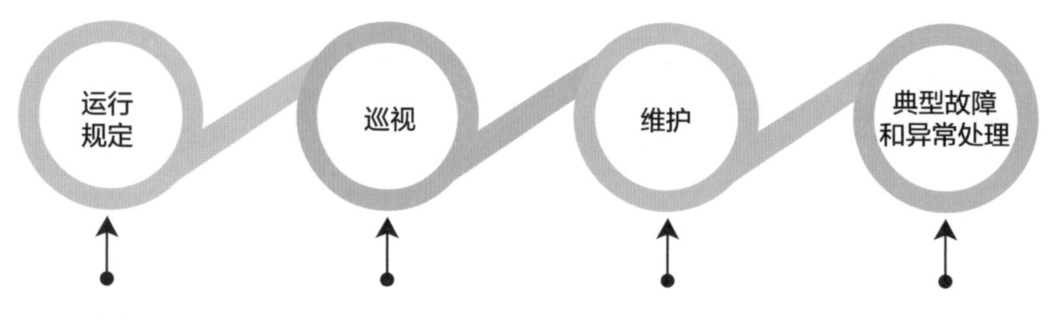

1. 一般规定
2. 蓄电池
3. 充电装置

1. 例行巡视
2. 全面巡视
3. 特殊巡视

1. 蓄电池核对性充放电
2. 蓄电池组内阻测试
3. 电缆封堵
4. 指示灯更换
5. 蓄电池熔断器更换
6. 采集单元熔丝更换
7. 红外检测

1. 直流失电处理
2. 直流系统接地处理
3. 充电装置交流电源故障处理
4. 充电模块故障处理
5. 直流母线电压异常处理
6. 蓄电池容量不合格处理
7. 交流窜入直流处理

Q 馈电屏例行巡视有哪些规定?

A

① 绝缘监测装置运行正常，直流系统的绝缘状况良好。

② 各支路直流断路器位置正确、指示正常，监视信号完好。

③ 各元件标志正确，直流断路器、操作把手位置正确。

Q 蓄电池组内阻测试有哪些规定?

A

① 测试工作至少由两人进行，防止直流短路、接地、断路。

② 蓄电池内阻在生产厂家规定的范围内。

③ 蓄电池内阻无明显异常变化，单只蓄电池内阻偏离值不应大于出厂值的10%。

④ 测试时连接测试电缆应正确，按顺序逐一进行蓄电池内阻测试。

⑤ 单体蓄电池电压测量应每月至少一次，蓄电池内阻测试应每年至少一次。

Q 蓄电池熔断器更换有哪些规定?

A

1. 蓄电池熔断器损坏，应查明原因并处理后方可更换。

2. 检查熔断器是否完好、有无灼烧痕迹，使用万用表测量蓄电池熔断器两端电压，若电压不一致，表明熔断器损坏。

3. 应更换为同型号的熔断器，再次熔断不得试送，联系检修人员处理。

Q 充电模块故障现象及处理原则是什么?

A

1. 充电装置充电模块故障信息告警。
2. 故障充电模块输出异常。

处理原则

1. 检查各充电模块运行状况。
2. 故障充电模块交流断路器跳闸，无其他异常可试送，试送不成功应联系检修人员处理。
3. 故障充电模块运行指示灯不亮、液晶显示屏黑屏、模块风扇故障等，应联系检修人员处理。

第25分册 构支架运维细则

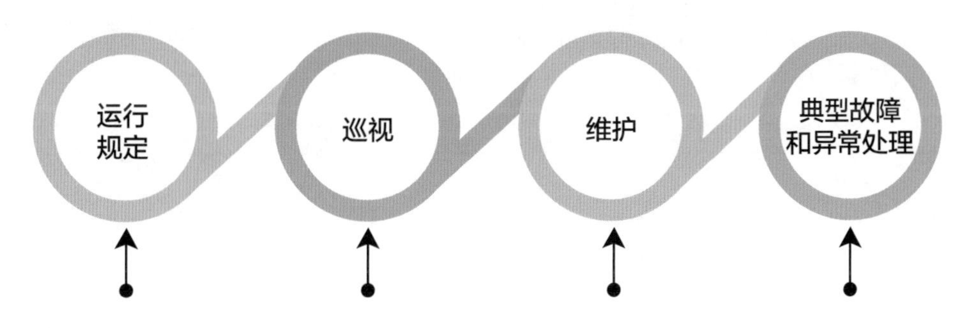

Q 构支架运行一般规定有哪些?

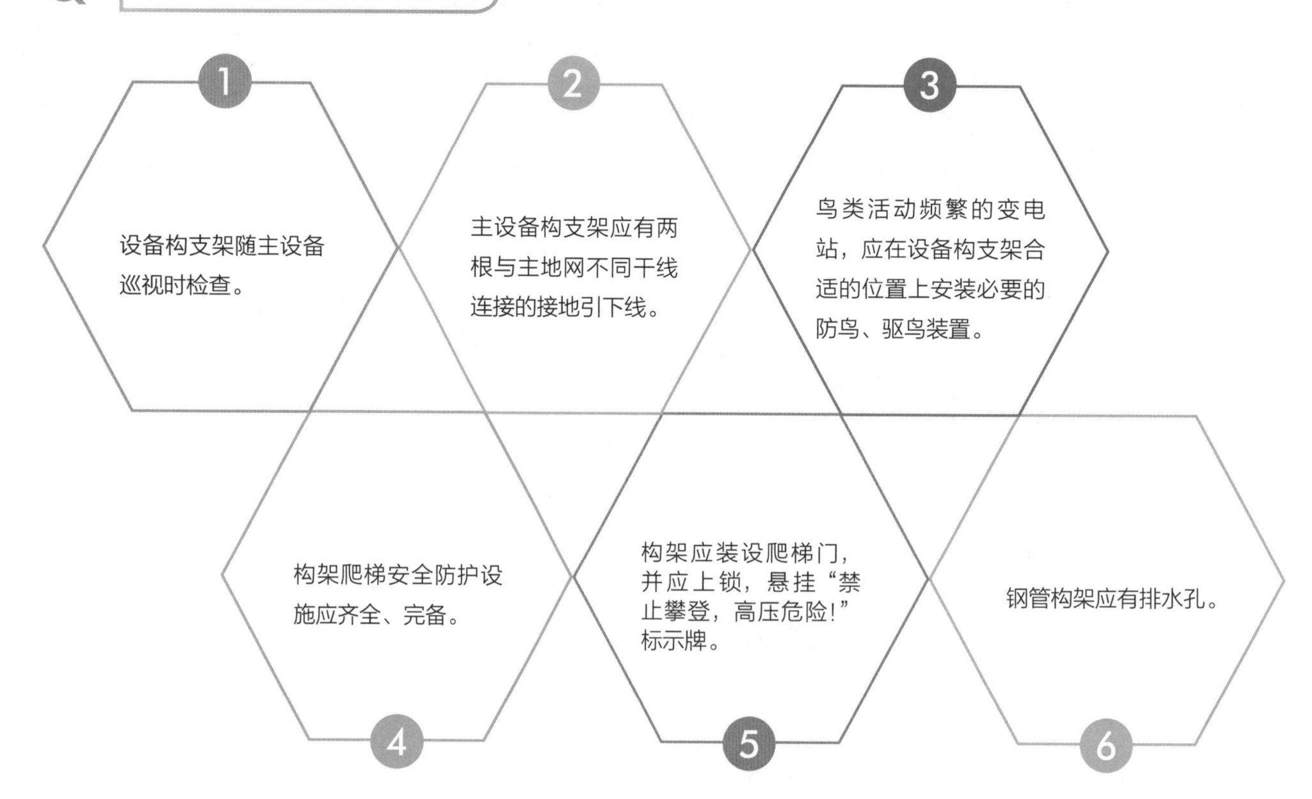

Q 异常天气时变电站构支架的巡视规定是什么？

A

1 大风天气，重点检查金具、螺栓及构支架链接插销等是否连接紧固，构支架上无异物搭挂。

2 大雨、冰雹天气过后，重点检查构支架基础是否存在积水情况，排水孔有无堵塞。

3 暴雨天气后，重点检查构支架积雪情况，是否造成构支架变形。

Q 构支架锈蚀、风化的现象及处理原则是什么？

1. 钢构支架锈蚀。
2. 钢筋混凝土构支架风化露筋。

1. 布置现场安全措施，对异常构支架进行隔离。
2. 判断钢构支架锈蚀情况，若已影响钢构支架机械强度及功能实现，应立即联系专业人员处理，必要时申请停运处理。
3. 若不影响钢构支架机械强度及功能实现，应进行除锈防腐处理。
4. 若钢筋混凝土构支架出现风化露筋、纵向及横向裂纹时，应立即联系专业人员进行评估、处理，必要时申请停运处理。
5. 处理前应加强监视。

构支架紧急申请停运有哪些规定?

构支架出现下列情况之一时，应立即汇报值班调控人员申请将相应间隔停运:

1. 构支架上悬挂异物，对带电设备安全运行构成威胁时。
2. 构支架严重倾斜、变形、开裂，对设备正常运行构成威胁时。

A

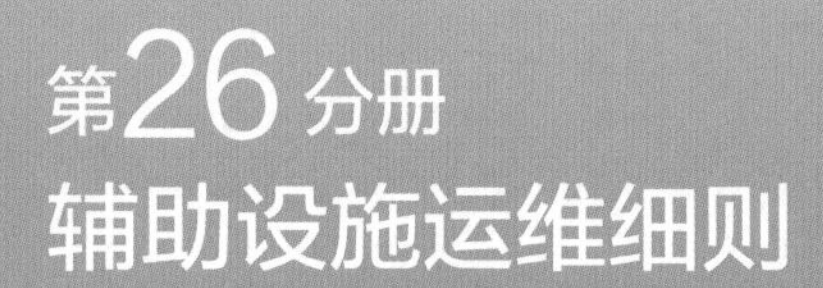

第26分册 辅助设施运维细则

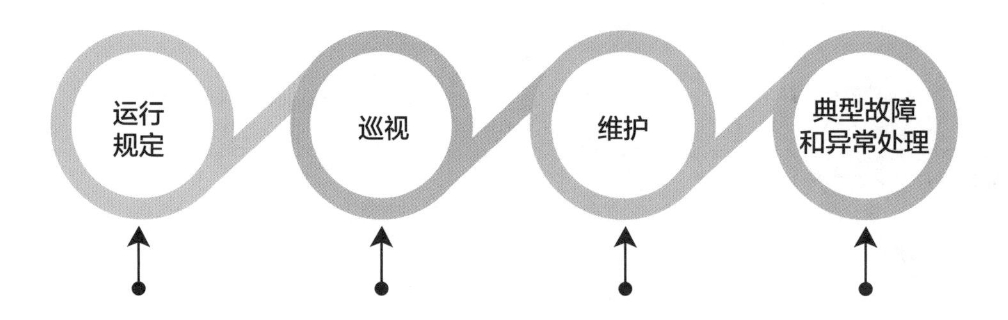

1. 消防系统
2. 安防设施及视频监控系统
3. 防汛设施
4. 采暖、通风、制冷、除湿设施
5. 给排水系统
6. 照明系统

视频监控例行巡视具体规定有哪些?

1. 视频显示主机运行正常、画面清晰、摄像机镜头清洁，摄像机控制灵活，传感器运行正常。
2. 视频主机屏上各指示灯正常，网络连接完好，交换机（网桥）指示灯正常。
3. 视频主机屏内的设备运行情况良好，无发热、死机等现象。
4. 视频系统工作电源及设备正常，无影响运行的缺陷。
5. 摄像机安装牢固，外观完好，方位正常。
6. 围墙震动报警系统光缆完好。
7. 围墙震动报警系统主机运行情况良好，无发热、死机等现象。

电子围栏主机发告警信号的处理原则是什么?

1 防盗装置报警动作时，立即派人前往现场检查是否有人员入侵痕迹。

2 若为人员入侵造成的报警，核查是否有财产损失，同时汇报上级管理部门。

3 若无人员入侵，根据控制箱显示的防区，检查电子围栏有无断线、异物搭挂，按“消音”键中止警报声。

4 若是围栏断线造成的报警，断开电子围栏电源，将断线处重新接好，调整围栏线松紧度，再合上电子围栏电源。

5 若为异物造成的告警，清除异物，恢复正常。

6 若检查无异常，确认是误发信号，又无法恢复正常，联系专业人员处理。

安防系统报警探头、摄像头启动、操作功能试验，远程功能核对维护有哪些规定？

1
每季对安防系统报警探头、摄像头启动、操作功能进行试验，远程功能核对维护。

2
对监控系统、红外对射或激光对射装置、电子围栏进行试验，检查报警功能正常，报警联动正常。

3
摄像头的灯光、雨刷移动、旋转试验正常，图像清晰。

4
在对电子围栏主导线断落连接、承立杆歪斜纠正维护时，应先断开电子围栏电源。

5
视频信号汇集箱、电子围栏、红外对射或激光对射报警主控制箱箱体、封堵修补的维护要求参照本细则端子箱部分相关内容。

照明系统运行维护规定有哪些？

A

1

每季度对室内、外照明系统维护一次。

2

每季度对事故照明试验一次。

3

需更换同规格、同功率的备品。

4

更换灯具、照明箱时，需断开回路的电源。

5

更换灯具、照明箱后，检查工作正常。

6

拆除灯具、照明箱接线时，做好标记，并进行绝缘包扎处理。

7

更换室外照明灯具时，要注意与高压带电设备保持足够的安全距离。

第27分册
土建设施运维细则

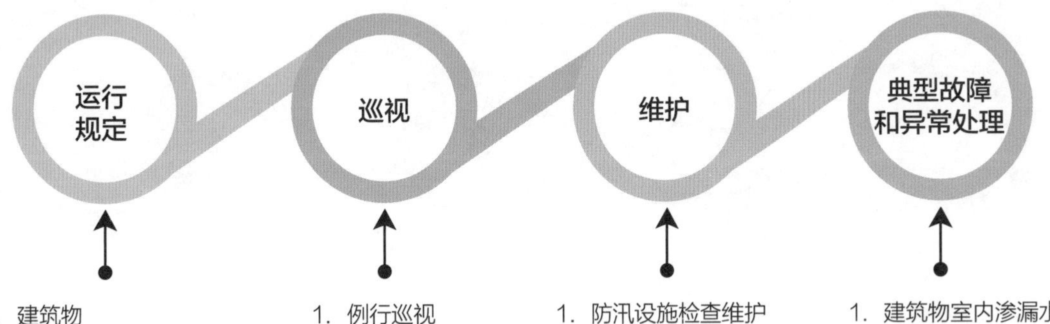

1. 建筑物
2. 围墙
3. 大门
4. 楼梯
5. 门窗
6. 电缆沟（电缆竖井、电缆夹层、电缆隧道）
7. 水系统
8. 设备基础
9. 道路及场坪
10. 卫生设施

1. 例行巡视
2. 全面巡视
3. 特殊巡视

1. 防汛设施检查维护
2. 电缆沟（电缆竖井、电缆夹层、电缆隧道）封堵检查维护

1. 建筑物室内渗漏水
2. 围墙倾斜、倒塌
3. 设备基础下沉

防汛设施检查维护规定有哪些?

每年汛前对电缆沟、排水沟检查，对污水泵、潜水泵、排水泵进行检查维护。

电缆沟、排水沟有杂物、淤泥、积水时应及时清理。

对污水泵、潜水泵、排水泵进行启、停试验前，应检查设备外观完好，必要时对电机进行绝缘电阻测试。

防汛物资应齐全，必要时予以补充。

工作时与带电设备保持足够的安全距离。

Q 电缆沟（电缆竖井、电缆夹层、电缆隧道）运行规定有哪些?

1. 电缆沟（电缆竖井、电缆夹层、电缆隧道）电缆穿孔应封堵严密，并做好防火措施。

2. 电缆沟盖板应尺寸统一，盖板应平整、稳定；下部有防火墙的盖板应有明确标示。

3. 电缆沟底部应有0.5%~1%的排水坡度或设置过水槽。

4. 电缆沟（电缆竖井、电缆夹层、电缆隧道)的出入门应落实防火、防小动物、防水要求。

电缆沟（电缆竖井、电缆夹层、电缆隧道）封堵检查维护规定有哪些?

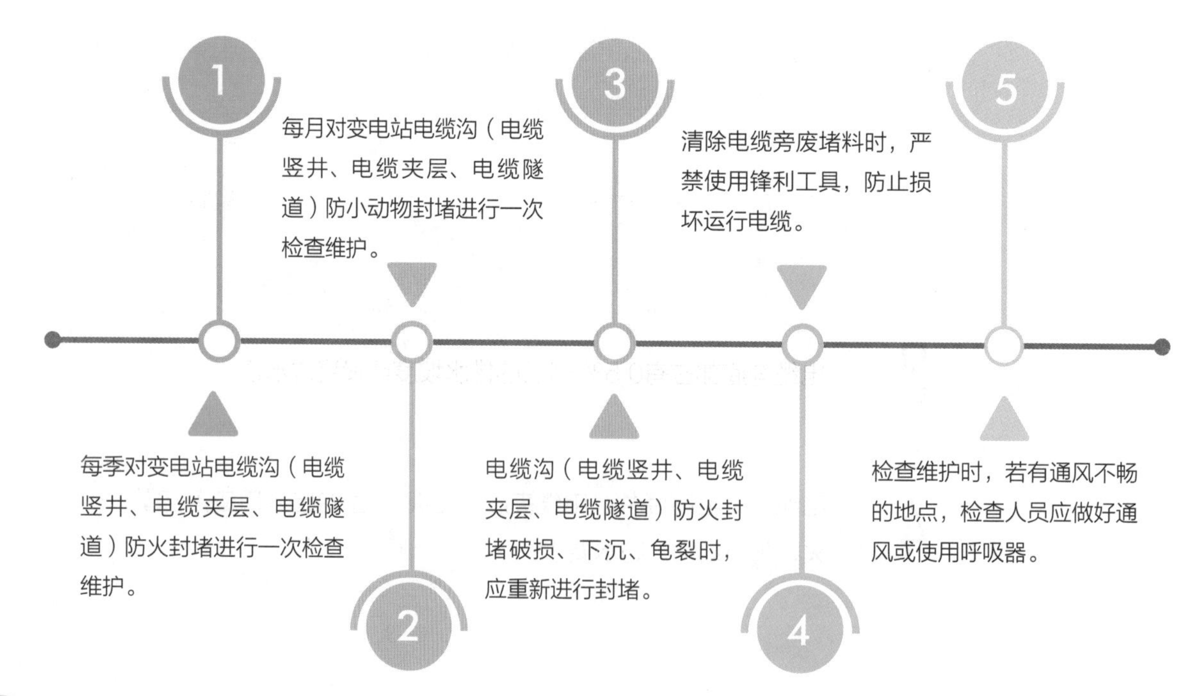

Q 建筑物室内渗漏水的处理原则是什么？

1. 检查建筑物屋面是否有积水，排水口是否堵塞，必要时疏通并清理。
2. 若威胁设备安全运行时，采取防水隔离措施。
3. 联系相关人员，处理屋面渗漏水。

第28分册
避雷针运维细则

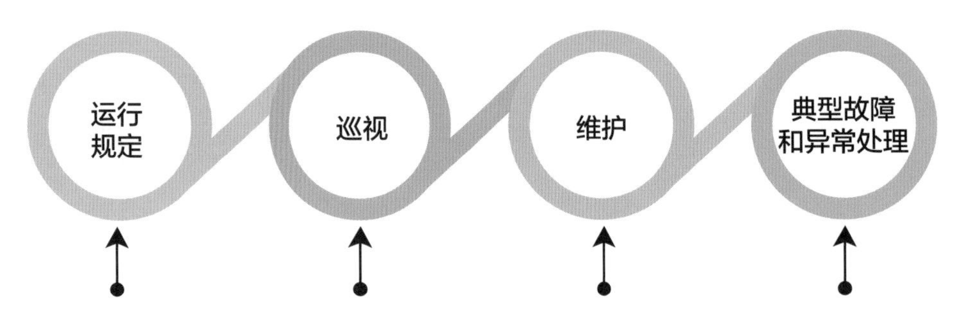

1. 一般规定
2. 本体及基础规定
3. 接地规定

1. 例行巡视
2. 全面巡视
3. 特殊巡视

1. 本体防腐
2. 设备接地引下线导通检查

1. 本体倾斜
2. 避雷针风致振动或涡激振动
3. 避雷针倒塌

Q 避雷针本体及基础规定有哪些?

A

1 避雷针应保持垂直，无倾斜。

2 独立避雷针构架上不应安装其他设备。

3 避雷针基础完好，无破损、酥松、裂纹、露筋及下沉等现象。

4 避雷针及接地引下线无锈蚀，必要时开挖检查，并进行防腐处理。

5 钢管避雷针应在下部有排水孔。

Q 避雷针特殊巡视具体规定有哪些？

A

1. 气温骤变后，避雷针本体无裂纹，连接接头处无开裂。
2. 大风前后，避雷针无晃动、倾斜，设备上无飘落积存杂物。
3. 雷雨、冰雹、冰雪等异常天气后，设备上无飘落积存杂物，避雷针本体与引下线连接处无脱焊断裂。
4. 大雨后，基础无沉降，钢管避雷针排水孔无堵塞。

Q

A

1. 避雷针本体有倾斜时，联系专业人员进行评估处理。
2. 避雷针倾斜未处理前，需制定防倒塌措施，并加强设备巡视。

看图学制度

图说变电运检通用制度

变电检测

本书编委会　编

中国电力出版社
CHINA ELECTRIC POWER PRESS

内 容 提 要

为了确保国家电网公司变电运检五项通用制度有效落地，国网河北省电力公司积极探索新方法和新思路，创新提出用一种图解方式将五项通用制度及细则的相关要求进行细化分解，以图片代替文字，以问答代替条款，将五项通用制度及细则进行梳理解读，方便员工学习执行，保证各项生产工作的顺利完成。《看图学制度——图说变电运检通用制度》系列丛书共五册，分别为变电验收、变电运维、变电检测、变电评价、变电检修。本册为变电检测。

本书可供国家电网公司系统从事变电管理、检修、运维、试验等工作的专业人员使用。

图书在版编目（CIP）数据

看图学制度：图说变电运检通用制度 /《看图学制度：图说变电运检通用制度》编委会编．— 北京：中国电力出版社，2017.6

ISBN 978-7-5198-0843-3

Ⅰ.①看… Ⅱ.①看… Ⅲ.①变电所－电力系统运行－检修－图解 Ⅳ.①TM63-64

中国版本图书馆CIP数据核字（2017）第122754号

出版发行：中国电力出版社

地　　址：北京市东城区北京站西街 19 号（邮政编码 100005）

网　　址：http://www.cepp.com.cn

责任编辑：孙世通（010-63412326）

责任校对：太兴华　马　宁　王小鹏　常燕昆　王开云

装帧设计：锋尚设计

责任印制：单　玲

印　刷：北京瑞禾彩色印刷有限公司

版　次：2017 年 6 月第一版

印　次：2017 年 6 月北京第一次印刷

开　本：880 毫米 ×1230 毫米　32 开本

印　张：30.375

字　数：810 千字

定　价：288.00 元（共五册）

版 权 专 有　侵 权 必 究

本书如有印装质量问题，我社发行部负责退换

本书编委会

主　任　苑立国

副主任　周爱国　张明文

委　员　赵立刚　沈海泓　王向东　刘海生

主　编　郭亚成

副主编　甄　利　贾志辉　梁爽

编　写　龚乐乐　庞先海　窦永平　崔　猛　丁立坤

陈世洋　李学斌　刘娅菲　孟立会　路艳巧

田　萌　刘　林　冯学宽　马文斌　刘东亮

孟延辉　刘胜军　贾海涛　张志超　康博文

前 言
PREFACE

为进一步提高国家电网公司变电运检专业管理水平，实现全公司、全过程、全方位管理标准化，国家电网公司运维检修部历时两年，组织百余位系统内专业人员编制了变电验收、运维、检测、评价、检修等五项通用制度及细则，全面总结提炼了公司系统各单位好的经验和做法，准确涵盖了公司总部、省、地（市）、县各级已有的各项规定，具有通用性和标准化特点，对指导各项变电运检工作规范开展意义重大。为了确保变电运检五项通用制度有效落地，国网河北省电力公司积极探索新方法和新思路，创新提出用一种图解方式将五项通用制度及细则的相关要求进行细化分解，以图片代替文字，以问答代替条款，对五项通用制度及细则进行梳理解读，突出重点和关键点。通过手机微信、结集出版两种方式进行学习宣贯，方便员工学习执行，融入管理、生产工作的全过程，保证各项生产工作的顺利完成。《看图学制度——图说变电运检通用制度》系列丛书共五册，分别为变电验收、变电运维、变电检测、变电评价、变电检修。本册为变电检测。

本书编委会

2017 年 6 月

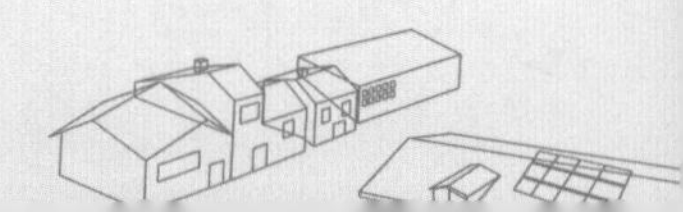

目 录

CONTENTS

第一部分

图说国家电网公司变电检测通用管理规定

“五通”的具体内容是什么?

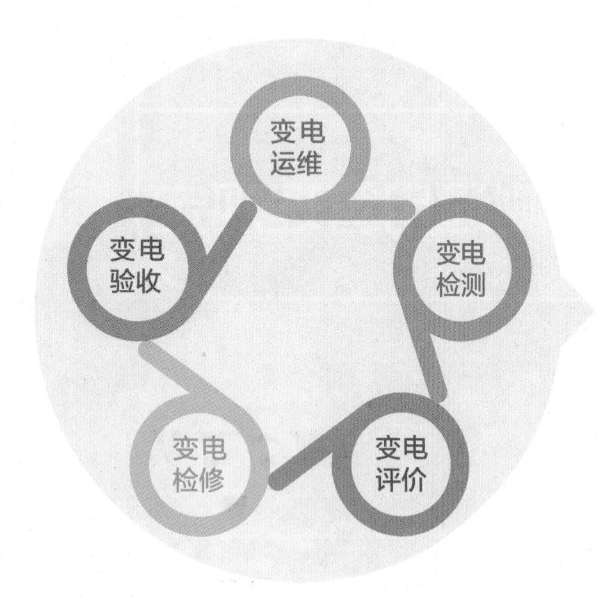

构成变电运检管理的完整体系，以变电验收、运维、检测、评价和检修为主线，验收向前期设计、制造延伸，检修向退役后延伸，覆盖了设备全寿命周期管理的各个环节；涵盖了各项业务和各级专业人员；以“反措”纵向贯通，突出补充了对设备的重点要求。

“五通一措”是国家电网公司通用制度体系下的管理制度，将代替国家电网公司各层级、各单位现有的各项变电运检管理办法、规定和细则，具有强制执行性。

“五通”的特点

1. 体系完整
2. 内容全面
3. 注重细节
4. 面向一线
5. 标准化基础上考虑差异化

第一章 总则

国家电网公司变电检测通用管理规定有哪些?

总共有16章内容

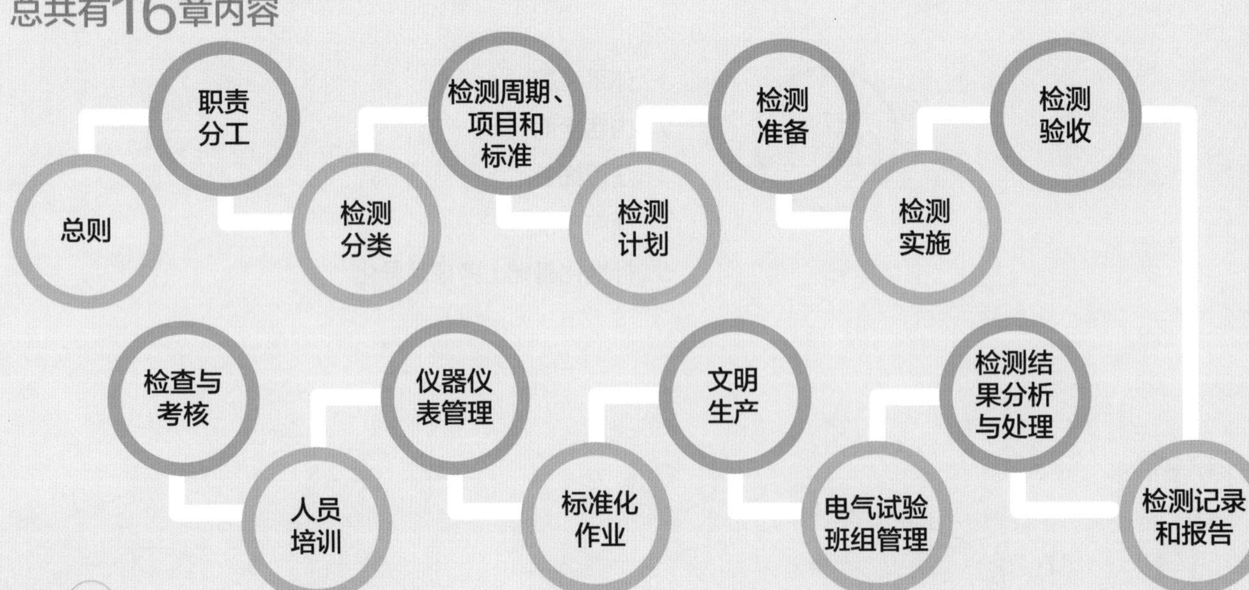

第二章　职责分工

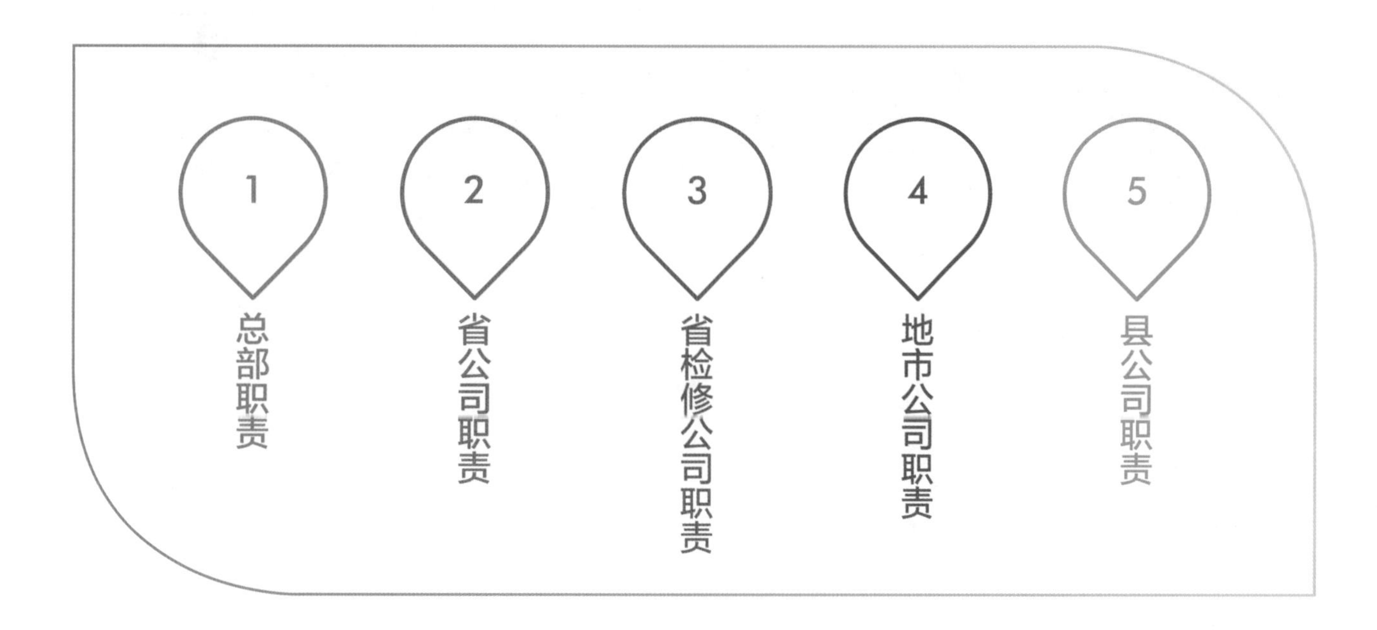

地市公司职责

地市公司运维检修部（简称地市公司运检部）履行以下职责：

1. 贯彻落实国家相关法律法规、行业标准、国家电网公司及省公司有关标准、规程、制度、规定
2. 组织编制本单位设备检测工作计划并组织实施
3. 指导、监督、检查、考核变电运维室、变电检修室、县公司检测工作，协调解决相关问题
4. 负责本单位检测技术培训和交流

地市公司变电运维室履行以下职责：

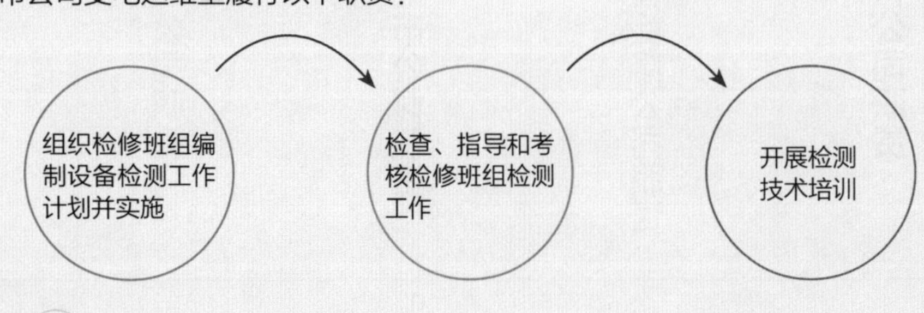

第三章 检测分类

指设备在运行状态下，采用检测仪器对其状态量进行的现场检测

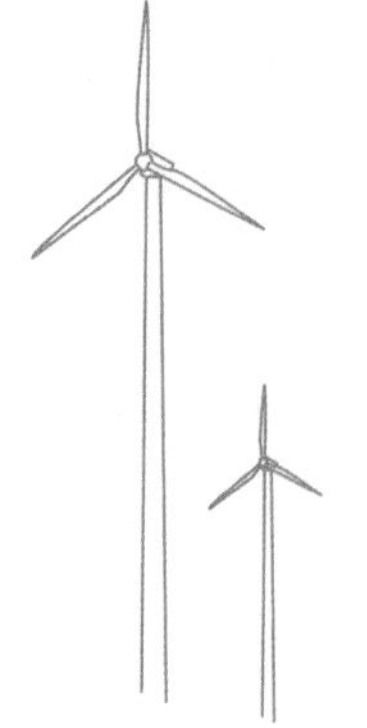

指需要设备退出运行才能进行的试验

第四章 检测周期、项目和标准

带电检测工作出现以下情况时应适当增加检测频次：

①在雷雨季节前和大风、暴雨、冰雪灾、沙尘暴、地震、严重寒潮、严重雾霾等恶劣天气之后。

②新投运的设备、对核心部件或主体进行解体性检修后重新投运的设备。

③高峰负荷期间或负荷有较大变化时。

④经受故障电流冲击、过电压等不良工况后。

⑤设备有家族性缺陷警示时。

需提前或尽快安排停电试验的情况：

①巡检中发现有异常，此异常可能是重大质量隐患所致。

②带电检测显示设备状态不良。

③以往的例行试验有朝着注意值或警示值方向发展的明显趋势，或者接近注意值或警示值。

④存在重大家族缺陷。

⑤经受了较为严重不良工况，不进行试验无法确定其是否对设备状态有实质性损害。

⑥判定设备继续运行有风险，则不论是否到期，都应列入最近的年度试验计划，情况严重时，应尽快退出运行，进行试验。

第五章 检测计划

带电检测年度计划

班组每年10月15日前根据带电检测周期要求和设备状态评价结果编制年度检测计划。

一类变电站带电检测计划经省检运检部初审后报送省评价中心。

二类变电站带电检测计划经省检运检部、地市公司运检部初审后报送省评价中心。

三、四类变电站带电检测计划由地市公司审核批复，并报省公司运检部备案。

省检运检部、地市公司运检部根据年度检测计划，综合考虑春秋季检修、迎峰度夏（冬）、特殊时期保电等工作需要，合理安排月度检测计划，并在每月25日前下达次月计划。

班组根据月度检测计划安排日检测工作，并根据设备动态评价结果及时调整。

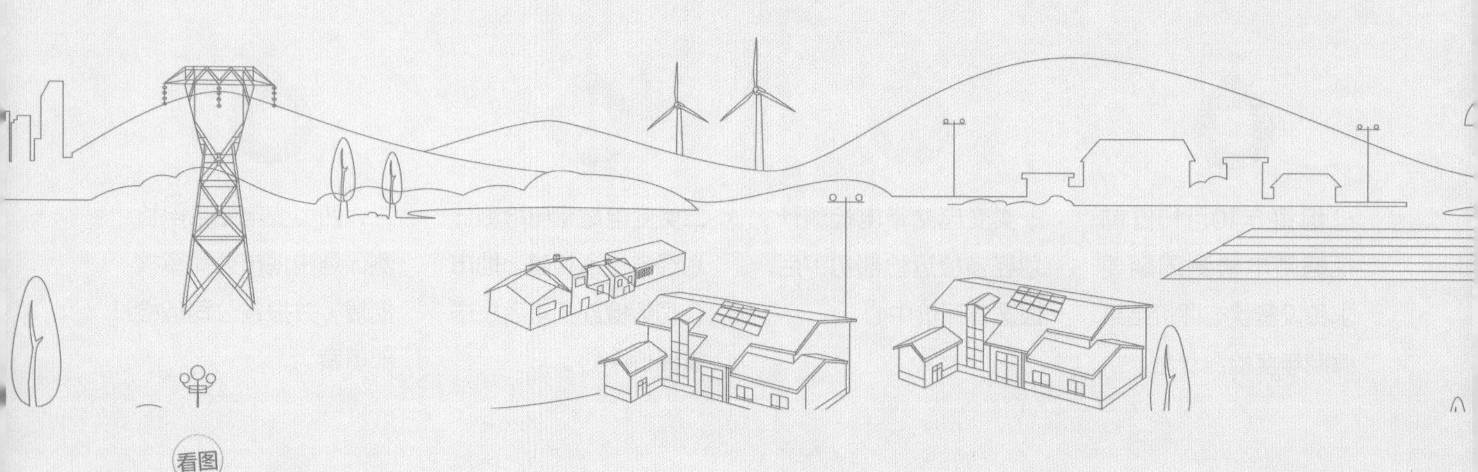

第六章 检测准备

工作负责人、监护人应是具有相关工作经验，熟悉设备情况和《国家电网公司电力安全工作规程》，经本单位生产领导书面批准的人员。工作负责人还应熟悉工作班组成员的工作能力。

检测前一天，工作负责人应确认检测工器具是否完好、齐备，是否在校验有效期内。

检测前两个工作日，工作负责人完成标准作业卡的编制。

检测前一天，班组工作负责人完成工作票的填写，并由工作票签发人完成签发。

人员准备

工器具准备

作业卡准备

工作票准备

工作组成员应遵守《国家电网公司电力安全工作规程》中相关规定。

外协人员应熟悉《国家电网公司电力安全工作规程》，考试合格并经设备运维管理单位认可。

检测工器具应指定专人保管维护，执行领用登记制度。

班组长或班组技术员负责审核工作。

工作前一天，班组应将第一种工作票送达运维人员。临时工作可在工作开始前直接交给工作许可人。第二种工作票可在进行工作的当天预先交给工作许可人。

第七章 检测实施

1. 开工前，工作负责人应做好技术交底和安全措施交底

2. 开工后，工作负责人组织实施，做好现场安全、技术和结果控制

3. 班组成员严格按照仪器设备操作规范、标准作业卡进行现场检测，检测现场应无杂物，使用的工具器、材料应摆放整齐有序；及时排除检测方法、检测仪器以及环境干扰问题

4. 及时、准确记录保存试验数据和检测图谱

第八章　检测验收

合格

班组自验收

检测班组现场工作结束并完成自验后，向当值运维人员报工作完结并介绍检测情况

运维人员验收

停电试验工作，当值运维人员必须到现场进行验收；带电检测工作，运维人员可结合巡视工作进行验收

验收内容包括检测项目无遗漏、数据记录无误、场地清理干净、被测设备外观整洁、零部件标识齐全且恢复到工作许可前的电气接线状态

现场验收完成后，检测班组及时完成检修工作记录的填写，运维班组签字确认

第九章　检测记录和报告

带电检测记录和报告

检测班组应在现场测试工作结束后十五个工作日内完成检测记录的整理，录入PMS系统并形成检测异常分析报告

带电检测异常分析报告包括检测项目、检测日期、检测对象、检测结论等内容

停电试验记录和报告

检测班组应在现场测试工作结束后十五个工作日内完成试验记录的整理，形成停电试验报告，由试验人员录入PMS系统并实行二级审批制度，即试验班组长审核、检测单位运检部批准

应按单台（组）设备出具试验报告，报告包括试验项目、试验日期、试验对象、试验结论等内容

第十章 检测结果分析与处理

国家电网公司评价中心负责一类变电站设备检测重大异常数据分析和复测工作

省评价中心负责本单位发现的各类变电设备试验检测重大异常数据分析和复测工作

停电试验异常处理流程

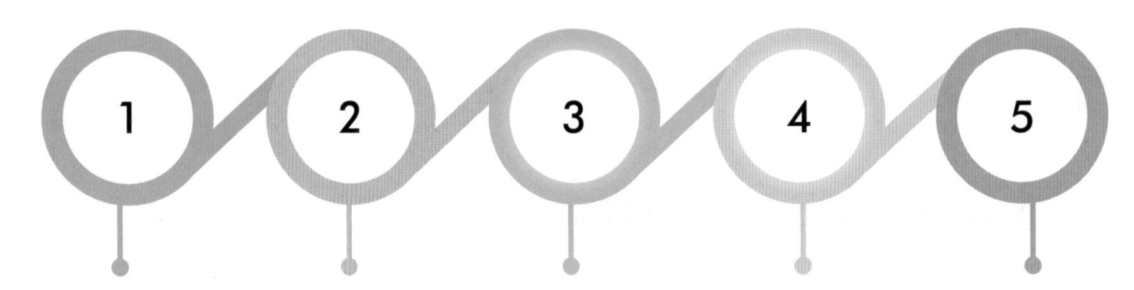

排除试验方法、试验仪器以及环境干扰问题。

在一个工作日内将异常情况按照分级管控要求报送上级运检部和相应状态评价中心，必要时报国家电网公司运检部。

将试验发现的异常录入PMS系统，纳入缺陷管理流程。

省公司运检部针对上报的异常数据组织省评价中心、运维单位及时进行分析和诊断，提出决策意见。

一类变电站试验发现重大异常时，省公司运检部应立即向国家电网公司运检部汇报，由国家电网公司运检部组织系统内外专家团队等进行分析诊断，提出决策意见。

第十一章 电气试验班组管理

班长岗位职责

负责本班检测计划编制，组织开展安全活动、生产准备、检测实施、闭环管理、基础管理等各项班组工作。

参与所负责变电站事故调查分析，主持本班异常、故障和检测分析会。

检查和督促现场安全技术措施落实、标准化作业、文明生产等工作。

负责本班检测标准作业卡的审核。

负责对每月的生产任务完成情况进行整理、分析、统计并上报。

副班长（安全员）岗位职责

协助班长开展工作，负责本班安全管理方面工作，制定安全活动计划并组织实施。

负责安全工器具、安全设施管理。

负责本班标准作业卡的审核。

负责本班现场检测作业的稽查与把关。

副班长（专业工程师）岗位职责

协助班长开展工作，负责本班技术管理和专业基础管理工作。

负责本班标准作业卡的审核。

编制本班培训计划，完成本班人员的技术培训和考核工作。

电气试验工岗位职责

按照规定和标准化作业要求，参与现场检测作业。

参与本班安全活动、生产准备、技术管理和专业基础管理等各项班组工作。

第十二章　文明生产

文明生产

- 检测人员在岗期间应遵守劳动纪律，不做与工作无关的事。
- 作业现场仪器仪表、材料等分区摆放整齐，工作完成后及时清理现场。
- 办公场所干净、整洁、定置摆放，办公用品配置齐全、完好。
- 各类技术资料、图纸按专用柜摆放整齐，标志醒目齐全，便于检索。

第十三章　标准化作业

标准作业卡的执行

1. 开工前，工作负责人应组织全体工作人员对标准作业卡进行学习。

2. 工作过程中，工作负责人应对安全风险、关键工艺要求及时进行提醒。

3. 工作负责人应及时在标准作业卡上对已完成的工序打钩，并记录有关数据。

4. 全部工作完毕后，全体工作人员应在标准作业卡中签名确认。工作负责人应对现场标准化作业情况进行评价。

5. 已执行的标准作业卡至少应保留一个检修周期。

第十四章　仪器仪表管理

1. 仪器仪表选用应遵循成熟可靠、先进适用、经济合理、便于携带的原则。

2. 仪器仪表的配置应满足国家电网公司相关专业规程试验、检测项目的要求。

3. 采购的仪器产品在投入使用前，应进行到货检测，检测结果应符合产品订货技术条件。

仪器仪表应按周期开展校验或比对。

省检修公司、地市公司每年11月15日前编制仪器仪表校验计划，报送省评价中心。省评价中心在十个工作日内完成汇总并制定仪器仪表年度校验计划。各单位依据校验计划及时送检。

省评价中心应按照资质条件进行仪器仪表校验。

校验的仪器仪表，应由校验单位出具检验报告。

仪器仪表应有明显的编号、校验标识，禁止使用未校验以及校验不合格的仪器仪表。

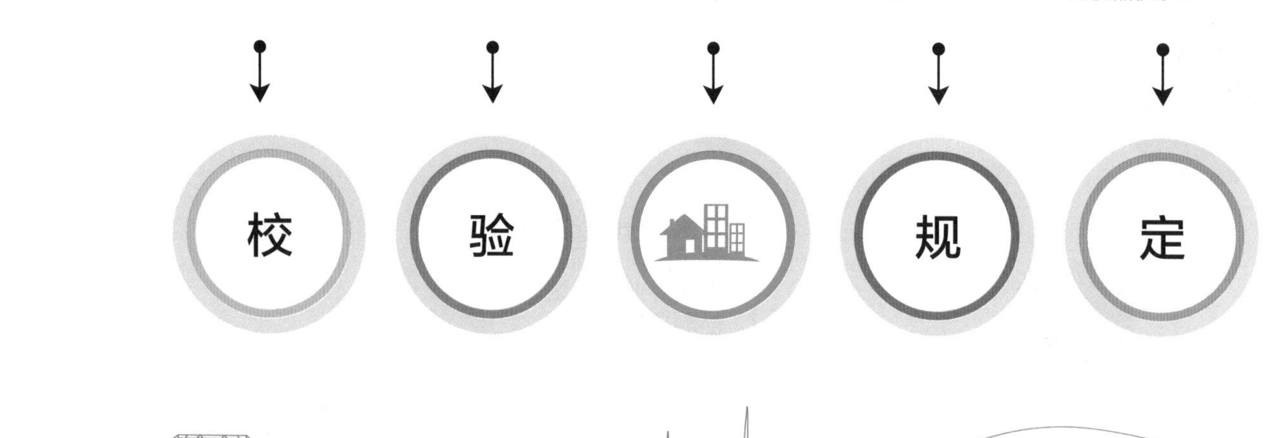

第十五章 人员培训

培训标准

专业管理人员熟悉变电设备检测流程、检测标准，掌握本通则规定的各项管理要求

检测人员熟悉设备的结构特点、工作原理，具备现场检测相关技术技能，掌握现场检测方法、工器具及仪器仪表操作方法

培训要求

检测人员每月至少参加一次检测技术技能培训

专业管理人员、检测人员每年至少参加一次变电检测通则培训

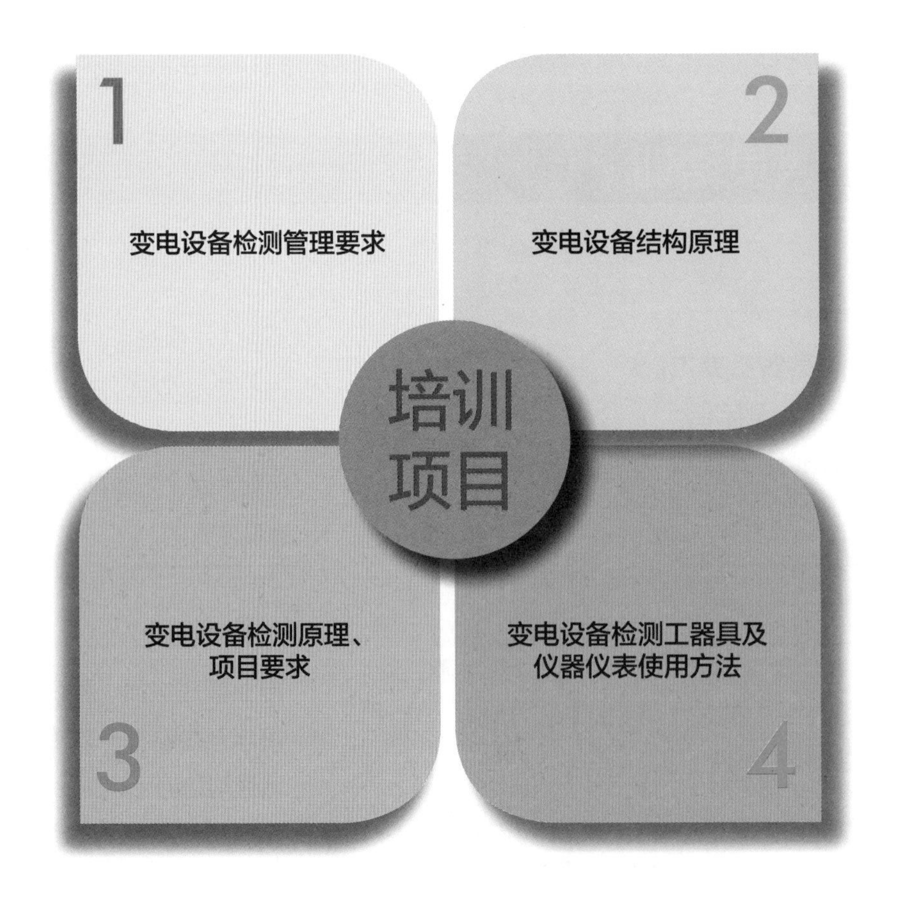
1
变电设备检测管理要求
2
变电设备结构原理
培训
项目
变电设备检测原理、
项目要求
3
变电设备检测工器具及
仪器仪表使用方法
4

第十六章　检查与考核

检查与考核范围

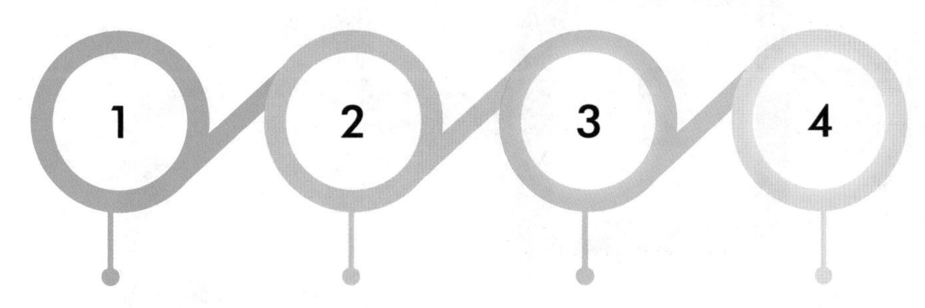

1. 国家电网公司运检部负责对一类变电站进行检查与考核，对二、三、四类变电站进行抽查。
2. 省公司运检部对一、二类变电站进行检查与考核，对三、四类变电站进行抽查。
3. 省检运检部、地市公司运检部对所辖变电站进行检查与考核。
4. 县公司运检部对所辖变电站进行检查与考核。

检查与考核内容

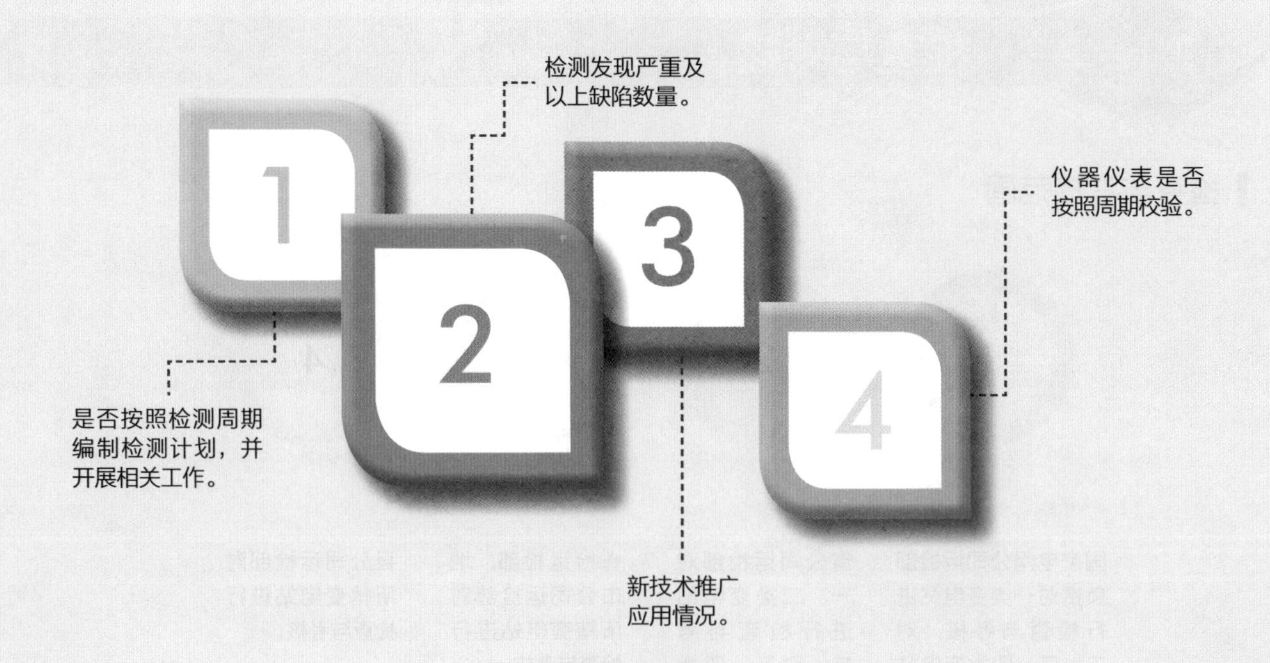

1
2
3
4
检测发现严重及以上缺陷数量。
仪器仪表是否按照周期校验。
是否按照检测周期编制检测计划，并开展相关工作。
新技术推广应用情况。

国家电网公司运检部对各省公司检测工作情况进行考核，并将结果纳入年度运检绩效和同业对标考核。

各单位应建立对变电站检测工作的奖惩机制，对在检测工作中表现突出的，发现严重及以上设备缺陷、避免设备损坏事故的，应给予表彰和物质奖励。未按照检测周期编制检测计划的，存在超期或漏检的，未按期校验仪器仪表的，因人员失误造成设备损坏的，应通报批评并追究相关责任。

各单位应对积极开展检测新技术推广应用的，视技术复杂程度及所带来的效益，给予通报表扬并在运检绩效和同业对标中予以加分。

各省公司应将奖惩相关规定制度报国家电网公司运检部备案。省检修公司、各地市公司应将奖惩相关规定制度报省公司运检部备案。

第二部分

变电设备检测细则

第1分册

红外热像检测细则

» 环境要求
» 待测设备要求
» 人员要求
» 安全要求
» 仪器要求

» 检测原理图
» 检测步骤
» 检测验收

» 判断方法
» 判断依据
» 缺陷类型的确定及处理方法

» 原始数据
» 检测记录

一般红外热像检测对环境有什么要求?

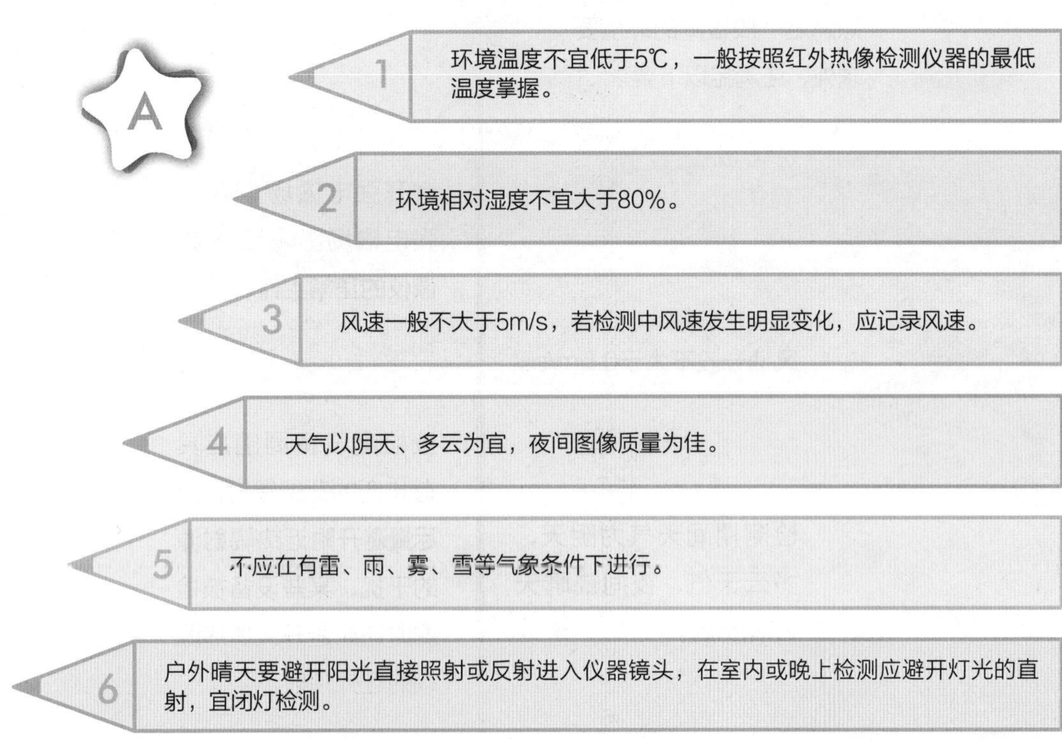

Q 精确红外热像检测在什么环境下进行?

除满足一般检测的环境要求外，还满足以下要求：

避开强电磁场，防止强电磁场影响红外热像仪的正常工作。

风速一般不大于0.5m/s。

被检测设备周围应具有均衡的背景辐射，应尽量避开附近热辐射源的干扰，某些设备被检测时还应避开人体热源等的红外辐射。

检测期间天气为阴天、多云天气、夜间或晴天日落2h后。

红外热像检测准备包含哪些内容？

检测前，应了解相关设备数量、型号、制造厂家、安装日期等信息以及运行情况，制定相应的技术措施。

配备与检测工作相符的图纸、上次检测的记录、标准化作业工艺卡。

检查环境、人员、仪器、设备满足检测条件。

了解现场设备运行方式，并记录待测设备的负荷电流。

按相关安全生产管理规定办理工作许可手续。

探测器是如何成像的?

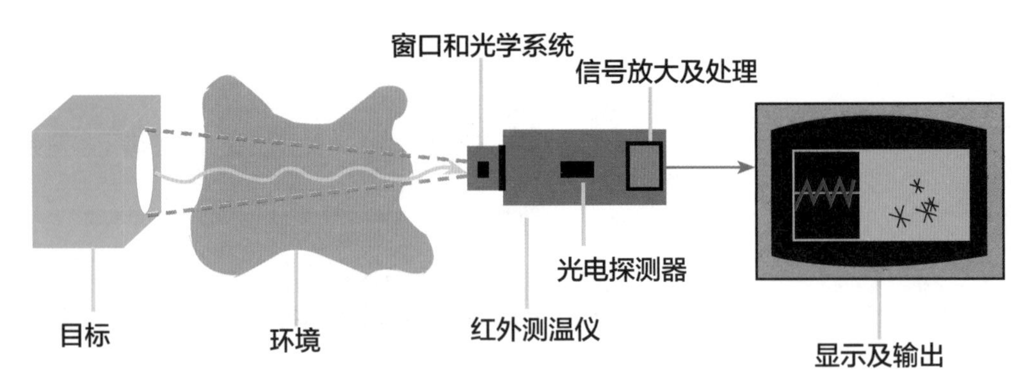

Q 进行电力设备红外热像检测的人员应具哪些条件?

A

1. 熟悉红外诊断技术的基本原理和诊断程序。

2. 了解红外热像仪的工作原理、技术参数和性能。

3. 掌握热像仪的操作程序和使用方法。

4. 了解被测设备的结构特点、工作原理、运行状况和导致设备故障的基本因素。

5. 具有一定的现场工作经验，熟悉并能严格遵守电力生产和工作现场的相关安全管理规定。

6. 应经过上岗培训并考试合格。

红外热像检测验收的处理原则是什么？

1. 检查检测数据是否准确、完整
2. 恢复设备到检测前状态
3. 发现检测数据异常及时上报相关运维管理单位

第2分册
特高频局部放电检测细则

» 环境要求
» 待测设备要求
» 人员要求
» 安全要求
» 仪器要求

» 检测原理图
» 检测步骤
» 检测验收

» 原始数据
» 检测记录

特高频局部放电检测对待测设备有哪些要求?

- 设备处于运行状态（或加压到额定运行电压）。
- 设备外壳清洁、无覆冰。
- 绝缘盆子为非金属封闭或者有金属屏蔽但有浇注口或内置有UHF传感器，并具备检测条件。
- 设备上无各种外部作业。
- 气体绝缘设备应处于额定气体压力状态。

Q 特高频局部放电检测的主要技术指标有哪些?

A

① 检测频率范围：通常选用300～3000MHz之间的某个子频段，典型的如400～1500MHz。

② 检测灵敏度：不大于7.6V/m。

Q 特高频局部放电检测验收包含哪些内容?

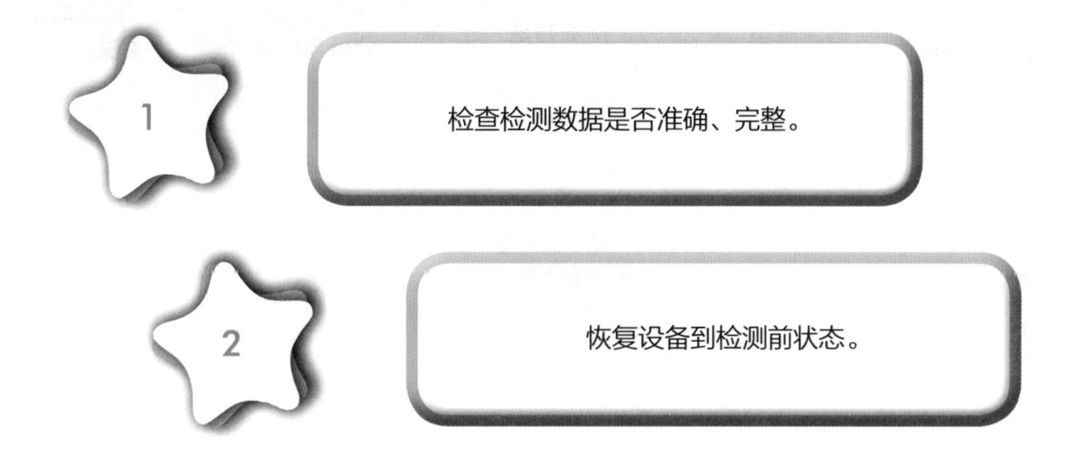

第3分册
高频局部放电检测细则

» 环境要求
» 待测设备要求
» 人员要求
» 安全要求
» 仪器要求

» 检测原理图
» 检测步骤
» 检测验收

» 原始数据
» 检测记录

电力设备高频局部放电的带电检测，检测人员应具备哪些条件?

1. 熟悉高频局部放电检测的基本原理、诊断程序和缺陷定性的方法。

2. 了解高频局部放电检测仪的技术参数和性能，掌握高频局部放电检测仪的操作程序和使用方法。

3. 了解被测电力设备的结构特点、运行状况和导致设备故障的基本因素。

4. 具有一定的现场工作经验，熟悉并能严格遵守电力生产和工作现场的相关安全管理规定。

5. 经过上岗培训并考试合格。

Q 高频局部放电检测的检测步骤是怎样的?

A

1. 根据不同的电力设备及现场情况选择适当的测试点，保持每次测试点的位置一致，以便于进行比较分析。
2. 在设备末屏接地端（包括变压器铁芯、避雷器接地引下线等）安装高频局部放电传感器和相位信息传感器，设备电流方向应与传感器的标注要求一致。
3. 开机后，运行检测软件，检查主机与电脑通信状况、同步状态、相位偏移等参数。
4. 进行系统自检，确认各检测通道工作正常。
5. 测试背景噪声。测试前将仪器调节到最小量程，测量空间背景噪声值并记录。
6. 根据现场噪声水平设定各通道信号检测阈值。
7. 开始测试，打开连接传感器的检测通道，观察检测到的信号。测试时间不少于60s。
8. 如果发现信号无异常，保存数据，退出并改变检测位置继续下一点检测；如果发现信号异常，则延长检测时间并记录3组数据，进入异常诊断流程。
9. 对于异常的检测信号，可以使用诊断型仪器进行进一步的诊断分析，也可以结合其他检测方法进行综合分析。

在检测过程中，应随时保存高频局部放电检测原始数据，存放方式有哪些?

1　建立一级文件夹，文件夹名称：变电站名＋检测日期。

2　建立二级文件夹，文件夹名称：间隔名称调度号＋设备名称。

3　文件名：间隔内设备名称+设备相位。

4　当检测到异常时，需对该间隔上的同类容性设备进行检测并分别建立文件夹，文件夹名称：调度号＋相别（A、B、C）。每个检测部位应记录不少于3张三维图谱，且应尽量在减少外界干扰的情况下，在检测到最大局部放电信号处，存储不少于2组二维图谱，便于信号诊断分析。

第4分册
超声波局部放电检测细则

» 环境要求
» 待测设备要求
» 人员要求
» 安全要求
» 仪器要求

» 检测原理图
» 检测步骤
» 检测验收

» 原始数据
» 检测记录

Q 超声波局部放电检测对待测设备有哪些要求?

A

1 设备处于带电状态且为额定气体压力。

2 设备外壳清洁、无覆冰。

3 运行设备上无各种外部作业。

4 尽量避开视线中的封闭遮挡物，如门和盖板等。

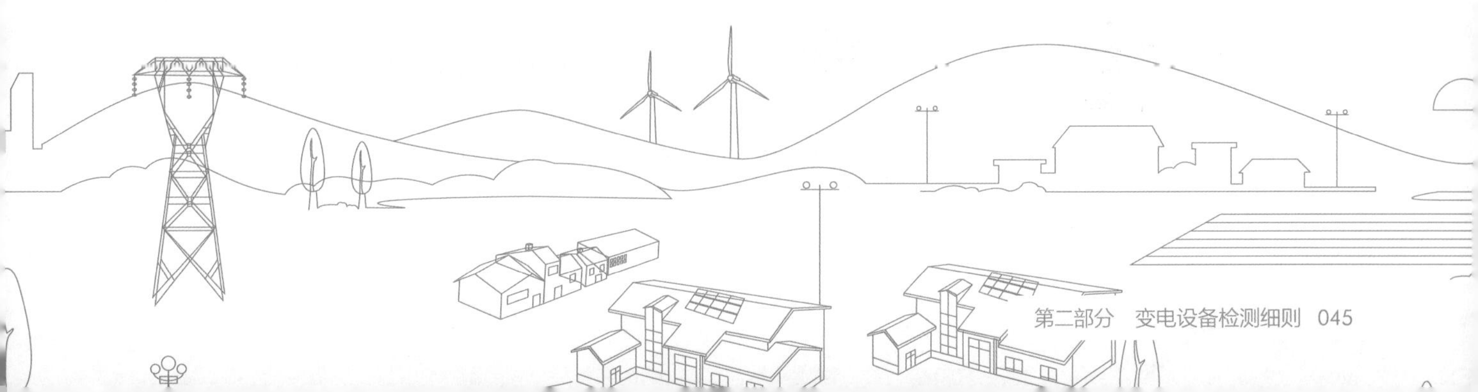

超声波局部放电检测对检测仪器有哪些要求?

1 线性度误差：不大于±20%。

2 稳定性：局部放电超声波检测仪连续工作1h后，注入恒定幅值的脉冲信号时，其响应值的变化不应超过±20%。

3 灵敏度：峰值灵敏度一般不小于60dB［V/（m/s）］，均值灵敏度一般不小于40dB［V/（m/s）］。

4 检测频带：用于SF_6气体绝缘电力设备的超声波检测仪，一般在20～80kHz范围内；对于非接触方式的超声波检测仪，一般在20～60kHz范围内。

A

超声波局部放电检测原理图

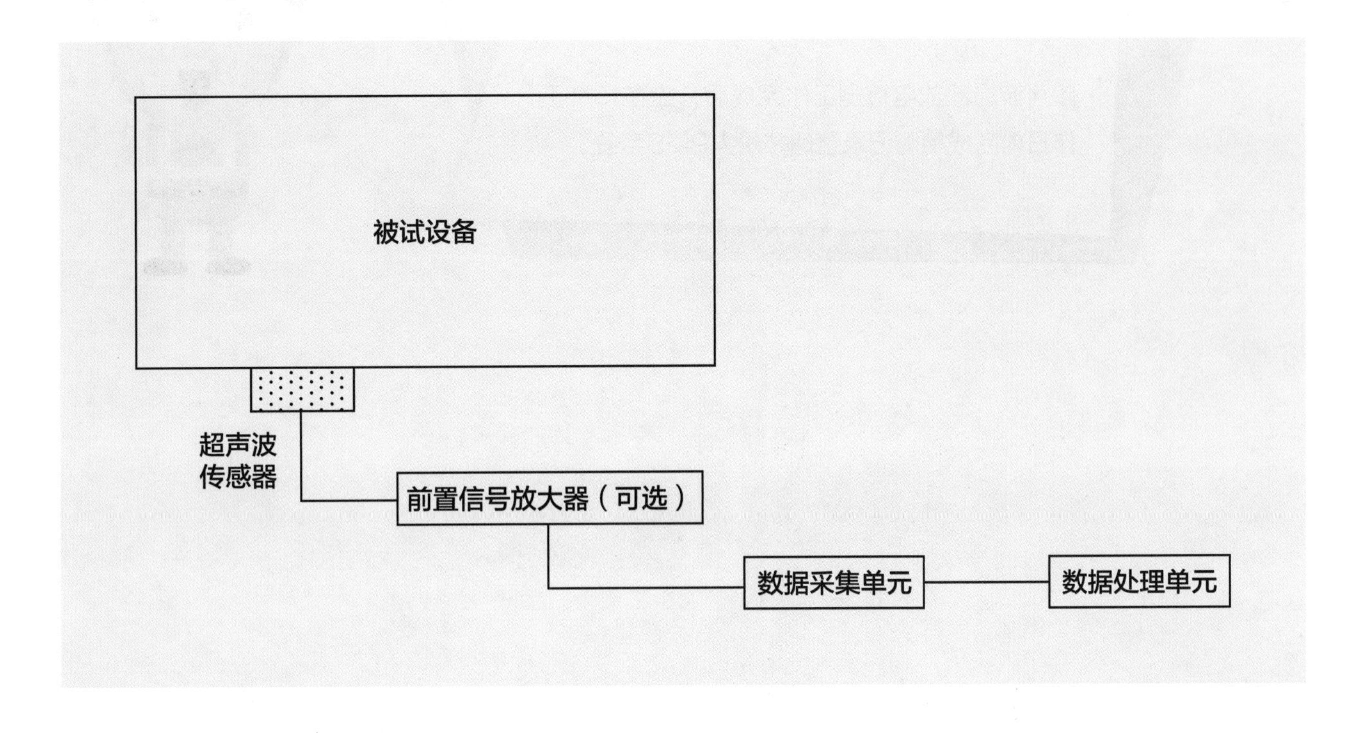

Q 超声波局部放电检测工作完成后检测记录怎样处理?

A 超声波局部放电检测工作完成后，应在15个工作日内完成检测记录整理并录入PMS系统。

第5分册

暂态地电压局部放电检测细则

» 环境要求
» 待测设备要求
» 人员要求
» 安全要求
» 仪器要求

» 检测原理图
» 检测步骤
» 检测验收

» 原始数据
» 检测记录

Q 暂态地电压局部放电检测对环境有哪些要求?

A

1. 环境温度不宜低于5℃。

2. 环境相对湿度不高于80%。

3. 禁止在雷电天气进行检测。

4. 室内检测应尽量避免气体放电灯、排风系统电机、手机、相机闪光灯等干扰源对检测的影响。

5. 通过暂态地电压局部放电检测仪器检测到的背景噪声幅值较小，不会掩盖可能存在的局部放电信号，不会对检测造成干扰，若测得背景噪声较大，可通过改变检测频段降低测得的背景噪声值。

Q 暂态地电压局部放电检测准备包含哪些内容？

检测前，应了解被测设备数量、型号、制造厂家、安装日期等信息以及运行情况。

配备与检测工作相符的图纸、上次的检测记录、标准化作业工艺卡。

现场具备安全可靠的独立电源。

检查环境、人员、仪器、设备、工作区域满足检测条件。

按国家电网公司安全生产管理规定办理工作许可手续。

检查仪器完整性和各通道完好性，确认仪器能正常工作，保证仪器电量充足或者现场交流电源满足仪器使用要求。

Q 暂态地电压局部放电检测数据分析与处理方法有哪些?

A

若开关柜检测结果与环境背景值的差值大于20dBmV，需查明原因。

若开关柜检测结果与历史数据的差值大于20dBmV，需查明原因。

若本开关柜检测结果与邻近开关柜检测结果的差值大于20dBmV，需查明原因。

必要时，进行局部放电定位、超声波检测等诊断性检测。

第6分册
铁芯接地电流检测细则

» 环境要求
» 待测设备要求
» 人员要求
» 安全要求
» 仪器要求

» 检测原理图
» 检测步骤
» 检测验收

铁芯接地电流检测对待测设备有哪些要求?

A

① 设备处于运行状态。

② 被测变压器铁芯、夹件(如有)接地引线引出至变压器下部并可靠接地。

Q 铁芯接地电流的检测步骤是什么?

A

1. 打开测量仪器，电流选择适当的量程，频率选取工频（50Hz）量程进行测量，尽量选取符合要求的最小量程，确保测量的精确度。

2. 在接地电流直接引下线段进行测试（历次测试位置应相对固定）。

3. 使钳形电流表与接地引下线保持垂直。

4. 待电流表数据稳定后，读取数据并做好记录。

铁芯接地电流检测工作完成后检测记录怎样处理?

铁芯接地电流检测工作完成后，应在15个工作日内完成检测记录整理并录入PMS系统。

第7分册

SF_6湿度检测细则

» 环境要求
» 待测设备要求
» 人员要求
» 安全要求
» 仪器要求

» 检测原理图
» 检测步骤
» 注意事项
» 检测验收

Q

SF$_6$湿度检测对环境有哪些要求?

A

① 环境温度不宜低于5℃。

② 相对湿度不大于80%。

③ 若在室外，不应在有雷、雨、雾、雪的环境下进行检测。

进行电力设备SF_6湿度检测的人员应具备什么条件？

1. 熟悉SF_6湿度检测技术的基本原理、诊断分析方法。

2. 了解SF_6湿度检测仪的工作原理、技术参数和性能。

3. 掌握SF_6湿度检测仪的操作方法。

4. 了解被测设备的结构特点、工作原理、运行状况和导致设备故障的基本因素。

5. 具有一定的现场工作经验，熟悉各种影响试验结论的原因及消除方法，并能严格遵守电力生产和工作现场的相关安全管理规定。

6. 经过上岗培训并考试合格。

Q SF_6湿度检测准备包含哪些内容?

1. 现场试验前，应详细了解设备的运行情况，制定相应的技术措施、安全措施及事故应急处理措施。

2. 应配备与工作情况相符的上次检测的记录、工作票、标准化作业工艺卡（作业指导书、卡）以及合格的仪器仪表、工具等。

3. 检查环境、人员、仪器、设备满足检测条件。

4. 现场具备安全可靠的独立试验电源，禁止与运行设备共用电源；如试验仪器自带电源，工作前应充好电。

5. 按相关安全生产管理规定办理工作许可手续。

SF_6湿度检测原理图

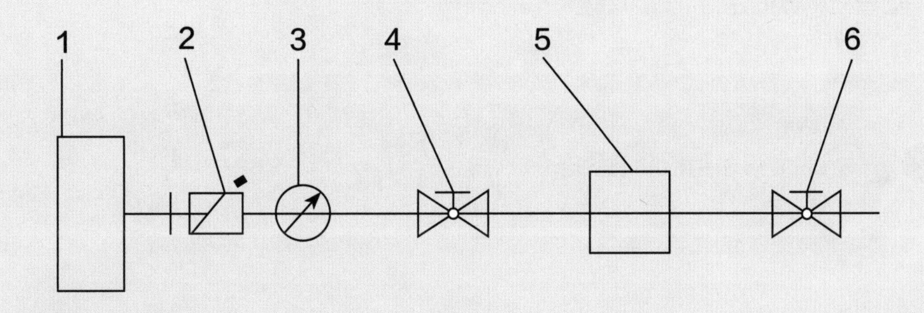

1—待测电气设备； 2—气路接口（连接设备与仪器）； 3—压力表；
4—仪器入口阀门； 5—测试仪器； 6—仪器出口阀门

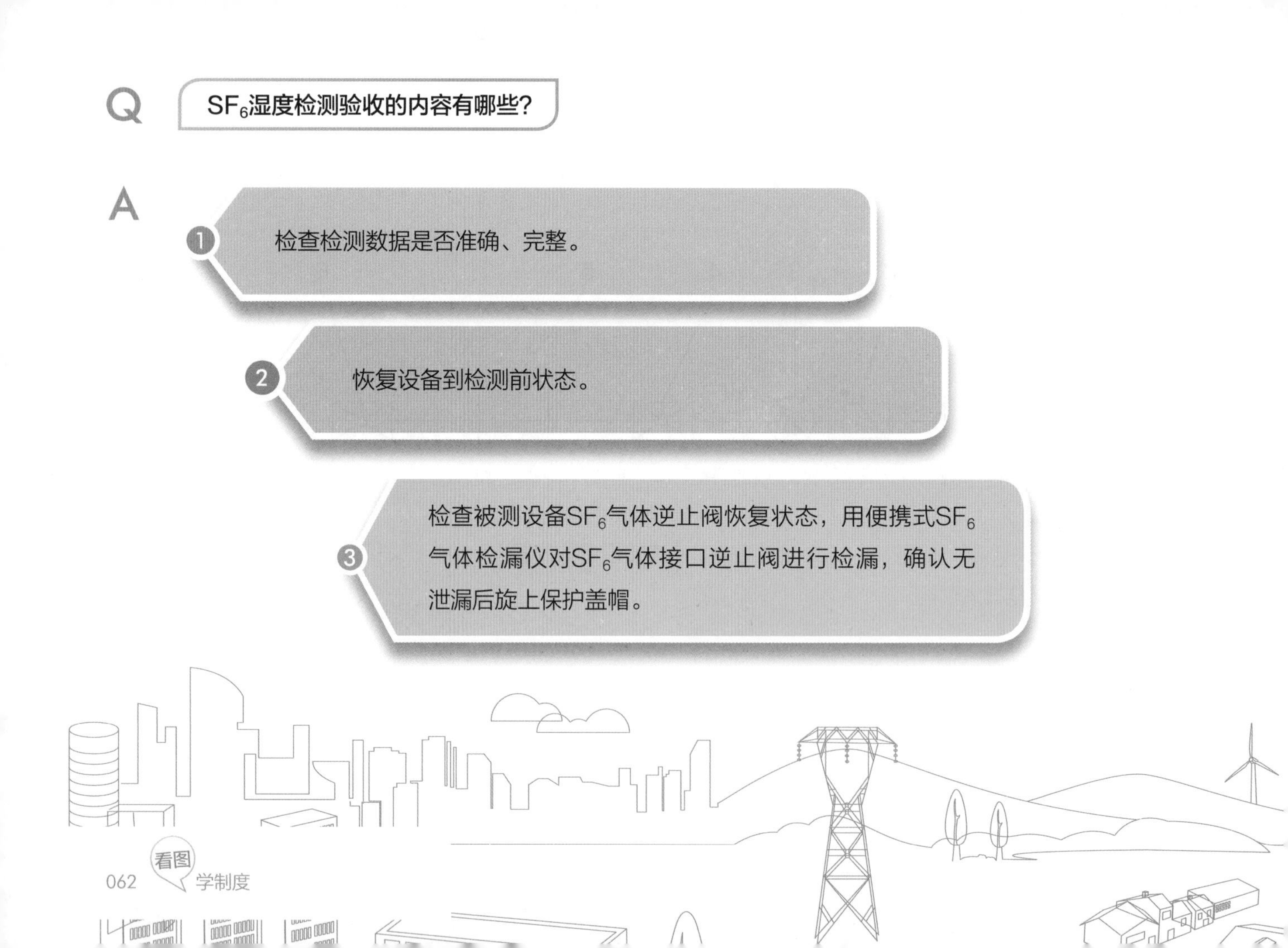

Q SF$_6$湿度检测验收的内容有哪些?

A

① 检查检测数据是否准确、完整。

② 恢复设备到检测前状态。

③ 检查被测设备SF$_6$气体逆止阀恢复状态，用便携式SF$_6$气体检漏仪对SF$_6$气体接口逆止阀进行检漏，确认无泄漏后旋上保护盖帽。

Q SF_6湿度检测数据分析与处理方法有哪些?

A

1 SF_6气体可从密度监视器处取样，测量结果应满足要求。

2 如设备生产厂提供有折算曲线、图表，可采用厂家提供的曲线、图表进行温度折算。

3 在设备生产厂没有提供可用的折算曲线、图表时，温度折算推荐参考本细则附录A。

第8分册

SF_6气体分解产物检测细则

检测条件
- » 环境要求
- » 待测设备要求
- » 人员要求
- » 安全要求
- » 仪器要求

检测准备

电化学法检测方法
- » 检测原理图
- » 检测步骤
- » 注意事项
- » 检测验收

气体检测管检测法
- » 检测原理
- » 检测步骤

气相色谱检测法
- » 检测原理图
- » 检测步骤

检测数据分析与处理

检测原始数据和记录

Q SF_6气体分解产物检测对环境有哪些要求?

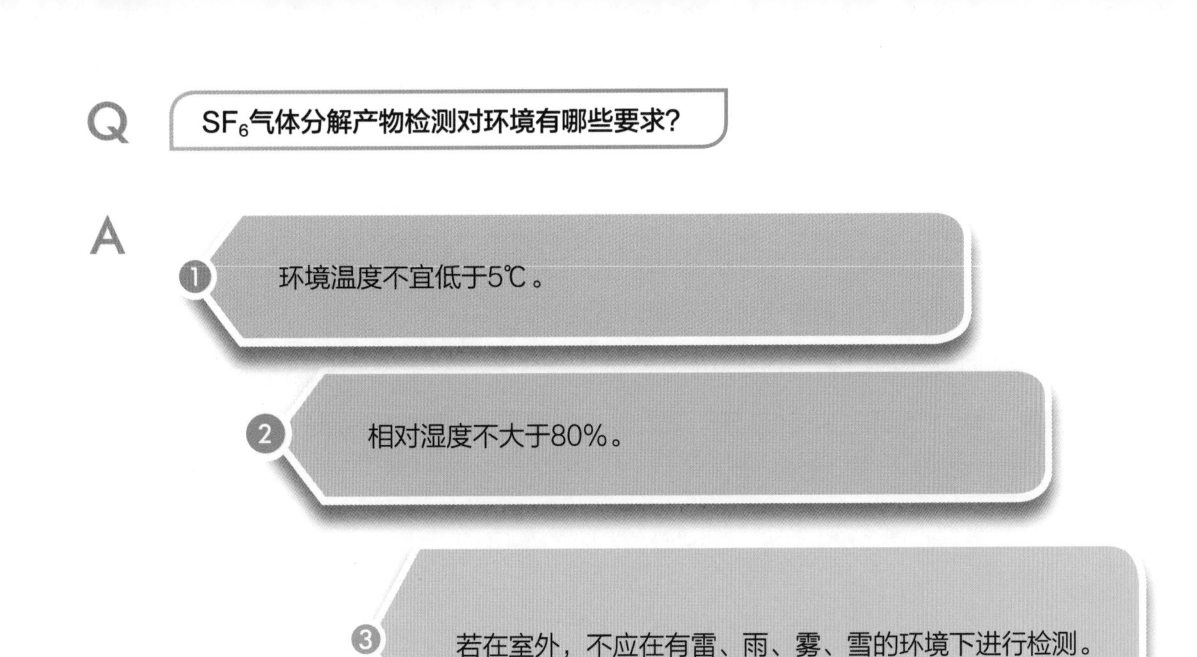

A

❶ 环境温度不宜低于5℃。

❷ 相对湿度不大于80%。

❸ 若在室外，不应在有雷、雨、雾、雪的环境下进行检测。

Q 电化学法检测时的注意事项有哪些?

A

① 检测仪应在检测合格报告有效期内使用，需每年进行校验。

② 仪器在运输及测试过程中防止碰撞挤压及剧烈震动。

③ 在测量过程中，调节针型阀时应慢慢打开，防止压力的突变，以免损坏传感器。

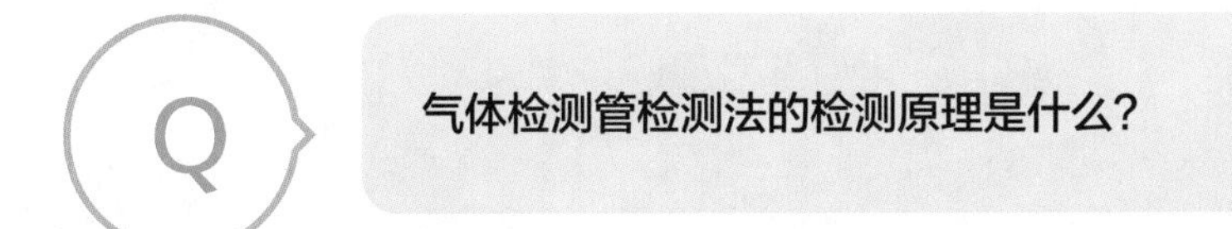

气体检测管检测法的检测原理是什么？

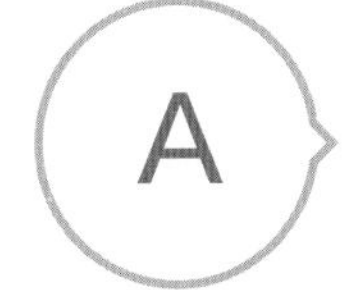

被测气体与检测管内填充的化学试剂发生反应生成特定的化合物，引起指示剂颜色变化，根据颜色变化指示长度得到备测气体所测组分的含量。

第9分册
电缆外护层接地电流检测细则

» 环境要求
» 待测设备要求
» 人员要求
» 安全要求
» 仪器要求

» 检测原理
» 检测步骤
» 检测验收

电缆外护层接地电流检测时对仪器的功能有哪些要求？

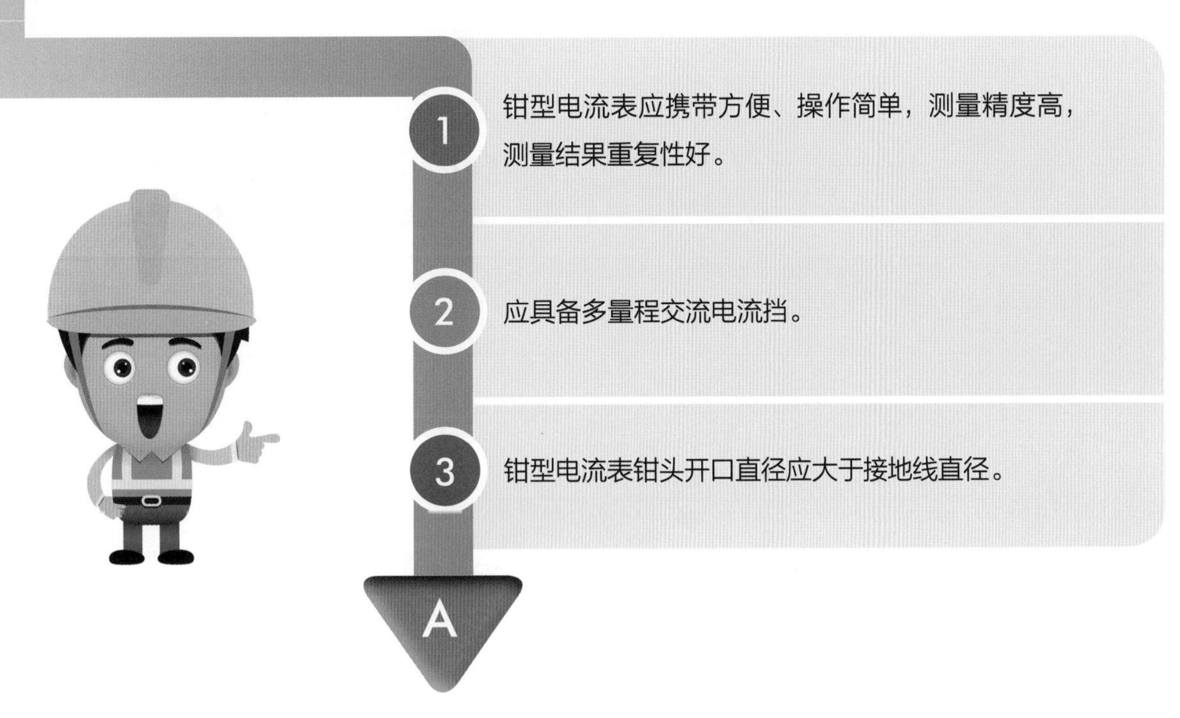

1. 钳型电流表应携带方便、操作简单，测量精度高，测量结果重复性好。
2. 应具备多量程交流电流挡。
3. 钳型电流表钳头开口直径应大于接地线直径。

Q 电缆外护层接地电流检测准备包含哪些内容?

A

1 检测前，应了解被试设备型号、制造厂家、安装日期等信息，掌握被试设备运行状况、历史缺陷以及家族性缺陷等信息，制定相应的技术措施。

2 配备与检测工作相符的图纸、上次检测的记录、标准化作业工艺卡。

3 掌握被试设备历次测试数据。

4 检查环境、人员、仪器、设备满足检测条件。

5 按相关安全生产管理规定办理工作许可手续。

Q 电缆外护层接地电流的检测原理是什么？

A

单芯高压电缆线路接地方式采用单端接地或交叉互联接地，正常情况下金属护套上接地电流为零或很小。单芯高压电缆线路外护层发生老化或破损等现象时，金属护套上接地电流将有明显变化。通过测量单芯高压电缆线路金属护套接地电流，可以及时反映电缆线路外护层的健康状况。

第10分册 相对介质损耗因数和电容量比值检测细则

» 环境要求
» 待测设备要求
» 人员要求
» 安全要求
» 仪器要求

» 检测原理图
» 检测步骤
» 检测验收

相对介质损耗因数和电容量比值检测对待测设备有哪些要求?

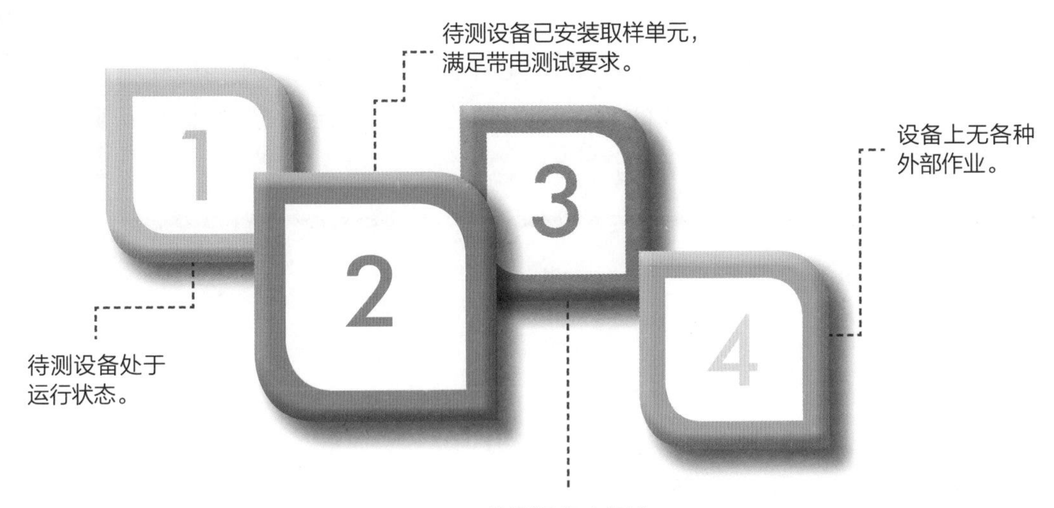

Q 相对介质损耗因数和电容量比值检测对仪器有哪些要求？

A

电容型设备介质损耗因数和电容量带电测试系统一般由取样单元、测试引线和测试仪器等部分组成。取样单元获取电容型设备电流信号或者电压互感器二次电压信号；测试引线将取样单元获取的信号输入至测试仪器；测试仪器采集、处理和分析信号数据。

Q 相对介质损耗因数和电容量比值检测时对仪器的功能有哪些要求?

在不影响电容型设备正常运行条件下，能带电检测电容型设备的介质损耗因数和电容量，并具备绝对测量法和相对测量法两种测量功能。

取样单元接入电容型设备末屏接地线上，应具备过电压保护和防止末屏开路功能。取样单元上应标有明确的接线操作说明。

测试仪器具备防止谐波干扰功能。

测试仪器断电后可连续工作4h以上。

测试仪器宜具备数据存储、导入/导出和查询功能。

Q 相对介质损耗因数和电容量比值检测验收内容有哪些?

A

① 检查检测数据是否准确、完整。

② 恢复设备到检测前状态。

第11分册 机械振动检测细则

» 环境要求
» 待测设备要求
» 人员要求
» 安全要求
» 仪器要求

» 检测原理图
» 检测步骤
» 检测验收

» 原始数据
» 检测记录

机械振动检测对待测设备有哪些要求?

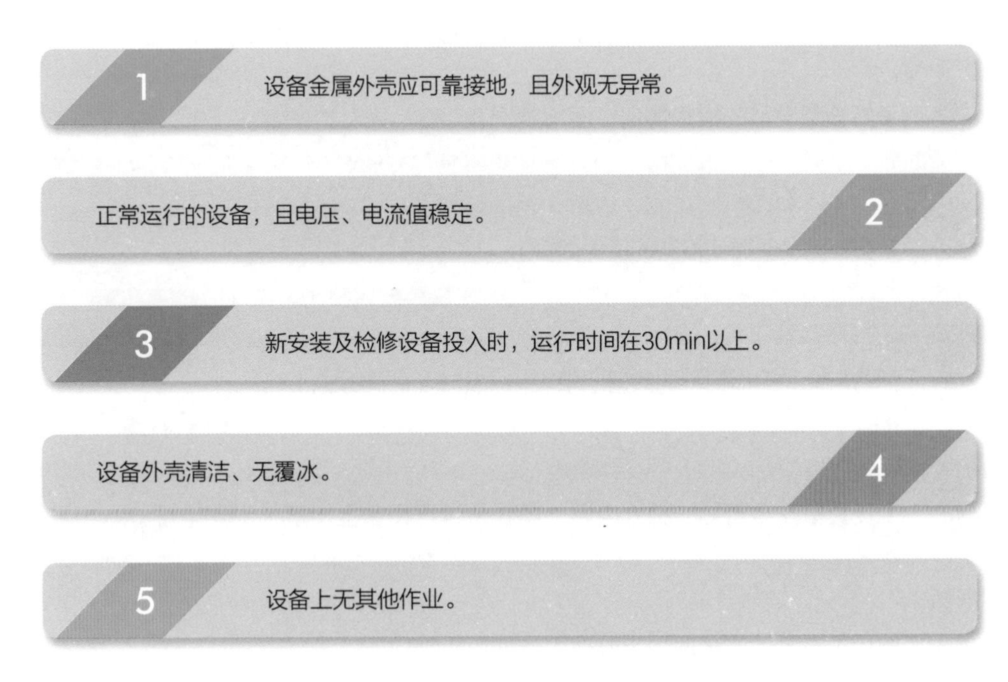

Q 机械振动检测准备包含哪些内容?

A

1. 了解被测设备的型号、制造厂家、安装日期等信息。
2. 了解被测设备的检修情况、运行状况。
3. 掌握被测设备振动检测的历史数据。
4. 配备与检测工作相符的数据记录表格（见本细则附录A）。
5. 现场具备安全可靠的独立电源，禁止从运行设备上接取检测用电源。
6. 按相关安全生产管理规定办理工作许可手续。

Q 机械振动检测步骤是怎样的？

① 检测前，记录被测设备运行参数，如电压、电流等。

② 按照被测设备结构细分测试区域，确认测点位置并编号标注（见本细则附录B，历次检测位置应相对固定）。

③ 将传感器旋入磁座并拧紧，传感器正确连接到振动测量分析仪相应通道。

④ 振动测量分析仪主机开机，设置传感器形式、灵敏度和测量类型等参数。

⑤ 将传感器放置在任意一个振动测点上，观察检测信号和仪器读数，确认仪器工作正常。

⑥ 将传感器逐一放置在振动测点上，读取并记录各测点振动位移值。

⑦ 对于振动超标的测点，排除干扰后，除测量振动位移外，还应检测并保存振动波形和频谱。

⑧ 检测结束后，再次确认电压、电流等运行参数稳定。

第12分册
声级检测细则

» 环境要求
» 待测设备要求
» 人员要求
» 安全要求

» 原始数据
» 检测记录

Q 声级检测对环境有哪些要求?

1. 测量应在无雨雪、无雷电天气进行。声级检测时风速应低于5m/s，传声器加防风罩。
2. 同等负荷条件下应选择背景噪声最低时段进行测量。
3. 户外测量时，反射面可以是原状土地面、混凝土地面或沥青浇注地面；户内测量时，反射面通常是室内的地面。当反射面不是地平面或室内地面时，必须保证反射表面不致因振动而发射出显著的声能。
4. 不属于被测声源的反射物体，不得放置入测量表面以内。

Q 声级检测准备包含哪些内容？

A

1. 检测前，应了解被检测设备数量、型号、制造厂家、安装日期等信息以及运行情况，制定相应的技术措施。

2. 配备与检测工作相符的图纸、上次检测的记录、标准化作业工艺卡。

3. 现场具备安全可靠的独立电源，禁止从运行设备上接取检测用电源。

4. 检查环境、人员、仪器、设备满足检测条件。

5. 按相关安全生产管理规定办理工作许可手续。

Q 声级检测数据分析与处理方法有哪些？

A 当设备处于稳定功率状态下，如发现检测数据有明显增长或减少趋势时，应视为声级大小不符合要求。

第13分册
红外成像检漏细则

» 环境要求
» 待测设备要求
» 人员要求
» 安全要求
» 仪器要求

» 检测原理图
» 检测步骤
» 检测验收

» 原始数据
» 检测记录

Q 红外成像检漏检测条件的功能要求有哪些?

1. SF_6气体泄漏的检测成像。

2. 泄漏点定位。

3. 可见光拍摄功能，拍摄设备的可见光图片。

4. 具备抗外部干扰的功能。

5. 视频、图片的存储和导入导出。

Q 红外成像检漏检测准备包含哪些内容？

A

1. 检测前，应了解相关设备数量、型号、制造厂家、安装日期等信息以及运行情况，制定相应的技术措施。

2. 检测前应制定详细的测试路径图，路径选择应包括所有待测设备，不得漏项。

3. 配备与检测工作相符的图纸、上次检测的记录、标准化作业工艺卡。

4. 检查环境、人员、仪器、设备满足检测条件。

5. 按相关安全生产管理规定办理工作许可手续。

第14分册
紫外成像检测细则

» 环境要求
» 待测设备要求
» 人员要求
» 安全要求
» 仪器要求

» 检测原理图
» 检测步骤
» 检测验收

» 原始数据
» 检测记录

Q 紫外成像检测条件的安全要求有哪些?

A

1. 应严格执行《国家电网公司电力安全工作规程（变电部分）》的相关要求。
2. 检测时应与设备带电部位保持相应的安全距离。
3. 检测时要防止误碰误动设备。
4. 行走中注意脚下，防止踩踏设备管道。

紫外成像检测准备包含哪些内容?

检测前，应了解相关设备数量、型号、制造厂家、安装日期等信息以及运行情况，制定相应的技术措施。

2 检测前，应制定测试路线。测试路线的选择应包括所有待测设备，不漏项。

配备与检测工作相符的图纸、上次检测的记录、标准化作业工艺卡。

4 检查环境、人员、仪器、设备满足检测条件。

5 按相关安全生产管理规定办理工作许可手续。

Q 紫外成像检测步骤是怎样的?

A

① 开机后，增益设置为最大。根据光子数的饱和情况，逐渐调整增益。

② 调节焦距，直至图像清晰度最佳。

③ 图像稳定后进行检测，对所测设备进行全面扫描，发现电晕放电部位进行精确检测。

④ 在一定时间内，紫外成像仪检测电晕放电强度以多个相差不大的极大值的平均值为准，并同时记录电晕放电形态和具有代表性的动态视频过程、图片以及绝缘体表面电晕放电长度范围。若存在异常，应出具检测报告。

⑤ 在安全距离允许范围内，在图像内容完整的情况下，尽量靠近被测设备，使被测设备电晕放电在视场范围内最大化，记录此时紫外成像仪与电晕放电部位距离。紫外检测电晕放电量的结果与检测距离呈指数衰减关系，在测量后需要进行校正。

⑥ 在同一方向或同一视场内观测电晕部位，选择检测的最佳位置，避免其他设备放电干扰。

第15分册
油中溶解气体检测细则

» 环境要求
» 待试样品要求
» 人员要求
» 安全要求
» 仪器要求

» 环境、人员、仪器准备
» 材料准备

» 气路流程图
» 检测步骤
» 注意事项
» 检测验收

» 原始数据
» 检测记录

油中溶解气体检测对待试样品有哪些要求?

A

1. 用洁净的100ml玻璃注射器（经检验，密封性合格），从设备下部取样口全密封采样50~100mL。
2. 当设备存在特殊情况时，可在上、下部位取样，必要时在气体继电器的放气口取样。
3. 油样在运输、保管过程中要注意样品的防尘、防震、避光和干燥等。油样的保存不得超过4天。

油中溶解气体检测中的材料准备包括哪些?

Q 油中溶解气体检测验收内容有哪些?

A

1 检查检测数据与检测记录是否完整、正确。

2 恢复设备到检测前状态。

第16分册

泄漏电流检测细则

» 环境要求
» 待试设备要求
» 人员要求
» 安全要求
» 仪器要求

» 检测原理图
» 检测步骤
» 检测验收

» 原始数据
» 检测记录

泄漏电流检测对待测设备有哪些要求?

① 设备处于运行状态。

② 设备外表面清洁。

③ 设备上无其他外部作业。

Q 泄漏电流检测准备包含哪些内容?

1. 检测前，应了解相关设备数量、型号、制造厂家、投运日期等信息以及运行情况，制定相应的技术措施。
2. 配备与检测工作相符的图纸、历次设备检测记录、标准化作业指导书。
3. 现场具备安全可靠的独立电源，禁止从运行设备上接取检测用电源。
4. 检查环境、人员、仪器、设备满足检测条件。
5. 按相关安全生产管理规定办理工作许可手续。

Q 泄漏电流检测步骤是怎样的？

A

1. 将仪器可靠接地，先接接地端，后接信号端。

2. 按照检测接线图正确连接测试引线和测试仪器。

3. 正确进行仪器设置，包括电压选取方式、电压互感器变比等参数。

4. 测试并记录数据，记录全电流、阻性电流、运行电压数据，以及相邻间隔设备运行情况。

5. 测试完毕，关闭仪器。拆除试验线时，先拆信号侧，再拆接地端，最后拆除仪器接地线。

Q 泄漏电流检验对实际测得的数据进行分析，主要有哪几类？

同一产品，在相同的环境条件下，阻性电流与上次或初始值比较应不大于30%，全电流与上次或初始值比较应不大于20%。当阻性电流增加0.3倍时应缩短试验周期并加强监测，增加1倍时应停电检查。

同一厂家、同一批次的产品，避雷器各参数应大致相同，彼此应无显著差异。如果全电流或阻性电流差别超过70%，即使参数不超标，避雷器也有可能异常。

当怀疑避雷器泄漏电流存在异常时，应排除各种因素的干扰，测试结果的影响因素见本细则附录C,并结合红外精确测温、高频局部放电测试结果进行综合分析判断，必要时应开展停电诊断试验。

第17分册
直流偏磁水平测量细则

» 环境要求
» 待测设备要求
» 人员要求
» 安全要求
» 仪器要求

» 检测步骤
» 检测验收

» 原始数据
» 检测记录

直流偏磁水平测量对待测设备有哪些要求？

1. 变压器处于运行状态。

2. 邻近直流换流站处于单极大地回路运行方式或双极不对称运行方式。

3. 其他可引起变压器中性点流过较大（大于3A）直流电流的设备处于运行状态（如地铁等）。

直流偏磁水平测量检测步骤是怎样的?

1 检测前，应了解相关设备数量、型号、制造厂家、安装日期等信息以及运行情况，并制定相应的技术措施。

2 配备与检测工作相符的上次检测的记录。

3 检查环境、人员、仪器、设备满足检测条件。

4 按相关安全生产管理规定办理工作许可手续。

Q 直流偏磁水平测量检测数据分析与处理方法有哪些？

A

① 将直流单极大地运行时的输送功率与测试时间及测试数据进行相应的统计。

② 查找变压器资料，明确其铁芯结构、运行负荷等信息。

③ 将直流偏磁电流测量数据与厂家保证值相比较，结合铁芯结构等信息综合判断直流偏磁电流对变压器的影响。

第18分册

外施交流耐压试验细则

» 环境要求
» 待试设备要求
» 人员要求
» 安全要求
» 试验电压要求
» 试验仪器要求

» 一般规定
» 试验接线
» 试验步骤
» 注意事项
» 试验验收

Q 外施交流耐压试验对环境有什么要求？

A 除非另有规定，试验均在当地大气条件下进行，且试验期间，大气环境条件应相对稳定。

a）环境温度不宜低于5℃。

b）环境相对湿度不宜大于80%。

c）现场区域满足试验安全距离要求。

Q 外施交流耐压试验准备包含哪些内容？

① 现场试验前，应详细了解设备的运行情况，据此制定相应的技术措施，并按规定履行审批手续。

② 应配备与工作情况相符的上次试验报告、标准化作业指导书以及合格的仪器仪表、工具和连接导线等。

③ 现场具备安全可靠的独立试验电源，禁止从运行设备上接取试验电源。

④ 检查环境、人员、仪器满足试验条件。

⑤ 按相关安全生产管理规定办理工作许可手续。

Q 外施交流耐压试验方法的一般规定有哪些？

A

有绕组的被试品进行外施交流耐压试验时，应将被试绕组自身的所有端子短接，非被试绕组亦应短接并与外壳连接后接地。

交流耐压试验加至试验标准电压后的持续时间，凡无特殊说明者，均为60s。

升压必须从零（或接近于零）开始，切不可冲击合闸。升压速度在75%试验电压以前，可以是任意的，自75%电压开始应均匀升压，均为每秒2%试验电压的速率升压。耐压试验后，迅速均匀降压到零（或接近于零），然后切断电源。

第19分册
直流高电压试验细则

试验条件

试验准备

试验方法

试验数据分析与处理

试验记录

» 环境要求
» 待试设备要求
» 人员要求
» 安全要求
» 试验电压要求
» 试验仪器要求

» 一般规定
» 试验接线
» 试验步骤
» 注意事项
» 试验验收

直流高电压试验对待试设备有哪些要求?

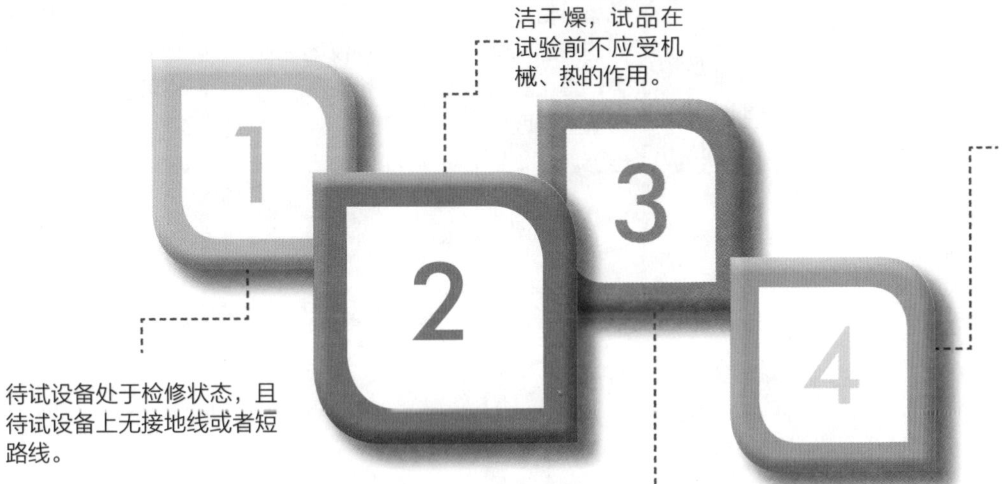

1. 待试设备处于检修状态，且待试设备上无接地线或者短路线。
2. 试品的表面应清洁干燥，试品在试验前不应受机械、热的作用。
3. 充油设备若经滤油或运输，耐压试验前应将试品按规定时间静置并排气，以排除内部可能残存的气体。
4. 设备上无各种外部作业。

Q 直流高电压试验准备包含哪些内容?

A

1. 现场试验前，应详细了解设备的运行情况，据此制定相应的技术措施。

2. 应配备与工作情况相符的上次试验报告、标准化作业指导书、合格的仪器仪表、工具和连接导线等。

3. 现场具备安全可靠的独立试验电源，禁止从运行设备上接取试验电源。

4. 检查环境、人员、仪器满足试验条件。

5. 按相关安全生产管理规定办理工作许可手续。

直流高电压试验方法的一般规定有哪些？

1 有绕组的被试品进行直流高电压试验时，应将被试绕组自身的端子短接，非被试绕组也应短接并与外壳连接后接地。

2 直流高电压试验加至预定试验电压后的持续时间，应满足具体试验项目规定的试验时间。对分阶段升压要求的试验，应严格按照标准升压程序操作。

3 在试验前，应针对被试品直流高电压试验的性质和目的，以及与其他试验项目的验证关系，考虑直流高电压试验在试品试验项目中的顺序。

4 在进行直流高压试验时，如无特殊要求，均采用负极性接线。

5 对试品施加电压时，应从足够低的数值开始，缓慢地升高电压。从试验电压值的75%开始，以每秒2%的速度上升，通常能满足上述要求。

6 如果试验回路带保护电阻而且泄漏电流较大时，应接分压器测量电压。分压器应接至保护电阻之后微安表之前。

第20分册
感应耐压试验细则

» 环境要求
» 待试设备要求
» 人员要求
» 安全要求
» 试验电压要求
» 试验仪器要求
» 试验电压的测量

» 一般规定
» 试验接线
» 试验步骤
» 注意事项
» 试验验收

Q 感应耐压试验对待试设备有哪些要求?

A

1. 待试设备处于检修状态，且待试设备上无接地线或者短路线。

2. 待试设备的表面应清洁干燥，试品在试验前不应受机械、热的作用。

3. 充油设备若经滤油或运输，耐压试验前应将试品静置规定的时间，并排气，以排除内部可能残存的空气。

4. 待试设备上所有电流互感器二次绕组应短路并接地。

5. 设备上无各种外部作业。

Q 感应耐压试验准备包含哪些内容?

1. 现场试验前，应详细了解设备的运行情况，据此制定相应的技术措施。

2. 应配备与工作情况相符的上次试验报告、标准化作业指导书以及合格的仪器仪表、工具和连接导线等。

3. 现场具备安全可靠的独立试验电源，禁止从运行设备上接取试验电源。

4. 检查环境、人员、仪器满足试验条件。

5. 按相关安全生产管理规定办理工作许可手续。

Q 感应耐压试验方法中的注意事项有哪些?

① 变频电源输出同样功率时应工作在输出电压高、输出电流小的工作状态，避免损坏功率元件。

② 试验测量用电压表应用交流峰值电压表。

③ 在进行较大电容量被试品的变频耐压试验时，应直接在被试品端部进行电压测量。

④ 试验回路中应具备过电压、过电流保护。可在升压控制柜中配置过电压、过电流保护的测量、速断保护装置。

⑤ 对重要的被试品（如变压器）进行变频耐压试验时，应设置整定1.1倍左右试验电压所对应的保护。

⑥ 在更换试验接线时，应在被试品上悬挂接地放电棒；在再次升压前，先取下放电棒，防止带接地放电棒升压。

⑦ 对待试设备应采取必要的隔离措施，避免对其他设备施加试验电压。

⑧ 采用补偿电感时，补偿后回路应呈容性，以免发生谐振。

第21分册

局部放电试验细则

试验条件

- 环境要求
- 待试设备要求
- 人员要求
- 安全要求
- 试验电压要求
- 试验仪器要求
- 试验电压的测量

试验准备

试验方法

- 一般规定
- 试验接线
- 试验步骤
- 注意事项
- 试验验收

试验数据分析与处理

试验记录

Q 局部放电试验电压的要求是什么？

A 试验电源一般采用50Hz的倍频或其他合适的频率。试验电压的波形应为两个半波相同的近似正弦波。如果有关设备标准无其他规定，在整个试验过程中试验电压的测量值应保持在规定电压值的±1%以内；当试验持续时间超过60s时，在整个试验过程中试验电压测量值可保持在规定电压值的±3%以内。

Q 局部放电实验的试验步骤是什么？

A

1. 校准视在放电量
2. 测定背景噪声水平
3. 开始加压，进行局部放电试验
4. 记录放电量

Q 局部放电试验的一般规定有哪些？

被试品在局部放电试验前，应先进行其他常规试验，合格后再进行局部放电试验。

局部放电试验回路每改变一次必须进行一次视在放电量的校准。

放电量的读取，以相对稳定的最高重复脉冲为准，偶尔发生的较高脉冲可以忽略，但应做好记录备查。

试验回路相关设备局部放电水平应低于规定的视在放电量的50%。

油浸式设备在局部放电试验前应排气。

试验前应将套管式TA二次端子全部短路接地。

油浸式设备在局部放电试验前后应进行油色谱检测，试验后取油样时间应在试验后至少24h。

第22分册

直流电阻试验细则

直流电阻试验的试验步骤是什么?

1. 对被试设备进行放电，正确记录绕组运行分接位置、设备温度及环境温度。
2. 被试品及试验设备接线，并确认接线正确，试验前拆除被试品接地线。
3. 按选定的接线方式进行直流电阻测量，记录试验数据。
4. 结束测试，断开试验电源，对被试设备充分放电并短路接地，拆除试验接线。
5. 结果判断：利用被测设备历史测试数据，或者同型号、同批次的另一台设备的测试数据，来进行纵向或横向比较分析，比较时应去除温度的影响，然后作出较为可靠的诊断结论。

Q 

平衡电桥法常用的方法有哪两种?

A

单臂电桥法：常用于测量1Ω以上的电阻。

双臂电桥法：能消除引线和接触电阻带来的测量误差，适宜测量准确度要求高的小电阻。

第23分册
绝缘电阻试验细则

试验条件

- 环境要求
- 待试设备要求
- 人员要求
- 安全要求
- 试验仪器要求

试验准备

试验方法

- 一般规定
- 试验接线
- 试验步骤
- 注意事项
- 试验验收

试验数据分析与处理

- 各设备绝缘电阻试验判断标准
- 判断分析

试验记录

Q 绝缘电阻试验对仪器有什么要求?

A 绝缘电阻表可分为手摇式绝缘电阻表和数字式绝缘电阻表。根据不同的被试品，按照相关规程的规定来选择适当输出电压的绝缘电阻表。绝缘电阻表的精度不应小于1.5%。对电压等级220kV及以上且容量为120MVA及以上变压器测试时，宜采用输出电流不小于3mA的绝缘电阻表。

Q 绝缘电阻试验需要对试验数据分析哪些问题?

A

绝缘电阻的数值:所测得的绝缘电阻的数值不应小于一般允许值,若低于一般允许值,应进一步分析,查明原因。对电容量较大的高压电气设备的绝缘状况,主要以吸收比和极化指数的大小作为判断的依据。如果吸收比和极化指数有明显下降,说明其绝缘受潮或油质严重劣化。

2

试验数值的相互比较:在设备未明确规定最低值的情况下,将结果与有关数据比较,包括同一设备各相的数据、同类设备间的数据、出厂试验数据、耐压前后数据、与历次同温度下的数据比较等,结合其他试验综合判断。

应排除湿度、温度和脏污的影响:由于温度、湿度、脏污等条件对绝缘电阻的影响很明显,因此对试验结果进行分析时,应排除这些因素的影响,特别应考虑温度的影响。

第24分册

电容量和介质损耗因数试验细则

- 环境要求
- 待试设备要求
- 人员要求
- 安全要求
- 试验电压要求
- 试验仪器要求

- 一般规定
- 试验接线
- 试验步骤
- 注意事项
- 试验验收

- 电容量和介质损耗因数试验判断标准
- 判断分析

Q 电容量和介质损耗因数试验的环境要求是什么？

A

1. 环境温度不宜低于5℃。
2. 环境相对湿度不宜大于80%。
3. 现场区域满足试验安全距离要求。

Q 电容量和介质损耗因数试验的试验步骤是什么？

A

① 将被试品断电，先充分放电后有效接地。

② 检查电容量及介质损耗测试仪是否正常。

③ 根据被试品类型及内部结构选择相应的接线方式，被试品试验接线并检查确认接线正确。

④ 设置试验仪器参数（试验电压值、接线方式），升压至试验电压后读取电容值和介损值。

⑤ 降压至零，然后断开电源，充分放电后拆除接线，恢复被试设备试验前接线状态，结束试验。

Q 如何对电容量和介质损耗因数试验结果进行判断分析？

A

将结果与有关数据比较，包括同一设备的各相的数据、同类设备间的数据、出厂试验数据、耐压前后数据、与历次同温度下的数据比较等。为便于比较，宜将不同温度下测得的数值换算至20℃，在20～80℃温度范围内,经验公式为

$$\tan\delta=\tan\delta_0\times1.3^{(t-t_0)}$$

若试验结果超标，结合绝缘电阻、绝缘油试验、耐压、红外成像、高压介损等试验项目结果综合判断。

第25分册
空载电流和空载损耗试验细则

- 环境要求
- 待试设备要求
- 人员要求
- 安全要求
- 试验电压要求
- 试验仪器要求

- 一般规定
- 试验接线
- 试验步骤
- 注意事项
- 试验验收

- 空载电流和空载损耗测量试验标准
- 判断分析

空载电流和空载损耗试验前需要做的准备有哪些?

1. 现场试验前，应详细了解设备的运行情况，据此制定相应的技术措施。
2. 应配备与工作情况相符的上次试验记录、标准化作业指导书以及合格的仪器仪表、工具和连接导线等。
3. 现场具备安全可靠的独立试验电源，禁止从运行设备上接取试验电源。
4. 检查环境、人员、仪器满足试验条件。
5. 按相关安全生产管理规定办理工作许可手续。

Q 空载电流和空载损耗试验的试验步骤是什么？

A

被试品试验接线并检查确认接线正确。

接通试验电源，开始升压进行试验，升压过程中应密切监视高压回路及仪表的电压、电流显示，监听被试品有何异响。

升至试验电压，读取并记录试验电压、电流及功率。

降压至零后断开电源，充分放电，结束试验。

空载电流和空载损耗测量试验标准是什么？

① 测量结果与上次相比，无明显差异。

② 对单相变压器相间或三相变压器两个边相，空载电流差异不超过10%。

第26分册
短路阻抗测试细则

试验条件

试验准备

试验方法

试验数据分析与处理

试验记录

试验条件
- » 环境要求
- » 待试设备要求
- » 人员要求
- » 安全要求
- » 试验仪器要求

试验方法
- » 一般规定
- » 试验接线
- » 试验步骤
- » 注意事项
- » 试验验收

试验数据分析与处理
- » 短路阻抗测试试验标准
- » 判断分析

短路阻抗测试对人员有什么要求?

1. 现场作业人员应身体健康、精神状态良好。
2. 熟悉现场安全作业要求，并经《国家电网公司电力安全工作规程》考试合格。
3. 了解多种电力设备的形式、用途、结构及原理。
4. 熟悉短路阻抗测试的基本原理及检测方法，短路阻抗测试的试验设备、仪器、仪表的原理、结构、用途及使用方法，并能排除一般故障。
5. 具备必要的电气知识和高压试验技能，能正确完成短路阻抗试验项目的接线、操作及测量，了解被试设备有关技术标准要求，能正确分析试验结果。
6. 熟悉影响短路阻抗试验结果的因素及消除方法。
7. 经过上岗培训，考试合格。

Q 短路阻抗测试的试验步骤是什么?

A

1 对被试设备进行放电，正确记录分接开关的位置和绕组平均温度。

2 应将被测绕组的不加压侧所有接线端全部短接，被试品试验接线并检查确认接线正确。

3 按选定的接线方式进行短路阻抗测量。

4 记录试验数据，拆除试验接线并断电。

短路阻抗测试的试验标准有哪些?

容量100MVA及以下且电压等级220kV以下的变压器，初值差不超过±2%。

容量100MVA以上或电压等级220kV以上的变压器，初值差不超过±1.6%。

容量100MVA及以下且电压等级220kV以下的变压器，三相之间的最大相对互差不应大于2.5%。

容量100MVA以上或电压等级220kV以上的变压器，三相之间的最大相对互差不应大于2%。

第27分册
绕组频率响应分析细则

» 环境要求
» 待试设备要求
» 人员要求
» 安全要求
» 试验仪器要求

» 一般规定
» 试验接线
» 试验步骤
» 注意事项
» 试验验收

» 原始数据
» 检测记录

Q 绕组频率响应分析的步骤是什么？

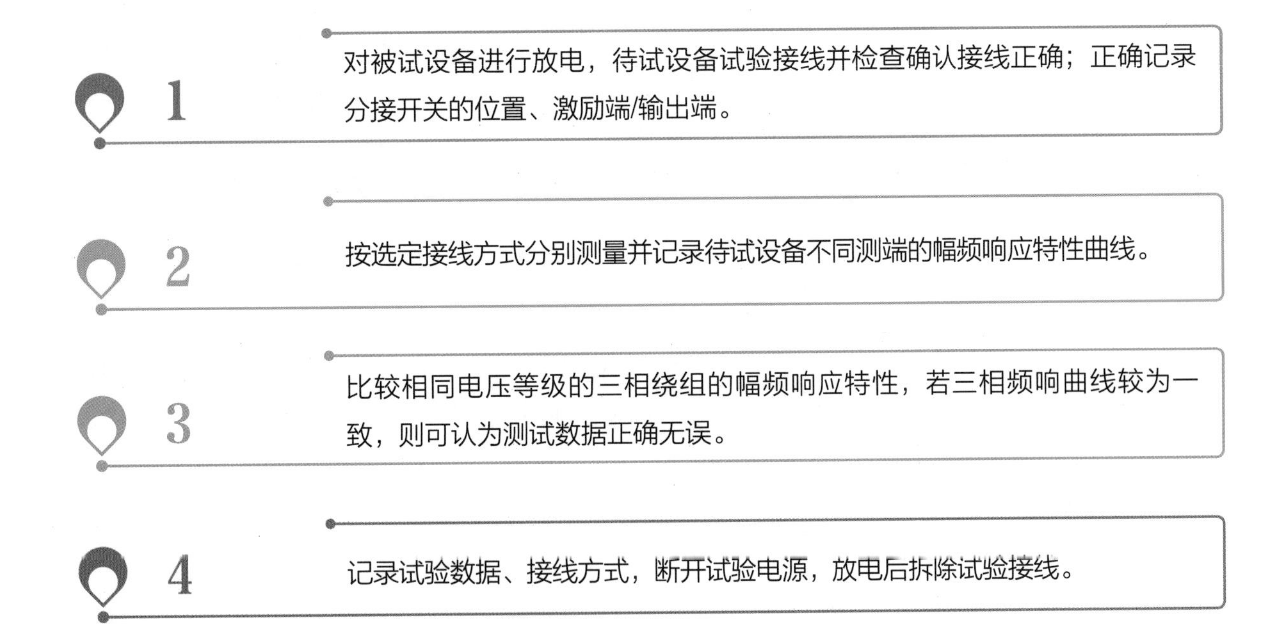

Q 绕组频率响应分析的注意事项是什么?

A

待试设备铁芯、夹件必须与外壳可靠接地，测试仪器必须与待试设备外壳可靠接地。测试仪器输入单元和检测单元的接地线应共同连接在待试设备铁芯接地处。无铁芯外引接地的变压器则应将测试接地线可靠接地。

2

测量前应断开与待试设备套管端头相连的所有引线，并使拆除的引线尽可能远离待试设备套管，以减少其杂散电容的影响。

3

应保证测量阻抗的接线钳与套管线夹紧密接触，如果套管线夹上有导电硅脂或锈迹，必须使用砂布或干燥的棉布擦拭干净。

Q 绕组频率响应分析验收需要做的工作是什么？

A

检查试验数据与试验记录是否完整、正确。

恢复被试设备和试验仪器设备到试验前状态。

第28分册
绕组各分接位置电压比试验细则

» 环境要求
» 待试设备要求
» 人员要求
» 安全要求
» 试验电源要求
» 试验仪器要求

» 一般规定
» 试验接线
» 试验步骤
» 注意事项
» 试验验收

绕组各分接位置电压比试验对待试设备的要求是什么?

1 待试设备处于检修状态。

2 设备外观清洁、无异常。

3 设备上无其他外部作业。

Q 绕组各分接位置电压比试验对试验仪器的要求是什么?

A 绕组各分接位置电压比的测量，要求电压比测试仪的精度不低于0.2%，电压比电桥精度不低于0.1%。

Q

电压比测量中如发现电压比误差超过允许偏差：初值差不超过±0.5%（额定分接）、±1.0%（其他分接），确定故障部位及匝数应怎样进行？

A

1. 所有分接中只有部分分接超差时，断定是高压绕组分接区错匝，应用高压某段分接绕组对低压绕组用设计匝数进行测量，以确定故障的部位和匝数。

2. 所有分接均超差且误差相同时，应首先判断是高压绕组公用段还是低压绕组错匝。

（1）如果故障误差小于低压绕组一匝的误差，判断为高压绕组公用段错匝。

（2）如果故障误差大于两个绕组任何一个绕组一匝所引起的误差时，可根据线圈结构选择下列方法：

1）如果是圆筒式线圈末端抽头的绕组，可用分接区对低压用设计匝数进行电压比测量；如果故障相与正常相相同，则说明是高压公用段错匝，而不是低压错匝，反之则是低压错匝。

2）如果是分为两部分的连续式线圈，用设计匝数分别对公用线段与低压绕组进行电压比测量；如果故障相的上半段与下半段电压比不对时，则是低压绕组错匝；若只有其中一个半段电压比不对时，则是高压半段错匝。

3）如果高低压绕组均没有分接且无法断开时，可临时绕线匝；用低压绕组对临时匝进行电压比测量，以确定故障绕组。

第29分册 超声波探伤检测细则

» 环境要求
» 待试设备要求
» 人员要求
» 安全要求
» 仪器要求

» 检测原理图
» 检测步骤
» 检测验收

Q 超声波探伤检测对人员有哪些要求?

A

1 熟悉高压支柱瓷绝缘子超声波探伤检测技术的基本原理、检测分析方法。

2 了解高压支柱瓷绝缘子专用超声波探伤仪的工作原理、技术参数和性能。

3 掌握高压支柱瓷绝缘子专用超声波探伤仪的操作方法。

4 了解被测支柱瓷绝缘子的结构特点、工作原理、运行状况和导致支柱瓷绝缘子故障频发的基本因素。

5 具有一定的现场工作经验，熟悉并能严格遵守电力生产和工作现场的相关安全管理规定。

Q 超声波探伤检测主要技术指标有哪些？

① 检测灵敏度：≥100dB。

② 采样频率：≥100MHz。

③ 可记录波形：≥100幅。

④ 显示刷新率：≥60Hz。

⑤ 声速范围：635~15000m/s。

⑥ 水平线性：±0.2%FSW。

⑦ 垂直线性：0.25%FSH，幅值精度：±1dB。

⑧ 探头频率：1~5MHz。

⑨ 探头类型：折射角为9°的纵波斜探头，折射角为85°的并列式爬波探头。

⑩ 探头晶片尺寸：纵波斜探头推荐晶片尺寸为两种，8mm×8mm、8mm×10mm；并列式爬波探头推荐晶片尺寸为三种，10mm×10mm（2片）、9mm×9mm（2片）、6.5mm×10mm（2片）。

超声波探伤检测的步骤是什么？

1. 开机，选择进入测声速界面，选择瓷件厚度为所测陶瓷支柱瓷绝缘子的直径。
2. 用连接线接上专用测声速探头，在支柱瓷绝缘子检测部位涂上耦合剂，进行声速测量。
3. 根据瓷件的材质（普通瓷、高强瓷）、瓷件的类型和直径选择相关的探头，如检测实心柱形支柱瓷绝缘子，推荐使用小角度纵波斜探头和爬波探头；如检测瓷套，推荐使用爬波探头。
4. 运行检测软件，调出检测用DAC曲线。
5. 用连接线接上专用探头，在探头检测区域涂上耦合剂。
6. 手持探头进行支柱瓷绝缘子的周向探伤扫查，应避开喷砂部位。
7. 发现超标缺陷时，记录缺陷信息（包括缺陷位置、最高反射波幅值大小、指示长度、深度等）。
8. 将探伤检测到的可记录缺陷和超标缺陷的波形进行保存。
9. 对存在有质疑的缺陷，应进行复测，或者结合其他检测方法进行验证。
10. 超声探伤检测完成后，应填写检测记录。

第30分册

电抗值测量细则

- » 环境要求
- » 待试设备要求
- » 人员要求
- » 安全要求
- » 试验电源要求
- » 试验仪器要求

- » 一般规定
- » 试验接线
- » 试验步骤
- » 试验验收

- » 原始数据
- » 试验记录

Q 电抗值测量对试验电源的要求是什么?

A 试验电源频率为被测设备额定频率。试验电压的波形为两个半波相同的近似正弦波，且正半波峰值与负半波峰值的幅值差应小于2%。若正弦波峰值与有效值之比在$\sqrt{2}\times(1\pm5\%)$以内，则认为试验结果不受波形畸变影响。

Q 电抗值测量的一般规定是什么?

A

1. 电抗值测量在额定频率、正弦波电压下进行。
2. 三相电抗器的电抗应在对称三相电压施加在电抗器线端时测量。
3. 并联电抗器的电抗值测量：对于空心电抗器，测量可在电压不高于额定电压的任何电压下进行；除空心电抗器外，测量应在额定电压下进行。
4. 串联电抗器的电抗值测量：对于空心电抗器，测量可在不超过额定电流值的任何电流下进行；对于间隙铁芯或磁屏蔽空心电抗器，测量应在额定电流或产品设计值下进行。

Q 如何计算电抗值?

电抗由施加的电压和实测电流（方均根值）得到，并假定阻抗中的电阻成分可以忽略。

1. 对单相电抗器或可以不考虑互感（如水平布置的三相电抗器）的电抗器，电抗值为施加相电压和实测相电流（方均根值）的比值。

2. 对于有互感的三相电抗器，电抗应在对称三相电压施加在电抗器线端上时测量，其值为:

$$X_L=\frac{\text{线间施加的电压}}{\text{实测电流平均值}\times\sqrt{3}}$$

第31分册
纸绝缘聚合度测量细则

» 环境要求
» 待测设备要求
» 人员要求
» 安全要求
» 仪器要求

» 试验原理
» 试验步骤
» 试验验收

Q 纸绝缘聚合度测量的环境要求是什么?

A

1 环境温度不宜低于5℃。

2 环境相对湿度不宜大于80%。

3 取样应在良好的天气下进行。

Q 纸绝缘聚合度测量的人员要求是什么?

A

① 接受过纸绝缘聚合度测量培训，熟悉纸绝缘聚合度测量试验的基本原理，掌握纸绝缘聚合度测量试验的操作方法。

② 具有一定的现场工作经验，熟悉并能严格遵守电力生产和工作现场的相关安全管理规定。

③ 能正确完成纸绝缘聚合度实验室试验及数据处理。

④ 熟悉纸绝缘聚合度的判断标准及处理办法。

纸绝缘聚合度测量试验需要哪些准备条件?

1. 配备与工作情况相符的上次试验报告、标准化作业指导书、取样工具等。
2. 检查环境、人员、仪器、设备满足试验条件。
3. 按相关安全生产管理规定办理工作许可手续。
4. 试验试剂准备：无水乙醇、氯仿、铜乙二胺，均为分析纯；实验室用二级水。
5. 玻璃仪器清洗干净后烘干备用，溶解瓶清洗干净后吹干备用。

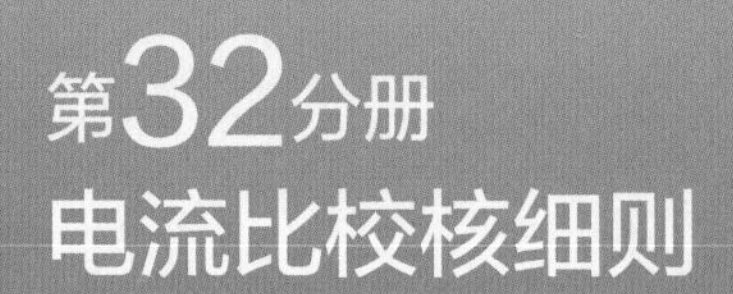

第32分册 电流比校核细则

» 环境要求
» 待试设备要求
» 人员要求
» 安全要求
» 试验电源要求
» 试验仪器要求

» 一般规定
» 试验接线
» 试验步骤
» 注意事项
» 试验验收

Q 电流比校核试验对待试设备的要求是什么？

A

被试设备处于检修状态。

设备外观清洁、无异常。接线端子标志清晰完整，绝缘表面干燥，无放电痕迹。

设备上无各种外部作业。

被试设备一次未短路，二次未与其他设备连接。

电流比校核的试验步骤是什么?

1	将被试电流互感器一次、二次对地放电，使电流互感器一次绕组端子P1、P2至少有一端与其他设备或接地装置断开。
2	按接线图进行接线，检查接线无误、调压器在零位后合上隔离开关，将调压器T1调到可输出一定电压，当电流升至试验电流（电流值可选为互感器额定电流的5%～100%范围的任意值）。
3	记录两只电流表的读数。
4	降压为零并断开隔离开关。
5	对电流互感器进行放电。
6	依次对其他二次绕组进行测量。若二次绕组有中间抽头（S2），同样要进行测量。

成套仪器的功能要求是什么？

A

1

可以自行设置输出电流，不少于3点。

2

可以自行设定变比值，并根据变比值进行误差计算，并具有显示及打印功能。

3

在进行变比测试时，可同时完成极性检查，并具有显示及打印功能。

4

当参数设定完后，具有自动测试功能。

5

连接电流互感器的一次导线，应有足够的截面积，不能因测量时间过长发热而影响测量。

6

具有过电流保护功能，且整定值可以自行设定。

第33分册
电压比校核细则

» 环境要求
» 待试设备要求
» 人员要求
» 安全要求
» 试验电源要求

» 一般规定
» 试验接线
» 试验步骤
» 注意事项
» 试验验收

Q 电压比校核试验对试验电源的要求有哪些？

A

试验电源频率

试验电源频率与被试品额定频率一致。

试验电源波形

试验电压的波形为两个半波相同的近似正弦波，且峰值和方均根（有效）值之比应在$\sqrt{2}\times(1\pm0.07)$以内。

试验电压容许偏差

如果有关设备无其他规定，在整个试验过程中施加的试验电压应保持在规定电压值的±3%以内。

Q 电压比校核试验的准备条件有哪些？

A

1. 现场试验前，应详细了解被试设备的运行情况，据此制定相应的技术措施、组织措施和安全措施。

2. 应配备与试设备相符的上次试验报告，包括出厂试验、验收试验、诊断试验等，标准化作业指导书，符合该试验且合格的仪器仪表、工具和连接导线等；检查试验环境、人员、仪器满足试验条件。

3. 现场具备带有保护装置的独立试验电源。

4. 试验现场应用围栏隔离，并向外悬挂“止步，高压危险！”标识牌。

5. 按相关安全生产管理规定办理工作许可手续。

电压比校核试验的注意事项有哪些?

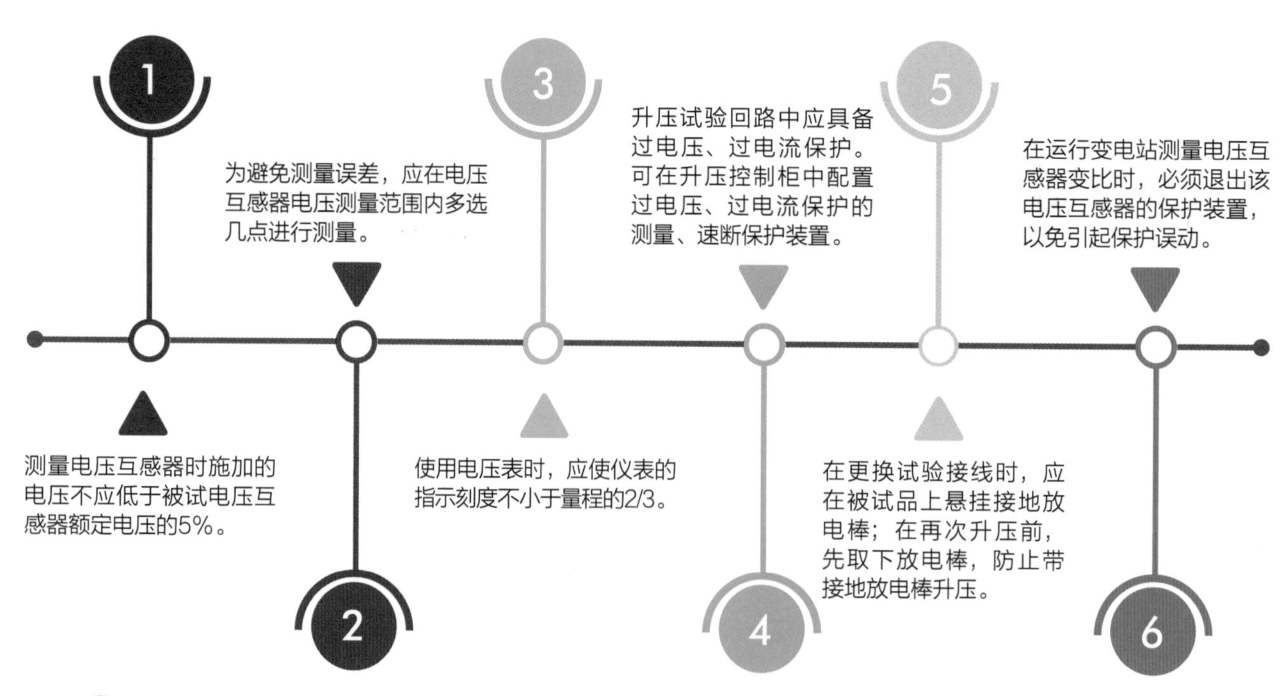

第34分册

励磁特性测量细则

» 环境要求
» 待试设备要求
» 人员要求
» 安全要求
» 试验电源要求
» 试验电源频率
» 试验电源波形
» 试验仪器要求

» 一般规定
» 试验接线
» 注意事项
» 试验验收

» 电流互感器励磁曲线试验结果分析
» 电压互感器励磁特性和励磁曲线试验结果分析

Q 测量电流互感器励磁特性的功能要求是什么?

A

1 可以自行输入不少于20个点的测试电流值（0.01~5A）。

2 自动判断拐点，能将拐点前后的测试电流、电压值（不少于3组），以及自行指定的测试点（不少于5点）显示并打印,能自动打印5%及10%励磁特性曲线，并能显示打印拐点的励磁电压和励磁电流。

3 具有自动退磁试验功能。

4 能满足PX级额定拐点电势和最大励磁电流测量的功能。

5 具有过电流、过电压保护功能，并可根据试验参数的情况自行设置过电流、过电压保护值。

6 当参数设定完后，具有自动测试功能。

励磁特性测量试验的准备条件有哪些?

A

1. 现场试验前，应详细了解被试设备的运行情况，据此制定相应的技术措施。

2. 应配备与被试设备相符的上次试验报告，包括出厂试验、验收试验、诊断试验等，标准化作业指导书，符合该试验且合格的仪器仪表、工具和连接导线等；检查试验环境、人员、仪器满足试验条件。

3. 现场具备带有保护装置的独立试验电源。

4. 试验现场应用围栏隔离，并向外悬挂“止步，高压危险！”标识牌。

5. 按相关安全生产管理规定办理工作许可手续。

Q 励磁特性测量试验对电流互感器的一般规定是什么？

A

当电流互感器为多抽头时，可在使用抽头或最大抽头处测量，其余二次绕组应开路。

在试验前，应对其试验二次绕组进行退磁；其方法应按制造单位在标牌上标注的或技术文件中规定进行。若制造单位未做规定，现场一般采用开路退磁法。

第35分册
合闸电阻预接入时间测量细则

» 环境要求
» 待试设备要求
» 人员要求
» 安全要求
» 检测电压要求
» 检测仪器要求

» 一般规定
» 检测接线
» 检测步骤
» 注意事项
» 检测验收

合闸电阻预接入时间测量试验的环境要求有哪些?

A

环境温度不宜低于5℃。

环境相对湿度不宜大于80%。

现场区域满足试验安全距离要求。

Q 合闸电阻预接入时间测量试验对待试设备的要求有哪些?

A

1 待试设备处于停电状态。

2 设备无异常，可正常进行分、合闸操作。

3 设备上无各种外部作业。

Q 合闸电阻预接入时间测量试验对检测电压的要求有哪些?

A

①检测仪器所用电压一般应是频率为50Hz±1Hz的工频交流电压。

②所用电压范围为AC 220V±22V。

第36分册 主回路电阻测量细则

检测条件

检测准备

检测方法

检测数据分析与处理

检测原始数据和记录

检测条件：

- 环境要求
- 待试设备要求
- 人员要求
- 安全要求
- 检测电压要求
- 检测仪器要求

检测方法：

- 一般规定
- 检测接线
- 检测步骤
- 注意事项
- 检测验收

Q 主回路电阻测量试验的环境要求有哪些？

环境温度不宜低于5℃。

环境相对湿度不宜大于80%。

大气环境条件应相对稳定。

主回路电阻测量试验对待试设备的要求有哪些?

A

1. 待试设备处于停电检修状态。
2. 设备上无各种外部作业。
3. 待试主回路应处于闭合导通状态。
4. 与仪器连接的部位应清洁。
5. 若被试设备配合有其他检修工作，应在主回路检修全部完成后进行该项检测工作。

主回路电阻测量试验对检测电压的要求有哪些？

①检测仪器所用电压一般应是频率为50Hz±1Hz的工频交流电压。

②所用电压范围为AC 220V±22V。

第37分册
灭弧室真空度测量细则

» 环境要求
» 待试设备要求
» 人员要求
» 安全要求
» 检测电压要求
» 检测仪器要求

» 一般规定
» 检测接线图
» 检测步骤
» 注意事项
» 检测验收

Q 灭弧室真空度测量试验对待试设备有哪些要求?

A

1 待试设备处于停电检修状态。

2 小车断路器需拉至检修位置（固定式真空断路器或不具备检测的断路器除外）。

3 设备外观清洁、无异常。

4 设备上无检修、保护传动等外部作业。

灭弧室真空度测量试验对测试仪器有哪些要求？

1. 用作定量检测的仪器真空度在10^{-4}～10^{-1}Pa范围内。
2. 电源输入端对测试仪外壳的绝缘电阻应大于2MΩ。
3. 仪器电源输入端对外壳应能承受1500V、1min的工频耐压，无击穿和飞弧现象。
4. 检测回路中应具备过电压、过电流保护。

Q 灭弧室真空度测量试验对检测电压有哪些要求？

A ①检测仪器所用电压一般应是频率为50Hz±1Hz的工频交流电压。
②所用电压范围为AC 220V±22V。

第38分册
断路器机械特性测试细则

» 环境要求
» 待试设备要求
» 人员要求
» 安全要求
» 测试电压要求
» 测试仪器要求

» 一般规定
» 测试接线
» 测试步骤
» 注意事项
» 测试验收

» 原始数据
» 测试记录

Q 断路器机械特性测试试验对待试设备有哪些要求?

A

1. 待试断路器处于停电检修状态，断路器的控制电源已完全断开。
2. 断路器无各种其他作业。
3. 机械特性测试一般应在额定操作电压及额定操作液(气)压力下进行。

Q 断路器机械特性测试试验对检测电压有哪些要求?

① 供电电源应满足AC 220V±22V，50Hz±1Hz。

② 控制电源电压采用断路器额定操作电压。

Q 测试仪器的测量时间、测量行程和测量速度应满足哪些要求?

A

测量时间：不小于断路器分、合闸时间，分辨率为0.01ms。

测量行程：由不同传感器确定（不小于断路器行程的120%）。

测量速度：真空断路器不小于2m/s，非真空断路器不小于15m/s。

第39分册
SF_6密度表（继电器）校验细则

» 环境要求
» 待校表计本体设备要求
» 人员要求
» 安全要求
» 校验仪器要求

» 校验管路连接及接线
» 校验项目
» 校验步骤
» 校验操作
» 注意事项
» 校验验收

» SF_6密度表（继电器）的准确度等级和允许误差
» 回程误差
» 轻敲位移
» 接点设定值误差及切换差
» 表体温度偏离（20±2）℃范围时最大允许误差计算

Q 校验选用的校验仪器设备包括哪些?

A

1 经检验合格的SF_6密度继电器校验仪，测量准确度不低于0.4级。

2 SF_6气瓶，SF_6气体纯度不低于99.9%，减压后压力不低于1MPa。实验室校验可选用其他清洁、干燥、无毒无害且化学性质稳定的气体作为气源，如氮气、空气等。

3 红外测温仪或接触式温度计：-50~80℃，允许误差不大于±1℃。

4 绝缘电阻表：500V DC，10级。

5 工频耐压测试仪，频率为50Hz，输出电压不低于2kV。

6 校验绝压SF_6密度表（继电器）应配置大气压力表，测量准确度等级不低于0.5级。

Q 怎样测量表体温度?

A

1

使用红外测温仪对准表体，选择表体深色区域作为测量点，测量三次取中间值。

2

如使用接触式测温探头测量表体温度，应将探头尽可能靠近或紧密接触SF_6密度表（继电器），温度平衡时间一般不小于0.5h，温度稳定后方可读取表体温度。

Q 接点校验包含哪些内容?

A

每一个动作接点均应在升压和降压两种状态下进行接点设定值误差校验。

2

使指示指针接近动作点，平稳缓慢地升压或降压（指示指针接近接点设定值时速度每秒不大于量程的0.5%），直到信号接通或断开为止。在信号发生变化的瞬间，读取标准器上对应的压力值，升压动作值为上切换值，降压动作值为下切换值。

3

接点上切换值与下切换值之差的绝对值为切换差。

第40分册
气体密封性检测细则

Q 气体密封性检测对检测仪器有哪些要求?

气体密封性检测用仪器有SF_6定性和定量检漏仪、温湿度计，仪器应定期进行计量检定及校准。

SF_6定性检漏仪主要技术指标：

灵敏度：不低于10^{-8}（体积分数）。

SF_6定量检漏仪主要技术指标：

①灵敏度：不低于10^{-6}（体积分数）。

②测量范围：10^{-4}~10^{-6}（体积分数）。

Q 气体密封性检测的注意事项有哪些?

A

对于定性检漏发现有泄漏的部位，应采用定量检漏确定漏气的程度。

采用包扎法检漏时，包扎腔应采用规则的形状，如方形、柱形，使易于估算包扎腔的容积。在包扎的每一部位，应进行多点检测，取检测的平均值作为测量结果。

包扎法检测和定性检漏仪检测前应先吹净设备周围的SF_6气体。

第41分册
电容器电容量检测细则

» 环境要求
» 待试设备要求
» 人员要求
» 安全要求
» 仪器要求

» 电压电流表法
» 电容电感测试仪法
» 试验验收

Q 电容器电容量检测对环境的要求有哪些?

A

1. 环境温度不宜低于5℃。
2. 环境相对湿度不宜大于80%。
3. 现场区域满足试验安全距离要求。
4. 大气环境条件应相对稳定。

Q 电容器电容量检测对待试设备的要求有哪些?

A

1. 待试电容器为检修状态。
2. 待试电容器已充分放电并接地。
3. 设备外壳可靠接地。

Q 电容器电容量检测对试验人员有哪些要求？

了解各种绝缘材料、绝缘结构的性能、用途。

了解各种电力设备的形式、用途、结构及原理。

熟悉变电站电气主接线及系统运行方式。

熟悉各类试验设备、仪器、仪表的原理、结构、用途及使用方法，并能排除一般故障。

能正确完成试验室及现场各种试验项目的接线、操作及测量。

熟悉各种影响试验结论的因素及消除方法。

人员需经上岗培训，考试合格。

第42分册

直流参考电压（$U_{n\,mA}$）及在0.75 $U_{n\,mA}$下泄漏电流测量细则

» 环境要求
» 待试设备要求
» 人员要求
» 安全要求
» 试验仪器要求

» 试验接线
» 试验步骤
» 注意事项
» 试验验收

直流参考电压（$U_{\mathrm{n\,mA}}$）及在 0.75 $U_{\mathrm{n\,mA}}$ 下泄漏电流测量试验对试验环境的要求有哪些?

1. 环境温度不宜低于 5℃。
2. 环境相对湿度不宜大于80%。
3. 大气环境条件应相对稳定。

直流参考电压（$U_{\mathrm{n\,mA}}$）及在 0.75 $U_{\mathrm{n\,mA}}$ 下泄漏电流测量试验对待试设备的要求有哪些?

1. 待试设备处于检修状态。
2. 设备外观无破损、无异常。
3. 避雷器或限压器外绝缘表面应尽可能清洁干净。

Q 使用高压直流成套装置进行测量，对试验仪器有哪些要求？

A

1. 输出工作电流下直流电压的纹波系数小于1%。

2. 直流发生器最大输出电流应满足试验要求。

3. 输出电压误差小于3%。

4. 电流测量误差小于1%。

5. 测量限流电阻：阻值为5~10MΩ（不拆高压引线测量时应用，区别于高压回路中保护限流电阻）。

第43分册

工频参考电流下的工频参考电压测量细则

» 环境要求
» 待试设备要求
» 人员要求
» 安全要求
» 试验电压要求
» 试验要求

» 试验接线
» 试验步骤
» 注意事项
» 试验验收

Q 工频参考电流下的工频参考电压测量试验对待试设备有哪些要求？

1. 待试设备处于停电状态。

2. 设备外观清洁、无异常。

3. 设备上无各种外部作业。

Q 工频参考电流下的工频参考电压测量试验对试验仪器有哪些要求？

1. 工频参考电压试验用的设备通常有试验变压器、调压设备、避雷器阻性电流测试仪、电压测量装置、保护电阻等，其中关键设备为试验变压器、调压设备、避雷器阻性电流测试仪及电压测量装置。

2. 测量设备应满足GB/T 16927.2—2013《高电压试验技术　第2部分：测量系统》的要求，所测数值准确度应符合有关试验条款要求。

对避雷器阻性电流测试仪的使用有何要求?

1 能够检测避雷器阻性电流峰值。

2 电流检测范围不小于试品的工频参考电流值。

3 检测仪器具备抗外部干扰的功能。

4 在检测时，须保证仪器使用的电源电压为220V，频率为50Hz。

第44分册

接地引下线导通测试细则

Q 接地引下线导通测试对试验环境的要求有哪些?

应在干燥季节和土壤未冻结时进行。

不应在雷、雨、雪中或雨、雪后立即进行。

现场区域满足试验安全距离要求。

Q 接地引下线导通测试对试验仪器有何要求?

1. 测试宜选用专用仪器，仪器的分辨率不大于 1mΩ。
2. 仪器的准确度不低于 1.0 级。
3. 测试电流不小于 5A。

接地引下线导通测试测试前需要做哪些准备工作?

1 现场试验前，应详细了解现场的运行情况，据此制定相应的技术措施。

2 应配备与工作情况相符的上次试验记录、标准化作业指导书以及合格的仪器仪表、工具和连接导线等。

3 现场具备安全可靠的独立试验电源，禁止从运行设备上接取试验电源。

4 检查环境、人员、仪器满足试验条件。

5 按相关安全生产管理规定办理工作许可手续。

第45分册
接地阻抗测量细则

试验条件

» 环境要求
» 人员要求
» 安全要求
» 仪器要求

试验准备

试验方法

» 一般规定
» 接线原理图
» 试验步骤
» 注意事项
» 试验验收

试验数据分析与处理

试验记录

Q 接地阻抗测量对人员要求有哪些？

A

1 熟悉接地阻抗测量技术的基本原理、分析方法。

2 了解接地阻抗测试仪的工作原理、技术参数和性能。

3 掌握接地阻抗测试仪的操作方法。

4 能正确完成现场各种试验项目的接线、操作及测量。

5 具有一定的现场工作经验，熟悉并能严格遵守电力生产和工作现场的相关安全管理规定。

6 熟悉各种影响试验结论的因素及消除方法。

7 人员需经上岗培训并考试合格。

Q 测量接地阻抗的方法有哪些？

A

测量接地阻抗的方法主要有电位降法及电流—电压表三极法，其中电流—电压表三极法中又分为直线法和夹角法。大型接地装置接地阻抗的测试中主要采用电流—电压表三极法中的夹角法及电位降法，如果条件所限无法呈夹角放置时，应注意使电流线和电位线保持尽量远的距离，以减小互感耦合对测试结果的影响。电位降法主要适用于区域水平段较分明的情况。

Q 电流极和电位极的一般规定是什么？

A

1 电流极的电阻值应尽量小，以保证整个电流回路阻抗足够小，设备输出的试验电流足够大。

2 可采用人工接地极或利用高压输电线路的铁塔作为电流极，但应注意避雷线分流的影响。

3 如电流极电阻偏高，可尝试采用多个电流极并联或向其周围泼水的方式降阻。

4 电位极应紧密而不松动地插入土壤20cm以上。

第46分册
土壤电阻率测量细则

» 环境要求
» 人员要求
» 安全要求
» 仪器要求

» 接线原理图
» 试验步骤
» 注意事项
» 试验验收

土壤电阻率测量的安全要求是什么？

1. 应严格执行《国家电网公司电力安全工作规程（变电部分）》的相关要求。
2. 高压试验工作不得少于两人。试验负责人应由有经验的人员担任。
3. 开始试验前，试验负责人应向全体试验人员详细讲述试验中的安全注意事项，交代邻近间隔的带电部位，以及其他安全注意事项。
4. 应确保操作人员及试验仪器与电力设备的高压部分保持足够的安全距离。
5. 应在良好的天气下进行，如遇雷、雨、雪、雾，不得进行该项工作。
6. 试验前必须认真检查试验接线，应确保正确无误。
7. 试验时，要防止误碰误动设备。
8. 试验现场出现明显异常情况时，应立即停止试验工作，查明异常原因。
9. 高压试验作业人员在全部试验过程中，应精力集中，随时警戒异常现象发生。
10. 试验结束时，试验人员应拆除试验接线，并进行现场清理。

Q

土壤电阻率测量对仪器的要求是什么？

A

1. 测量多层、深层土壤电阻率使用功率较大的电源。
2. 采用电压表、电流表组成的测试回路。
3. 表计准确度等级不应低于1.0级。

Q 土壤电阻率测量的试验步骤是什么?

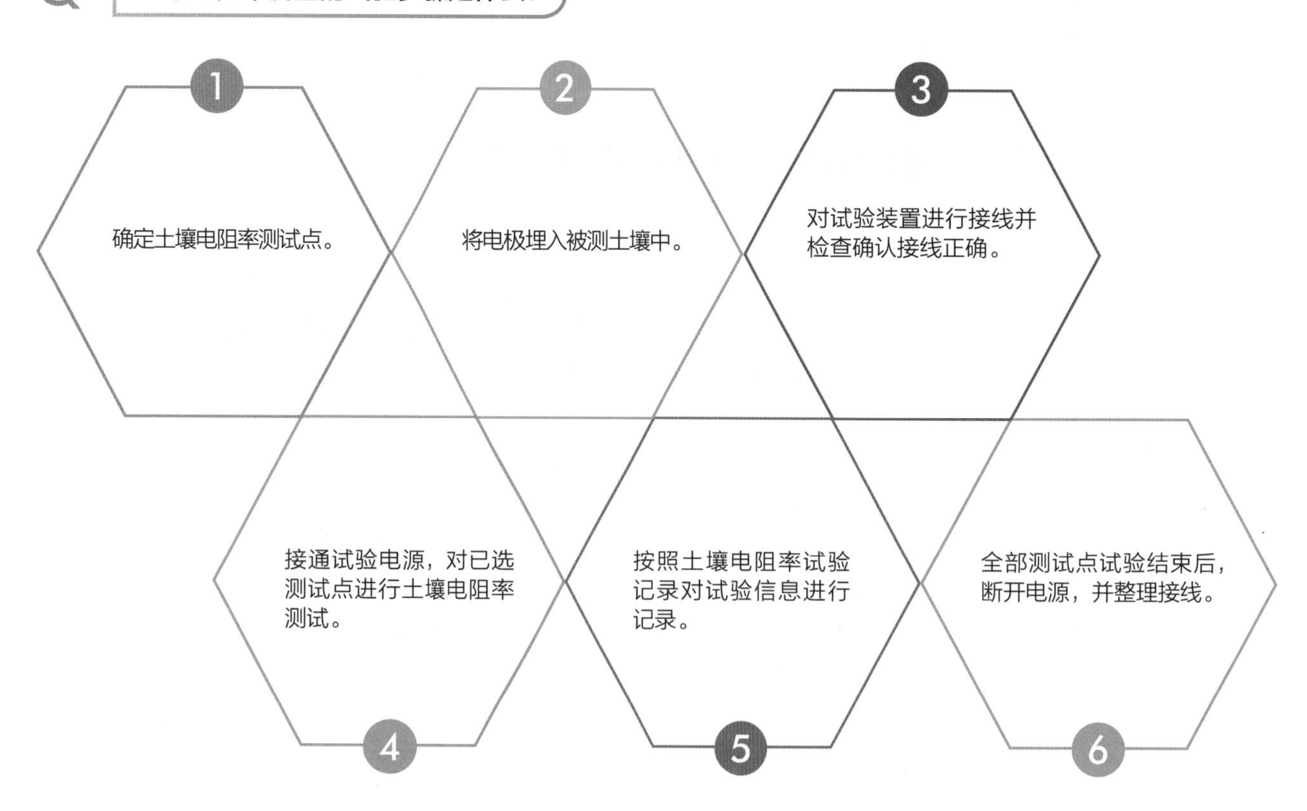

第47分册 跨步电压和接触电压测量细则

» 环境要求
» 人员要求
» 安全要求
» 试验仪器要求

» 电流极和电位极
» 试验电流的注入
» 跨步电压测量
» 接触电压测量
» 试验验收

» 根据系统最大单相短路电流值判断
» 根据土壤电阻率、接地短路电流持续时间确定

Q 跨步电压和接触电压测量对环境的要求是什么?

环境温度不宜低于5℃，环境相对湿度不宜大于80%。

测试应在天气良好下进行。

测试时注意测试电流稳定。

Q 跨步电压和接触电压测量对试验仪器的要求有哪些?

A

1 仪器的准确度不低于 1.0 级。

2 测试时注意测试电流稳定。

3 测试跨步电位差、接触电位差的电压表分辨率不低于 1mV。

4 采用异频电源时，测试仪表的选频性能良好。

Q 试验电流的注入有哪些规定?

试验电流的注入点宜选择．测量接触电压时，测试电流应从构架或电气设备外壳注入接地装置；测量跨步电压时，测试电流应从地网中心处注入。

Q 电流极和电位极的使用规定有哪些?

A

1

电流极的电阻值应尽量小，以保证整个电流回路阻抗足够小，设备输出的试验电流足够大。

2

可采用人工接地极或利用高压输电线路的铁塔作为电流极，但应注意避雷线分流的影响。

3

如电流极电阻偏高，可尝试采用多个电流极并联或向其周围泼水的方式降阻。

4

电位极应紧密而不松动地插入土壤20cm以上。

第48分册

串联补偿装置不平衡电流测量细则

» 环境要求
» 待试设备要求
» 人员要求
» 安全要求
» 试验电压要求
» 试验仪器要求

» 试验接线
» 试验步骤
» 注意事项
» 试验验收

试验电源电压频率的要求是什么？

A

试验电压一般应是频率为45~65Hz的交流电压。按有关设备标准的规定，有些特殊试验可能要求频率远低于或高于这一范围。

试验电压波形的要求是什么？

A

试验电压一般为交流220V或380V，电压波形为两个半波相同的近似正弦波，且峰值和方均根（有效）值之比应在±0.07%以内。对某些试验回路，需允许较大的畸变，应注意到被试品，特别是有非线性阻抗特性的被试品可能使波形产生明显畸变。

注：如果各次谐波的方均根（有效）值不大于基波方均根值的5%，则认为满足上述对电压波形的要求。

Q 串联补偿装置不平衡电流测量的试验准备包含哪些内容?

现场试验前，应详细了解设备的运行情况，制定相应的技术措施。

应配备与工作情况相符的历次试验报告、标准化作业指导书以及检定期内的仪器仪表、工具和连接导线等。

现场具备安全可靠的独立试验电源，禁止从运行设备上接取试验电源。

检查环境、人员、仪器满足试验条件。

按相关安全生产管理规定办理工作许可手续。

Q 串联补偿装置不平衡电流测量的注意事项有哪些?

A

1

新的电容器与被更换的电容器的电容量差别应在1%之内（参考铭牌值或例行试验值）。

2

更换电容器之后，测量电容器组的等值电容，与额定值或初值的差别应不超过±2%，且运行中不平衡电流小于厂家技术要求。

3

由于在不平衡电流测试中，测试出的电流数值较低（电流一般为微安级），试验过程中应注意电流表挡位切换。

第49分册
现场污秽度评估细则

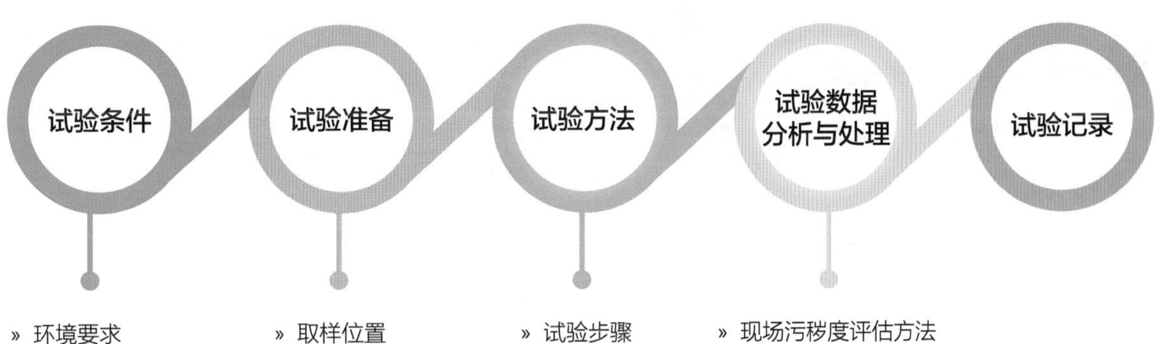

- 环境要求
- 待测绝缘子要求
- 人员要求
- 安全要求
- 试验仪器要求

- 取样位置
- 取样要求

- 试验步骤
- 注意事项

- 现场污秽度评估方法
- 现场污秽度等级划分

Q 现场污秽度评估对待测绝缘子有哪些要求?

A

现场污秽度检测主要是针对运行的待测绝缘子，利用停电期进行测量；也可对运行绝缘子串附近的不带电绝缘子进行测量。同形式绝缘子带电与不带电测量值之比（即带电系数K_1）要根据各地实测结果而定。

待测绝缘子经连续3年积污后，绝缘子表面污秽度趋于饱和。

待测绝缘子通常选择U70B/146、U160BP/170H普通盘形悬式绝缘子，通常4～5片组成一悬垂串作为参照绝缘子串，用来测量现场污秽度。

Q 现场污秽度评估方法有哪些?

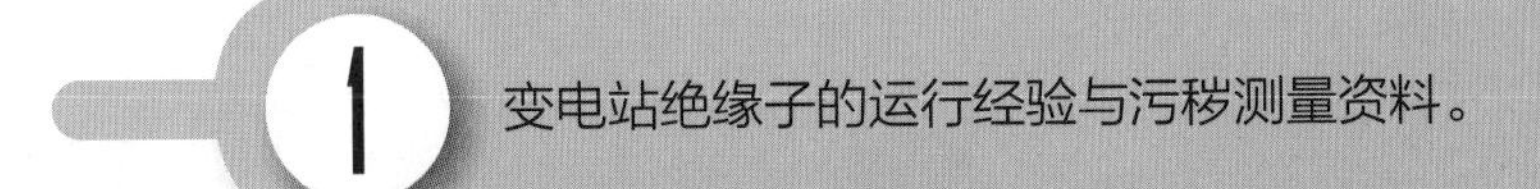

1. 变电站绝缘子的运行经验与污秽测量资料。
2. 现场等值盐密、灰密测量值及现场污秽度监测。
3. 按气候和环境条件模拟计算污秽水平。
4. 根据典型环境的污湿特征预测现场污秽度。

注：运行经验主要依据已有运行绝缘子的污闪跳闸率和事故记录、地理和气象特点、采用的防污闪措施等情况而定。

Q

现场污秽度等级划分为哪几类?

A

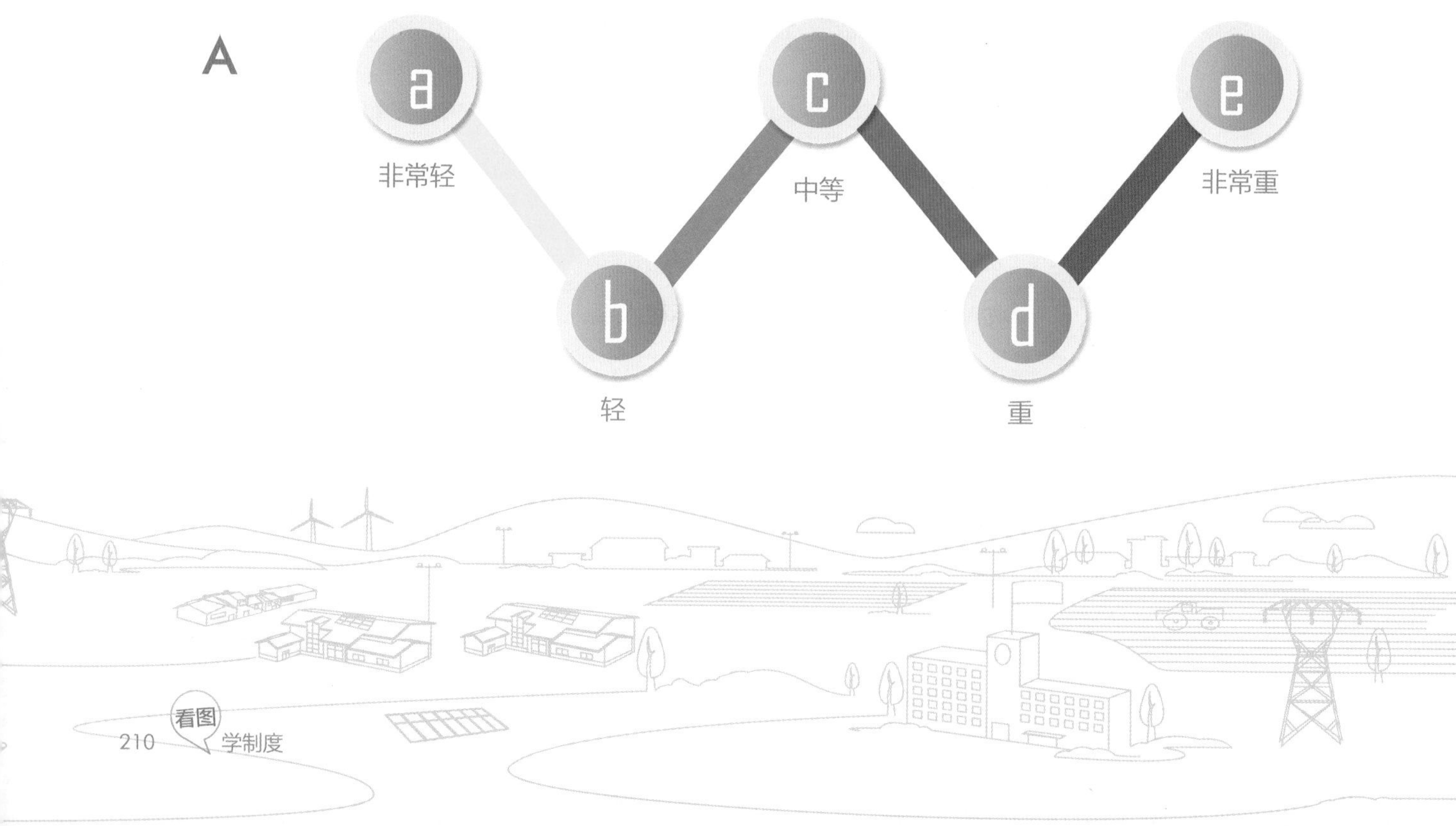

第50分册
绝缘子零值检测细则

- 环境要求
- 待测绝缘子要求
- 人员要求
- 安全要求
- 测试仪器要求

- 试验原理接线图
- 试验步骤

Q 绝缘子零值检测对待测绝缘子的要求是什么?

A

1. 绝缘子所连接设备处于停电状态。
2. 绝缘子外观清洁、无异常。
3. 绝缘子无各种外部作业。

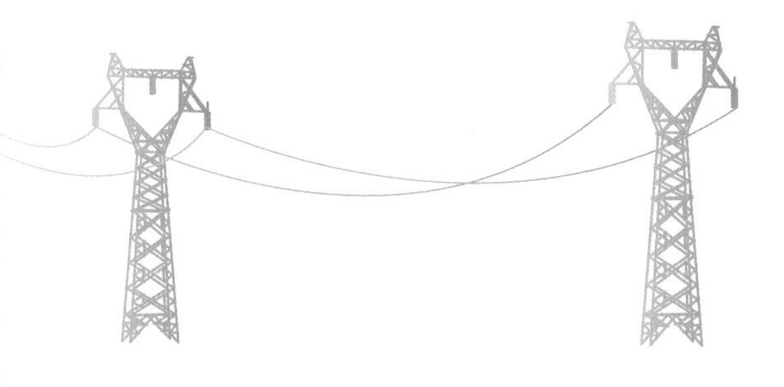

Q 绝缘子零值检测对人员的要求是什么?

A

1. 了解绝缘子型号、结构、性能、用途。
2. 熟悉试验仪器设备原理、结构、用途及使用方法,并能排除一般故障。
3. 能正确完成试验的接线、操作及测量。
4. 熟悉各种影响试验结论的因素及消除方法。
5. 经过上岗培训合格。

绝缘子零值检测试验的准备条件有哪些？

① 试验前，应详细了解待检绝缘子的运行情况，制定相应的技术措施。

② 应配备与工作情况相符的上次试验报告、标准化作业指导书以及检定期内的仪器仪表、工具和连接导线等。

③ 检查环境、人员、仪器满足试验条件。

④ 按相关安全生产管理规定办理工作许可手续。

⑤ 用干燥清洁的柔软布擦去绝缘子表面污垢，必要时先用无腐蚀性化学清洗剂洗净绝缘子表面积垢，消除表面漏电电流，以避免影响测试结果。

第51分册
硅橡胶憎水性评估细则

» 环境要求
» 待测设备要求
» 人员要求
» 安全要求

» 一般规定
» 试验步骤
» 注意事项
» 试验验收

硅橡胶憎水性评估试验的安全要求是什么？

A

1

应严格执行《国家电网公司电力安全工作规程（变电部分）》的相关要求。

2

试验工作至少由两人进行，并严格执行保证安全的组织措施和技术措施。

3

应有专人监护，监护人在试验期间应始终行使监护职责，不得擅离岗位或兼职其他工作。

4

应确保试验人员与电力设备的高压部分保持足够的安全距离。

硅橡胶憎水性评估试验的准备条件有哪些?

A

1 现场试验前，应详细了解设备的运行情况，据此制定相应的技术措施。

2 应配备与工作情况相符的上次试验报告、标准化作业指导书等。

3 检查环境、人员、仪器满足试验条件。

4 按相关安全生产管理规定办理工作许可手续。

Q 硅橡胶憎水性评估的试验步骤是什么？

A

1

选择停电设备的一相瓷瓶或一只复合绝缘子做测试点，取该串绝缘子（支柱瓷瓶、套管、绝缘子等）的基座（低压侧）第二片、中间一片及导线侧（高压侧）第二片做检测，上、下表面两侧均应检测。

2

喷水装置的喷嘴距试品25cm，约每秒喷水一次，共喷射25次，喷射方向尽量垂直于试品表面。

3

憎水性分级值（HC值）应在喷水结束后30s内读取。

Q 硅橡胶憎水性评估试验数据分析与处理方法有哪些?

A

（1）进行分级判断。

1）HC1～HC2，憎水性良好，继续运行。

2）HC3～HC4，憎水性较好，继续运行。

3）HC5，继续运行，须跟踪检测。

4）HC6及以下，退出运行，或进行防污闪涂料复涂处理。

（2）若现场检测结果不足以确定该运行产品的老化程度，或现场检测判定为HC6级，则应从现场取样（一般取复合绝缘子或涂覆防污闪涂料的绝缘子）做实验室憎水性检测。

（3）实验室憎水性检测是对复合绝缘子或涂覆防污闪涂料的绝缘子憎水性进行全面测试评估，包括憎水性、憎水性迁移特性、憎水性丧失特性和憎水性恢复时间测定。

第52分册
机械弯曲破坏负荷试验细则

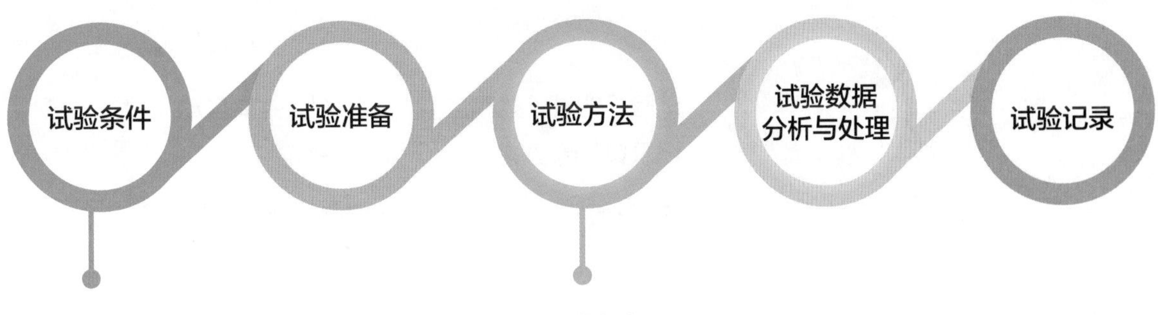

» 环境要求
» 待试品要求
» 试验设备要求
» 人员要求
» 安全要求

» 一般规定
» 试验步骤
» 注意事项
» 试验验收

Q 机械弯曲破坏负荷试验的设备要求有哪些？

试验机两端法兰连接块应相互平行，连接块硬度大于等于55HRC。

试验机的试验速率应能调节控制，并有自动记录负荷的功能。

试验机应采用悬臂梁弯曲方式，弯曲压头宽度应满足相关产品标准要求。

Q 机械弯曲破坏负荷试验的准备条件有哪些?

1. 应详细了解设备的运行情况，据此制定相应的技术措施。
2. 应配备与工作情况相符的上次试验报告、标准化作业指导书、工具和连接导线等。
3. 检查环境、人员、工具满足取样条件。
4. 按相关安全生产管理规定办理工作许可手续。
5. 样品拆卸后包装好送至实验室。

Q 机械弯曲破坏负荷试验的一般规定是什么?

A

a 检查待试品的外观无损伤或其他缺陷。

b 确认试验机正常。

第53分册
孔隙性试验细则

Q 孔隙性试验的安全要求有哪些?

1. 工作前编写工序质量控制卡。
2. 现场取样应严格执行《国家电网公司电力安全工作规程(变电部分)》的相关要求。
3. 取样工作至少由两人进行，注意防止高处跌落，并严格执行保证安全的组织措施和技术措施。
4. 应有专人监护，监护人在试验期间应始终行使监护职责，不得擅离岗位或兼职其他工作。
5. 实验室试验时严格执行实验室试验安全操作规程的相关要求。

孔隙性试验的准备条件有哪些?

1

应详细了解设备的运行情况，据此制定相应的技术措施。

2

应配备与工作情况相符的上次试验报告、标准化作业指导书、工具和连接导线等。

3

检查环境、人员、工具满足取样条件。

4

按相关安全生产管理规定办理工作许可手续。

5

样品拆卸后包装好送至实验室。

Q 孔隙性试验的试验步骤是什么？

A

1. 将试样浸入压力不小于15×10^6 N/m^2的1%的品红溶液，试验时间以h计，压力以N/m^2计，二者的乘积不小于$180\times10^6 h\cdot N/m^2$。
2. 将试样从溶液中取出，经过洗涤、干燥后，再敲碎。

孔隙性试验数据分析与处理方法是什么？

用肉眼检查新敲碎的表面，应无任何染色渗透，渗入最初敲取试样时形成的小裂纹除外。

第54分册
绝缘油酸值检测细则

» 环境要求
» 待测样品要求
» 人员要求
» 安全要求
» 检测仪器及材料要求

» 环境、人员、仪器准备
» 指示剂的配制

» 检测原理
» 检测步骤
» 注意事项
» 检测验收

绝缘油酸值检测的环境要求有哪些？

除非另有规定，检测均在当地大气条件下进行，且检测期间，大气环境条件应相对稳定。

1. 取样应在良好的天气下进行。
2. 环境温度不宜低于5℃。
3. 环境相对湿度不大于80%。

A

Q 绝缘油酸值检测准备中的指示剂如何配制？

A

1. 碱性蓝6B:称取碱性蓝1g（称准至0.01g），然后将它加在50mL煮沸的95%乙醇中，并在水浴中回流1h，冷却后过滤。必要时，煮热的澄清滤液要用0.05 mol/L氢氧化钾乙醇溶液或0.05 mol/L盐酸溶液中和，直至加人1~2滴碱溶液能使指示剂溶液从蓝色变成浅红色，而在冷却后又能恢复成蓝色为止。

2. 甲酚红：称取甲酚红0.1g（称准至0.001g）。研细，溶于100mL95%乙醇中，并在水浴中煮沸回流5min，趁热用0.05 mol/L氢氧化钾乙醇溶液滴定至甲酚红溶液由橘红色变为深红色，而在冷却后又能恢复成橘红色为止。

Q 绝缘油酸值检测的注意事项有哪些?

A

1. 测试所用的无水乙醇应不含醛。

2. 必须趁热滴定，从停止回流至滴定完毕所用的时间不得超过3min，以避免空气中二氧化碳对测定产生干扰。

3. 酸值测定时，应缓慢加入碱液，在将要达到终点时，改为半滴滴加，以减少滴定误差。

4. 氢氧化钾乙醇溶液保存不宜过长，一般不超过3个月。当氢氧化钾乙醇溶液变黄或产生沉淀时，应对其清液重新进行标定后方可使用。

第55分册
绝缘油击穿电压检测细则

- » 环境要求
- » 待测样品要求
- » 人员要求
- » 安全要求
- » 检测仪器及材料要求

- » 环 境、人 员、仪器准备
- » 电极的准备
- » 油杯的准备

- » 检测原理
- » 检测步骤
- » 注意事项
- » 检测验收

Q 绝缘油击穿电压检测对待测样品有哪些要求？

A

1. 用洁净、干燥的 500mL 磨口具塞试剂瓶，从设备下部取样口采样 500mL（采样前应先擦净取样口）。
2. 油样在运输、保管过程中要注意样品的防尘、防震、避光和干燥等。

电极如何准备？ Q

A

新电极或未按正确方式存放较长一段时间的电极，使用前应用丙酮或石油醚清洗电极各表面且晾干。表面有凹痕的电极，先用细纱布磨光，再用丙酮或石油醚清洗电极各表面且晾干，将电极安装在试样杯中，用标准规调整油杯电极间距为（2.5±0.05）mm，装满清洁未用过的待测试样，升高电极电压至试样被击穿 2 ~ 4 次。

绝缘油击穿电压检测数据分析和处理方法是什么？

1. 运行油击穿电压试验值满足下列标准时，认为检测合格。

电压等级（kV）	750~1000	500	330	220	110（66）	35及以下
运行油击穿电压（kV）	≥60	≥50	≥45	≥40	≥35	≥30

此外，有载分接开关中绝缘油：≥30kV。

2. 击穿电压值达不到标准要求时，应进行滤油处理或更换新油。

第56分册 绝缘油介质损耗因数检测细则

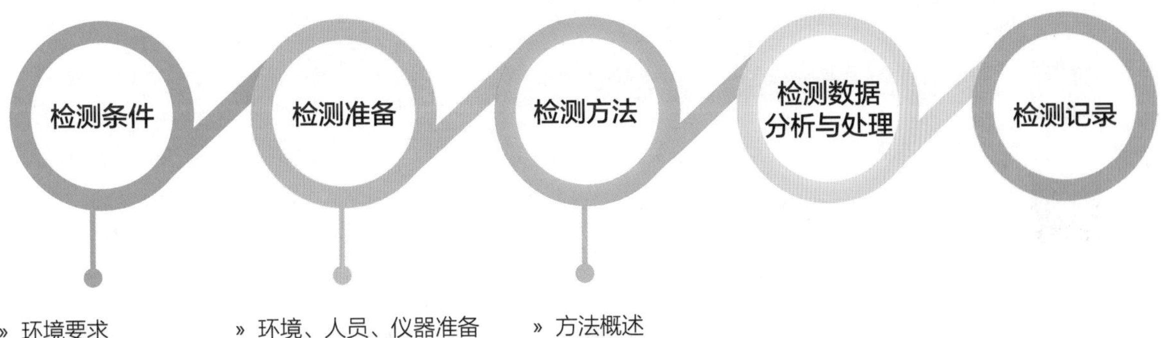

» 环境要求
» 待测样品要求
» 人员要求
» 安全要求
» 检测仪器及材料要求

» 环境、人员、仪器准备
» 电极杯的准备

» 方法概述
» 检测步骤
» 注意事项
» 检测验收

Q 绝缘油介质损耗因数检测的安全要求是什么？

A

1. 执行《国家电网公司电力安全工作规程（变电部分）》相关要求。

2. 现场取样至少由两人进行。

3. 取样过程中应有防漏油、喷油措施。

4. 仪器接地应良好。

5. 电极杯温度较高，使用专用工具提取油电极杯。注油和排油时注意不要触碰油极杯，防止烫伤。

6. 仪器在工作过程中内部有高压，禁止在仪器通电过程中开启仪器外罩、插拔电缆。

新使用、长期不用或污染的电极杯应怎样清洗？

1. 拆洗电极杯：卸下电极杯各部件，各部件先用溶剂汽油（石油醚或正庚烷）清洗，再用洗涤剂洗涤（或在5%～10%的磷酸三钠溶液中煮沸5min），然后用自来水冲洗至中性，最后用去离子水洗涤2～3次。

2. 干燥电极杯：因电极杯某些材料可能会老化，在105～110℃的烘箱中充分烘干且不超过120min，干燥时间取决于整个试验池的结构，但通常用60～120min已足够除去任何水分，取出放入玻璃干燥器中冷却至室温。

3. 装配电极杯：按拆卸时相反次序装配好内电极，再将内电极置于外电极杯中。

4. 检查电极杯：确认电极杯空杯电容测量值与标称值在制造厂允许的范围内。

如何对绝缘油介质损耗因数检测的数据进行分析和处理?

A

1 绝缘油介质损耗因数检测值满足下列标准时，认为检测合格。500～1000kV：$\tan\delta \leqslant 0.02$；330kV及以下：$\tan\delta \leqslant 0.04$。

2 缘油介质损耗因数试验值达不到规定要求时，应进行处理或更换新油。

第57分册

绝缘油含气量检测细则（气相色谱法）

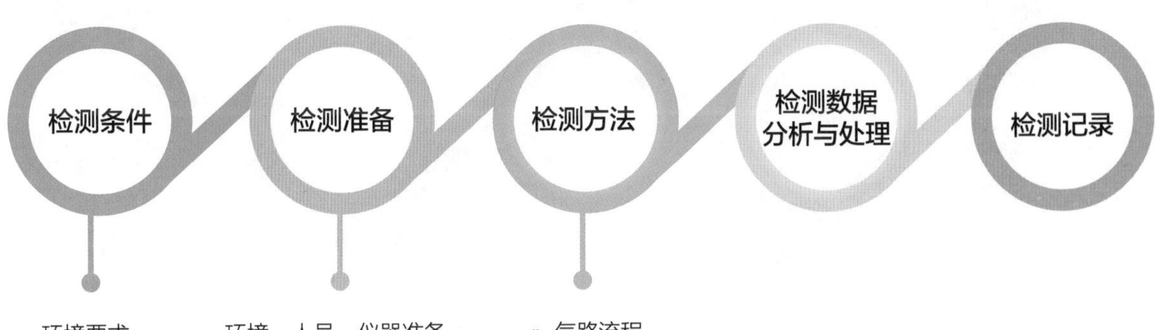

» 环境要求
» 待试样品要求
» 人员要求
» 安全要求
» 检测仪器要求

» 环境、人员、仪器准备
» 材料准备

» 气路流程
» 检测步骤
» 注意事项
» 检测验收

自动顶空脱气法的步骤是什么？

A

1

用压盖器将顶空瓶用穿孔铝帽和聚四氟乙烯垫密封。

2

将两个18G1的针头插入顶空瓶隔垫边缘的不同位置，一个进气，一个出气，进气针头宜靠近瓶底。用2L/min的氩气吹扫顶空瓶至少3min，顶空瓶内应不含空气。

3

用注射器往顶空瓶迅速准确注入试油10mL，立即拔出针头，将顶空瓶放置在顶空进样器中进行脱气，以备分析用。

Q 绝缘油含气量（气相色谱法）检测分析的方法有哪几种?

A

1

机械振荡法：用高纯氩气冲洗1mL注射器D三次，然后从注射器C中准确抽取样品气1mL（或0.5mL)，进行分析，重复操作两次，用两次峰高或峰面积的平均值进行计算。

2

自动顶空进样法：自动顶空进样器准确进样1mL（或0.5mL)，进行分析，重复操作两次，用两次峰高或峰面积的平均值进行计算。

绝缘油含气量（气相色谱法）检测的注意事项是什么？

A

用注射器进行全密封取样、运输中，防止油样中出现气泡。

样品在运输、保管过程中要注意防尘、防震、避光和干燥等。

仪器较长时间不用再次使用时，应先用氩气冲洗管路，时间为20min左右。

用注射器抽取被测气样时，应防止吸入绝缘油，造成色谱柱污染。

第58分册
绝缘油含气量检测细则（真空压差法）

检测条件
- 环境要求
- 待试样品要求
- 人员要求
- 安全要求
- 仪器要求

检测准备
- 环境、人员、仪器准备
- 材料准备

检测方法
- 检测原理
- 检测步骤
- 注意事项
- 检测验收

检测数据分析与处理

检测记录

Q 绝缘油含气量（真空压差法）对待试样品的要求是什么？

A

1. 用洁净的100ml玻璃注射器（经检验，密封性合格），从设备下部取样口全密封采样50~100mL。
2. 油样在运输、保管过程中要注意样品的防尘、防震、避光和干燥等，油样的保存不得超过4天。

绝缘油含气量（真空压差法）测试有哪几种方法，分别需要准备什么材料？

A法：电子真空计法

a)真空泵：绝对残压不大于100Pa。

b)玻璃注射器：100mL、10mL、1mL、100μL专用玻璃注射器。

B法：U 形油柱压差计法

a)真空泵：绝对残压不大于10Pa。

b)100mL玻璃注射器。

c)高频电火花真空检测器。

d)表或计时器：精度0.1s。

e)真空密封脂。

f)275号硅油。

Q 电子真空计法的检测步骤是什么?

A

1. 将仪器与真空泵连接，开启真空泵和仪器电源。按仪器使用要求，设置仪器工作参数和计算参数。对仪器进行密封性检验（检查真空下空气的渗漏量）和准确性检验（考查注入一定量的气体后微压传感器的压力指示），并确认仪器正常。
2. 对“试油定量单元”和“脱气单元”进行预热，达到设置温度，进入仪器测试准备状态。
3. 接上试油，用试油冲洗进油管路排除空气，并充满“试油定量单元”进行加热恒温，同时对“脱气单元”进行抽真空，到达设置恒温时间和真空度，喷入试油进行脱气，脱气结束后排除试油。
4. 根据脱气前、后的压差和相关参数，计算油中含气量。

第59分册
绝缘油水分检测细则（库仑法）

» 环境要求
» 待测样品要求
» 人员要求
» 安全要求
» 检测仪器及材料要求

» 检测原理
» 检测步骤
» 注意事项
» 检测验收

Q

绝缘油水分检测（库仑法）对待测样品有什么要求?

A

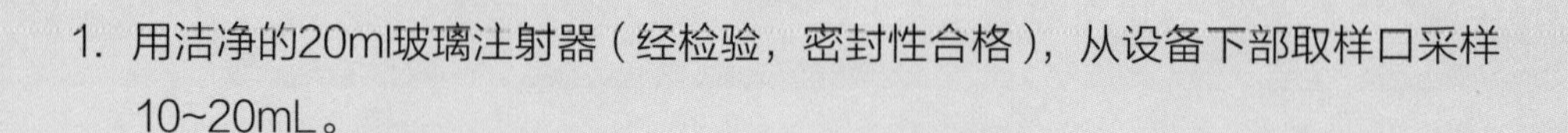

1. 用洁净的20ml玻璃注射器（经检验，密封性合格），从设备下部取样口采样10~20mL。

2. 油样在运输、保管过程中要注意样品的防尘、防震、避光和干燥等，油样保存应不超过7天。

你知道吗

Q 绝缘油水分检测（库仑法）的注意事项有哪些?

A

① 应使用厂家提供的和微水仪配套的电解液，电解液应放在阴凉、干燥、暗处保存，温度不宜高于20℃。

② 当注入的油样达到一定数量后，电解液会呈现浑浊状态，如还要继续进样，应用标样标定，符合规定后，方可继续使用，否则应更换电解液。

③ 测定油中水分时，应注意电解液和试样密封性，在测试过程中不要让大气中的潮气侵入试样中。

④ 当阴极室出现黑色沉淀后，应将电极取出，用相关溶剂清洗后使用。

⑤ 电解池进样口应密封良好，定期检查并更换硅胶。油样保存应不超过7天。

⑥ 标定时不得将注射器针尖插入液面下方，防止将针尖内部的水分也带入电解液中，造成标定较大偏差。

Q 怎样对绝缘油水分检测（库仑法）数据进行分析与处理?

A

330kV及以上设备绝缘油水分不超过15mg/L，220kV设备水分不超过25mg/L，110（66）kV及以下设备水分不超过35mg/L，则认为合格。当油中水分含量超过标准时，应进行真空脱水处理。

第60分册
绝缘油界面张力检测细则

» 环境要求
» 待测样品要求
» 人员要求
» 安全要求
» 检测仪器及材料要求

» 环境、人员、仪器准备
» 材料准备

» 检测原理
» 检测步骤
» 注意事项
» 检测验收

Q 绝缘油界面张力检测要做哪些准备？

A

按照制造厂规定方法，用砝码校正界面张力仪，调节张力仪的零点。

使圆环每一部分都在同一平面上。

所有玻璃器皿依次用石油醚、丁酮、蒸馏水清洗干净，再用热的铬酸洗液浸洗，以除去油污，最后用水及蒸馏水冲洗干净。

先在石油醚中清洗铂丝圆环，接着用丁酮漂洗，然后在酒精灯的氧化焰中加热，使铂丝圆环发红。

Q 绝缘油界面张力检测的原理是什么？

A

用一个水平的铂丝测量环从水油界面将铂丝圆环向上拉，通过测量拉脱铂丝圆环所需力的方式来实现绝缘油界面张力测量。把所测得力乘以与所用力、油和水的密度以及圆环和铂丝直径有关的校正系数，计算出绝缘油界面张力。

Q 绝缘油界面张力检测的注意事项有哪些？

A

① 试验前应将铂环和试验杯按要求清洗干净。

② 在测量水的表面张力时，应保证铂环侵入水中不少于5mm，在进行油—水界面张力测量时，加在水面上的油样不小于10mm的厚度。

③ 为防止试验中存在杂质对试验造成影响，试样应按规定预先进行过滤，试验用水采用去离子水或纯净蒸馏水。

④ 试验室无恒温条件，可在（25±5）℃范围内进行试验，但是仲裁试验仍应以25℃为准。

⑤ 仪器安放在平稳固定的台面上，不宜随意挪动。

第61分册 绝缘油中T501抗氧化剂含量检测细则（液相色谱法）

- 环境要求
- 待试样品要求
- 人员要求
- 安全要求
- 检测仪器及材料要求

- 环境、人员、仪器准备
- 基础油的制备
- 基础油中T501检查
- 标准油的配制

- 方法概要
- 检测步骤
- 注意事项
- 检测验收

Q 绝缘油中T501抗氧化剂含量检测（液相色谱法）对试验人员的要求是什么？

A

1. 熟悉绝缘油抗氧化剂含量检测技术的基本原理和标准。
2. 了解液相色谱仪的技术参数和性能。
3. 掌握绝缘油抗氧化剂含量检测的操作方法和影响因素。
4. 了解被测样品取样基本要求。
5. 熟悉电力生产和化学相关安全管理规定。
6. 经过上岗培训并考试合格。

Q 如何进行基础油中T501检查？

A

制T501含量为0.20%的甲醇溶液，进行分析，得到T501峰的保留时间；将待检查的油样进行萃取和分析，检查得到的色谱图，若在T501峰的保留时间处没有出峰，则认为该油样不含T501。否则，再进行酸白土处理，直至将T501脱干净为止。

Q 绝缘油中T501抗氧化剂含量检测（液相色谱法）的注意事项有哪些？

A

1. 若T501峰分离不好，可通过调整流动相甲醇和水的比例得到改善。流动相比例改变后，应重新用标油标定仪器。

2. 检测时，流动相应经微孔过滤和脱气处理后使用。

3. 试验时，应经常检查液相色谱仪的泵、进样口和管路是否存在泄漏，发现泄漏应进行处理，再重新检测。

4. 萃取时比色管塞要塞紧，振荡萃取结束后，应检查比色管口是否泄漏，如有应重新取油样进行萃取。

5. 配置标准油样的基础油品种，要与被测试油样尽可能相同。

第62分册 绝缘油中T501抗氧化剂含量检测细则（红外光谱法）

- 环境要求
- 待试样品要求
- 人员要求
- 安全要求
- 试验仪器及材料要求

- 环境、人员、仪器准备
- 基础油的制备
- 基础油中T501检查
- 标准油的配制

- 方法概要
- 检测步骤
- 注意事项
- 检测验收

Q 绝缘油中T501抗氧化剂含量检测（红外光谱法）的主要仪器设备有哪些？

红外分光光度计：波长涵盖3800～3500cm^{-1}，分辨率不低于4cm^{-1}。

液体吸收池：在3800～3500 cm^{-1}范围内透明、具有无选择性吸收的任何材料的池窗（常用池窗有KBr、NaCl）、光程长0.3～1.0mm（也可根据不同的仪器状况，选择合适程长）的吸收池。

玻璃注射器：1～2mL。

吸耳球。

搅拌器。

分析天平：精度为0.0001g。

Q 基础油如何制备？

A

取变压器油1kg，加100g浓硫酸，边加边搅拌20 min，然后加入10～20g干燥白土，继续搅拌10min，沉淀后倾出澄清油。酸、白土处理应进行两次。将第二次处理后的澄清油加热至70～80℃，再加入100～150g的干燥白土，搅拌20min，沉淀后倾出澄清油。如此再重复处理一次，沉淀后过滤。

Q 怎样进行油样检测?

A

用1～2mL玻璃注射器抽取油样，缓慢地注入与绘制标准曲线所用的同一个液体吸收池中。

在与绘制标准曲线完全相同的仪器条件下，测定油样的吸光度。

计算出油样的吸光度值，重复两次。

用求出的值在标准曲线上查出T501的重量百分含量。

第63分册

绝缘油体积电阻率检测细则

- 环境要求
- 待试样品要求
- 人员要求
- 安全要求
- 检测仪器及材料要求

- 环境、人员、仪器准备
- 油杯的准备

- 方法概要
- 检测步骤
- 注意事项
- 检测验收

Q 对全自动绝缘油体积电阻率测试仪的技术功能要求有哪些？

A 1. 体积电阻率测试电压：直流500V（采用2mm间隙电极），充电时间60s。

2. 测量范围：$1\times10^{6}\sim1\times10^{13}\Omega\cdot m$。

3. 高阻测量正负误差：不大于10%。

4. 具有空杯电极清洁干燥质量的检验功能。

5. 测试电极杯：采用三电极、内外电极双控温结构。

6. 电极间距：（2±0.05）mm。

7. 内外电极同心度偏差：小于0.05mm。

8. 空杯电容值：（30±1）pF。

9. 拆洗装配后空杯电容测量值与标称空杯电容值偏差不大于2%，可实现自动进排油。

10. 电极材料宜采用热膨胀小、加工光洁度高的不锈钢，15～95℃温度范围内空杯电容值变化不大于1%，有效测量面粗糙度优于0.16μm。

11. 支撑电极的绝缘材料应具有较好机械强度、高体积电阻率和低介质损耗因数，并具有耐热、不吸油、不吸水和良好的化学稳定性（如聚四氟乙烯、石英或高频陶瓷），洁净电极杯空杯绝缘电阻应大于$3\times10^{12}\Omega$。

12. 电极杯的控温范围为15～95℃，控温精度为±0.5℃，到达加热设置温度时间不大于15min。

13. 宜具有自检、自校、自诊断及空杯电容测试功能。

新使用、长期不用或污染电极杯如何清洗?

A 拆洗电极杯：卸下电极杯各部件，各部件先用溶剂汽油（石油醚或正庚烷）清洗，再用洗涤剂洗涤（或在5%～10%的磷酸三钠溶液中煮沸5min），然后用自来水冲洗至中性，最后用蒸馏水（除盐水）洗涤2～3次。

B 干燥电极杯：将清洗好的电极杯各部件置于105～110℃的干燥箱中干燥2～4h，取出放入玻璃干燥器中冷却至室温（操作时不可直接与手接触，应戴洁净布手套）。

C 装配电极杯：按拆卸时相反次序装配好内电极，再将内电极置于外电极杯中。

D 检查电极杯：确认电极杯空杯电容测量值与标称值正负偏差不大于2%，使用仪器空杯电极清洁干燥质量的检验功能确认空杯绝缘电阻大于$3\times10^{12}\Omega$。

Q 绝缘油体积电阻率的检测步骤有哪些？

A

1. 开启仪器，确认仪器正常。设置测试温度为90℃，设置充电时间为60s。
2. 将试验样品混合均匀（尽量避免产生气泡），缓慢注入适量样品到清洗过的测试电极杯中。
3. 将电极杯装入仪器，接上连线和部件，装好紧固件。
4. 对测试电极杯进行加热，待内、外电极指示温度和设置温度的正负偏差均小于0.5℃时，即进行加压、充电和测量，记录试验结果。
5. 排空油杯，注入相同样品进行平行试验，记录平行试验结果。
6. 取两次有效测量值的平均值作为样品的体积电阻率试验值，保留两位有效数字。
7. 精密度要求：

   重复性：电阻率$\rho>10^{10}\Omega\cdot m$时，不大于25%；$\rho\leqslant10^{10}\Omega\cdot m$时，不大于15%；

   再现性：电阻率$\rho>10^{10}\Omega\cdot m$时，不大于35%；$\rho\leqslant10^{10}\Omega\cdot m$时，不大于25%。

第64分册
绝缘油油泥与沉淀物检测细则

» 环境要求
» 待试样品要求
» 人员要求
» 安全要求
» 仪器及材料要求

» 方法概要
» 检测步骤
» 注意事项
» 检测验收

Q 绝缘油油泥与沉淀物检测的安全要求有哪些？

1. 执行《国家电网公司电力安全工作规程（变电部分）》相关要求。
2. 现场取样至少由两人进行。
3. 取样过程中应有防漏油、喷油措施。
4. 测试仪器接地良好。
5. 按照化学药品安全使用规定进行操作。

Q 绝缘油油泥与沉淀物检测的注意事项有哪些？

A

1. 试验用的容量瓶、三角烧瓶等仪器应洁净、干燥。
2. 观察时光线要充足。
3. 所有溶剂在使用前应经过滤处理。

第65分册
绝缘油颗粒数检测细则

Q 绝缘油颗粒数检测的环境要求是什么?

A

1 取样应在良好的天气下进行。

2 检测温度不宜低于5℃。

3 检测相对湿度不大于80%。

4 仪器的校准和样品的准备和测试都应在洁净室或净化工作台完成。

5 试验室环境空气中，大于0.5μm的灰尘颗粒不得超过35万个/m^3，大于5μm的灰尘颗粒不得超过3000个/m^3。

Q 绝缘油颗粒数检测的安全要求是什么?

1. 严格执行《国家电网公司电力安全工作规程（变电部分）》相关要求。
2. 现场取样至少由两人进行。
3. 取样过程中应有防漏油、喷油措施。
4. 测试仪器确保良好接地。
5. 按照化学药品安全使用规定进行操作。

Q 绝缘油颗粒数检测的原理是什么?

A

颗粒数检测仪依据遮光原理来测定油的颗粒污染度。当油样通过传感器时，油中颗粒会产生遮光，不同尺寸颗粒产生的遮光不同。转换器将所产生的遮光信号转换为电脉冲信号，再划分到按标准设置好的颗粒度尺寸范围内并计数。

Q 绝缘油颗粒数检测如何进行数据分析与处理?

A

500kV及以上变压器、电抗器油中大于5μm颗粒数不超过3000个/100mL，则认为试验合格。如果油中大于5μm颗粒数有明显的增长趋势，应缩短检测周期，加强监控。当油中大于5μm颗粒数超过标准时，应进行滤油处理。

第66分册

绝缘油铜金属含量检测细则

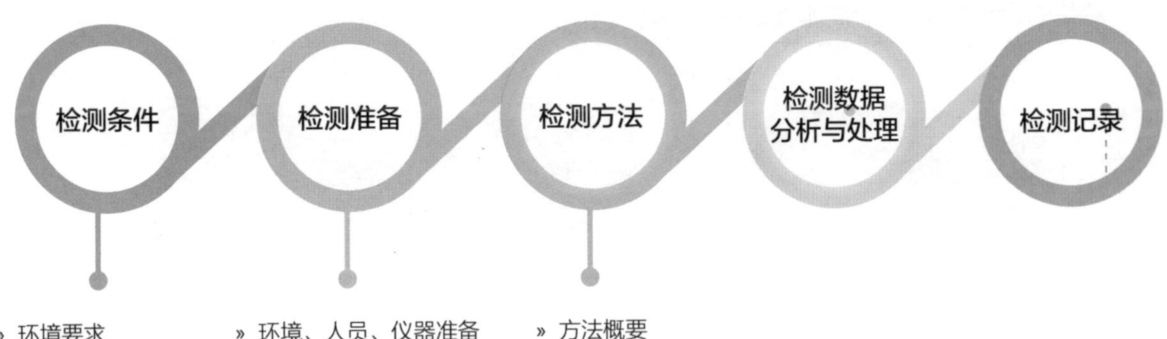

Q 绝缘油铜金属含量检测对仪器及材料的要求有哪些?

A

绝缘油铜金属含量测量用的设备通常有等离子发射光谱仪、高温炉、红外调温电热板、电热鼓风干燥箱、可调电炉、精密天平等。

Q 绝缘油铜金属含量检测的准备工作有哪些?

A

1

1. 环境、人员、仪器准备:

检查环境、人员、仪器满足试验要求。

2

2. 工作溶液配制:

吸取铜标准溶液0.50、1.50、2.50、5.00mL，置于50mL的容量瓶中，硝酸(2+98)定容。此系列工作溶液中铜元素浓度分别为1.00、3.00、5.00、10.0μg/mL。

Q 绝缘油铜金属含量检测的注意事项有哪些?

A

1 测试所使用的容器，在使用前先用（5+95）硝酸浸泡24h，再用纯水清洗干净，烘干备用。

2 工作溶液应在使用时现用现配。

3 取样用聚丙烯塑料瓶，采样量250~500mL，取样瓶应用（5+95）硝酸浸泡24h以上，用纯水冲洗干净，烘干后备用。

4 当样品进行低温缓慢蒸干操作时，控制液面上有少量烟雾即可，不可太剧烈。

第67分册

母线电容电流检测细则

» 环境要求
» 待测绝缘子要求
» 人员要求
» 安全要求
» 仪器要求

» 检测原理图
» 检测步骤
» 检测验收

Q **母线电容电流检测对仪器有哪些要求?**

A

1. 电容电流测试仪信号输出端有短路保护、过电压保护功能。

2. 测试仪本身故障不影响电压互感器二次开口三角回路内的其他装置正常运行。

3. 当系统发生单项接地故障时，不影响电压互感器正常运行，也不损坏仪器。

母线电容电流检测的主要技术指标是什么？

1. 检测电流范围；1~200A。
2. 满足抗干扰性能要求。
3. 分辨率：不大于0.01A。
4. 检测频率范围：20~200Hz。
5. 测量误差要求：± 1% 或± 0.01A（测量误差取两者最大值 ）。
6. 温度范围：−10~50℃。
7. 环境相对湿度：5%~80%RH。

电容电流检测仪应具备哪些基本功能？

1 电容电流检测仪应满足异频注入法测试要求。

2 电容电流检测仪具备数据超限警告、存储功能，以及检测数据导入、导出、查询功能。

看图学制度

图说变电运检通用制度
变电评价

本书编委会　编

内 容 提 要

为了确保国家电网公司变电运检五项通用制度有效落地，国网河北省电力公司积极探索新方法和新思路，创新提出用一种图解方式将五项通用制度及细则的相关要求进行细化分解，以图片代替文字，以问答代替条款，将五项通用制度及细则进行梳理解读，方便员工学习执行，保证各项生产工作的顺利完成。《看图学制度——图说变电运检通用制度》系列丛书共五册，分别为变电验收、变电运维、变电检测、变电评价、变电检修。本册为变电评价。

本书可供国家电网公司系统从事变电管理、检修、运维、试验等工作的专业人员使用。

图书在版编目（CIP）数据

看图学制度：图说变电运检通用制度 /《看图学制度：图说变电运检通用制度》编委会编 . — 北京：中国电力出版社，2017.6

ISBN 978-7-5198-0843-3

Ⅰ.①看… Ⅱ.①看… Ⅲ.①变电所－电力系统运行－检修－图解 Ⅳ.①TM63-64

中国版本图书馆CIP数据核字（2017）第122754号

出版发行：中国电力出版社
地　　址：北京市东城区北京站西街 19 号（邮政编码 100005）
网　　址：http://www.cepp.com.cn
责任编辑：孙世通（010-63412326）
责任校对：太兴华　马　宁　王小鹏　常燕昆　王开云
装帧设计：锋尚设计
责任印制：单　玲

印　刷：北京瑞禾彩色印刷有限公司
版　次：2017 年 6 月第一版
印　次：2017 年 6 月北京第一次印刷
开　本：880 毫米 ×1230 毫米　32 开本
印　张：30.375
字　数：810 千字
定　价：288.00 元（共五册）

版权专有　侵权必究

本书如有印装质量问题，我社发行部负责退换

本书编委会

主　任　苑立国

副主任　周爱国　张明文

委　员　赵立刚　沈海泓　王向东　刘海生

主　编　梁　爽

副主编　贾志辉　郭亚成　甄　利

编　写　龚乐乐　田　萌　杨　彬　刘　林　梁　敏　王占维
康　帅　康博文　徐佳彤　庞先海　李晓峰　郑献刚
冀立鹏　王　涛　孟延辉　刘胜军　佟智勇　陈　炎
崔　猛　卢国华　丁立坤　张凤龙

前言
PREFACE

为进一步提高国家电网公司变电运检专业管理水平，实现全公司、全过程、全方位管理标准化，国家电网公司运维检修部历时两年，组织百余位系统内专业人员编制了变电验收、运维、检测、评价、检修等五项通用制度及细则，全面总结提炼了公司系统各单位好的经验和做法，准确涵盖了公司总部、省、地（市）、县各级已有的各项规定，具有通用性和标准化特点，对指导各项变电运检工作规范开展意义重大。为了确保变电运检五项通用制度有效落地，国网河北省电力公司积极探索新方法和新思路，创新提出用一种图解方式将五项通用制度及细则的相关要求进行细化分解，以图片代替文字，以问答代替条款，对五项通用制度及细则进行梳理解读，突出重点和关键点。通过手机微信、结集出版两种方式进行学习宣贯，方便员工学习执行，融入管理、生产工作的全过程，保证各项生产工作的顺利完成。《看图学制度——图说变电运检通用制度》系列丛书共五册，分别为变电验收、变电运维、变电检测、变电评价、变电检修。本册为变电评价。

本书编委会
2017 年 6 月

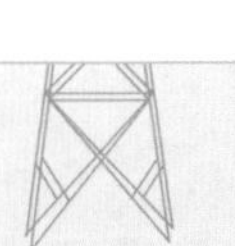
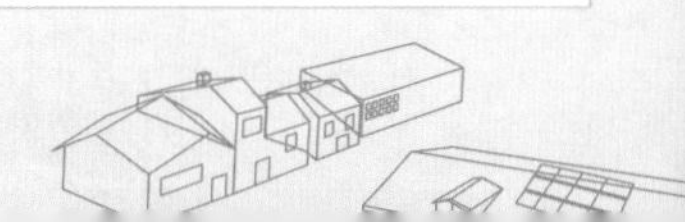

目录
CONTENTS

第一部分

图说国家电网公司变电评价通用管理规定

“五通”的具体内容是什么?

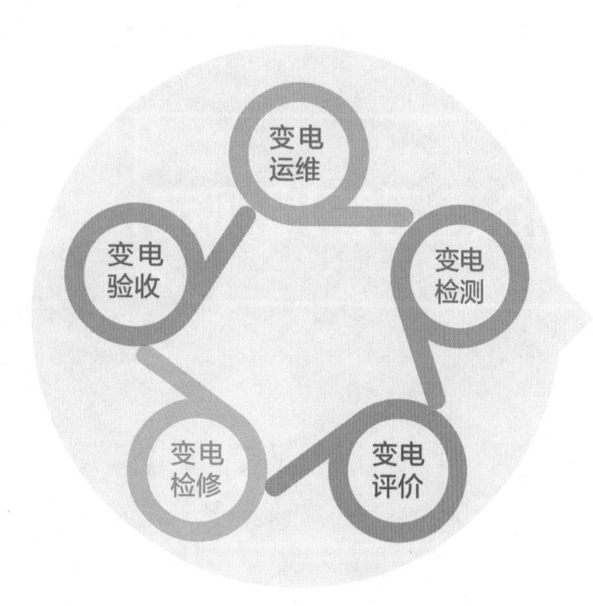

构成变电运检管理的完整体系，以变电验收、运维、检测、评价和检修为主线，验收向前期设计、制造延伸，检修向退役后延伸，覆盖了设备全寿命周期管理的各个环节；涵盖了各项业务和各级专业人员；以“反措”纵向贯通，突出补充了对设备的重点要求。

“五通一措”是国家电网公司通用制度体系下的管理制度，将代替国家电网公司各层级、各单位现有的各项变电运检管理办法、规定和细则，具有强制执行性。

1 体系完整
2 内容全面
3 注重细节
4 面向一线
5 标准化基础上考虑差异化

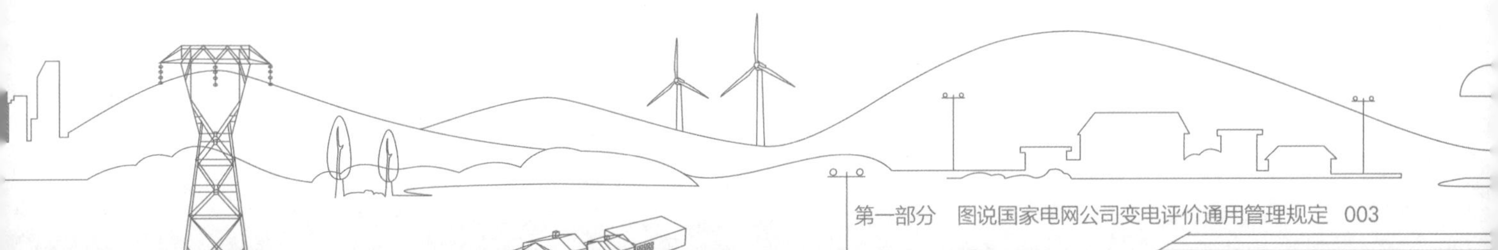

第一章　总则

国家电网公司变电评价通用管理规定有哪些?

总共有11章内容

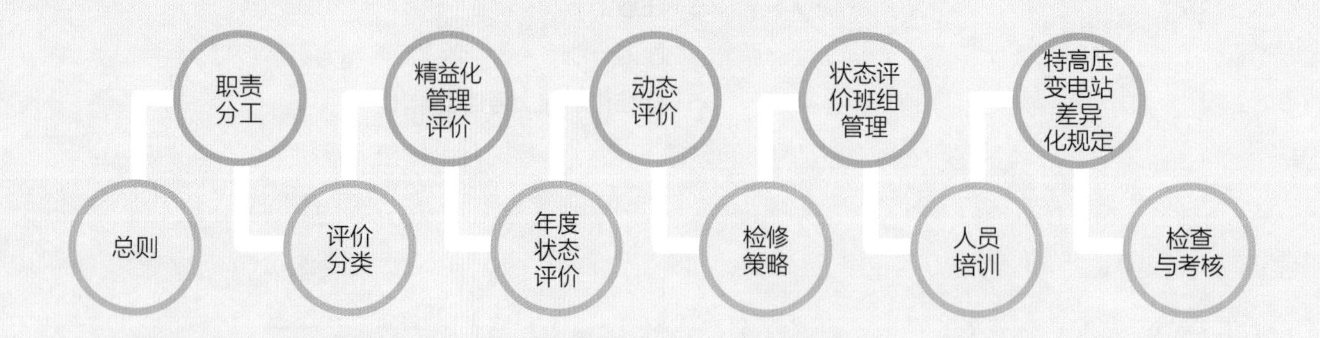

第二章 职责分工

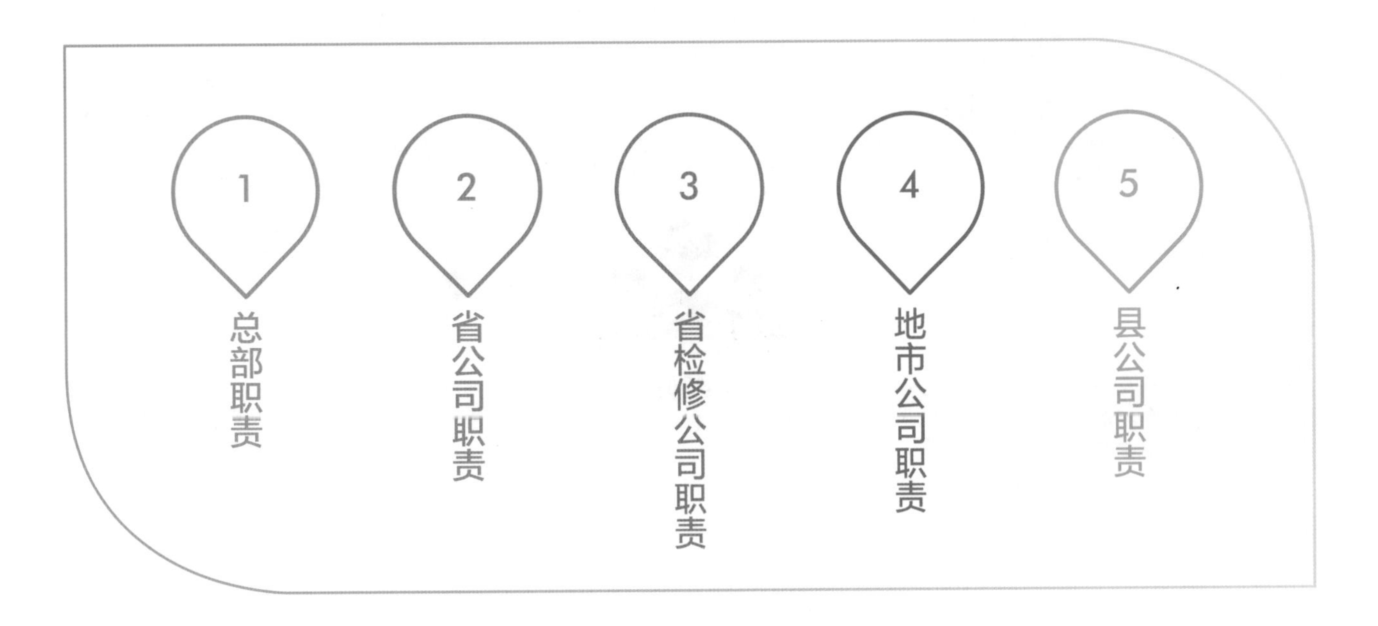

4 地市公司职责

地市公司运维检修部（简称地市公司运检部）履行以下职责：

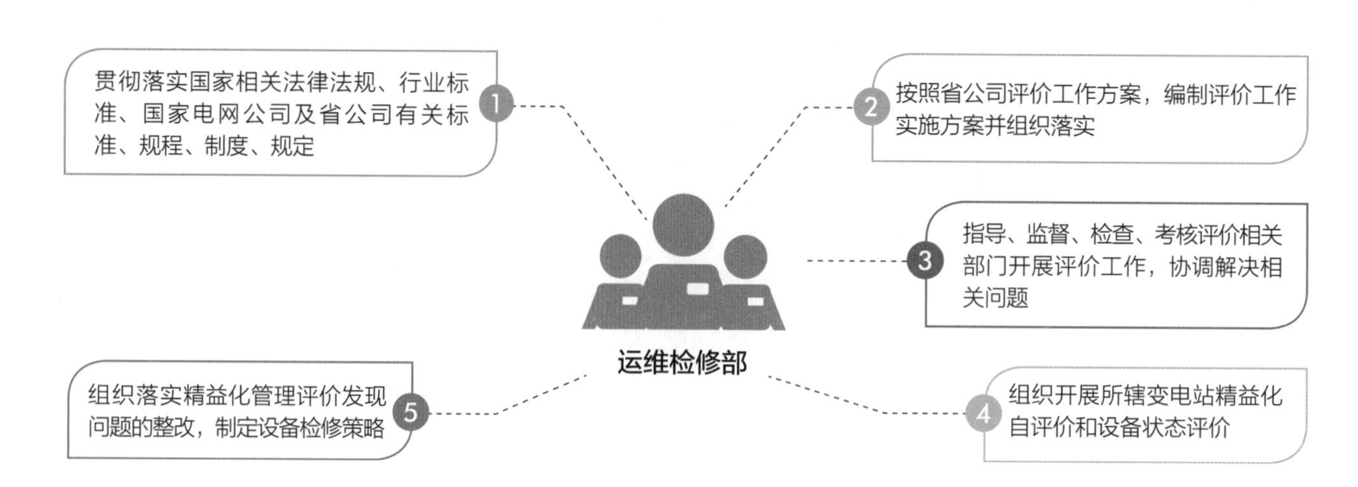

地市公司职责

地市公司变电运维室履行以下职责：

第三章　评价分类

变电设备评价分为精益化管理评价、年度状态评价、动态评价三大类。

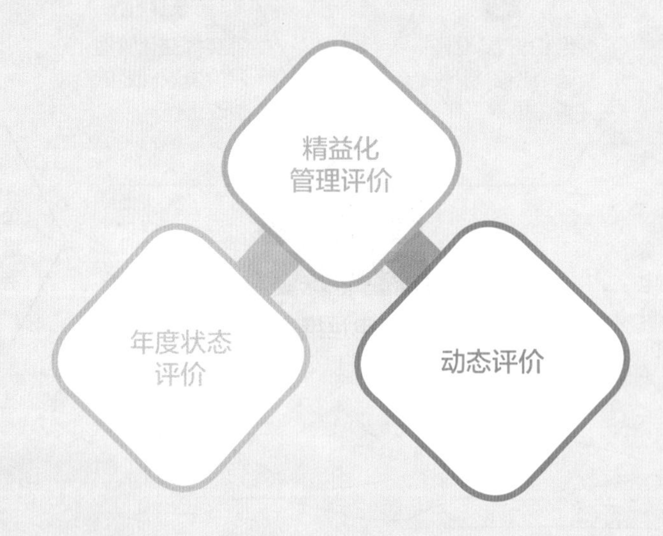

第四章　精益化管理评价

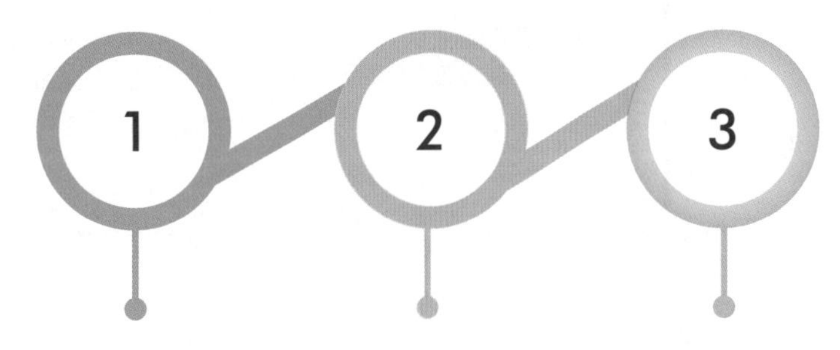

精益化管理评价目的：

强化变电专业管理，以评价促落实，建立设备隐患排查治理常态机制，推动各项制度标准和反事故措施有效落实，为大修、技改项目决策提供依据。

精益化管理评价范围：

变电设备评价和变电运检管理评价。

精益化管理评价周期：

- 评价周期为3年，每座变电站3年内开展一次精益化评价。
- 每年评价变电站数量为管辖范围内变电站总数的1/3。

评价流程

500（330）kV及以上变电站评价流程

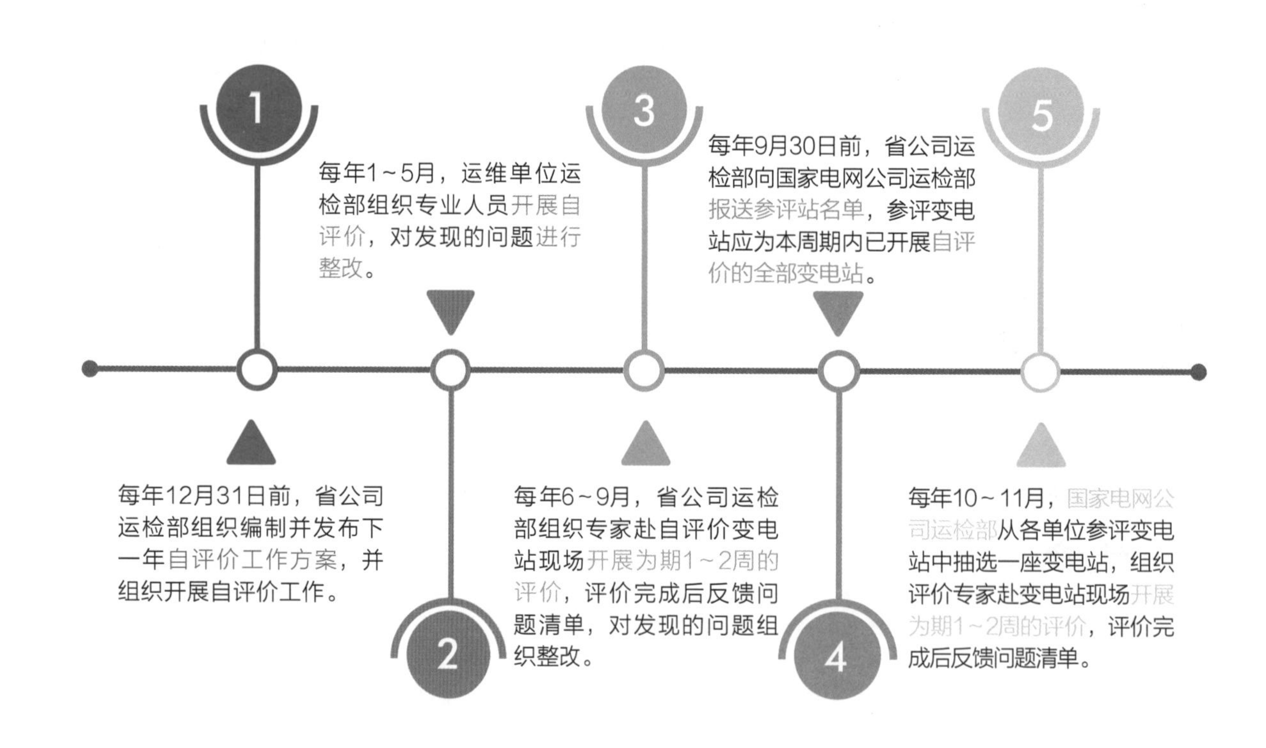

220kV和110（66）kV变电站评价流程

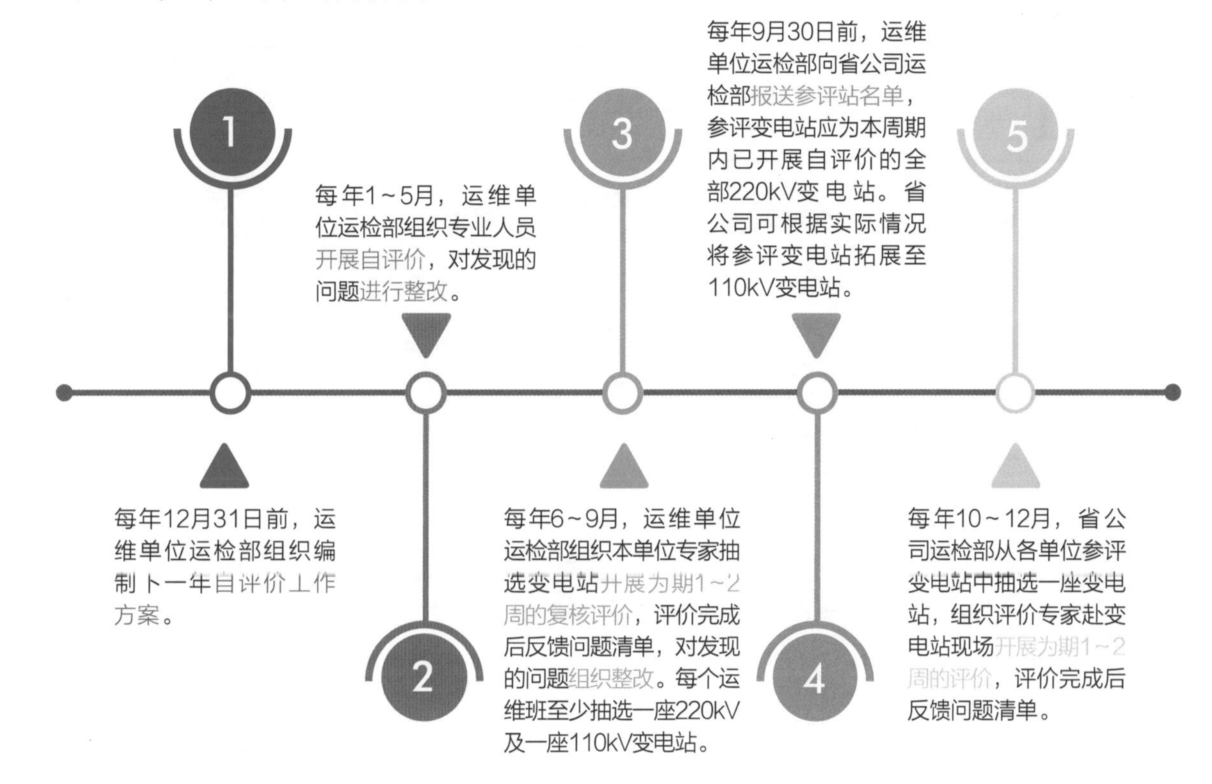

35kV变电站评价流程

1 每年12月31日前，运维单位组织编制下一年自评价工作方案。

2 每年1～9月，运维单位组织专业人员开展自评价，对发现的问题进行整改。

3 每年9月30日前，运维单位向地市公司运检部报送参评站名单，参评变电站应为本周期内已开展自评价的全部变电站。

4 每年10～12月，地市公司运检部从各单位参评变电站中抽选一座变电站，组织评价专家赴变电站现场开展为期1周的评价，评价完成后反馈问题清单。

第五章　年度状态评价

年度状态评价目的：

全面掌握设备运行状态，准确评价设备健康状况，科学制定设备检修策略，保证设备安全稳定运行。

年度状态评价范围：

交流变压器（油浸式高压并联电抗器）、SF_6高压断路器、组合电器、隔离开关和接地开关、电流互感器、电压互感器、金属氧化物避雷器、并联电容器装置（集合式电容器装置）、开关柜、干式并联电抗器、交直流穿墙套管、消弧线圈装置、变电站防雷及接地装置、变电站直流系统、所用电系统等15类设备。

年度状态评价周期：

- 年度状态评价每年开展一次。
- 本年计划开展精益化评价的变电站，不重复进行年度状态评价，精益化评价结果录入PMS状态评价模块。

评价流程

500（330）kV及以上变电站评价流程

1. 每年4月30日前，省公司运检部组织开展设备年度状态评价工作。
2. 每年5月，省检修公司运检部组织年度评价执行班组开展所辖设备年度状态评价，提出初评意见，编制设备状态评价报告。
3. 每年5月31日前，省检修公司运检部组织专家审核设备状态评价报告，并报送省评价中心。
4. 每年6月，省评价中心复核设备状态评价报告，编制设备状态检修综合报告报送省公司运检部。
5. 每年6月30日前，省公司运检部审核设备状态检修综合报告，并将综合报告以及500（330）kV评价结果为异常和严重状态的变压器、断路器、GIS等主设备状态评价报告报送国家电网公司评价中心。
6. 每年7月，国家电网公司评价中心进行复核，并编制设备状态评价复核工作报告报国家电网公司运检部。
7. 每年7月30日前，国家电网公司运检部审核、发布复核结果。

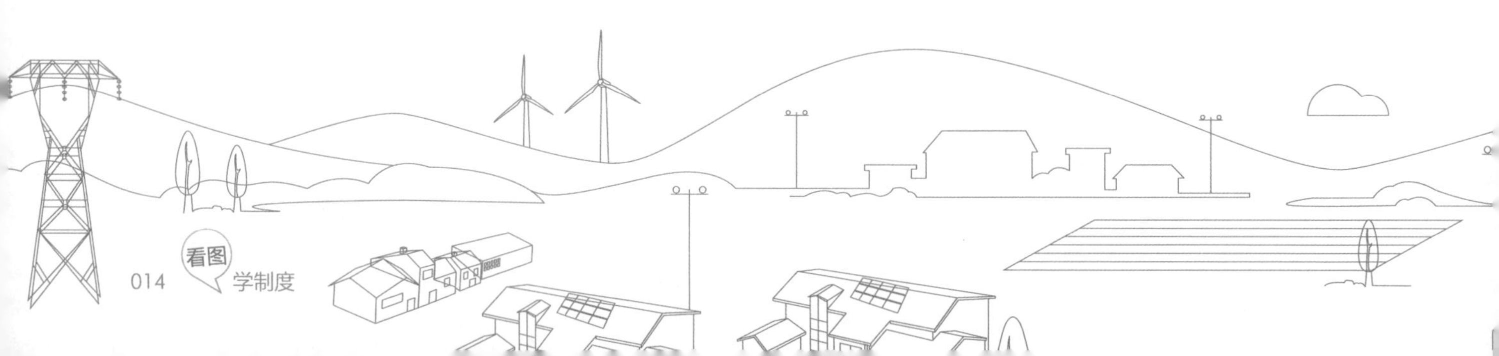

220kV及以下变电站评价流程

1

每年5月，运维单位运检部组织年度评价执行班组开展所辖设备年度状态评价，提出初评意见，编制设备状态评价报告。

2

每年5月31日前，运维单位运检部组织专家审核设备状态评价报告，编制设备状态检修综合报告，并将综合报告以及110（66）kV及以上评价结果为异常和严重状态的变压器、断路器、GIS等主设备状态评价报告报送省评价中心。

3

每年6月，省评价中心进行复核，并编制设备状态评价复核工作报告报省公司运检部。

4

每年6月30日前，省公司运检部审核复核结果，批复各单位状态检修综合报告。

第六章 动态评价

❶ **动态评价目的：**

及时掌握设备状态变化情况，动态调整设备检修策略，迅速有效处理设备状态异常。

❷ **动态评价范围：**

重要状态量发生变化的设备。

❸ **动态评价内容：**

新设备首次评价、缺陷评价、不良工况后评价、检修后评价、带电检测异常评价。

评价流程

动态评价项目		完成时间
新设备首次评价		在设备投运后1个月内组织开展并在3个月内完成
缺陷评价	危急缺陷	立即开展
	严重缺陷	24h内
	一般缺陷	1周内
不良工况后评价		1周内
检修后评价		2周内
带电检测异常评价		1周内

评价结果

- 精益化评价中发现设备存在重大安全隐患，影响设备安全运行
- 精益化评价中发现的未执行反事故措施项目，对设备安全运行影响较大
- 精益化评价中发现的未执行反事故措施项目，对设备安全运行影响较小
- 精益化评价中发现的停电试验项目超周期设备，且最近一次年度评价“异常状态”或“严重状态”
- 精益化评价中发现的停电试验项目超周期设备，且最近一次年度评价为“注意状态”或“正常状态”
- 年度状态评价结果
- 动态评价发现异常的设备

检修策略

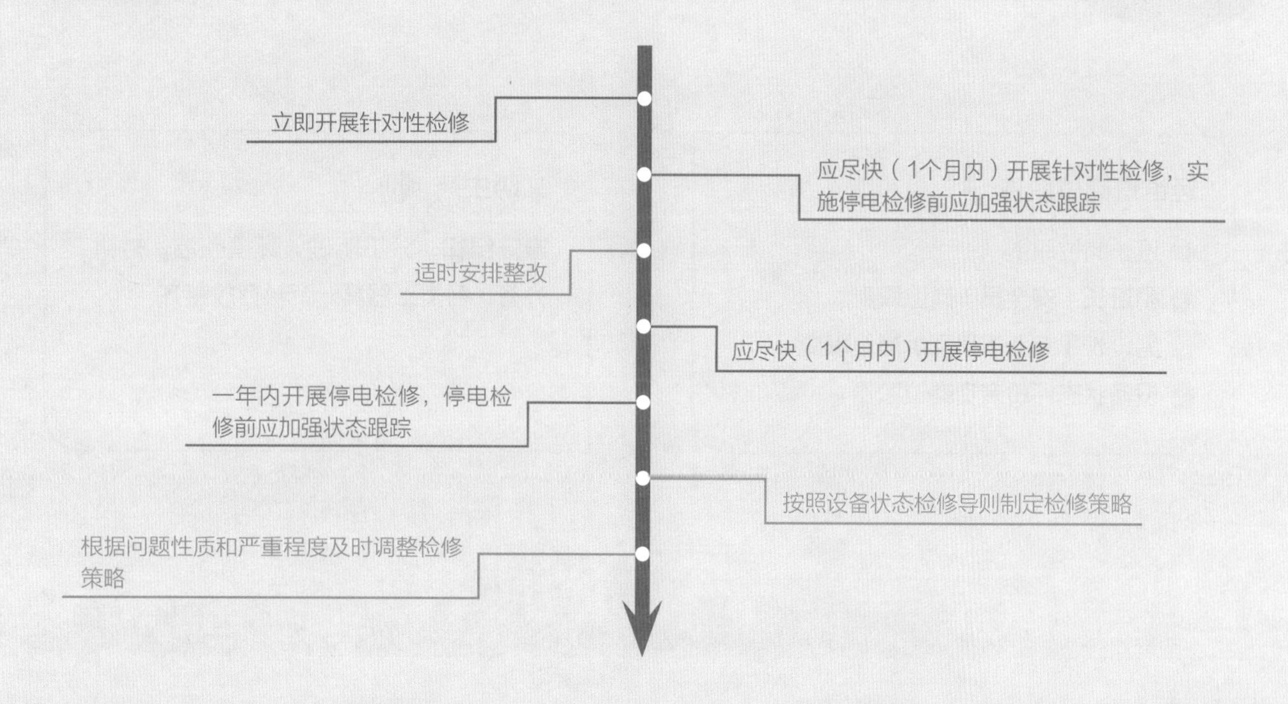
立即开展针对性检修
应尽快（1个月内）开展针对性检修，实施停电检修前应加强状态跟踪
适时安排整改
应尽快（1个月内）开展停电检修
一年内开展停电检修，停电检修前应加强状态跟踪
按照设备状态检修导则制定检修策略
根据问题性质和严重程度及时调整检修策略

第八章　状态评价班组管理

运维班岗位职责 

1. 班长岗位职责
2. 副班长（安全员）岗位职责
3. 副班长（专业工程师）岗位职责
4. 设备状态评价专责岗位职责

文明生产

遵守纪律，分工明确，环境整洁，材料齐备，各类工器具、资料存放整齐

第九章 人员培训

培训目的

（一）专业管理人员熟悉变电设备评价流程、标准，掌握本通则各项管理要求。
（二）评价人员熟悉变电设备评价状态量及其判断标准，熟练掌握变电精益化评价细则，具备现场评价相关能力。

培训内容

（一）变电设备评价管理要求。
（二）变电精益化评价细则、精益化评价典型问题。
（三）变电设备状态检修管理标准和工作标准、状态检修试验规程、状态检修评价导则。

培训要求

（一）专业管理人员、评价人员每年至少参加一次变电设备评价通则培训。
（二）评价人员每半年至少参加一次评价技术培训。

第十章 特高压变电站差异化规定

日对比

每日对规定的设备巡视、在线监测、带电检测数据进行对比，及时察觉状态量的微小变化，进而采取特殊预防处理措施。

周分析

每周对规定的设备巡视、在线监测、带电检测数据进行趋势分析，及时掌握设备运行状态变化趋势，提前采取针对性措施。

月总结

每月对规定的设备巡视、在线监测、带电检测、检修试验等数据进行全面分析，并与历史数据进行对比，进而对设备健康状况做出评价。

1000kV交流特高压设备应每年进行一次停电检修。

第十一章 检查与考核

<table>
<tr><th>各级运检部</th><th>检查与考核范围</th><th>检查与考核周期</th><th>检查与考核内容</th></tr>
<tr><td>国家电网公司运检部</td><td>负责对一类变电站进行检查与考核，对二、三、四类变电站进行抽查</td><td>每年对省公司管辖一类变电站抽查考核的数量不少于1座，对二、三、四类变电站进行抽查</td><td rowspan="6">（1）精益化评价自评价工作质量和问题整改落实情况
（2）年度状态评价是否规范、全面、准确
（3）动态评价是否及时、准确</td></tr>
<tr><td>省公司运检部</td><td>对一、二类变电站进行检查与考核，对三、四类变电站进行抽查</td><td>每年对管辖一、二类变电站抽查考核的数量不少于1/3，对三、四类变电站进行抽查</td></tr>
<tr><td>省检运检部</td><td rowspan="2">对所辖变电站进行检查与考核</td><td>每年对管辖一、二类变电站全部进行检查考核，对管辖三、四类变电站抽查考核的数量不少于1/3</td></tr>
<tr><td>地市公司运检部</td><td>每年对管辖二类变电站全部进行检查考核，对管辖三、四类变电站抽查考核的数量不少于1/3</td></tr>
<tr><td>县公司运检部</td><td>对所辖变电站进行检查与考核</td><td>每年对管辖三类变电站全部进行检查考核，对管辖四类变电站抽查考核的数量不少于1/3</td></tr>
</table>

第二部分

变电设备精益化评价细则及检修策略

Q 变压器技术资料的评判项目有哪些?

A

1 安装投运技术文件

2 检修技术文件

3 技术档案

4 台账

Q 变压器本体例行试验中直流电阻的评判小项有哪些?

A

1.6MVA及以下容量等级三相变压器，各相测得值的相互差应小于平均值的4%，线间测得值的相互差应小于平均值的2%。

2

1.6MVA及以上三相变压器，各相测得值的相互差应小于平均值的2%，线间测得值的相互差应小于平均值的1%。

3

同相初值值差不超过±2%(警示值)。

Q 变压器本体反措执行中防止变压器出口短路事故的评判小项有哪些?

A

1 全电缆线路不应采用自动重合闸装置；对于含电缆的混合线路，应采取相应的措施。

2 低压短路电流不应超过断路器开断能力；当有并联运行要求的三绕组变压器的低压侧短路电流超出断路器开断电流时，应增设限流电抗器。

3 主变压器中、低压侧短路跳闸后应开展油中溶解气体分析，结合停电进行绕组变形测试。

4 防止出口及近区短路，变压器 35kV 及以下低压套管出线及母排应考虑绝缘化。

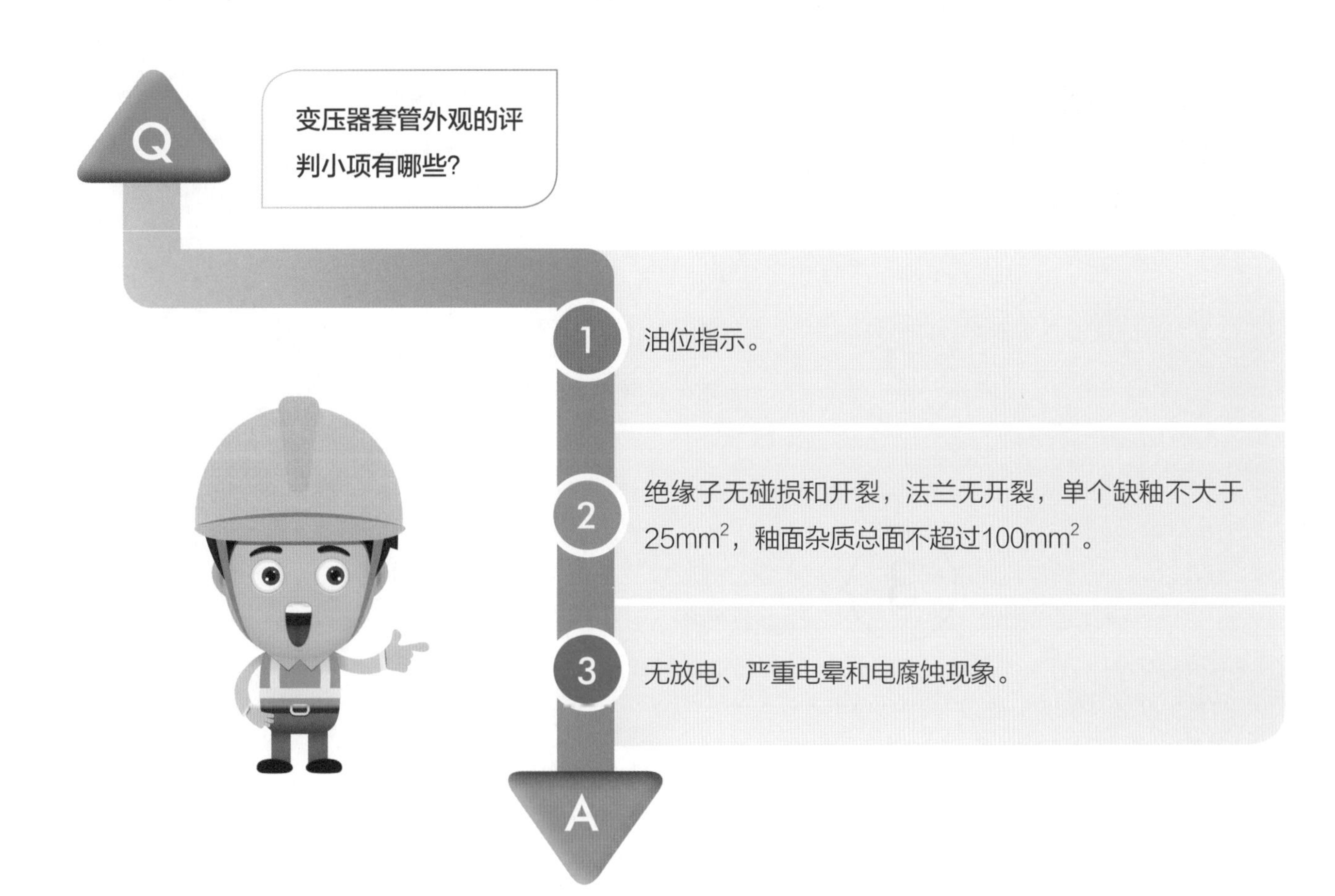
Q
变压器套管外观的评判小项有哪些?
1
油位指示。
2
绝缘子无碰损和开裂，法兰无开裂，单个缺釉不大于25mm^2，釉面杂质总面不超过100mm^2。
3
无放电、严重电晕和电腐蚀现象。
A

玻璃罩杯油封完好，能起到长期呼吸作用。

2

使用变色吸湿剂，罐装至顶部1/6~1/5处，受潮吸湿剂不超过2/3，并标识2/3位置。

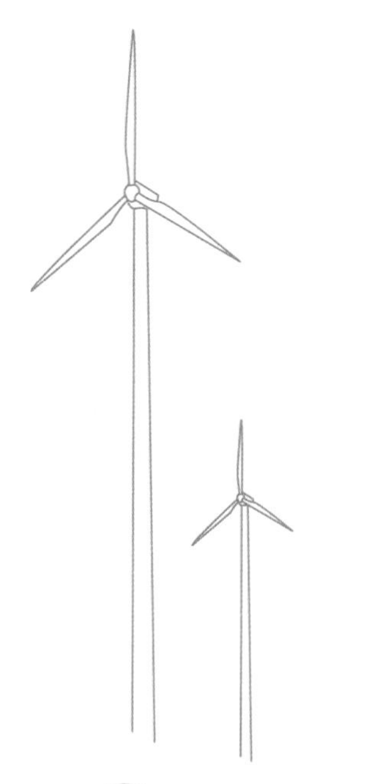

3

吸湿剂不应自上而下变色，上部不应被油浸润，无碎裂、粉化现象。

4

免维护吸湿器电源应完好，加热器工作正常启动定值小于RH60%或按厂家规定。

Q 变压器压力释放阀的评判小项有哪些?

A

1

每两个试验周期之内进行压力释放阀二次回路的绝缘电阻测量。

2

应满足二次回路绝缘电阻不小于1MΩ。

3

本体压力释放阀导向管方向不应直喷巡视通道，不能威胁到运维人员的安全，并且不可喷入电缆沟、母线及其他设备上。

Q 断路器技术档案的评判小项有哪些？

A

1 履历卡片

2 工程竣工图纸

3 设备说明书

4 诊断性试验记录

5 红外检测记录

6 断路器保护和测量装置的校验记录

7 断路器故障跳闸记录

8 建立红外图谱库

断路器线夹及引线的评判小项有哪些?

1. 抱箍、线夹无裂纹、过热现象。
2. 不应使用铜铝对接过渡线夹，若使用需已制订更换计划。
3. 引线无散股、扭曲、断股现象。
4. 设备与引线连接可靠，各电气连接处力矩检查合格。

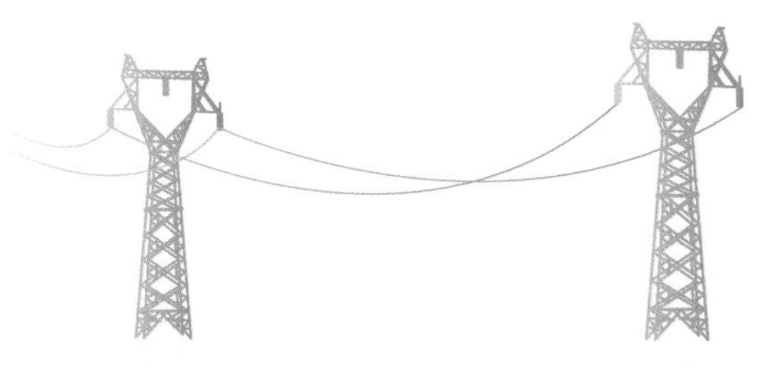

Q 断路器例行试验中操作电压试验的评判小项有哪些?

合闸脱扣器应能在额定电压的85%～110%范围内可靠动作。在使用电磁机构时，合闸电磁铁线圈通流时的端电压为操作电压额定值的80%（关合峰值电流等于或大于50kA时为85%）时应可靠动作。

分闸脱扣器应在额定电压的65%～110%（直流）或85%～110%（交流）范围内可靠动作。

当电源电压低至额定值的30%时不应脱扣。

Q 断路器例行试验中分合闸线圈试验的评判小项有哪些?

A

1. 合闸线圈、分闸线圈绝缘正常：1000V电压下测量绝缘电阻应大于或等于10MΩ。

2. 合闸线圈、分闸线圈直流电阻检测结果应符合设备技术文件要求，没有明确要求时，直流电阻与初始值的偏差不超过±5%。

第3分册
组合电器精益化评价细则

Q 组合电器安装投运技术文件的评判小项有哪些?

A

1. 采购技术协议或技术规范书
2. 出厂试验报告
3. 交接试验报告
4. 安装调试质量监督检查报告
5. 设备监造报告

Q 组合电器SF_6密度继电器的评判小项有哪些?

A

1

SF_6密度继电器、压力表外观无破损、无渗漏，压力指示正常（压力处于允许范围内），SF_6密度继电器与本体连接的阀门应处于开启位置。

2

户外SF_6密度继电器应设置防雨罩。

3

有交接及定期校验记录。

Q 组合电器例行试验的评判项目有哪些?

A

1. 试验周期
2. 辅助和控制回路绝缘电阻
3. 分合闸线圈试验
4. 导电回路电阻测量
5. 操作电压试验
6. 机械特性
7. SF_6气体

第4分册 隔离开关和接地开关精益化评价细则

Q 开关本体绝缘子的评判小项有哪些?

A

1. 绝缘子表面清洁，无破损、裂纹、放电痕迹，法兰无开裂现象。
2. 金属法兰与瓷件胶装部位粘合应牢固，防水胶应完好，复合绝缘子应进行憎水性测试。
3. 绝缘子爬电比距应满足所处地区的污秽等级，不满足污秽等级要求的需有防污闪措施。
4. 增爬措施（伞裙、防污涂料）完好，伞群应无塌陷变形，表面无击穿，粘接界面牢固；防污闪涂层不应存在剥离、破损现象。

开关本体导电回路的评判小项有哪些?

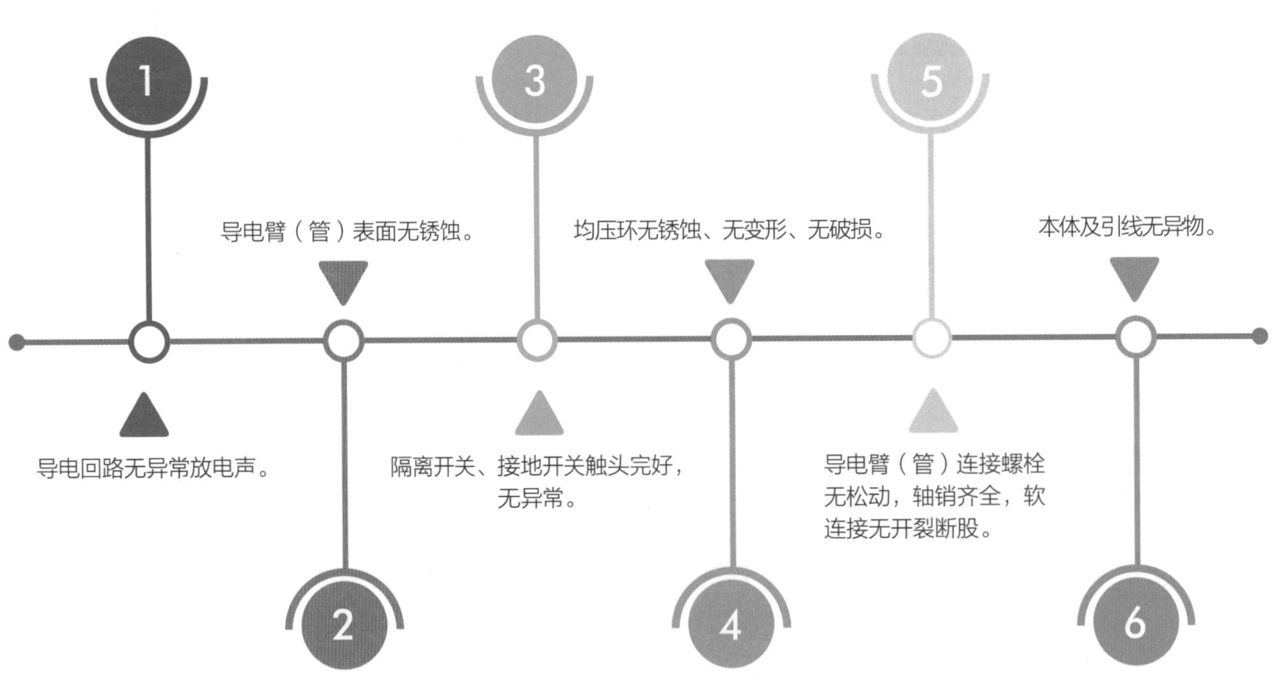

开关本体接地的评判小项有哪些?

1 构支架应有两点与主地网连接。

2 接地端子应有明显的接地标识，应与设备底座可靠连接，无放电、发热痕迹。

3 接地引下线完好，接地可靠，接地螺栓直径不应小于12mm，引下线截面应满足安装地点短路电流的要求。

A

Q 开关本体反措执行的评判项目有哪些?

A

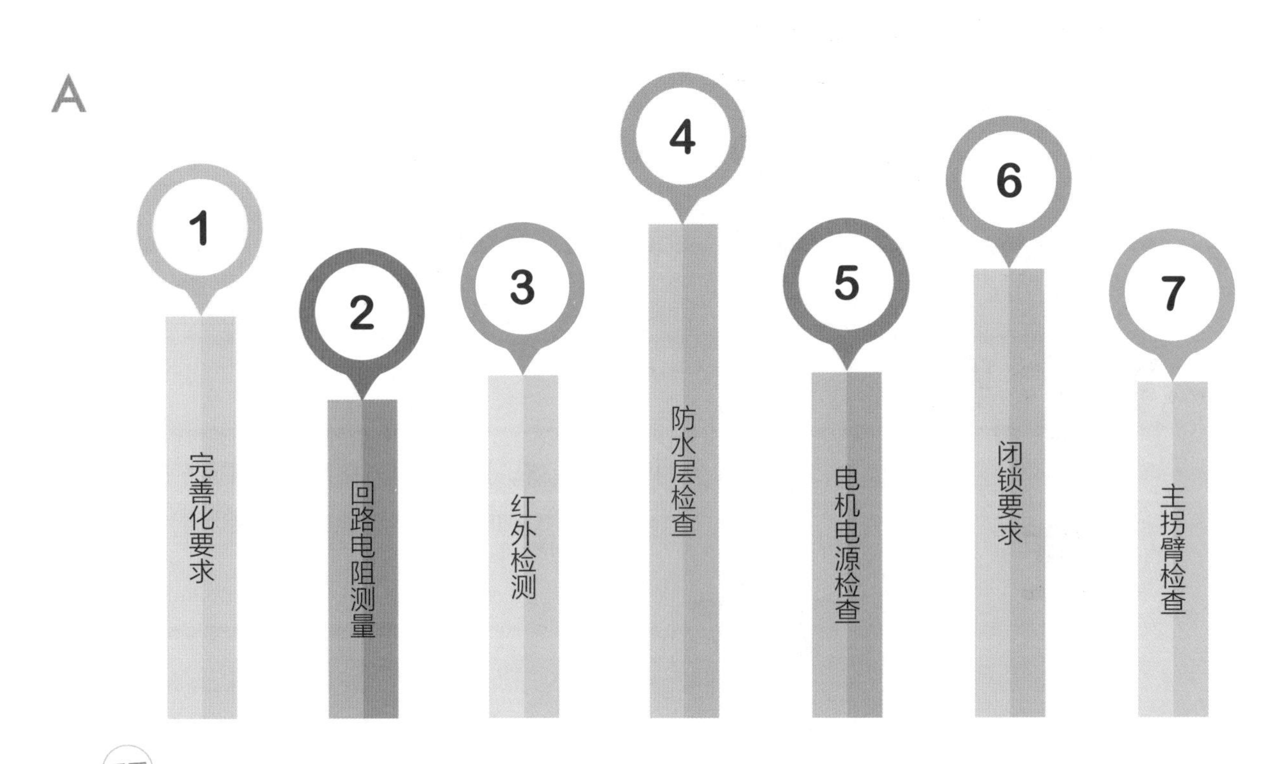

第5分册
开关柜精益化评价细则

Q 开关柜检修技术文件的评判小项有哪些?

A

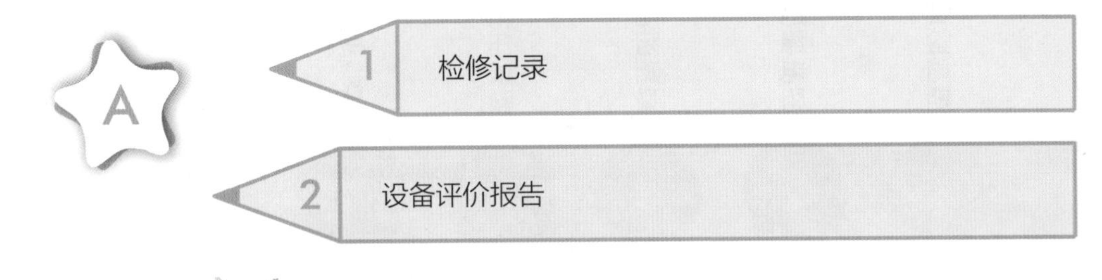

开关柜例行试验的评判项目有哪些?

1. 试验周期
2. 二次回路绝缘电阻
3. 断路器导电回路电阻测量
4. 操作电压试验
5. 机械特性
6. 绝缘电阻
7. SF_6气体试验（SF_6充气柜）
8. 交流耐压试验

开关柜例行试验中机械特性的评判小项有哪些?

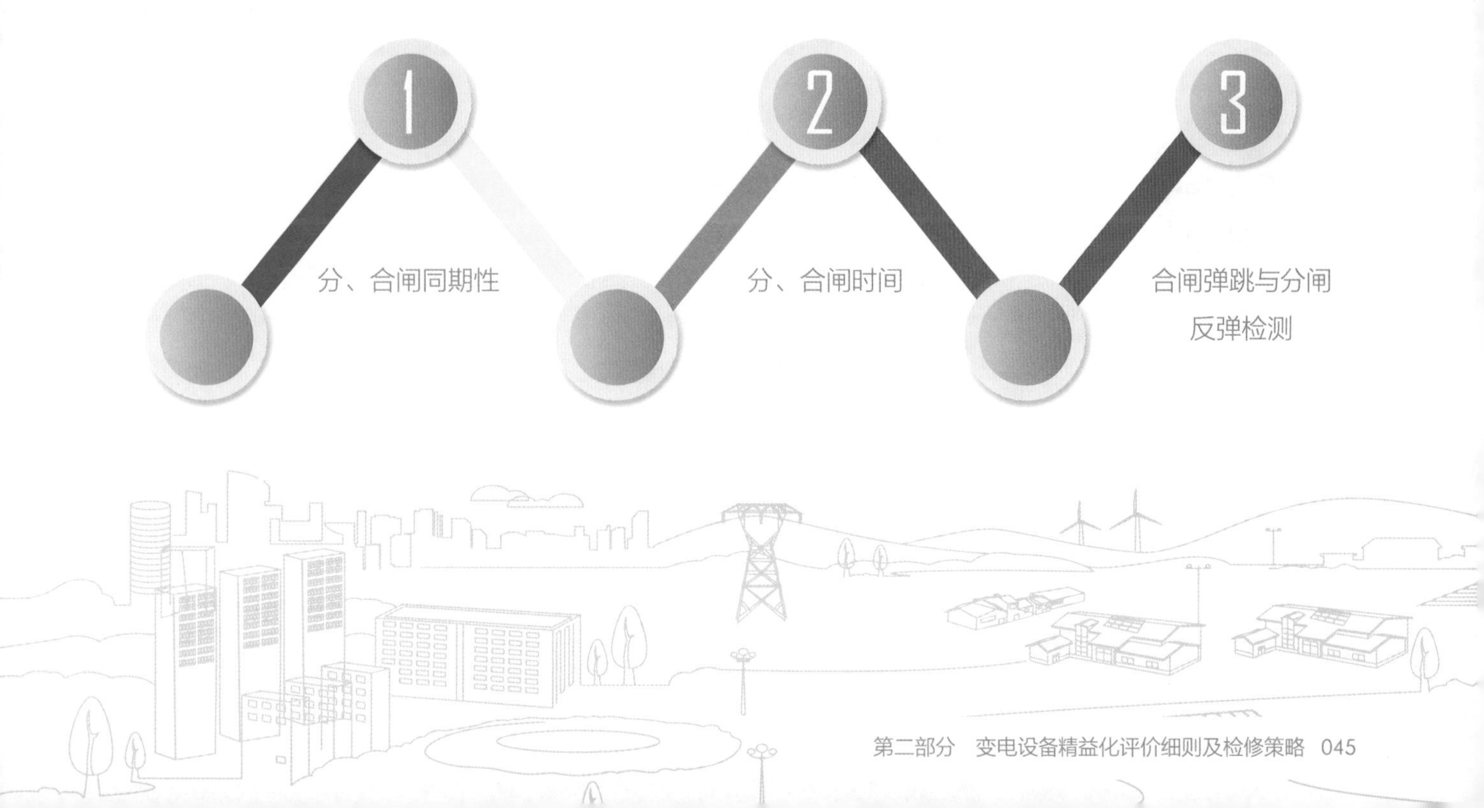

第6分册 电流互感器精益化评价细则

电流互感器本体外观的评判小项有哪些?

A

设备外观完整、无损坏；串并联连接片安装正确。

设备出厂铭牌齐全、清晰可识别。

运行编号标识清晰可识别。

相序标识清晰可识别。

器身、构架等金属部件无锈蚀、无爆皮掉漆。

二次接线板及端子密封完好，无渗漏，清洁无氧化。

末屏接地引下线进行容性试品在线监测的设备，其末屏应可靠接地，回路不应存在锈蚀情况。

干式电流互感器外绝缘表面无积灰、粉蚀、开裂，无放电现象。

Q 电流互感器本体渗漏的评判小项有哪些？

瓷套、底座、阀门和法兰等部位应无渗漏油现象。

金属膨胀器视窗位置指示清晰，无渗漏，油位在规定的范围内；不宜过高或过低，绝缘油无变色。

SF_6互感器的压力表指示在规定范围，无漏气、报警现象。SF_6密度继电器指示清晰。户外SF_6密度继电器应加装防雨罩。

Q 电流互感器本体外绝缘的评判小项有哪些?

A

1. 外绝缘表面清洁，绝缘子无破损、裂纹，法兰无开裂，无放电、严重电晕现象。单个缺釉不大于25mm^2，釉面杂质总面不超过100mm^2。

2. 金属法兰与瓷件浇装部位粘合牢固，防水胶完好，喷砂均匀，无明显电腐蚀。

3. 复合绝缘套管表面无放电和老化迹象，套管伞裙无变形、破损情况。

4. 采用防污型瓷套，爬电比距符合污秽等级要求，污秽等级不满足要求时，应喷涂RTV涂料且状态良好，或加装增爬裙且状态良好。

第7分册

电压互感器精益化评价细则

电压互感器本体外观的评判小项有哪些?

A

① 设备外观完好无破损。

② 设备出厂铭牌齐全、清晰可识别。

③ 运行编号标示清晰、正确可识别。

④ 相序标识清晰、正确可识别。

⑤ 底座、支架牢固，无倾斜变形。

⑥ 器身、构架等金属部件无锈蚀、无爆皮掉漆。

⑦ 末屏接地引下线进行容性试品在线监测的设备，其末屏应可靠接地，回路不应存在锈蚀情况。

⑧ 二次接线板及端子密封完好，无渗漏，清洁无氧化。

⑨ 干式电压互感器外绝缘表面无积灰、粉蚀、开裂，无放电现象。

Q 电压互感器例行试验的评判项目有哪些?

A

Q 电压互感器例行试验中绝缘电阻的评判小项有哪些?

A

① 绕组绝缘电阻初值差：≤50%（电磁式）。

② 二次绕组：≥10MΩ（电磁式）。

③ 极间绝缘电阻：≥5000MΩ（电容式）。

已投运电压互感器反措执行的评判小项有哪些? Q

① 运行中渗漏油的互感器，是否根据情况限期处理。

② 介质损耗因数上升的电压互感器，是否缩短试验周期。

第8分册

避雷器精益化评价细则

避雷器本体外观的评判小项有哪些?

A

1. 设备铭牌、相序及运行编号标示清晰可识别。
2. 避雷器瓷套无裂纹及放电痕迹，无破损，外观清洁，单个缺釉不大于25mm^2，釉面杂质总面不超过100mm^2（硅橡胶复合绝缘外套的伞裙不应有破损、变形）。
3. 避雷器密封结构金属件和法兰盘应无裂纹。
4. 避雷器均压环与本体连接良好，无伤痕、断裂、歪斜。

避雷器本体的评判小项有哪些？

1. 避雷器引下线无松股、断股和弛度过紧及过松现象。
2. 线夹不应采用铜铝对接过渡线夹，铜铝对接线夹应制订更换计划，接头无松动、变色现象。
3. 避雷器运行无异常声响。
4. 避雷器压力释放装置封闭完好且无异物。
5. 避雷器监测装置完好，内部无受潮，读数正确。
6. 避雷器监测装置上小套管清洁、螺栓紧固，泄漏电流读数在正常范围内。
7. 避雷器底座固定及接地连接良好，接地引下线无断裂。
8. 监测装置紧固件不应作为导流通道。
9. 污秽等级不满足要求时，应喷涂防污闪涂料且状态良好，禁止加装增爬裙。
10. 器身、构架等金属部件无锈蚀。

避雷器例行试验的评判项目有哪些?

1. 试验周期
2. 直流参考电压($U_{n\,mA}$)及0.75 $U_{n\,mA}$泄漏电流测量
3. 底座绝缘电阻
4. 放电计数器功能检查

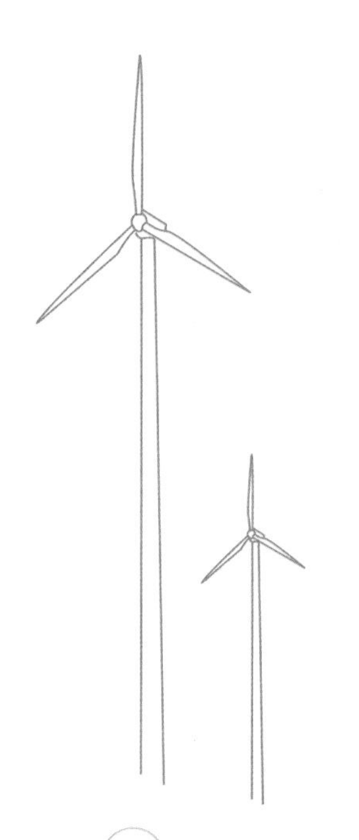

第9分册
并联电容器组精益化评价细则

Q 电容器外观的评判小项有哪些?

① 电容器母线及分支线应标以相色，平整无弯曲。
② 设备出厂铭牌齐全、清晰可识别。
③ 运行编号标识清晰、正确可识别。
④ 相序标识清晰、正确可识别。
⑤ 套管完好，无破损、渗油、漏油。
⑥ 电容器外壳和构架应可靠连接。10kV电容器装置构架应接地，且有接地标识，接地螺栓和接地极焊接牢固。
⑦ 电容器运行编号面向巡视侧，铭牌完整。
⑧ 电容器外壳应无明显变形，外表无锈蚀，所有接缝不应有裂缝或渗油。
⑨ 电容器内裸露导线和铝排应进行防鸟害治理，引线连接处应采用绝缘护套。
⑩ 支撑瓷瓶无破损。

Q 电容器例行试验中电容值的评判小项有哪些?

A

①

电容器的电容量与额定值的相对偏差应符合下列要求：容量3Mvar以下的电容器，-5%~10%；容量3~30Mvar的电容器，0%~10%；容量30Mvar以上的电容器，0%~5%。

②

任意两线端的最大电容量与最小电容量之比值，应不超过1.05。

③

当测量结果不满足上述要求时，应逐台测量。单台电容器电容量与额定值的相对偏差应为-5%~10%，且初值差不超过±5%。

Q 电容器反措执行中的电容量测试如何评判?

A

当测量结果不满足要求时，应采用不拆连接线的方法测量电容器单台电容器的电容量。对于内熔丝电容器，当电容量减少超过铭牌标注电容量的3%时，应退出运行；对于无内熔丝的电容器，一旦发现电容量增大超过一个串段击穿所引起的电容量增大时，应立即退出运行。

第10分册
干式电抗器精益化评价细则

干式电抗器设备标识的评判小项有哪些?

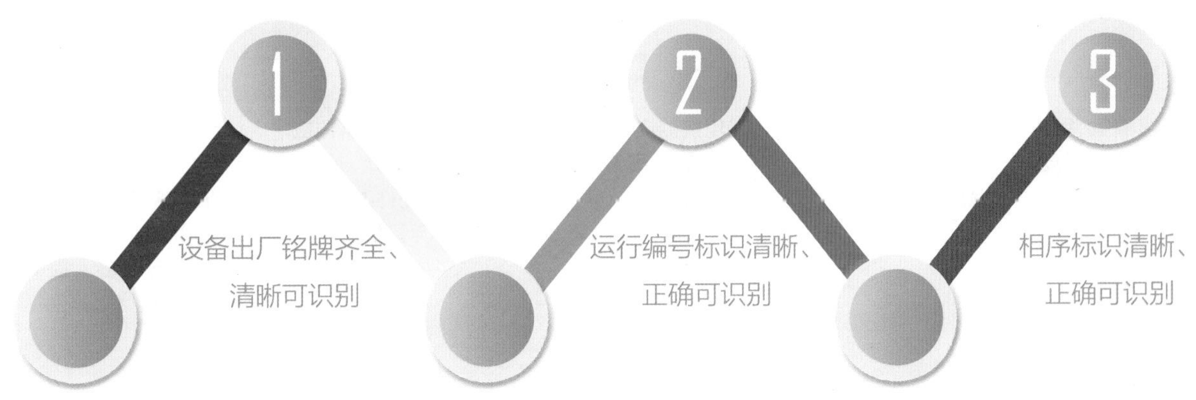

干式电抗器外观的评判小项有哪些？

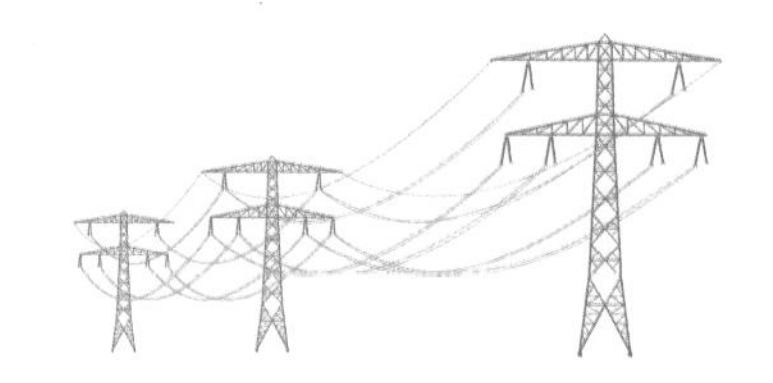

电抗器表面涂层应无破损、脱落或龟裂，无放电痕迹。

防护罩或遮雨格栅应无破损。

电抗器接地应为明接地，不应构成闭合环路。

干式铁芯电抗器应无放电痕迹，无开裂、夹件松动现象，无异物。

包封与支架间紧固带应无松动、断裂，撑条应无脱落、移位，支撑绝缘子无破损、裂纹，爬电比距符合要求。

Q 干式电抗器反措执行中安装方式的评判小项有哪些?

A

1 电容器组中，干式空心电抗器应安装在电容器组首端。

2 35~110kV并联电容器所配置的干式串联空心电抗器不应采用三相叠装结构。

第11分册 串联补偿装置精益化评价细则

Q 串联补偿装置一般由哪些设备组成？

A 串联补偿装置的组成部分有电容器、金属氧化物限压器（MOV）、阻尼装置、触发型间隙、光纤柱、串联补偿平台、电流互感器、绝缘子、晶闸管阀（仅适用可控串联补偿）、阀冷却系统。

Q 串联补偿装置电容器外观的评判小项有哪些?

A

设备出厂铭牌齐全，清晰可识别；运行编号标识清晰可识别；相序标识清晰可识别。

套管完好，无破损、漏油。

电容器外壳表面无明显积尘、污垢，无明显变形、鼓肚现象，外表无锈蚀。

电容器所有接缝不应有裂缝或渗油，漏油时停止使用。

串联补偿装置金属氧化物限压器（MOV）外观的评判小项有哪些?

A

1. 外观清洁、无异物；外部完整无缺损，封口处密封应良好。
2. 硅橡胶复合绝缘外套伞裙无破损或变形。
3. 绝缘基座及接地应良好、牢靠，接地引下线的截面应满足热稳定要求;接地装置连通良好。
4. 安装垂直度应符合要求。

串联补偿装置绝缘子外观的评判小项有哪些?

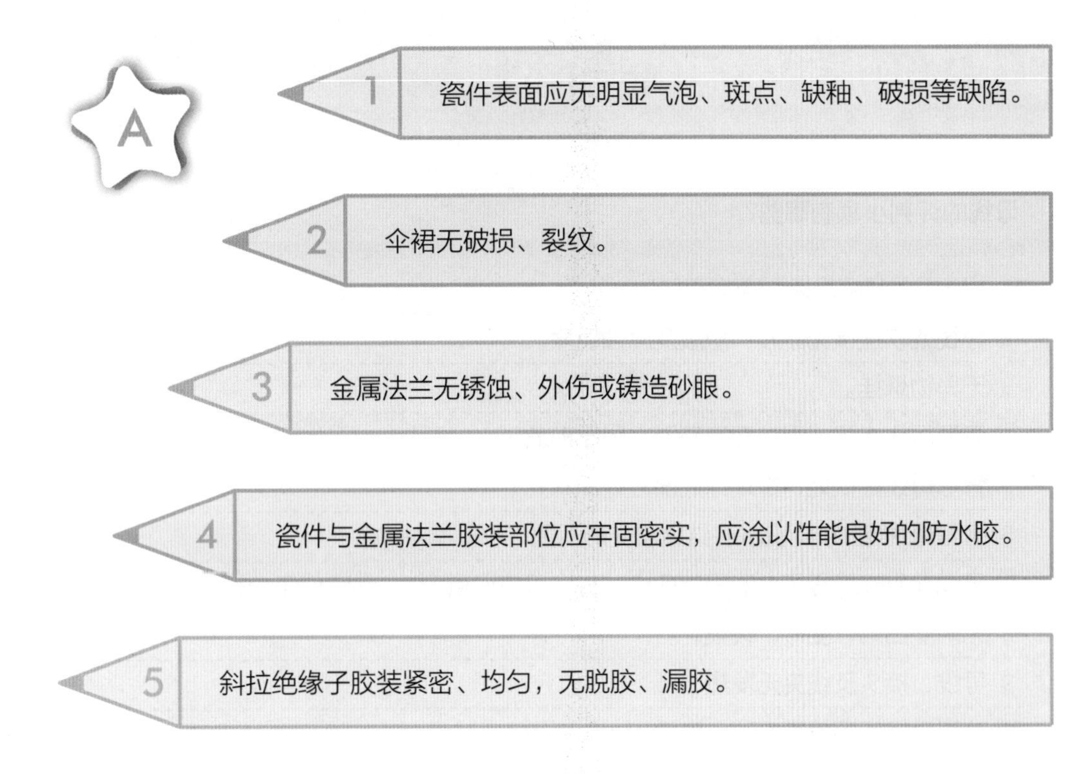

第12分册
母线及绝缘子精益化评价细则

Q 母线的评判小项有哪些?

A

① 相序及运行编号标示清晰可识别。

② 导线或软连接无断股、散股及腐蚀现象。

③ 无异物悬挂。

④ 管型母线本体或焊接面无开裂、脱焊现象。

⑤ 管形母线最低处、终端球底部应有滴水孔。

⑥ 管型母线(管内)无积水、结冰及变形现象。

⑦ 母线在支柱绝缘子上的固定死点，每一段应设置1个，并宜位于全长或两母线伸缩节中点。

⑧ 无明显凹陷、变形、破损。

⑨ 导线、接头及线夹无发热。

⑩ 分裂母线间隔棒无松动、脱落。

Q 现场污秽度测点及测试工作的评判小项有哪些?

A

1. 是否设置现场污秽度测试点。
2. 测试点设置位置是否合理，是否与主设备绝缘高度一致。
3. 是否按周期进行测试，并有相关记录。一类、二类变电站：每半年一次；三类变电站：每年一次；四类变电站：每两年一次。
4. 污秽等级不满足要求时，应采取喷涂防污闪涂料或加装增爬裙等措施。

Q 悬式绝缘子的评判小项有哪些?

A

①绝缘子伞裙伞盘外表面有损伤、爬电痕迹、闪络痕迹、发热，钢帽和钢脚有锈蚀。

②无裂纹、法兰开裂、放电、严重电晕。

③瓷铁粘合应牢固，应涂有合格的防水硅橡胶。

④绝缘子串表面无严重积污。

⑤防污闪涂层完好，无破损、起皮、开裂等。

⑥是否定期抽查复合绝缘和硅橡胶涂层的憎水性。110（66）kV及以上：3年；35kV及以下：4年。

支柱绝缘子的评判小项有哪些?

①无倾斜，瓷裙无破损，表面无油，无异物。

②支柱绝缘子及瓷护套的外表面及法兰封装处无裂纹，防水胶无脱落现象，水泥胶装面完好，无异常温升。

③法兰及固定螺栓等金属件无锈蚀。

④纯瓷表面无严重积污，特殊天气下（雾、雨）无沿面爬电现象。

⑤防污闪涂层完好，无破损、起皮、开裂等。

⑥增爬伞裙无塌陷变形，表面无击穿，粘接界面牢固。

⑦是否定期抽查复合绝缘和硅橡胶涂层的憎水性。110（66）kV及以上：3年；35kV及以下：4年。

第13分册 穿墙套管精益化评价细则

Q 穿墙套管本体外观的评判小项有哪些？

1. 设备外观完好无破损。
2. 设备出厂铭牌齐全、清晰可识别。
3. 运行编号标识清晰可识别。
4. 相序标识清晰可识别。
5. 底座、支架牢固，无倾斜变形。
6. 穿墙套管直接安装在钢板上时，套管周围不得形成闭合磁路；600A及以上穿墙套管端部的金属夹板（紧固件除外）应采用非磁性材料。
7. 器身、构架等金属部件无锈蚀、无爆皮掉漆。

Q 穿墙套管外绝缘的评判小项有哪些?

1. 外绝缘表面清洁，绝缘子无破损、裂纹，法兰无开裂，没有放电、严重电晕现象，单个缺釉不大于25mm^2，釉面杂质总面不超过100mm^2。

2. 金属法兰与瓷件浇装部位粘合应牢固，防水胶完好，喷砂均匀，无明显电腐蚀。

3. 瓷件应清洁，铁件和瓷件胶合处均应完整无损。

4. 复合绝缘套管表面无放电和老化迹象。

5. 穿墙套管外绝缘表面无积灰、粉蚀、开裂，无放电现象，外绝缘爬电比距符合污秽等级要求。污秽等级不满足污秽等级要求的，需有防污闪措施。

Q 穿墙套管过热及异常声响的评判小项有哪些?

本体无发热

引线无发热

无异常声响

Q 穿墙套管例行试验的评判小项有哪些?

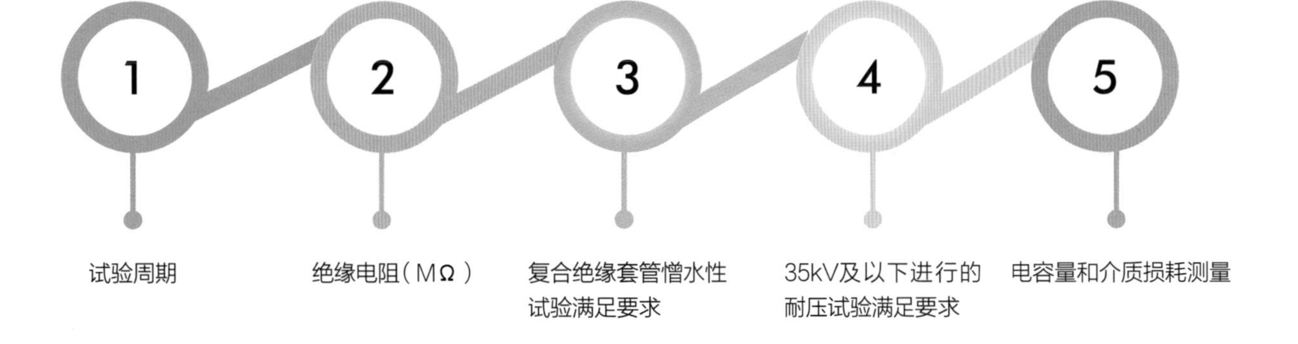

1. 试验周期
2. 绝缘电阻(MΩ)
3. 复合绝缘套管憎水性试验满足要求
4. 35kV及以下进行的耐压试验满足要求
5. 电容量和介质损耗测量

第14分册
电力电缆精益化评价细则

Q 电力电缆本体的评判小项有哪些?

A

1 电缆本体无变形。

2 外护套无破损、龟裂现象。

Q 电力电缆例行试验的评判小项有哪些?

① 绝缘电阻：主绝缘电阻与上次相比无显著下降，外护套电阻与被测电缆长度的乘积小于0.5时，应检查是否破损进水。

② 试验周期：应根据状态评价结果按时进行试验。

电力电缆附属设施的评判小项有哪些？

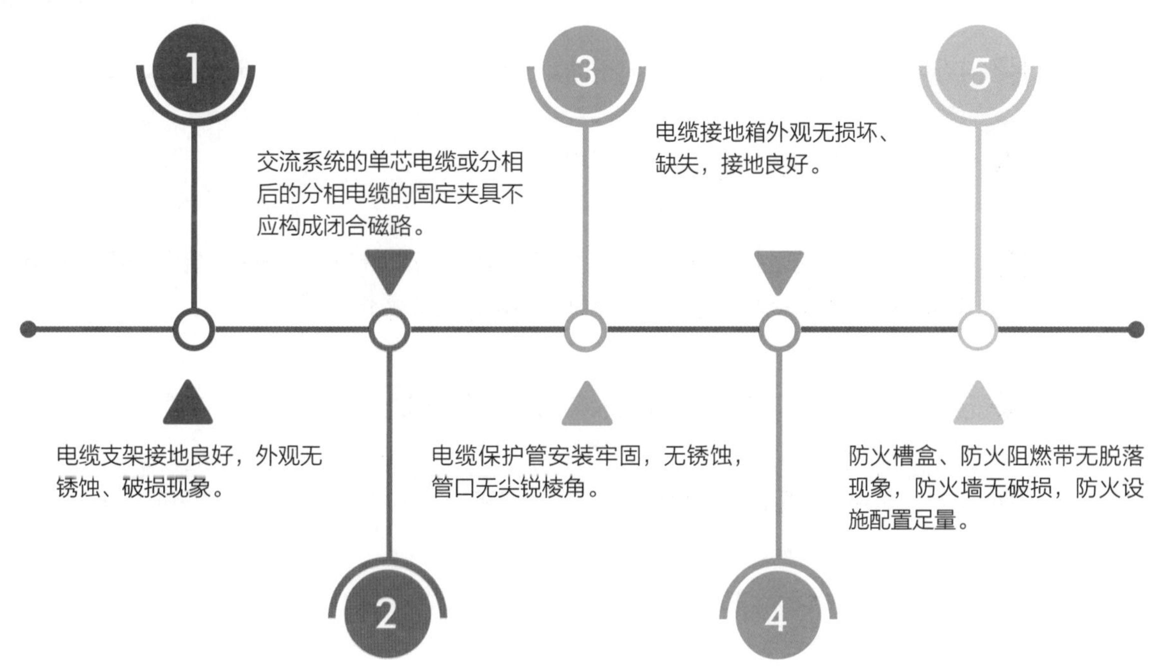

Q 电缆沟电缆通道的评判小项有哪些?

A

1. 电缆通道支架牢固、无锈蚀。

2. 电缆盖板表面应平整、平稳，无扭曲变形；活动盖板开启灵活，无卡涩。

3. 电缆摆放整齐，固定牢固。

4. 电缆夹层、电缆竖井、电缆沟敷设的直流电缆和动力电缆均应选择阻燃电缆。非阻燃电缆应包绕防火包带或涂防火涂料，涂刷至防火墙两端各1m。

5. 电缆穿过竖井、墙壁、楼板或进入电气盘柜的孔洞处用防火堵料密实封堵

6. 电缆竖井中应分层设置防火隔板。电缆沟每隔一定的距离（60m）应采取防火隔离措施。

7. 防火墙墙体无破损，封堵良好，沟体无倾斜、变形及渗水。

电力电缆反措执行的评判小项有哪些?

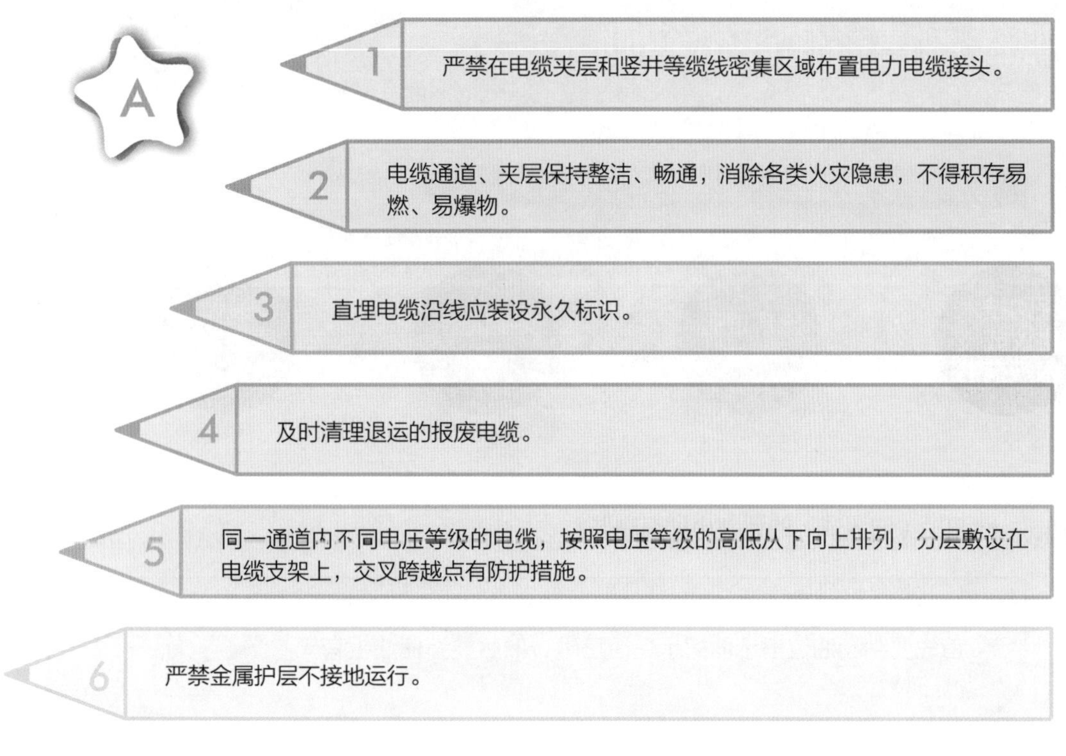

第15分册
消弧线圈精益化评价细则

Q 消弧线圈安装投运技术文件的评判小项有哪些？

采购技术协议或技术规范书

出厂试验报告

交接试验报告

安装调试质量监督检查报告

Q 储油柜（油浸式）的评判小项有哪些？

A 首先要判断油位指示器指示是否正确，然后要看储油柜有无渗漏。

消弧线圈本体的评判小项有哪些?

1. 温度指示正常，无异常现象。
2. 油位计外观完整，密封良好，指示正常。
3. 法兰、阀门、冷却装置、油箱、油管路等密封连接处密封良好，无渗漏痕迹。
4. 运行中的振动噪声应无明显变化。
5. (干式)环氧浇注绝缘表面光滑，无裂纹、放电痕迹，无受潮和碳化现象。

第16分册 高频阻波器精益化评价细则

Q 高频阻波器技术档案的评判小项有哪些?

A 技术档案

1. 竣工图纸
2. 设备使用说明书
3. 建立红外图谱库

Q 高频阻波器外观应如何评价?

A

1 高频阻波器表面涂层应无破损、脱落或龟裂。

2 支柱绝缘子表面清洁，无破损、裂纹，铸铁法兰无裂纹，胶接处胶合良好。

第17分册

耦合电容器精益化评价细则

Q 耦合电容器本体外观的评价小项有哪些?

A

设备外观完好无破损。

设备出厂铭牌齐全、清晰可识别。

运行编号标识清晰可识别。

相序标识清晰可识别。

底座、支架牢固，无倾斜变形。

器身、构架等金属部件无锈蚀、无爆皮掉漆。

耦合电容器外绝缘表面无放电现象、无异物附着，外表清洁。

Q 耦合电容器本体外绝缘的评价小项有哪些？

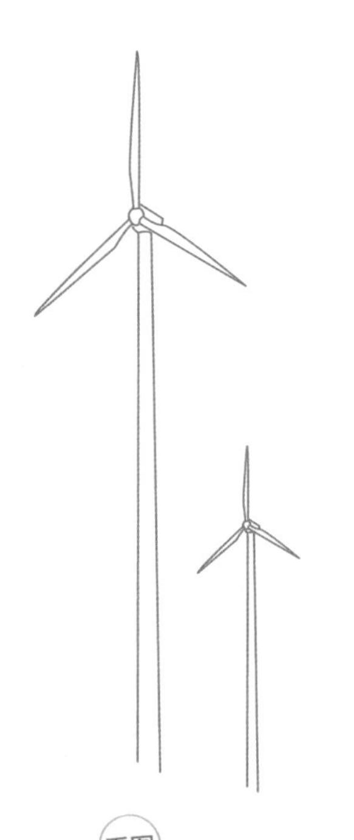

1. 外绝缘表面清洁，绝缘子无破损、裂纹，法兰无开裂，没有放电、严重电晕现象，单个缺釉不大于25mm^2，釉面杂质总面不超过100mm^2。

2. 金属法兰与瓷件浇装部位粘合应牢固，防水胶完好，喷砂均匀，无明显电腐蚀。

3. 污秽等级不满足要求时，应喷涂防污闪涂料且状态良好，或加装增爬裙且状态良好。

Q 耦合电容器例行试验中绝缘电阻及电容量和介质损耗测量应如何评价?

A

绝缘电阻:

(1) 极间绝缘电阻≥5000MΩ。

(2) 低压端对地绝缘电阻≥100MΩ。

电容量和介质损耗测量:

(1) 电容量初值差不超过±5%。

(2) 介损因数≤0.005(油纸绝缘)、≤0.0025(膜纸复合)。

第18分册 高压熔断器精益化评价细则

高压熔断器建立红外图谱库应以什么方式检查?

PMS检查或查阅资料（对可以进行测温的高压熔断器建立红外图谱库。核查近3年的图谱库，每年至少建立1次，应明确测试时间、设备名称、运行编号、负荷情况、环境条件，应检测外置式熔断器熔断体与底座和连接触头等部位）。

Q 高压熔断器本体外观的评价小项有哪些?

A

1. 熔断器各导电连接部位应接触良好，接线端子不应松动或移位。
2. 金属夹件、支持件应无损坏。
3. 熔断器三相无明显变形、位移。
4. 所有外露金属件表面应无明显锈蚀。

Q 高压熔断器反措执行的评价小项有哪些?

A

1

应加强熔断器的选型管理工作，厂家必须提供合格、有效的型式试验报告。型式试验有效期为五年，户内型熔断器不得使用于户外。

2

应定期对熔断器进行巡视，查看有无放电火花,熔断器及底座运行有无异音，如发现熔断件变形时应及时更换。

3

喷射式熔断器的喷口方向应正确，不得影响其他设备运行和危及人身安全。

第19分册
中性点隔直装置精益化评价细则

Q 中性点隔直装置中交流电源的评价小项有哪些?

A

1 需引用两路不同母线的380V(220V)交流电源，经过电源自动切换装置进行供电。

2 空调、照明、插座各电源空气开关与总电源空气开关容量配合正确。

3 装置二次控制单元电源直接从自动电源切换装置引出。

Q 中性点隔直装置中测控装置的评价小项有哪些?

- 装置应能正确显示各测控信号。
- 二次控制单元应能根据电压电流采样正确改变装置状态。
- 二次控制单元切就地情况下，切换开关能正确控制状态转换开关。
- 二次控制单元二次电缆绝缘层无变色、老化、损坏现象，电缆号头、走向标示牌无缺失现象。

中性点隔直装置中限流电阻的评价小项有哪些？

1

限流电阻安装牢固、无变形

2

限流电阻表面无脏污、放电

3

限流电阻无过热和异常声响

第20分册 接地装置精益化评价细则

Q 接地装置中接触电压和跨步电压测量的评价小项有哪些?

A

1. 接地阻抗明显增加，或者接地网开挖检查和修复之后，应进行接触电压和跨步电压测量。

2. 场区划分是否合理，电源、布线位置和间距、电极选择及测试仪器选择是否满足要求。

3. 测量结果是否满足设计要求。

Q 对于接地装置中的地网应如何评价？

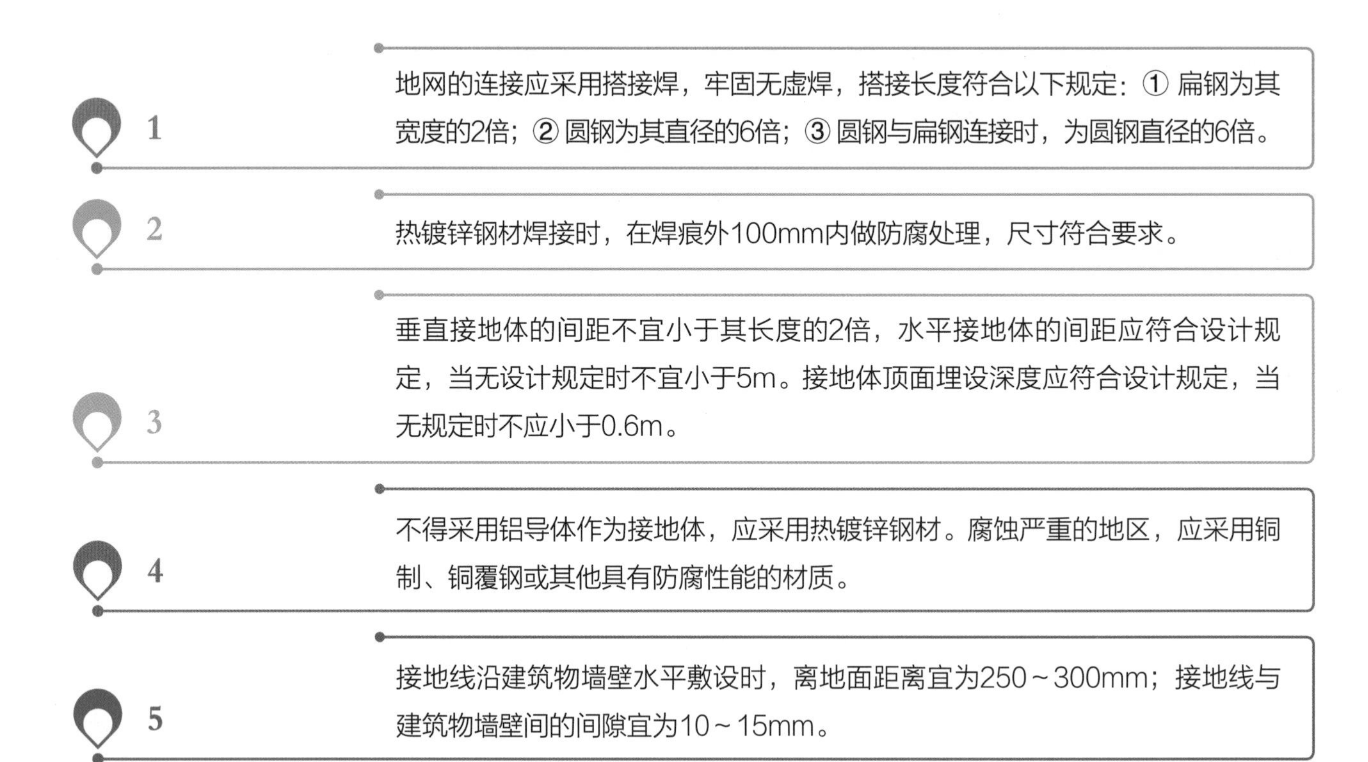

1 地网的连接应采用搭接焊，牢固无虚焊，搭接长度符合以下规定：① 扁钢为其宽度的2倍；② 圆钢为其直径的6倍；③ 圆钢与扁钢连接时，为圆钢直径的6倍。

2 热镀锌钢材焊接时，在焊痕外100mm内做防腐处理，尺寸符合要求。

3 垂直接地体的间距不宜小于其长度的2倍，水平接地体的间距应符合设计规定，当无设计规定时不宜小于5m。接地体顶面埋设深度应符合设计规定，当无规定时不应小于0.6m。

4 不得采用铝导体作为接地体，应采用热镀锌钢材。腐蚀严重的地区，应采用铜制、铜覆钢或其他具有防腐性能的材质。

5 接地线沿建筑物墙壁水平敷设时，离地面距离宜为250～300mm；接地线与建筑物墙壁间的间隙宜为10～15mm。

Q

A

1 是否按周期开展。220kV及以上：1年；110（66）kV：3年；35kV及以下：4年。

2 测试仪器选择、参考点选取、测试范围是否符合要求，导通电阻大于50mΩ时是否进行了校核测试。

3 测量结果小于或等于200mΩ且导通电阻初值差小于或等于50%。

第21分册
端子箱及检修电源箱精益化评价细则

Q 端子箱反措执行的评价小项有哪些?

A

1. 开关场的就地端子箱内应设置截面积不小于 $100mm^2$ 的裸铜排，并使用截面积不小于 $100mm^2$ 的铜排（缆）与电缆沟道内的等电位接地网连接。

2. 现场端子箱不应交、直流混装，避免交、直流接线出现在同一段或串端子排上。

3. 由开关场的变压器、断路器、隔离开关和电流、电压互感器等设备至开关场就地端子箱之间的二次电缆的屏蔽层在就地端子箱处单端使用截面积不小于 $4mm^2$。

4. 多股铜质软导线可靠连接至等电位接地网的铜排上，在一次设备的接线盒（箱）处不接地。

Q 端子箱外观的评价小项有哪些?

A

1. 箱门运行编号标识清晰，箱内元器件标签齐全、命名正确，端子箱应上锁。
2. 端子箱应密封良好，内部无进水、受潮、锈蚀现象。
3. 端子箱内电缆孔洞封堵美观、可靠。
4. 驱潮加热装置完备、运行良好，温度设定正确，按规定投退。
5. 端子箱内开关、刀闸、把手等位置正确，运行正常。
6. 端子箱接线布置规范、美观，电缆芯外露不超过5mm，无短路接地隐患。
7. 电缆牌内容正确、规范，悬挂准确、整齐。

第22分册
站用变压器精益化评价细则

Q 站用变压器本体端子箱的评价小项有哪些?

1. 箱内二次电缆线芯无外露，如采用多芯软铜线，应压接绝缘接线柱。
2. 箱体接地、箱内二次电缆接地良好，箱门与箱体连接良好。
3. 箱内加热器工作正常，能按照设定温湿度定值自动投退。
4. 箱门密封、内部封堵应良好，无进水、受潮、积灰现象，如使用荧光灯管门灯，应加装防护罩。

Q 站用变压器反措执行的评价小项有哪些?

评价小项

有载开关切换芯子吊检应测量全程的直流电阻和过渡波形；有载开关分接开关大修应测量全程的直流电阻、变比和过渡波形。

当有载开关动作次数或运行时间达到制造厂规定值时，应进行检修并对开关的切换程序与时间进行测试。无载开关应在调挡后进行直流电阻和变比测量。

本体、有载分接开关的重瓦斯保护应投跳闸。

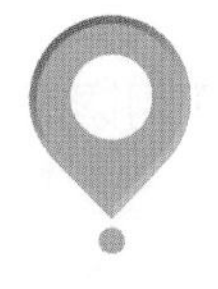

气体继电器发轻瓦斯动作信号时，应进行检查和取气样检验。

变压器停电检修时应进行气体继电器校验。

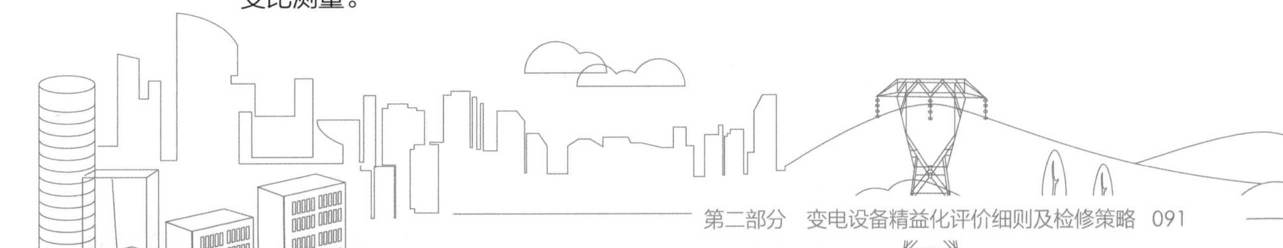

Q 站用变压器引线及线夹的评判小项有哪些?

A

1. 线夹等金具应无裂纹现象。
2. 线夹不应采用铜铝对接过渡线夹，铜铝对接线夹应制订更换计划。
3. 引线应无散股、扭曲、断股现象。
4. 室外运行的站用变压器，应在其低压侧接线端子处加装绝缘罩，引线部分应采取绝缘措施。站用变压器母排应加装绝缘护套。

Q 站用变压器阀门评判时应注意什么?

A

① 阀门必须根据实际需要，处在关闭和开启位置。

② 指示开闭位置的标识清晰正确。

第23分册 站用交流电源系统精益化评价细则

Q 站用交流不间断电源系统（UPS）的运行方式是如何评判的?

① 110kV及以下电压等级变电站宜配置1套站用交流不间断电源装置，220kV及以上电压等级变电站应配置2套站用交流不间断电源装置，特高压变电站、换流站每个区域宜配置2套站用交流不间断电源装置。

② 当交流供电中断时，站用交流不间断电源系统应能保证2h事故供电。

③ 站用交流不间断电源系统正常运行时由站用交流电源供电，当交流输入电源中断或整流器故障时，由站内直流电源系统供电。

④ 站用交流不间断电源系统应具备运行旁路和独立的检修旁路功能，旁路采用晶闸管静态开关和/或继电器相结合的方式。

⑤ 变电站远动装置、计算机监控系统及其测控单元、变送器等自动化设备应采用冗余配置的不间断电源或站内直流电源供电。

⑥ 站用交流不间断电源系统交流供电电源应采用两路不同交流电源供电。

Q 站用交流电源系统监控系统评判时应注意什么?

A 站用变压器高低压侧开关、母线分段开关等回路的操作电器，以及站用变压器有载调压开关等元件，应能由站用电监控系统进行控制

Q 站用电负荷的评判小项有哪些?

A

① 站用电系统重要负荷（如主变压器压器冷却器、低压直流系统充电机、不间断电源、消防水泵）应采用双回路供电，且接于不同的站用电母线段上，并能实现自动切换。

② 站用电系统采用具有低电压自动脱扣功能的开关时，应对该类开关脱扣设置一定延时，防止因站用电系统一次侧电压瞬时跌落造成脱扣。

③ 所用电动力电缆应采用铠装防火电缆独立敷设，不得与电缆沟其他电缆混沟；不具备独立敷设条件的，宜采取加装电缆防火槽盒、涂防火涂料、灌沙等临时性措施。

④ 户外检修电源箱应有防潮和防止小动物侵入的措施。落地安装时，底部应高出地坪0.2m以上。

⑤ 检修电源箱应配置漏电保护器，应定期检查试验。

第24分册

站用直流电源系统精益化评价细则

Q 站用直流电源系统充电机的评价小项有哪些?

变电站选用高频充电模块的，应满足稳压精度≤±0.5%、稳流精度≤±1%、输出电压纹波系数≤0.5%的技术要求，均流不平衡度≤±5%。

变电站选用相控充电模块的，应满足稳压精度≤±1%、稳流精度≤±2%、输出电压纹波系数≤1%的技术要求，均流不平衡度≤±5%。

充电机运行正常，输出电压在正常范围之内。高频开关电源模块应满足N+1配置，采用并联运行方式，模块总数不宜小于3块。可带电插拔更换、软启动、软停止。

Q 站用直流电源系统检修技术文件和技术档案应怎样评判?

检修技术文件

1. 设备评价报告
2. 检修记录
3. 履历卡片

技术档案

1. 竣工图纸
2. 设备使用说明书
3. 建立红外图谱库

Q 站用直流电源系统评判蓄电池时应注意什么?

1. 新安装的阀控密封电池组，应进行全核对性放电试验，以后每隔两年进行一次核对性放电试验。运行了四年以后的蓄电池组，每年做一次核对性放电试验。

2. 直流系统的电缆应采用阻燃电缆，两组蓄电池的电缆应分别铺设在各自独立的通道内，尽量避免与交流电缆并排铺设，在穿越电缆竖井时，两组蓄电池电缆应加穿金属套管。不具备独立敷设条件的，宜采取加装电缆防火槽盒、涂防火涂料等措施。

3. 蓄电池连接片、极柱无松动和腐蚀现象，壳体无渗漏、变形。蓄电池支架接地完好。

第25分册
构支架精益化评价细则

Q 构支架外观的评价小项有哪些？

A

1. 构架无倾斜、开裂、风化露筋，基础无沉降、开裂。
2. 主设备构支架有两根与主地网不同干线连接的接地引下线。
3. 构支架本体及接地引下线无断裂、锈蚀现象，色标规范，固定可靠，截面满足规程要求。
4. 构架爬梯门应关闭上锁，标识齐全，安全措施完备。
5. 构支架上应无鸟巢等异物。

第26分册
辅助设施精益化评价细则

Q 辅助设施中脉冲电子围栏系统的评判小项有哪些？

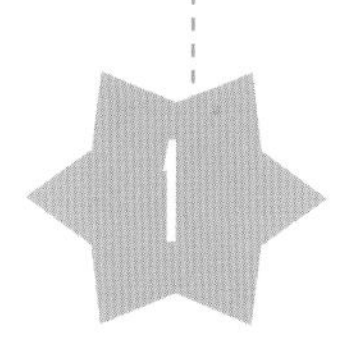

脉冲电子围栏前端金属导体完好，无破损、断裂、锈蚀。

脉冲电子围栏主机运行完好，报警正确。

脉冲电子围栏供电符合标准要求，控制箱箱体清洁、无锈蚀、无凝露。

支架安装牢固、无倾斜、无锈蚀，定期对脉冲电子围栏进行检查和试验。

报警信号上传调控中心。

警示标识悬挂符合标准要求。

Q 辅助设施中应急照明、疏散指示和禁止烟火标识评判有哪些规定?

A

① 防火重点部位禁止烟火的标识清晰，无破损、脱落。

② 应急照明和疏散指示运行正常。

Q 辅助设施中消防器材评判时应注意什么?

A

① 设置部位、配置类型符合电力消防典型规程要求。

② 灭火器生产日期、试验日期、压力合格，定期检查，在有效使用日期内。

③ 灭火器外观整洁无破损。

④ 消防砂箱、灭火器箱安装牢固，无变形、锈蚀现象，砂箱内砂子充足、干燥、松散。

第27分册 土建设施精益化评价细则

Q 土建设施中通风与空调工程的评价小项有哪些?

1. 风管管道排列合理整齐，支吊架牢固、整齐，管道和阀门无渗漏。

2. 空调系统安装牢固，机身洁净，空调冷凝水有组织排放。

3. 通风和空调系统运行正常，应定期进行滤网清洗并做好记录。进出风口应装设防护罩(网)。

Q 土建设施中电缆沟评价时应注意什么?

A 电缆沟结构平整密实，排水坡度正确，无积水、杂物，变形缝的填缝勾缝处理完好，沟壁沟底无明显裂缝。支架牢固无锈蚀，电缆沟每隔一定距离（60m）采取防火隔离措施。电缆沟盖板铺设平整、顺直，无响声，盖板无损伤、裂缝。

第28分册 避雷针精益化评价细则

Q 避雷针本体外观的评价小项有哪些？

1. 独立避雷针无倾斜、摆动、基础沉降现象。
2. 避雷针与引下线连接可靠。
3. 焊接接头无裂纹、锈蚀、镀锌层脱落现象。
4. 独立避雷针及其接地装置与道路或建筑物的出入口等的距离应大于3m，当距离小于或等于3m时，应采取均压措施或铺设卵石或沥青地面。
5. 避雷针连接部件无松动、开裂、锈蚀。
6. 独立避雷针构架上不应安装其他设备。
7. 钢管避雷针应有排水孔。

1 每6年检测独立避雷针接地阻抗，测试值不应大于10Ω。

2 独立避雷针每年进行接地导通检测，导通电阻小于或等于500mΩ时是否进行了校核测试。

第29分册 变电运检管理评价细则

Q 变电运检管理中安全保卫管理应如何评价?

A

1. 外来人员、车辆进站应根据本单位保卫管理制度检查、登记。

2. 变电站装设的脉冲电子围栏、入侵报警装置、视频监控系统等设施应完好，视频信号和安防总信号应接入调控部门。

3. 无人值守变电站的大门正常应关闭、上锁，装有防盗报警系统的应定期检查、试验，保证报警装置完好。

Q PMS应用中的运行记录应如何评价?

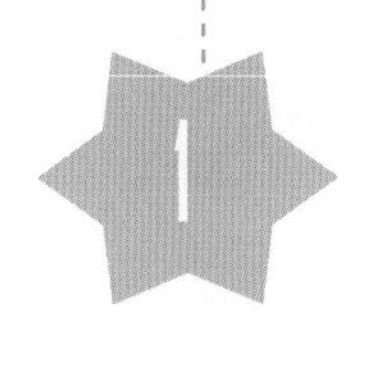

调度令记录管理

设备缺陷记录、蓄电池检测记录

设备测温记录、红外测温记录、收发信机测试记录

避雷器动作次数记录

设备巡视检查记录

解锁钥匙使用记录

Q PMS应用中设备台账应如何评价?

A 根据《国家电网公司生产运行管理信息规范》要求建立设备台账，且台账准确、完整。

第30分册
油浸式变压器（电抗器）检修策略

Q 油浸式变压器中短路电流、短路次数的检修策略是什么？

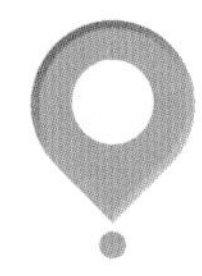

短路冲击电流在允许短路电流的50%~70%，次数累计达到6次及以上；短路冲击电流在允许短路电流的70%~90%应按照下列策略：适时开展B类或C类检修，对变压器进行例行试验及绕组变形等诊断性试验，进行综合分析判断后处理，若油色谱异常，必要时进行局部放电试验，视进一步试验结果进行处理。

短路冲击电流达到允许短路电流90%以上的应按照下列策略：立即开展B类或C类检修，对变压器进行例行试验及绕组变形等诊断性试验，进行综合分析判断后处理，若油色谱异常，必要时进行局部放电试验，视进一步试验结果进行处理。

Q 冷却装置散热效果的检修策略是什么?

A 冷却装置表面有积污，但对冷却效果影响较小及冷却装置表面积污严重，对冷却效果影响明显时都应进行D类检修，加强运行巡视和红外测温，必要时对冷却装置进行清洗。

在进行油中水分检修时，哪些要用 D 类检修?

1. 110（66）kV变压器：≥35mg/L。
2. 220kV变压器：≥25mg/L。
3. 500（330）kV及以上变压器：≥15mg/L。
4. 1000kV变压器：≥10mg/L。

第31分册 断路器检修策略

SF_6断路器本体检修策略

1. 断路器的累计开断额定短路电流次数超过允许额定短路电流开断次数，应如何检修？

   开展A类检修，按设备厂家技术文件要求进行相应检查、试验和部件更换。

2. 密封件接近使用寿命（厂家规定90%以上）或密封件超过使用寿命，应如何检修？

   开展B类检修，更换密封件。

3. 引线及一次接线端子有松动、散股、变形、开裂现象，应如何检修？

   开展C类检修，检查引线端子及引流线，根据需要进行处理或更换。

4. 相间连杆有严重锈蚀，应如何检修？

   开展D类检修，除锈、刷漆，必要时开展B类检修。

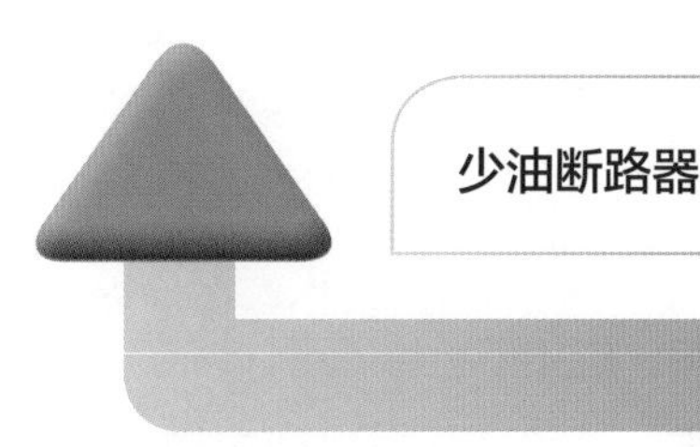

少油断路器本体检修策略

检修策略	序号	问题
开展A类检修。	1	少油断路器灭弧室冒烟，应如何检修？
开展B类检修，停电检查、更换。	2	瓷套管有严重破损或裂纹，应如何检修？
开展C类检修，停电检查处理。	3	分、合闸位置指示不正确，应如何检修？
开展D类检修，进行修补，必要时安排停电处理。	4	基础有严重破损或开裂，应如何检修？

多油断路器本体检修策略

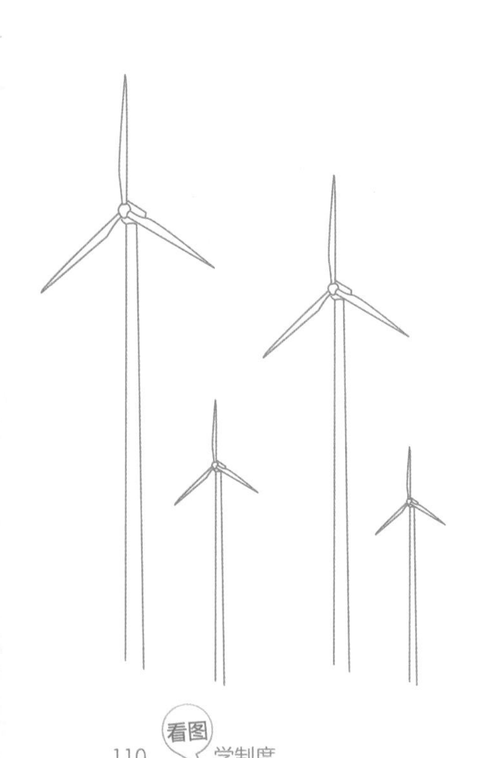

多油断路器内部有爆裂声，应如何检修？

开展A类检修，进行检查、试验，根据发现的问题做相应处理。

断路器绝缘油严重碳化，应如何检修？

开展B类检修，更换绝缘油，必要时进行检查清洗。

多油断路器本体锈蚀，应如何检修？

开展D类检修，必要时安排C类检修，进行除锈、刷漆，

防爆盖喷油严重，应如何检修？

开展A类检修，解体检修或更换。

断路器液压机构哪些实际状态需要开展C类检修?

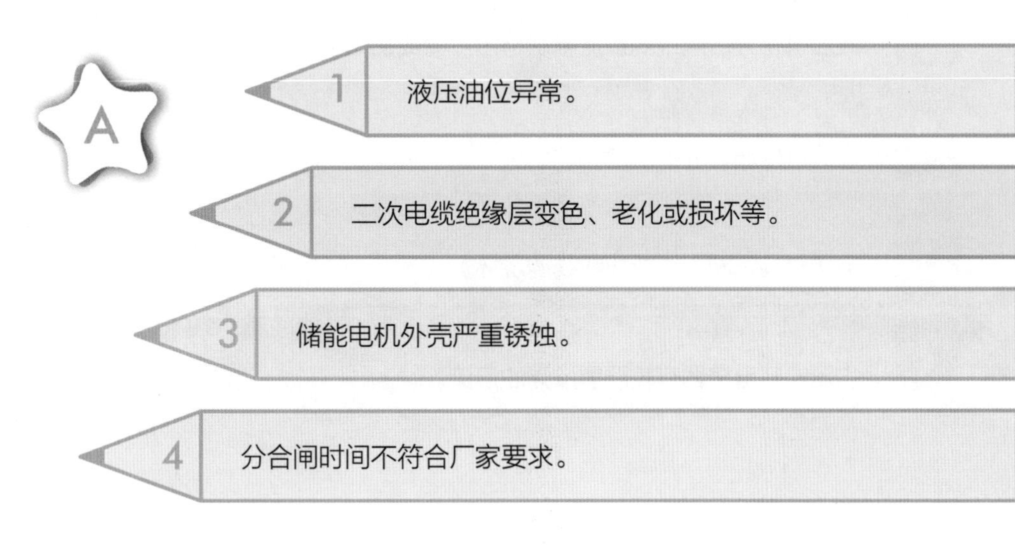

Q 断路器弹簧机构哪些实际状态需要开展B类检修?

A

1 液压机构分合闸线圈直流电阻与出厂值或初始值的偏差超过20%。

2 弹簧机构油缓冲器渗漏油。

3 电磁机构线圈引线断线或线圈烧坏。

4 均压电容电容器有较严重渗漏油痕迹。

第32分册 组合电器检修策略

组合电器实际状态	检修策略
断路器短路开断次数超限	开展A类检修，按设备厂家技术文件要求进行相应检查、试验和部件更换
设备标牌编号标识不齐全或模糊不能辨识	开展D类检修，更换补充标牌
SF_6纯度<97%	开展B类检修，更换气体
合闸电阻预接入时间超标	开展C类检修，进行检查、调整，必要时更换部件

Q 组合电器哪些实际状态需要开展A类检修?

A

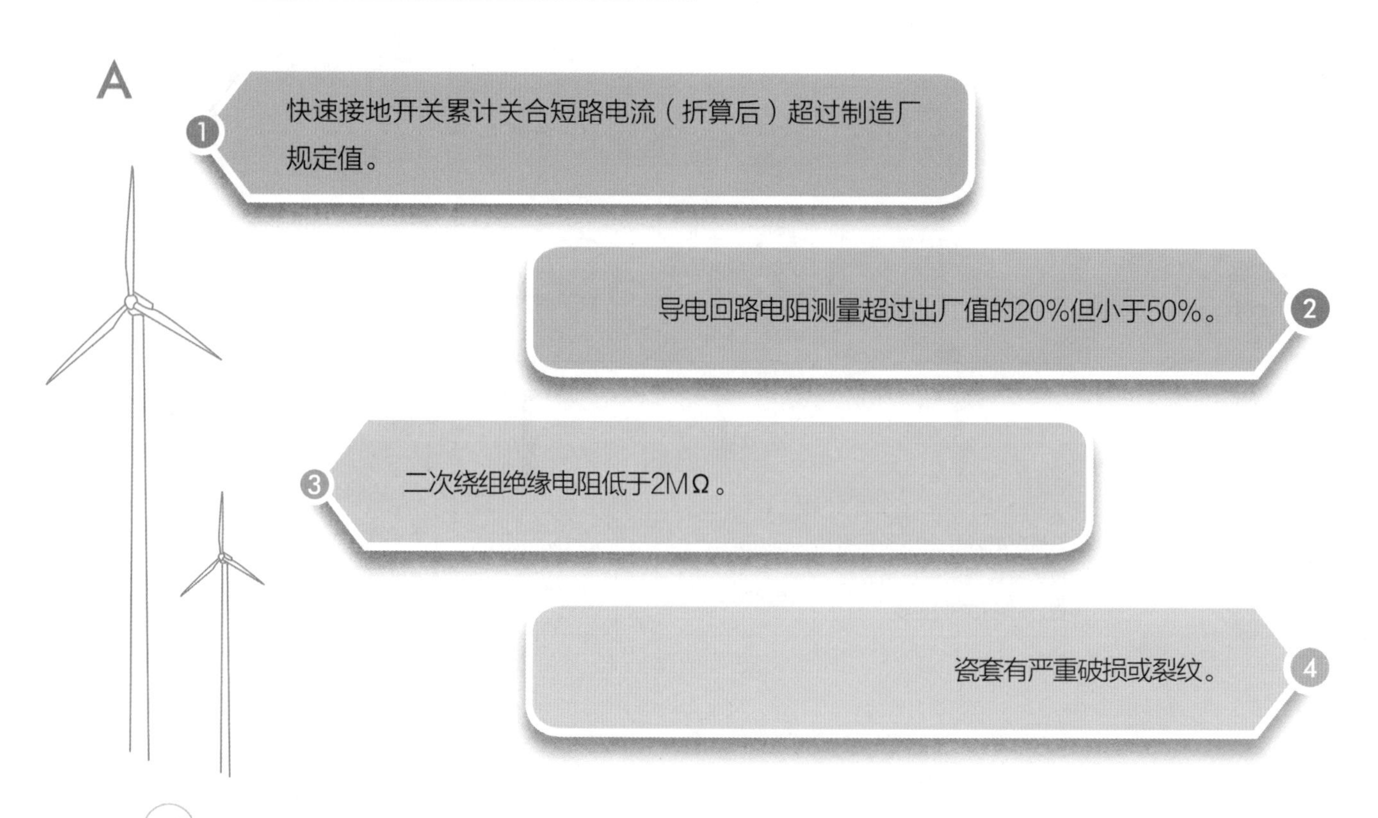

组合电器的检修策略是什么?

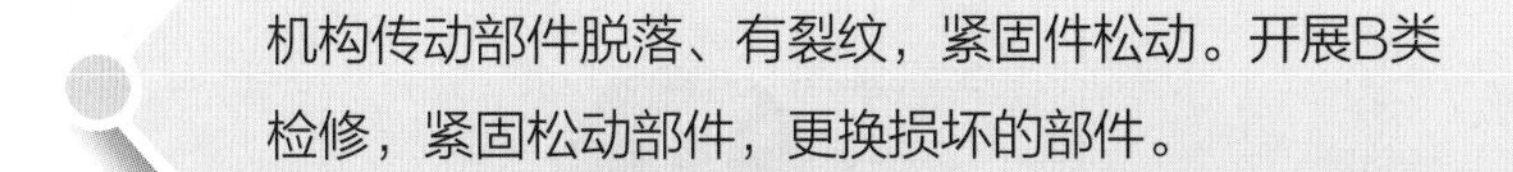

机构传动部件脱落、有裂纹，紧固件松动。开展B类检修，紧固松动部件，更换损坏的部件。

机构箱密封不良，箱内有积水。开展D类检修，进行烘干、密封处理，必要时安排C类检修。

电压互感器一次绕组直流电阻与出厂值明显偏差。开展A类检修，进行检查，必要时更换电压互感器。

复合绝缘外套硅橡胶憎水性能异常或破损。开展C类检修，停电检查，根据检查结果开展相关工作。

母线主回路电阻测量，与出厂值比较有明显增长但不超过20%。开展C类检修，检查分析原因，进行相应处理。

Q 组合电器哪些实际状态需要开展B类检修?

A

1

气动机构逆止阀动作异常。

2

组合电器通用部分SF_6压力表及密度继电器外观有破损或有渗漏油。

3

弹簧机构储能电机烧损或停转。

Q 组合电器哪些实际状态需要开展C类检修?

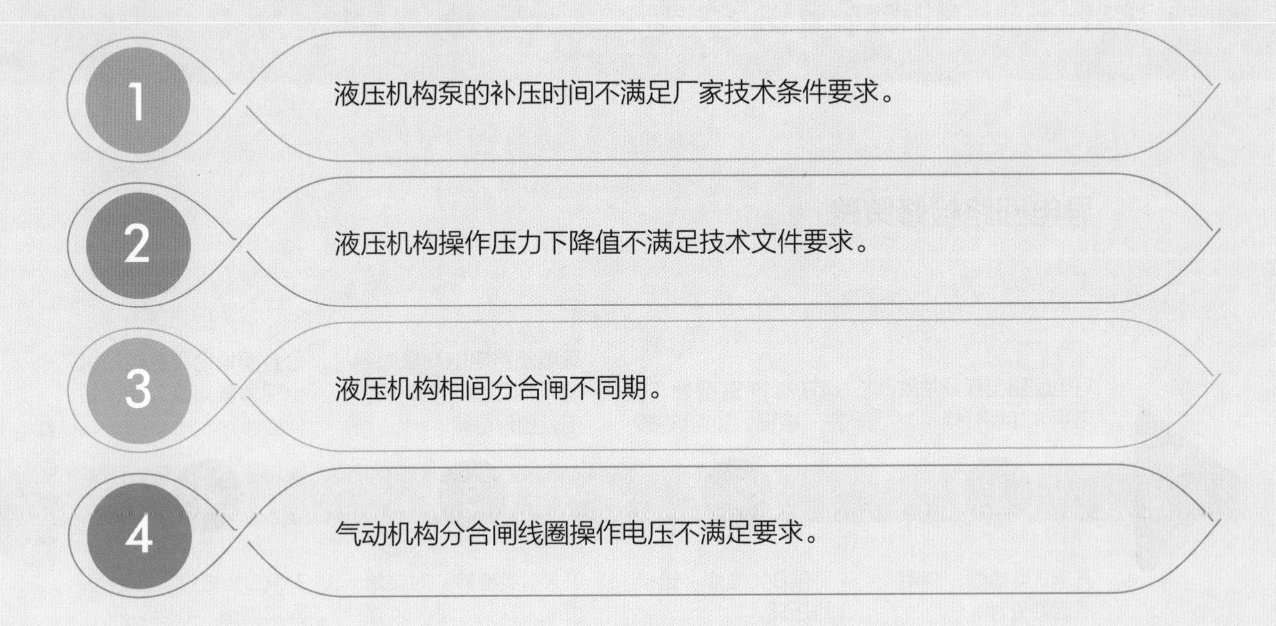

第33分册
隔离开关和接地开关检修策略

导电回路检修策略

1. 导电回路出现异常放电声，如何检修？

   开展B类检修，查明原因并处理。

2. 均压环严重锈蚀、变形、破损，如何检修？

   开展B类检修，更换均压环。

3. 导电回路电阻测量为制造厂规定值的1.5~3.0倍，如何检修？

   开展C类检修，对接触部位进行处理，必要时进行B类检修，更换相应导电部件。

4. 分合闸操动机构电动机出现异常声响现象，如何检修？

   开展D类检修，检查异常原因，必要时开展B类检修，进行相应处理。

开关绝缘子实际状态		检修策略
绝缘子干弧距离不满足要求。	1	开展A类检修，更换绝缘子。
绝缘子瓷柱外表有明显污秽。	2	开展C类检修，进行清扫。
瓷柱有轻微破损。	3	开展C类检修，停电检查，根据检查结果作相应修补或更换处理。
瓷柱外表面有明显放电或较严重电晕。	4	开展C类检修，停电检查、处理，必要时作更换处理。

Q 操动机构及传动部分在实际状态中哪些项目需要开展C类检修?

1 电动操动机构在额定操作电压下分、合闸5次，动作不正常。

2 辅助开关切换不到位、接触不良，机械联锁性能不可靠。

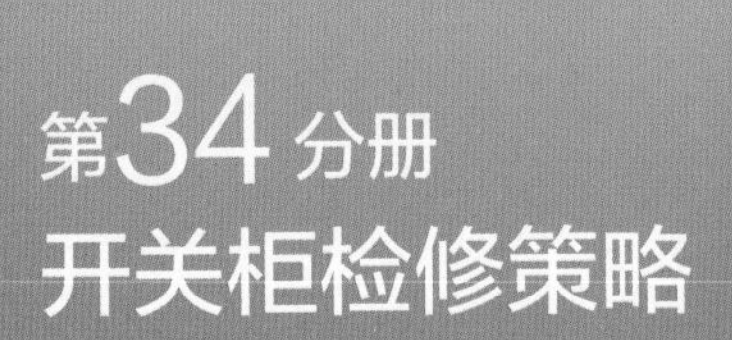

第34分册
开关柜检修策略

柜体检修策略

各功能隔室未完全独立，柜体为网门结构，应如何检修？

开展A类检修，逐年进行整体更换。

柜体表面锈蚀，应如何检修？

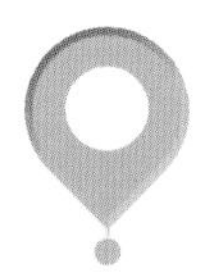

开展D类检修，必要时开展C类检修，进行除锈刷漆。

开关柜接地体接地连接锈蚀、松动，应如何检修？

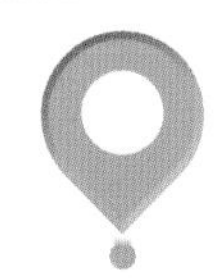

开展C类检修，进行维护。

开关柜防误装置破损、失灵或不满足防误闭锁要求，应如何检修？

开展C类检修，必要时开展B类或A类检修，进行改造或更换。

Q 断路器哪些实际状态需要开展B类检修?

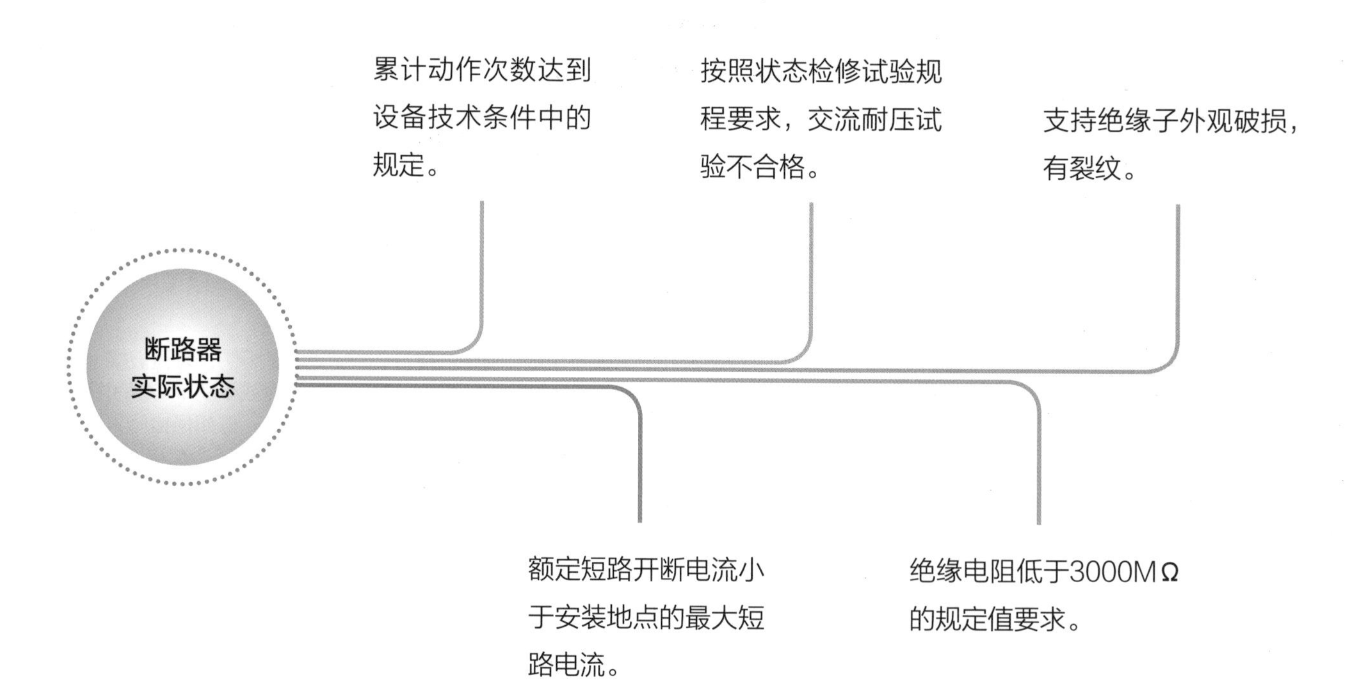

Q 隔离开关、接地开关哪些实际状态需要开展C类检修？

A

弹簧松弛，触头松动，接触不良，触头插入深度不满足制造厂家技术要求。

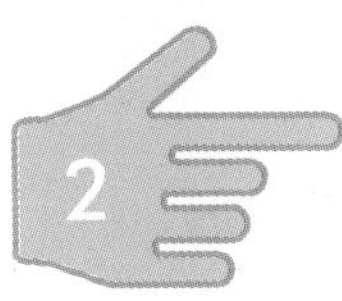

操动部分三相同期性不满足要求。

机械连锁性能不可靠，机械传动分合不到位。

为制造厂规定值的1.2～1.5倍，或与历史数据比较有明显增加。

第35分册
电流互感器检修策略

Q 电流互感器的检修策略是什么？

油浸式电流互感器漏油。开展B类检修，进行密封处理，必要时更换电流互感器。

相间温差大于2℃。加强D类检修，跟踪监测分析，必要时安排停电检查，根据检查结果进行相应处理。

互感器内部有放电等异常声响。开展A类或B类检修，进行诊断性试验，根据实验结果进行相应处理。

膨胀器、底座、二次接线盒锈蚀严重。开展C类检修，进行除锈、刷漆，必要时开展B类检修，更换膨胀器、底座、二次接线盒。

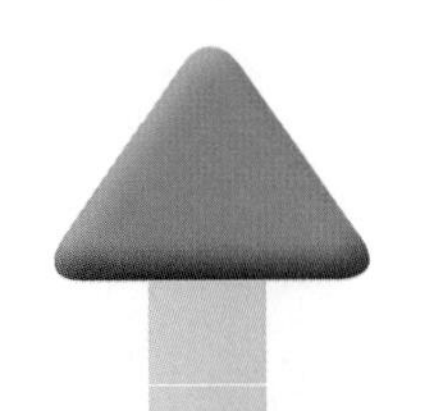

电流互感器实际状态

检修策略

A类

二次绕组精度不满足计量要求；

二次绕组容量不满足计量要求。

B类

金属膨胀器外观破损或锈蚀严重；

电容型电流互感器末屏对地绝缘电阻小于1000MΩ；

SF_6气体微水含量A类检修后大于250μL/L。

C类

接线盒内空气湿度较大，内部有湿气，金属部件锈蚀；

二次接线盒二次开路；

相对介质损耗因数初值差大于10%。

Q 电流互感器哪些实际状态需要开展D类检修?

A

1. SF_6 气体压力低报警或压力异常。

2. 二次接线盒密封不良、压条破损，关闭错位，螺丝缺失、滑牙等。

3. 引流线、接地引下线锈蚀严重。

第36分册
电压互感器检修策略

Q 电磁式电压互感器的检修策略是什么？

1. SF_6气体两次补气间隔大于一年且小于两年。开展D类检修，进行补气、检漏。
2. 油位异常。开展C类检修，停电检查，调整油位，根据需要进行密封处理或更换电压互感器。
3. 瓷外套防污闪涂料憎水性能异常或破损。开展C类检修，进行防污闪涂料修补或复涂。
4. 相间温差大于2℃。开展D类检修，跟踪监测，必要时安排停电检查，根据检查结果进行相应处理。
5. SF_6气体压力异常。开展D类检修，必要时安排C类检修，根据检查结果做相应处理。
6. 二次绕组精度、容量不满足计量要求。开展A类检修，更换电压互感器。
7. 膨胀器、底座、二次接线盒锈蚀严重。开展C类检修，进行除锈、刷漆或更换。
8. 励磁电流与出厂值相比有显著差别。进行诊断性试验，根据试验结果做相应处理，必要时开展A类检修，更换电压互感器。
9. 接地连接有锈蚀或油漆剥落。开展D类检修，进行除锈、刷漆。
10. 支架绝缘介质损耗因数$\tan\delta$大于0.05。进行诊断性试验，根据试验结果做相应处理，必要时开展A类检修，更换电压互感器。

电容式电压互感器的检修策略是什么？

1. 电容单元渗漏油。开展A类检修，更换处理。

2. 油位异常。开展C类检修，调整油位，根据需要进行密封处理，必要时更换电压互感器。

3. 外绝缘破损。开展B类或C类检修，停电检查，根据检查结果做相应修补或更换处理。

4. 互感器内部有放电等异常声响。开展B类检修，进行诊断性试验，根据实验结果进行相应处理。

5. 接地连接有锈蚀或油漆剥落。开展D类检修，进行除锈、刷漆。

6. 末屏接地不良引起放电。开展C类检修，停电处理。

7. 二次开口三角电压$3U_0$>1.5V。开展C类检修，测量介质损耗和电容量，根据试验结果进行相应处理。

8. 中间变压器二次绕组绝缘电阻小于或等于10MΩ。进行诊断性试验，根据试验结果做相应处理，必要时开展A类检修，更换电压互感器。

第37分册 避雷器检修策略

Q 避雷器哪些实际状态需要开展A类检修?

A

1. 直流参考电压$U_{n\,mA}$初值差超过±5%或不满足规定值。

2. 0.75$U_{n\,mA}$泄漏电流初值差大于30%且大于50μA。

3. 整体或局部发热，相间温差超过1℃。

4. 外套和法兰结合情况不良。

避雷器实际状态

检修策略

B类

外绝缘爬距不满足所在地区污秽程度要求且没有采取措施；

基础开裂、倾斜等。

C类

瓷外套防污闪涂料憎水性能异常或破损；

放电计数器、底座、引线、接地引下线等严重锈蚀，影响设备可靠接地。

D类

交流泄漏电流指示值纵横比增大20%；

放电计数器功能异常。

第38分册

并联电容器组检修策略

并联电容器组实际状态

绝缘子的最小爬电比距不满足最新污秽等级要求，且未采取有效措施。

红外热像检测整体或局部出现异常温升。

高压引线连接松动、断股，有放电。

单台高压并联电容器极对壳绝缘电阻值小于2000MΩ。

检修策略

开展B类检修，加装伞裙或喷涂防污闪涂料，必要时更换电容器绝缘子。

开展C类检修，进行相应的诊断性试验，根据试验结果开展相应工作。

开展B类检修，进行紧固处理或更换断股、放电的引线。

开展A类或B类检修，必要时更换电容器。

Q 并联电容器组哪些实际状态需要开展C类检修?

A

红外热像检测隔离开关、电流互感器、放电线圈、熔断器、避雷器、汇流排、电缆接头等连接点等整体或局部出现异常温升。

熔断器熔丝座、熔丝接头发热。

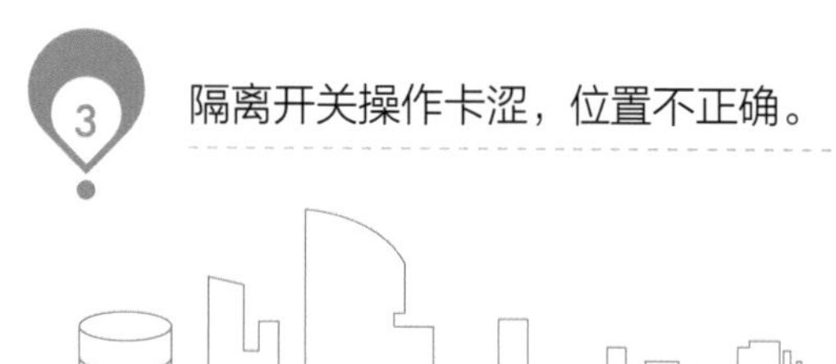

隔离开关操作卡涩，位置不正确。

第39分册
干式电抗器检修策略

Q 干式电抗器哪些实际状态需要开展B类检修?

A

1. 绝缘子的外绝缘配置不满足最新污秽等级要求，且未采取有效措施。
2. 电抗率不满足限制合闸涌流和抑制高次谐波的要求，出现对背景谐波的放大及谐振现象。
3. 电抗器表面破损、脱落严重，有严重龟裂、放电痕迹，憎水性能下降严重。
4. 电抗值初值差超过±5%或相间相差超过2%。

干式电抗器哪些实际状态需要开展C类检修?

1 红外热像检测整体或局部出现异常温度升高和相对温差，并影响运行。

2 电压互感器接地端子、接地引下线连接松动、锈蚀。

3 声级与振动异常。

4 超声波局部放电测量有明显局部放电声。

第40分册
串联补偿装置检修策略

Q 串联补偿装置电容器的检修策略是什么？

电容器组不平衡电流达到或超过运行规程规定的报警值。
开展B类检修，查明原因，必要时进行电容器组桥臂配平检修。

二次绕组精度、容量不满足计量要求。
开展A类检修，更换电压互感器。

电容器瓷套有破损现象。
结合停电安排B类检修，更换电容器。在进行B类检修前，加强D类检修。

励磁电流与出厂值相比有显著差别。
进行诊断性试验，根据试验结果做相应处理，必要时开展A类检修，更换电压互感器。

引线接头红外测温温差不超过15℃的一般缺陷。
结合停电安排C类检修，检查电容器接线端子引线。在进行C类检修前，加强红外测温。

Q 串联补偿装置金属氧化物限压器（MOV）的检修策略是什么？

A

金属氧化物限压器外绝缘有明显积污。结合停电计划，安排C类检修，进行清洁。

瓷套或合成外套有严重破裂现象。开展B类检修，更换受损MOV。

引线端子板有变形、开裂现象。安排C类检修，更换引线端子板。

单支MOV 75%直流1mA/柱参考电压下泄漏电流不满足制造厂要求。开展B类检修，进行MOV诊断性试验，必要时更换整支MOV。

串联补偿装置哪些实际状态需要开展B类检修？

1 触发型间隙室外观有破损、放电痕迹。

2 均压电容值及穿墙套管电容值不符合设计要求。

3 阻尼回路MOV参考电压实测值超出厂家规定的允许范围。

4 平台支柱绝缘子探伤发现缺陷。

Q 操动机构及传动部分哪些实际状态需要开展C类检修？

光纤柱复合绝缘表面有损伤、变形。

（可控串联补偿）晶闸管阀光纤损耗大于4dB，机械联锁性能不可靠。

（可控串联补偿）阀冷却系统晶闸管阀运行时入水温度低于露点温度或出水与入水温度差高于10℃。

第41分册
母线及绝缘子检修策略

母线检修策略

1. 相序标示缺失或不可识别，如何检修？
   重涂相色或安装标示。

2. 母线有悬挂物或异物，其长度可跨越相邻相，如何检修？
   加强巡视，及时清除悬挂物。

3. 绝缘母线导体绝缘层明显脱落、开裂，有放电声，绝缘层存在明显放电痕迹，如何检修？
   更换绝缘材料。

4. 分裂母线间隔棒松动、脱落，如何检修？
   重新安装间隔棒。

引流线检修策略

1

线夹与母线发热，如何检修？
进行红外检测跟踪，根据缺陷严重程度，处理过热点。

2

引线断股或松股、扭结，截面损失或不满足母线短路时通流要求，如何检修？
进行修复，必要时更换引线。

3

引线弧垂对绝缘子及隔离开关产生附加拉伸和弯曲应力，如何检修？
更换引线。

4

压接型设备线夹400mm^{2}及以上导线朝上30°～90°线夹，安装时无直径6mm的滴水孔，如何检修？
加强巡视，及时清除悬挂物，在线夹下部开出水孔。

支柱、悬式绝缘子检修策略

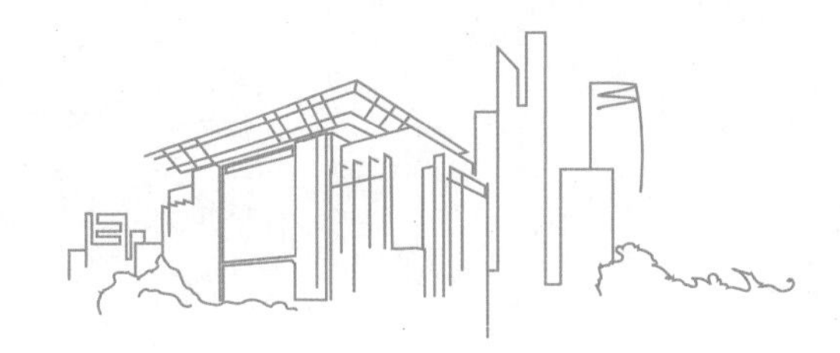

1. 支柱瓷绝缘子表面污秽程度严重，外绝缘不满足当地污秽等级要求，如何检修？

对瓷柱加装伞裙、喷涂防污闪涂料或更换。

2. 支柱绝缘子瓷件釉面破损严重或瓷件表面出现裂纹，如何检修？

更换绝缘子。

3. 悬式绝缘子一串中零值绝缘子片数超出规定数量，如何检修？

更换绝缘子。

第42分册
穿墙套管检修策略

Q 穿墙套管哪些实际状态需要开展B类检修?

A

1 由于螺栓松动、锈蚀等原因造成均压环脱落。

2 油位低于正常油位的下限，油位可见。

3 外表有大面积漏油或滴油。

Q 穿墙套管哪些实际状态需要开展C类检修?

A

1 外绝缘爬距不满足所在地区污秽程度要求且未采取措施。

2 均压环外观检查明显有倾斜、轻微破损或变形现象。

3 油位模糊，油位指示不清。

4 红外测温套管柱头温升大于10℃，但热点温度小于或等于55℃。

第43分册
电力电缆检修策略

电力电缆检修策略

序号	问题	检修策略
1	电缆试验中，电缆本体主绝缘电阻值与上次测量相比明显下降，如何检修？	开展C类检修，根据试验结果适时安排相关工作。
2	电缆本体外护套破损、龟裂，如何检修？	开展D类检修，护层绝缘修复。
3	电缆终端外绝缘爬距不满足安装地点污秽等级要求或存有破损、裂纹、明显放电痕迹、异味和异常响声，如何检修？	开展B类检修，更换终端或采取增爬、喷涂防污闪涂料等措施。B类检修前开展红外、紫外、局放等带电检测工作。

Q 电力电缆哪些实际状态需要开展B类检修？

A

电缆接头存在未凝固、未填满以及由于配比错误导致阻水性下降现象。

电缆接头护套接地连通存在连接不良（大于1Ω）情况。

电缆接头有严重缺陷未整改的。

第44分册
消弧线圈检修策略

油浸式消弧线圈检修策略

1. 油浸式消弧线圈单相接地时连续运行时间超过2h，如何检修?

开展C类检修，根据检查和试验的结果，适时安排相关工作。

2. 油浸式消弧线圈全补偿或欠补偿，如何检修?

开展C类检修，调节挡位至过补偿。容量不足的开展A类检修，更换大容量的消弧线圈成套装置。

3. 出现接地不可靠、松动、严重锈蚀、过热变色等现象，如何检修?

开展B类检修，对接地进行处理。

4. 油位异常，过高或过低，如何检修?

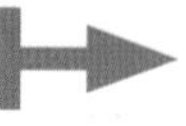

进行D类检修，利用红外测温核实实际油位。必要时开展C类检修，进行实际油位测量，根据检查情况适时安排相关工作。

干式消弧线圈检修策略

1

干式消弧线圈绝缘子的最小爬电比距和爬电系数不满足最新污秽等级要求，如何检修?
开展B类检修，更换绝缘子或采取防污闪措施。

干式消弧线圈套管表面有破损、裂纹或污秽严重，如何检修?
开展B类检修，更换套管。

3

干式消弧线圈套绕组直流电阻与历年数据有较大差异（超过 2%），如何检修?
开展C类或B类检修，根据试验情况适时安排相关工作。

Q 控制器哪些实际状态需要开展B类检修?

A

1. 响应速度不满足相关规程要求。
2. 成套装置试验不满足相关标准或规程要求。
3. 电容电流测量误差大于 ±3%，电压、电流测量误差大于 ±2%。

第45分册 高频阻波器检修策略

高频阻波器本体的检修策略是什么？

1. 各连接点、局部出现异常的温升，超过标准值。开展D类检修，分析发热原因，进行相应处理。
2. 高频阻波器支柱绝缘子表面污秽较严重，胶接处开裂。开展C类检修，清理污秽，涂抹防水胶。
3. 高频阻波器螺栓、金具连接松动。开展C类检修，紧固螺栓。
4. 载波频率特性试验结果不满足制造厂规定值。开展A类检修，更换高频阻波器。

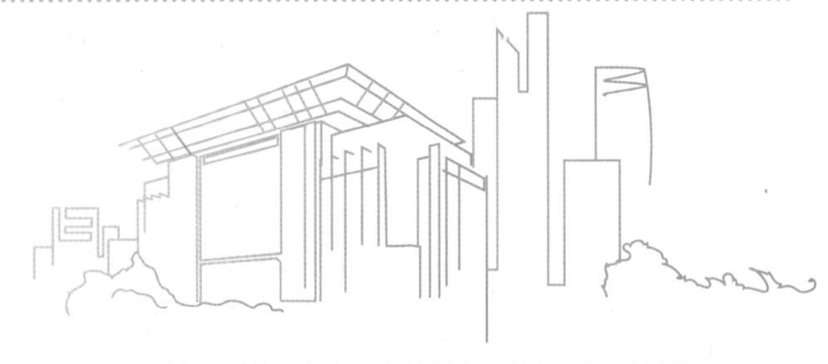

Q 高频阻波器保护、调谐元件的检修策略是什么

A

保护元件（避雷器）外观有污秽。开展C类检修，清理污秽。

避雷器直流参考电压及泄漏电流U_{1mA} 初值差超过±5%且低于规定值。开展B类检修，更换避雷器。

调谐元件在通频带内分流损耗耗大于1.3 dB。开展C类检修，进行分析，根据分析结果开展相应的检修工作。

第46分册 耦合电容器检修策略

耦合电容器检修策略

序号	问题		检修策略
1	耦合电容器喷油、冒烟和着火，如何检修?	⟼	开展A类检修，更换耦合电容器。
2	低压端子接触不良引起放电，如何检修?	⟼	开展B类检修，对低压端子接触不良进行处理。
3	线夹松动，如何检修?	⟼	开展C类检修，紧固或更换线夹。
4	接地引下线锈蚀严重，如何检修?	⟼	开展D类或B类检修，更换接地引下线。
5	电容器渗油、漏油，如何检修?	⟼	开展B类或A类检修，对电容器渗、漏油进行处理，必要时更换。
6	相间温差大于3℃，如何检修?	⟼	开展B类或A类检修，开展诊断性试验，查明原因，进行处理，必要时更换耦合电容器。

7	外绝缘爬距不满足污区要求，但已采取改善措施，如何检修?	⟼	开展C类或A类检修，检查伞裙、防污闪涂料及污秽情况并处理，必要时更换设备。
8	外绝缘爬距不满足污区要求，且未采取措施，如何检修?	⟼	开展B类或A类检修，喷涂防污闪涂料，调爬或更换。
9	外绝缘符合污区要求，瓷套表面积污，存在明显放电，如何检修?	⟼	开展C修或A类检修，检查伞裙、防污闪涂料及污秽情况并处理，必要时更换设备。
10	内部有放电等异常声响，如何检修?	⟼	开展B类或A类检修，查明异常声响原因并处理，必要时更换耦合电容器。
11	硅橡胶憎水性能异常，如何检修?	⟼	开展B类或A类检修，对硅橡胶外表面进行检测，必要时更换设备。
12	外绝缘破损，如何检修?	⟼	开展C类或A类检修，对破损部位进行修复，必要时更换耦合电容器，未停电检修前加强运行巡视。
13	底座轻微锈蚀或漆层破损，如何检修?	⟼	开展D类或C类检修，对底座进行防腐、密封处理。
14	引流线锈蚀严重、断股，如何检修?	⟼	开展B类检修，更换引流线。

Q 耦合电容器引线及线夹哪些实际状态需要开展B类检修?

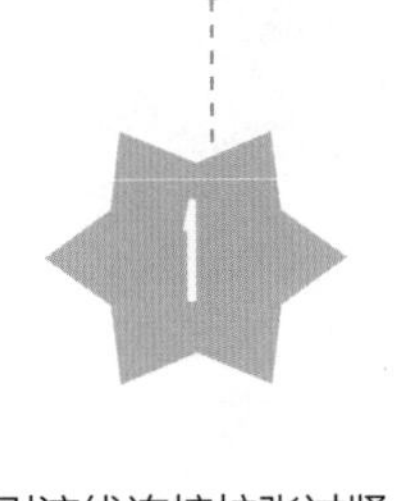

引流线连接拉张过紧

线夹损坏

引线断股或松股（截面损失达25%以上）

引线断股或松股（截面损失达7%以上，但小于25%）

引线断股或松股（截面损失低于7%）

第47分册
高压熔断器检修策略

高压熔断器实际状态	熔断件表面不光洁，出现裂纹或机械损伤；封口处不光滑，有裂纹、缺口或流淌现象。	底座、载熔件出现锈蚀或连接松动现象。	释压帽、撞击器或指示装置工作位置不正确，出现卡死、松动现象。	引线出现连接松动、散股或锈蚀现象。	弹簧出现松动变形或锈蚀现象。	熔断件、弹簧尾线等安装方式（角度）不满足有关规程及安装使用说明书的规定。	连接点、整体或局部出现异常高的温升。

检修策略	更换熔断件。	进行除锈、紧固处理。	进行位置调整、紧固处理。	进行除锈、紧固处理，或更换引线。	进行除锈、位置调整处理，或更换弹簧。	调整安装方式（角度）。	分析发热原因，处理发热缺陷。在进行检修前，加强红外检测跟踪。

Q 高压熔断器哪些实际状态需要整体更换?

A

1. 系统或被保护设备发生变化时，小于安装地点可能出现的最大短路电流。
2. 系统或被保护设备发生变化时，熔断器的额定电流不满足以下应用要求:

（1）回路中正常和可能的过载电流。

（2）回路中可能出现的瞬态电流。

（3）与其他保护装置的配合。

第48分册

中性点隔直装置检修策略

中性点隔直装置检修策略

1. 电容隔直装置本体锈蚀严重，如何检修？

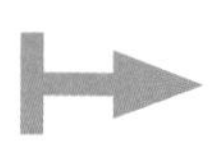

开展C类检修，进行防腐处理。

2. 电容器接地运行状态下，电容器击穿故障报警，如何检修？

开展B类检修，更换电容器。

3. 电阻值初值差超过±5%或相间相差超过2%，电抗值与出厂值变化大于10%，如何检修？

开展B类检修，必要时更换电抗器。

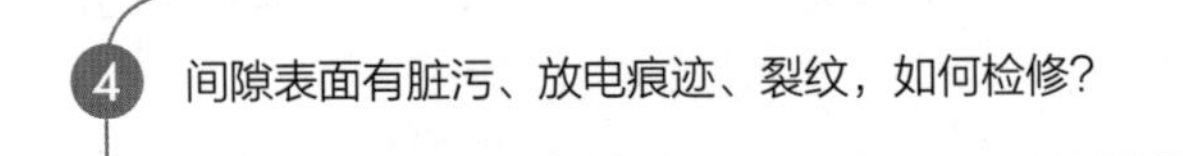

4 间隙表面有脏污、放电痕迹、裂纹，如何检修?

开展C类或B类检修。

5 控制电源装置异常、失电，如何检修?

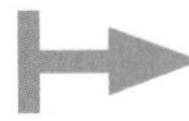

开展C类检修，查找故障点，进行修复。

6 空调、照明、风扇等设备停运，如何检修?

开展C类或B类检修，查找故障点，进行修复，对损坏的元件进行检修或更换。

7 电容隔直装置红外测温异常，如何检修?

开展C类或B类检修，查明原因，及时处理发热缺陷。

第49分册
接地装置检修策略

Q **接地装置哪些实际状态需要开展C类或B类检修，并更换接地体?**

腐蚀剩余导体面积为 80%～95%。

腐蚀剩余导体面积为60%～80%，但能满足热容量要求。

腐蚀剩余导体面积小于60%，但能满足热容量要求。

接地体截面等不满足要求。

接地装置哪些实际状态需要开展C类检修，
并对接地引下线部件进行更换和试验？

1. 接地引线与接地体导通阻值：200mΩ＜测试值≤1Ω。
2. 接地引线与接地体导通阻值：测试值＞1Ω。
3. 腐蚀剩余导体面积为80%~95%。
4. 腐蚀剩余导体面积小于80%，但能满足热容量要求。
5. 腐蚀剩余导体面积不能满足热容量要求。

第50分册

端子箱及检修电源箱检修策略

端子箱及检修电源箱实际状态		检修策略
端子箱及检修电源箱箱体、外壳（材质、密封）支架强度、箱体厚度、防护等级不满足运行要求。	1	应更换。新设备要求返厂整改。
箱体外壳油漆、喷塑层破损或运行大于10年。	2	不满足要求时，重新喷涂或更换。
呼吸孔防尘滤网破损或未定期清洗。	3	定期清洗、更换。

端子排及电缆检修策略

1. 布置不规范，走线不整齐，电缆芯外露、接线凌乱，有短路接地隐患，如何检修？

答　更改接线方式，重新整理，必要时更换端子箱。

2. 现场端子箱交、直流混装，交、直流接线出现在同一段端子排上，如何检修？

答　加装端子排隔离片，或调整交、直流端子排位置，避免出现在同一段，必要时更换。

3. 电缆截面不足，红外测温有发热、过载现象，如何检修？

答　对有松动、发热及过载的接头进行处理，必要时更换电缆。

Q 端子箱及检修电源箱内部元件故障该如何检修?

A

防止接地、短路的小母线、引出线未采取绝缘封包等措施。检修措施：完善绝缘措施。

交、直流空气开关混用。检修措施：将空气开关进行更换。

箱内继电器动作不正确。检修措施：对动作情况进行调试，必要时更换继电器。

第51分册
站用变压器检修策略

Q 干式站用变压器哪些实际状态需要开展B类检修?

A

1. 变压器表面破损、脱落严重，有严重龟裂、放电痕迹，憎水性能下降严重。
2. 变压器线圈引出线断裂或松焊。
3. 绝缘电阻换算到同一温度下，与前一次测试结果相比变化明显；吸收比小于1.3或极化指数小于1.5 或绝缘电阻小于10000MΩ。
4. 短路阻抗测量初值差超过±2%，三相之间的最大相对互差大于2.5%。

站用变压器分接开关的检修策略是什么?

	异常情况	检修策略
1	油位异常，开关储油柜油位低于变压器油温油位曲线要求。	开展C类或D类检修，根据检查情况开展相关工作。
2	电动机运行异常或传动机构传动卡涩。	开展B类或C类检修，找到异常原因并进行处理。
3	控制回路失灵，过电流闭锁异常。	开展C类或D类检修，根据检查情况进行处理。

第52分册
站用交流电源系统检修策略

Q 站用交流电源系统哪些实际状态需要开展B类检修?

A

1. 当任一台站用变压器退出时，备用站用变压器未能自动切换至失电的工作母线段继续供电。
2. 互感器不满足测量、保护及自动装置要求。
3. 断路器动作次数超过厂家规定。
4. 检修电源供电半径及回路容量不满足现场要求。

站用交流电源系统哪些实际状态需要开展C类检修?

1. 抽屉式配电柜电气联锁及机械联锁不可靠。
2. 穿墙套管瓷套有局部小面积缺损或复合套管伞裙基部变色。
3. 交流回路断路器（熔断器）级差配合不满足要求。
4. 站用交流电源柜控制和信号不符合标准规定。

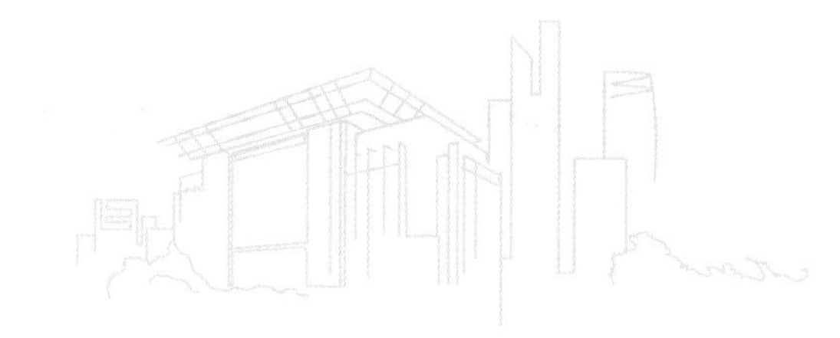

站用交流电源系统哪些实际状态需要开展D类检修?

站用交流不间断电源系统屏柜外观存在变形、破损现象。

直流输入欠电压时，装置未能发出报警信号，再低欠电压后，装置应能自动切换为旁路供电。

交流输出馈电开关与旁路开关级差配合不满足要求。

标识标牌不清晰或脱落。

第53分册
站用直流电源系统检修策略

Q 站用直流电源系统蓄电池出现什么情况时需要开展B类检修？

1. 单组防酸式蓄电池充电装置采用相控型，未满足2台配置。

2. 单组阀控式蓄电池充电装置未采用高频开关电源。

3. 两组防酸式蓄电池充电装置采用相控型，未满足3台配置。

4. 两组阀控式蓄电池充电装置未采用高频开关电源，且未配置2台及以上。

Q 站用直流电源系统在进行馈线的外观检查时出现什么情况需要开展D类检修?

A

1

馈线柜通风散热不良，破损变形，防小动物封堵措施不完善。

2

电缆防火措施不完善，电缆头有发热等现象。

3

电缆、保护电器标识牌指示错误。

第54分册

构支架检修策略

Q 构支架接地引下线的检修策略是什么？

按要求完善。

腐蚀剩余导体面积小于80%，能满足热容量时，进行防腐处理；不能满足热容量时，进行更换处理。

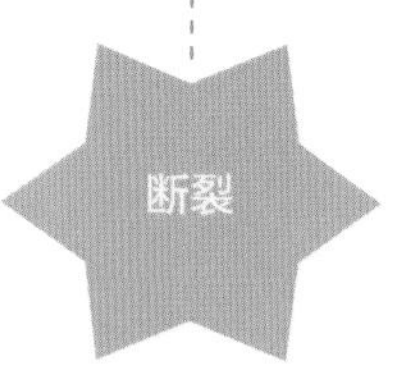

根据检查结果，必要时更换接地引下线。

按要求规范。

Q 构支架基础的检修策略是什么?

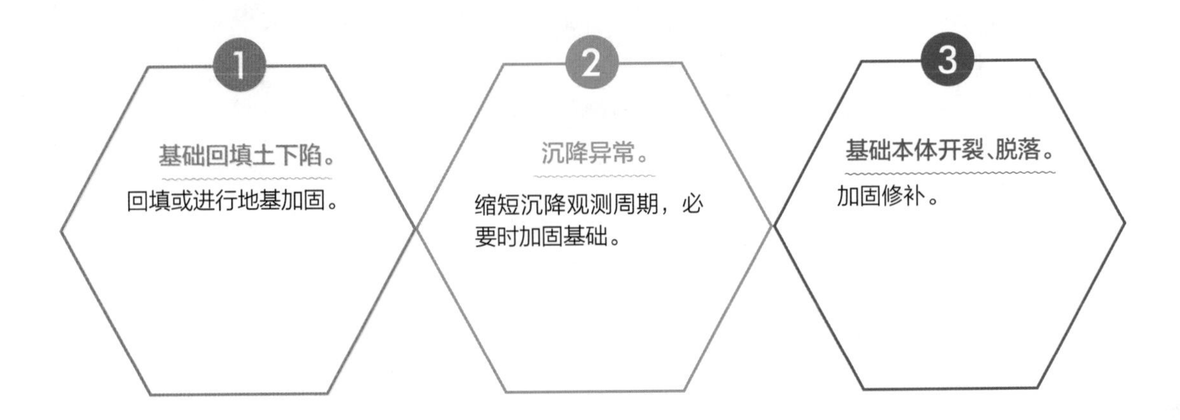

第55分册

辅助设施检修策略

辅助设施机械锁具的检修策略是什么？

锈蚀或损坏 锁孔加油，必要时更换。

标识牌脱落 补充标识牌。

识别码错误 更换识别码并同步至数据库。

Q 安全警戒线出现什么情况时应清理积污或重新划线及更换反光膜?

电源箱实际状态		检修策略
输出故障。	1	检查输出熔断器，必要时进行更换。
主电故障或备电故障。	2	检查连接线，根据情况进行处理。
显示充电器故障。	3	进行维修或更换。

第56分册
土建设施检修策略

土建设施中门扇的检修策略是什么？

锈蚀 进行防腐处理，必要时整体更换。

变形 进行维修，纠正偏差，必要时整体更换。

门铰松动、锈蚀 进行紧固，必要时更换。

Q 土建设施中轨道的检修策略是什么?

A

1 轨道变形

进行维修，纠正偏差，必要时整体更换。

2 轨道断裂

进行维修，必要时更换轨道。

Q

电缆出现哪些情况时应按要求进行更换?

1 电缆夹层、电缆竖井、电缆沟敷设的直流电缆和动力电缆不是阻燃电缆。

2 非阻燃电缆未包绕防火包带、涂防火涂料或涂刷至防火墙两端长度不够1m。

第57分册

避雷针检修策略

Q 避雷针本体发生基础沉降时的检修策略是什么？

A 开展基础沉降检查，发生下沉时，应校核保护范围并加强监测，必要时加固基础；不均匀下沉时，应进行矫正处理，严重时应重新浇筑基础。

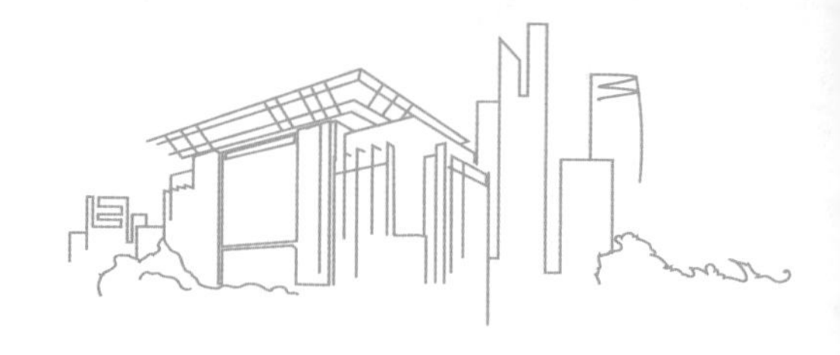

避雷针构架支座实际状态		检修策略
紧固部件松动、锈蚀、脱落、断裂。	1	开展紧固件巡视检查，紧固部件，必要时更换。
接地引下线腐蚀。	2	开展接地引下线腐蚀情况检查，腐蚀剩余导体面积小于80%，能满足热容量时，进行防腐处理；不能满足热容量时，进行更换处理。
构架表面腐蚀严重、损坏。	3	进行防腐处理，必要时更换部件。

看图学制度

图说变电运检通用制度
变电检修

本书编委会 编

内 容 提 要

为了确保国家电网公司变电运检五项通用制度有效落地，国网河北省电力公司积极探索新方法和新思路，创新提出用一种图解方式将五项通用制度及细则的相关要求进行细化分解，以图片代替文字，以问答代替条款，将五项通用制度及细则进行梳理解读，方便员工学习执行，保证各项生产工作的顺利完成。《看图学制度——图说变电运检通用制度》系列丛书共五册，分别为变电验收、变电运维、变电检测、变电评价、变电检修。本册为变电检修。

本书可供国家电网公司系统从事变电管理、检修、运维、试验等工作的专业人员使用。

图书在版编目（CIP）数据

看图学制度：图说变电运检通用制度 /《看图学制度：图说变电运检通用制度》编委会编 . — 北京：中国电力出版社，2017.6

ISBN 978-7-5198-0843-3

Ⅰ.①看… Ⅱ.①看… Ⅲ.①变电所－电力系统运行－检修－图解 Ⅳ.①TM63-64

中国版本图书馆CIP数据核字（2017）第122754号

出版发行：中国电力出版社
地　　址：北京市东城区北京站西街 19 号（邮政编码 100005）
网　　址：http://www.cepp.com.cn
责任编辑：孙世通（010-63412326）
责任校对：太兴华　马　宁　王小鹏　常燕昆　王开云
装帧设计：锋尚设计
责任印制：单　玲

印　刷：北京瑞禾彩色印刷有限公司
版　次：2017 年 6 月第一版
印　次：2017 年 6 月北京第一次印刷
开　本：880 毫米 ×1230 毫米　32 开本
印　张：30.375
字　数：810 千字
定　价：288.00 元（共五册）

版 权 专 有　侵 权 必 究

本书如有印装质量问题，我社发行部负责退换

本书编委会

主　任　苑立国

副主任　周爱国　张明文

委　员　赵立刚　沈海泓　王向东　刘海生

主　编　甄　利

副主编　贾志辉　梁　爽　郭亚成

编　写　田　萌　龚乐乐　冯学宽　刘红春　张志刚　张志超
安　超　刘　洋　陈骥群　李　琳　李　坦　庞先海
辛庆山　李晓峰　郑献刚　冀立鹏　刘　林　丁立坤
马文斌　刘东亮　孟延辉　佟智勇　陈　炎　崔　猛
郭建戌

前言

PREFACE

为进一步提高国家电网公司变电运检专业管理水平，实现全公司、全过程、全方位管理标准化，国家电网公司运维检修部历时两年，组织百余位系统内专业人员编制了变电验收、运维、检测、评价、检修等五项通用制度及细则，全面总结提炼了公司系统各单位好的经验和做法，准确涵盖了公司总部、省、地（市）、县各级已有的各项规定，具有通用性和标准化特点，对指导各项变电运检工作规范开展意义重大。为了确保变电运检五项通用制度有效落地，国网河北省电力公司积极探索新方法和新思路，创新提出用一种图解方式将五项通用制度及细则的相关要求进行细化分解，以图片代替文字，以问答代替条款，对五项通用制度及细则进行梳理解读，突出重点和关键点。通过手机微信、结集出版两种方式进行学习宣贯，方便员工学习执行，融入管理、生产工作的全过程，保证各项生产工作的顺利完成。《看图学制度——图说变电运检通用制度》系列丛书共五册，分别为变电验收、变电运维、变电检测、变电评价、变电检修。本册为变电检修。

本书编委会

2017 年 6 月

目录
CONTENTS

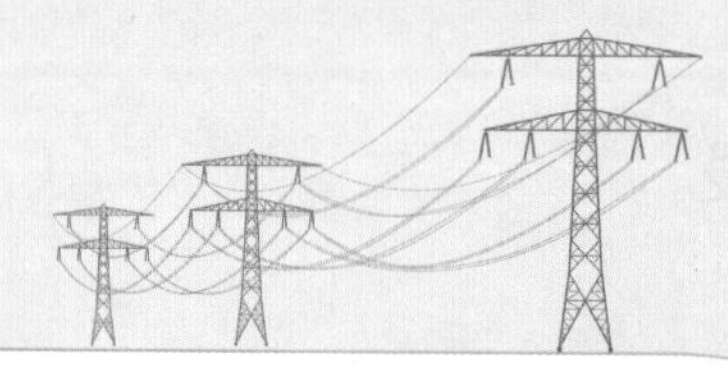

第一部分

图说国家电网公司变电检修通用管理规定

“五通”的具体内容是什么？

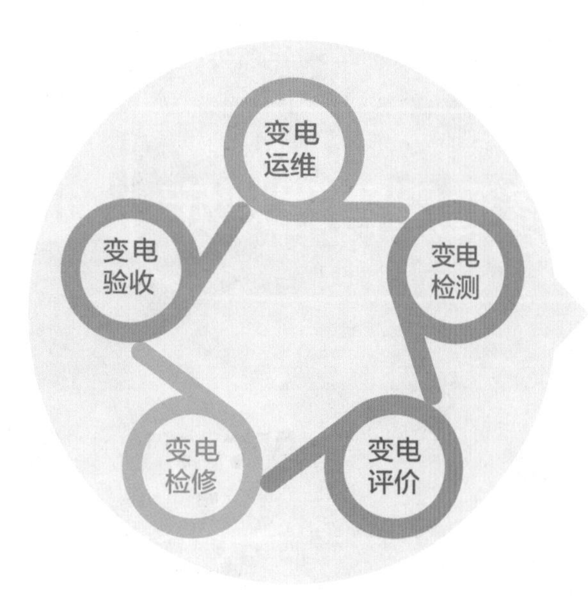

构成变电运检管理的完整体系，以变电验收、运维、检测、评价和检修为主线，验收向前期设计、制造延伸，检修向退役后延伸，覆盖了设备全寿命周期管理的各个环节；涵盖了各项业务和各级专业人员；以“反措”纵向贯通，突出补充了对设备的重点要求。

“五通一措”是国家电网公司通用制度体系下的管理制度，将代替国家电网公司各层级、各单位现有的各项变电运检管理办法、规定和细则，具有强制执行性。

“五通”的特点

1 体系完整
2 内容全面
3 注重细节
4 面向一线
5 标准化基础上考虑差异化

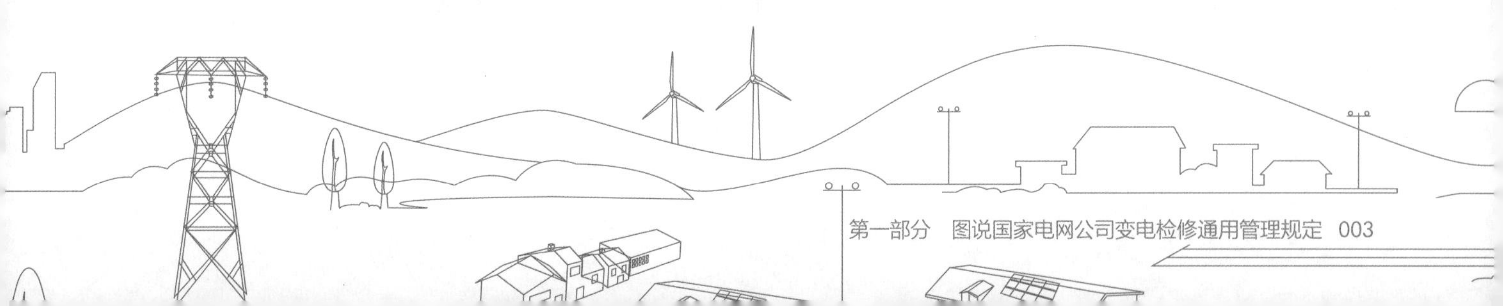

第一章 总则

国家电网公司变电检修通用管理规定有哪些？

总共有17章内容

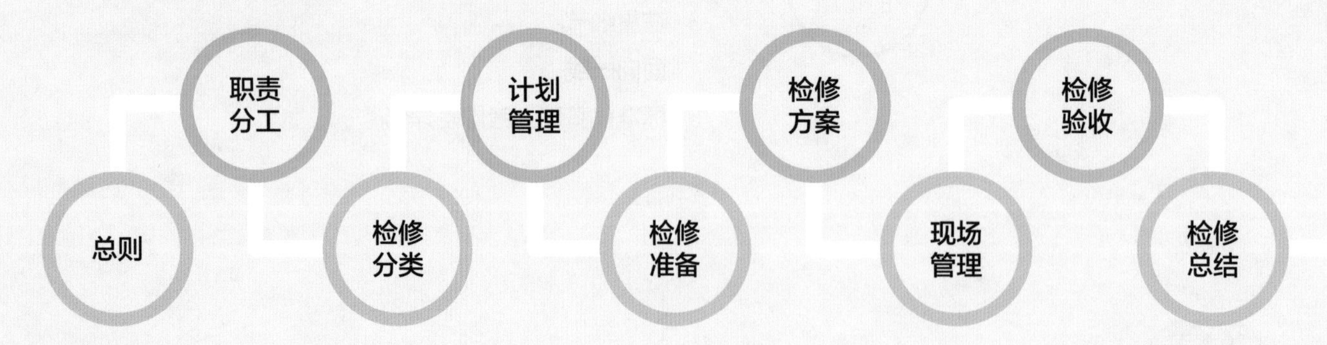

专业巡视

抢修管理

检修班组管理

业务外包管理

标准化作业

工机具管理

人员培训

检查与考核

第二章 职责分工

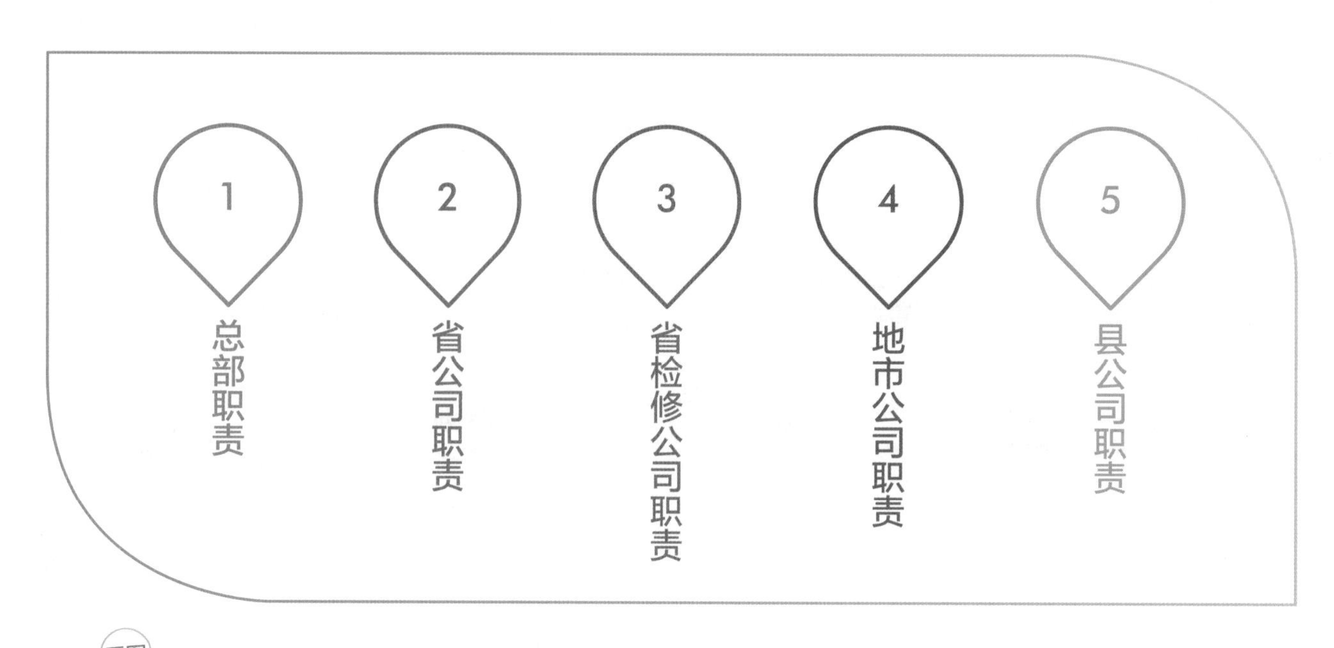

4 地市公司职责

地市公司运维检修部（简称地市公司运检部）履行以下职责：

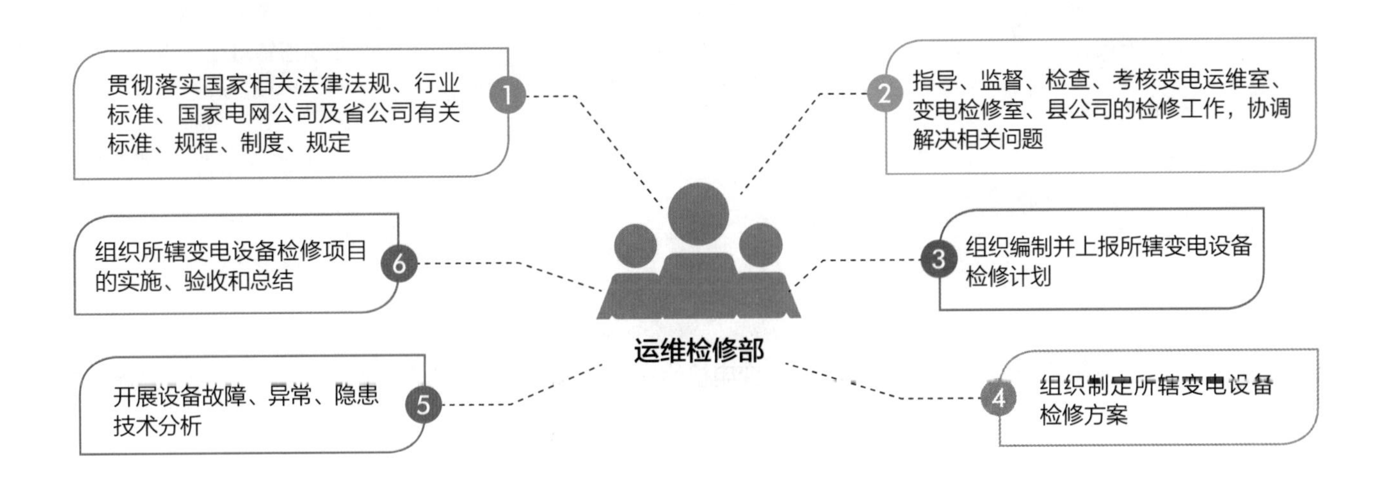

4 地市公司职责

地市公司变电检修室履行以下职责：

1. 编制所辖设备年度检修计划和检修方案
2. 负责检修项目具体实施，开展检修项目的自验收和总结
3. 组织所辖班组开展设备专业巡视

第三章 检修分类

变电检修

1. 例行检修
2. 大修
3. 技改
4. 抢修
5. 消缺、反措执行

变电检修按停电范围、风险等级、管控难度等情况分为大型检修、中型检修、小型检修三类。

1 大型检修

满足以下任意一项的检修作业定义为大型检修：

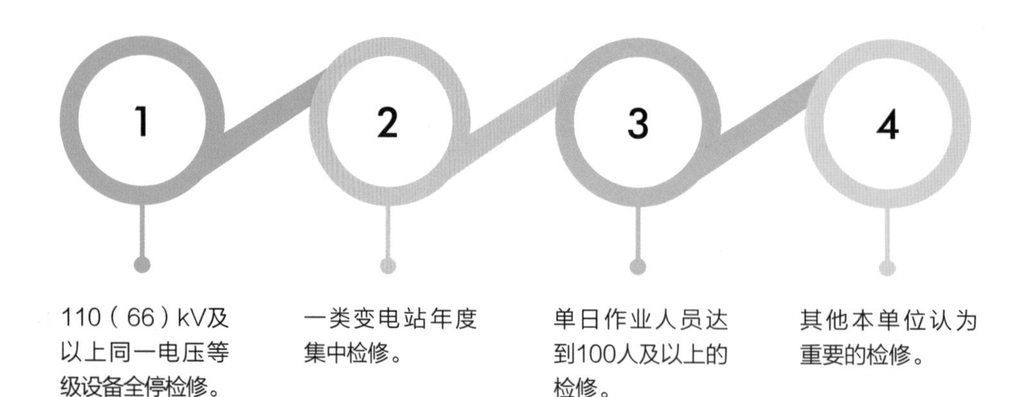

1. 110（66）kV及以上同一电压等级设备全停检修。
2. 一类变电站年度集中检修。
3. 单日作业人员达到100人及以上的检修。
4. 其他本单位认为重要的检修。

2

中型检修

满足以下任意一项的检修作业定义为中型检修：

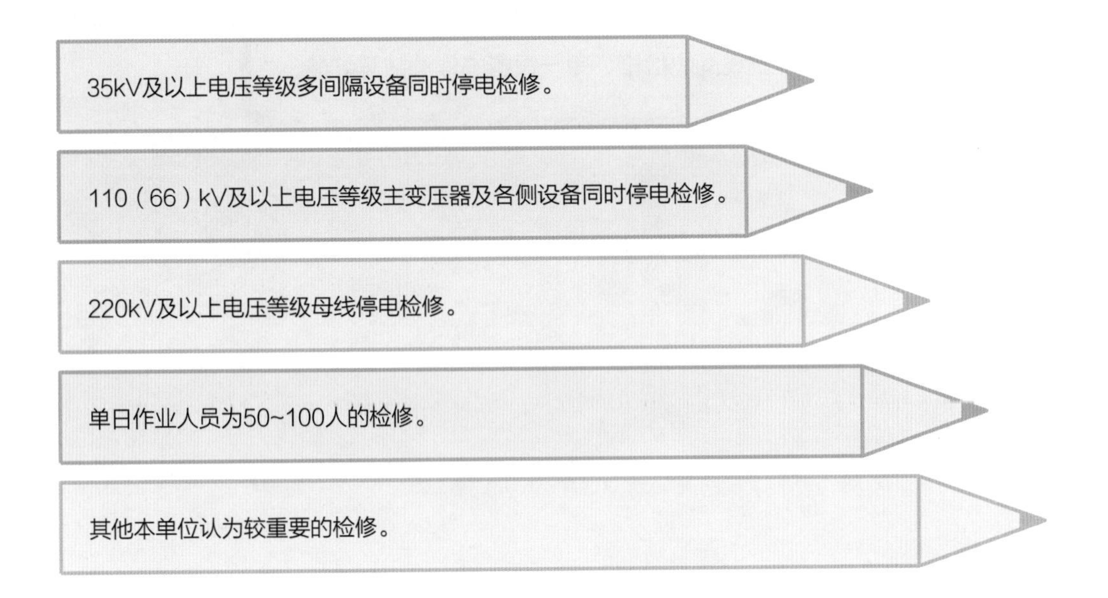

3 小型检修

不属于大型检修、中型检修的现场作业定义为小型检修，如35kV主变压器检修、单一进出线间隔检修、单一设备临停消缺等。

第四章 计划管理

年检修计划管理

1

县公司运检部每年9月15日前组织编制下年度检修计划，并报送地市公司运检部。

2

省检修公司、地市公司运检部每年9月30日前组织编制下年度检修计划，并将220kV及以上电压等级设备检修计划报送省公司运检部。

3

省公司运检部每年12月中旬完成220kV及以上电压等级设备检修计划的审批并发布。一类变电站年度检修计划12月31日前报送国家电网公司运检部备案。

4

省检修公司、地市公司运检部每年12月下旬完成所辖设备检修计划审批并发布。

月检修计划管理

省检修公司、地市公司、县公司运检部依据已下达的年度检修计划，每月10日前组织完成下月度检修计划编制并报送各级调控中心。

各级运检部应参加各级调控中心组织的月停电计划平衡会。

各级运检部根据调控中心发布的停电计划对月检修计划修订后组织实施。

周检修计划管理

省检修公司分部（中心）、地市公司业务室（县公司）依据已下达的月检修计划，统筹考虑专业巡视、消缺安排、日常维护等工作制订周检修计划。

需设备停电的，提前将停电检修申请提交给各级调控中心。

第五章 检修准备

检修前查勘	落实人员	相关工机具准备	相关物资准备
检修工作开展前应按检修项目类别组织合适人员开展设备信息收集和现场查勘工作，并填写查勘记录。	检修单位应指定具备相关资质、有能力胜任工作的人员担任检修工作负责人、检修工作班成员和项目管理人员；特种作业人员应持有职业资格证；外来人员应进行考试，考试合格，经设备运维管理单位认可后，方可参与检修工作；检修工作开始前，应组织作业人员学习和讨论检修计划、检修项目、人员分工、施工进度、安全措施及质量要求。	检修单位应确认检修作业所需工机具、试验设备是否齐备，并按照规定进行检查和试验；检修单位应提前将检修作业所需工机具、试验设备运抵现场，完成安装调试，分区定置摆放；检修机具应指定专人保管维护，执行领用登记制度。	检修单位应指定专人负责联系、跟踪物资到货情况，确保物资按计划运抵检修现场；检修物资应指定专人保管，执行领用登记制度；易燃易爆品管理应符合《民用爆炸物品安全管理条例》《爆破安全规程》等相关规定；危险化学物品管理应符合《危险化学品安全管理条例》等规定。

第六章 检修方案

大型检修项目

方案应包括编制依据、工作内容、检修任务、组织措施、安全措施、技术措施、物资采购保障措施、进度控制保障措施、检修验收工作要求、作业方案等各种专项方案。

检修项目实施前30天，检修项目实施单位应组织完成检修方案编制，检修项目管理单位运检部组织安质部、调控中心完成方案审核，报分管生产领导批准。

大型检修项目检修方案应报省公司运检部备案。

中型检修项目

方案应包括编制依据、工作内容、检修任务、组织措施、安全措施、技术措施、物资采购保障措施、进度控制保障措施、检修验收工作要求、作业方案等各种专项方案。

如中型检修单个作业面的安全与质量管控难度不大、作业人员相对集中，其作业方案则可用“小型项目检修方案+标准作业卡”替代。

检修项目实施前15天，检修项目实施单位应组织完成检修方案编制，检修项目管理单位运检部、安质部、调控中心完成方案审核，报分管生产领导批准。

小型检修项目

方案应包括项目内容、人员分工、停电范围、备品备件及工机具等。

检修项目实施前3天，检修项目实施单位应组织完成检修方案编制和审批。

第七章 现场管理

大型检修现场管理

大型检修项目应成立领导小组和现场指挥部。

领导小组

领导小组由设备的运维、检修、调控、物资单位或部门的领导、管理人员组成。

一类变电站检修领导小组组长由省公司分管生产领导担任，其他变电站检修领导小组组长由省检修公司、地市公司分管生产领导担任。

领导小组对检修施工过程中重大问题作出决策。

现场指挥部

现场指挥部由项目管理单位运检部、分部（中心）或业务室（县公司）、外包施工单位的相关人员组成。

现场指挥部设总指挥，负责现场总体协调以及检修全过程的安全、质量、进度、文明施工等管理。

一类变电站大型检修现场指挥部总指挥由省检修公司分管生产领导担任。

二、三类变电站大型检修现场指挥部总指挥由省检修公司、地市公司运检部负责人担任。

四类变电站大型检修现场指挥部总指挥由省检修公司分部（中心）、地市公司业务室（县公司）分管生产领导担任。

现场指挥部应设专人负责技术管理、安全监督。

大型检修项目现场管理应符合以下要求：

安全技术交底

1. 开工前2周内，由领导小组组织项目参与单位进行安全技术交底，3天内发布纪要。
2. 开工前1周内，由现场指挥部组织施工单位、运维单位相关人员进行现场安全技术交底，形成安全技术交底记录并存档。

检修作业管控

1. 每日应召开早、晚例会进行日管控，由现场总指挥主持，指挥部全体成员、各作业面负责人（把关人）参加。
2. 早例会布置当日主要作业面、作业面负责人和工作内容，交代当日主要的安全风险和关键质量的控制措施。
3. 晚例会对当日工作进行全面点评，对次日工作进行全面安排，对主要问题进行集中决策，形成日报并报领导小组。

安全质量监督

省检修公司、地市公司安质部、运检部应对检修关键节点进行稽查。

中型检修现场管理

中型检修项目应成立现场指挥部

现场指挥部由省检修公司分部（中心）、地市公司业务室（县公司）和外包施工单位的相关人员组成。

现场指挥部设总指挥，负责现场总体协调以及检修全过程的安全、质量、进度、文明施工等管理。

现场指挥部总指挥由省检修公司分部（中心）、地市公司业务室（县公司）生产管理人员担任。

现场指挥部应设专人负责技术管理、安全监督。

中型检修项目现场管理应符合以下要求：

安全技术交底

开工前1周内，由现场指挥部组织施工、运维等单位相关人员进行现场安全技术交底，形成安全技术交底记录并存档。

检修作业管控

1. 每日应召开早、晚例会进行日管控，由现场总指挥主持，指挥部全体成员、各作业面负责人（把关人）参加。
2. 早例会布置当日主要作业面、专业负责人和工作内容，交代当日主要的安全风险和关键质量的控制措施。
3. 晚例会对当日工作进行全面点评，对次日工作进行全面安排，对主要问题进行集中决策。

安全质量监督

省检修公司、地市公司安质部、运检部应对检修关键节点进行稽查。

小型检修现场管理

小型检修项目实行工作负责人制。

小型检修项目现场管理应符合以下要求：

工作负责人负责作业现场生产组织与总体协调。

工作负责人（分工作负责人）每日开工前应向工作班成员、外包施工人员等交代工作内容、人员分工、安全风险辨识与控制措施，当日工作结束后应进行工作点评。

工作负责人(分工作负责人)对本专业的现场作业全过程安全、质量、进度和文明施工负责。

第八章 检修验收

是指检修工作全部完成或关键环节阶段性完成后，在申请项目验收前，对所检修的项目进行的自验收。

检修验收分为班组自验收、指挥部验收、领导小组验收。

班组自验收是指班组负责人对检修工作的所有工序进行全面检查验收；
指挥部验收是指现场指挥部总指挥、安全与技术专业工程师对重点工序进行全面检查验收；
领导小组验收是指领导小组成员对重点工序进行抽样检查验收。

各级验收结束后，验收人员应向检修班组通报验收结果，验收未合格的，不得进行下一道流程。

对验收不合格的工序或项目，检修班组应重新组织检修，直至验收合格。

关键环节是指隐蔽工程、主设备或重要部件解体检查、高风险工序等。

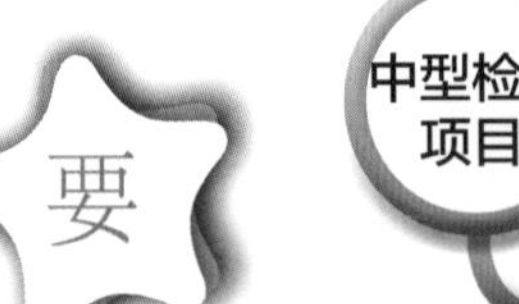

大型检修项目

采取“班组自验收+指挥部验收+领导小组验收”的三级验收模式。

班组自验收完成后，由班组负责人向现场指挥部申请指挥部验收。

指挥部验收完成后，由现场指挥部负责人向领导小组申请领导小组验收。

指挥部在检修验收前应根据规程规范要求、技术说明书、标准作业卡、检修方案等编制验收标准作业卡。

验收工作完成后应编制验收报告。

中型检修项目

采取“班组自验收+指挥部验收”的二级验收模式。

班组自验收完成后，由班组负责人向现场指挥部申请指挥部验收。

指挥部在检修验收前应根据规程规范要求、技术说明书、标准作业卡、检修方案等编制验收标准作业卡。

验收工作完成后应编制验收报告。

小型检修项目

采取“班组自验收”一级验收模式，由工作负责人完成。

验收情况记录在检修标准作业卡的“执行评价”栏中。

第九章 检修总结

大型检修项目应进行检修总结。对于具有典型性或施工过程中遇到的问题值得总结的中型项目，也应进行检修总结。

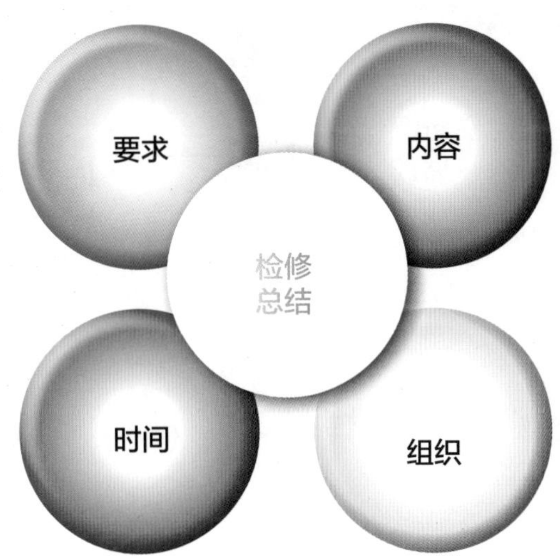

对检修计划、检修方案、过程控制、完成情况、检修效果等情况等进行全面、系统、客观的分析和总结。

在检修项目竣工后7天内完成。

按项目规模分别由领导小组、现场指挥部负责组织完成。

第十章 专业巡视

专业巡视一般要求

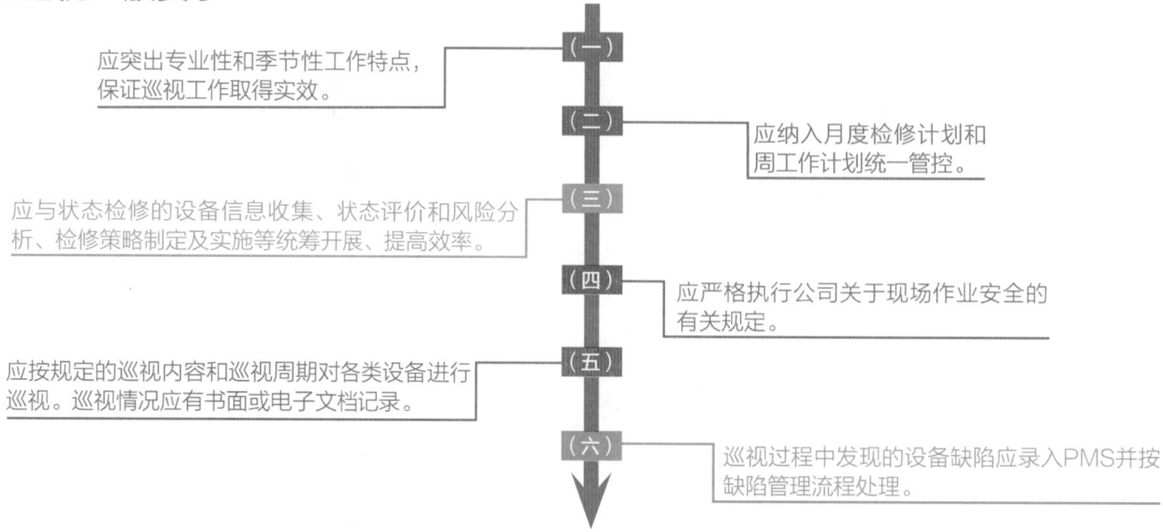

专业巡视周期要求

1

一类变电站每月不少于1次，二类变电站每季度不少于1次，三类变电站每半年不少于1次，四类变电站每年不少于1次。

2

在迎峰度冬或迎峰度夏前适时开展。

3

在特殊保电前或经受异常工况、恶劣天气等自然灾害后适时开展。

4

对新投运的设备、核心部件或主体进行解体检修后重新投运的设备，宜加强巡视。

第十一章 抢修管理

设备故障分类

一类故障

（1）1000kV主设备故障跳闸。
（2）330kV及以上变电站全停。
（3）330kV及以上主设备发生严重损毁。

二类故障

（1）330～750kV主设备故障跳闸。
（2）110～220kV变电站全停。
（3）220kV主设备发生严重损毁。

三类故障

（1）220kV主设备故障跳闸。
（2）35～66kV变电站全停。
（3）66～110kV主设备发生严重损毁。

四类故障

（1）110kV及以下交流主设备故障跳闸。
（2）10～35kV主设备发生严重损毁。

故障抢修管理遵循“分级组织、分层管理”的原则。

1 一类故障抢修应由省公司分管生产领导指挥，省公司运检部统一组织协调。

2 二类故障抢修应由省检修公司、地市公司分管生产领导指挥，省检修公司、地市公司运检部统一组织协调。

3 三类故障抢修应由省检修公司、地市公司运检部负责人指挥，省检修公司、地市公司运检部统一组织协调。

4 四类故障抢修应由地市公司运检部相关负责人指挥，检修公司分部统一组织协调。

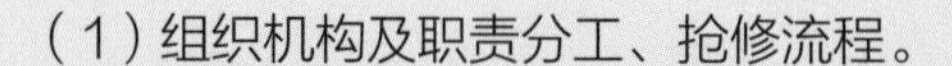

(1) 组织机构及职责分工、抢修流程。

(2) 抢修单位、技术支持单位、设备厂家相关专业人员及联系方式。

(3) 应急物资、专用工器具及备品备件数量及存放位置。

(4) 典型故障抢修步骤。

(1) 检修单位应编制年度培训计划，明确故障抢修培训内容、对象、方法及要求。

(2) 在每年迎峰度夏和迎峰度冬前应至少组织开展一次由运维单位、故障抢修单位、技术支持单位、设备厂家参加的联合抢修演习。

(3) 对于特高压交流变电站的专项故障抢修预案，每季度应至少举行一次现场演练。

一类故障抢修流程

① 故障发生后，运维单位应在30min内（有人值守变电站为30min，无人值守站为1.5h）将故障简要情况汇报省检修公司，同时以短信形式（见国家电网公司变电检修通用管理规定附录I）上报省公司运检部及国家电网公司运检部。

② 省公司立即启动故障抢修预案，协调组织故障抢修单位、电科院、设备厂家到达现场。

③ 国家电网公司运检部视情况赴现场督查，协调物资部门提供抢修物资，建设部门提供工程质保期内的故障抢修；组织国家电网公司状态评价中心等单位提供技术支持，派出公司级专家组。

④ 省检修公司抢修人员1.5h内到达现场；省公司及本省其他单位人员4h内到达现场，外省单位人员有直达航班的8h内到达现场，无直达航班的12h内到达现场。

⑤ 省公司组织运维单位、电科院、设备厂家成立故障抢修小组进行故障抢修。

⑥ 故障抢修时，应确保关键工序执行到位，抢修结束后做好有关工作的原始记录。抢修过程中宜设置专职安全监督人员，避免安全事故发生和故障范围扩大。

⑦ 省公司应在4h内（有人值守变电站为4h，无人值守站为5.5h）按规定流程将故障详细情况以快报形式（见国家电网公司变电检修通用管理规定附录J）报送国家电网公司运检部。

⑧ 故障抢修工作结束后1h内，省公司将处理情况电话报告国家电网公司运检部。若事态未得到控制，应及时汇报国家电网公司运检部请求支援。

⑨ 省公司应在故障抢修完成后24h之内，形成正式分析报告（见国家电网公司变电检修通用管理规定附录K）报送国家电网公司运检部，需后期返厂解体诊断的可延长报送时间。

⑩ 运维单位在故障处理结束后，应针对设备受损情况报保险公司，并提供有关影像、分析报告、资产卡片等资料，以减少公司损失。

二类故障抢修流程

1. 故障发生后，运维单位应在30min内（有人值守变电站为30min，无人值守站为1.5h）将故障简要情况汇报省检修公司，同时以短信形式上报省公司运检部及国家电网公司运检部。
2. 省检修公司、地市公司立即启动故障抢修预案，运检部现场组织抢修工作，协调组织故障抢修单位、省电科院、设备厂家到达现场。
3. 省公司运检部派专人赴现场指导故障抢修，协调物资部门提供抢修物资，建设部提供工程质保期内的故障抢修；组织省电科院等单位提供技术支持，派出专家组。
4. 省检修公司、地市公司抢修人员1.5h内到达现场；省公司及本省其他单位人员4h内到达现场，外省单位人员有直达航班的12h内到达现场，无直达航班的18h内到达现场。
5. 省检修公司、地市公司组织成立故障抢修工作小组，负责抢修工作。
6. 故障抢修时，应确保关键工序执行到位，抢修结束后做好有关工作的原始记录。抢修过程中宜设置专职安全监督人员，避免安全事故发生和故障范围扩大。
7. 省检修公司、地市公司在4h内（有人值守变电站为4h，无人值守站为5.5h）将故障详细情况，按照管理界面划分以快报形式报送省公司运检部及国家电网公司运检部。
8. 故障抢修工作结束后1h内，省检修公司、地市公司将处置情况电话报告省公司运检部。若事态未得到控制，应及时汇报并请求支援。
9. 运维单位应在现场处理完成后24h之内，形成正式分析报告报送国家电网公司运检部及省公司运检部，需后期返厂解体诊断的可延长报送时间。
10. 运维单位在故障处理结束后，应针对设备受损情况报保险公司，并提供有关影像、分析报告、资产卡片等资料，以减少公司损失。

三类故障抢修流程

1. 故障发生后，运维单位应在1h内（有人值守变电站为1h，无人值守站为1.5h）将故障简要情况汇报省检修公司、地市公司，同时以短信形式上报省公司运检部。
2. 省检修公司、地市公司相关负责人赴现场组织故障抢修工作，启动故障抢修预案，组织相关单位实施故障抢修，省公司运检部视情况赴现场督查。
3. 省检修公司、地市公司抢修人员1.5h内到达现场，偏远地区不应超过2h；省公司及本省其他单位人员4h内到达现场。
4. 省检修公司、地市公司成立故障抢修工作组，组织抢修工作，有关处理方案应经省公司运检部同意。
5. 故障抢修时，应确保关键工序执行到位，抢修结束后做好有关工作的原始记录。
6. 故障抢修工作结束后1h内，省检修公司、地市公司运检部将抢修情况报告省公司运检部。
7. 运维单位应在现场处理完成后24h之内，形成正式分析报告报送省公司运检部，需后期返厂解体诊断的可延长报送时间。存在家族性缺陷的报国家电网公司运检部。
8. 运维单位在故障处理结束后，应针对设备受损情况报保险公司，并提供有关影像、分析报告、资产卡片等资料，以减少公司损失。

四类故障抢修流程

1. 故障发生后，运维单位应在1h内（有人值守变电站为1h，无人值守站为2h）将故障简要情况汇报省检修公司、地市公司，同时以短信形式上报省公司运检部。

2. 省检修公司、地市公司相关负责人赴现场组织故障抢修工作，启动故障抢修预案，组织相关单位实施故障抢修，省公司运检部视情况赴现场督查。

3. 省检修公司、地市公司抢修人员1.5h内到达现场，偏远地区不应超过2h；省公司及本省其他单位人员4h内到达现场。

4. 省检修公司、地市公司成立故障抢修工作组，组织抢修工作，有关处理方案应经省公司运检部同意。

5. 故障抢修时，应确保关键工序执行到位，在抢修结束后做好有关工作的原始记录。

6. 故障抢修工作结束后1h内，省检修公司、地市公司运检部将抢修情况报告省公司运检部。

7. 运维单位应在现场处理完成后24h之内，形成正式分析报告报送省公司运检部，需后期返厂解体诊断的可延长报送时间。

8. 运维单位在故障处理结束后，应针对设备受损情况报保险公司，并提供有关影像、分析报告、资产卡片等资料，以减少公司损失。

第十二章 检修班组管理

检修班组班长岗位职责

检修班组副班长（专业工程师）岗位职责

检修班组管理

检修班组副班长（安全员）岗位职责

检修班组文明生产要求

检修班组检修工岗位职责

检修班组班长岗位职责

参与本班生产计划编制，组织开展安全活动、项目策划、生产准备、检修实施、闭环管理、基础管理等各项班组工作。
参与所负责变电站事故调查分析，主持本班异常、故障和检修分析会。
检查和督促现场安全技术措施落实、标准化作业、文明生产等工作。
负责本班检修作业工作票的签发与标准作业卡的审核。
负责对每月的生产任务完成情况进行整理、分析、统计并上报。

检修班组副班长（安全员）岗位职责

协助班长开展工作，负责本班安全管理方面工作，制订安全活动计划并组织实施。
负责安全工器具、安全设施及安防、消防、辅助设施管理。
负责本班检修作业工作票的签发与标准作业卡的审核。

检修班组副班长（专业工程师）岗位职责

协助班长开展工作，负责本班技术管理和专业基础管理工作。
参与编写、修改检修规程、故障处理应急预案等技术资料。
负责本班检修作业工作票的签发与标准作业卡的审核。
编制本班培训计划，完成本班人员的技术培训和考核工作。

检修班组检修工岗位职责

按照规定和标准化作业要求，参与现场检修作业。
参与本班安全活动、生产准备、技术管理和专业基础管理等各项班组工作。

检修班组文明生产要求

检修人员在岗期间应遵守劳动纪律，不做与工作无关的事。
作业现场设备、材料、工机具分区摆放整齐，工作完成后及时清理现场。
办公场所干净、整洁、定置摆放，办公用品配置齐全、完好。
各类技术资料、图纸按专用柜摆放整齐，标识醒目齐全，便于检索。

第十三章 业务外包管理

业务外包一般要求

各级运检部门为检修业务外包工作的管理主体。

检修项目管理单位是外包工作实施的管理主体，应按照合同要求落实安全生产责任和检修质量责任。

承包单位资质应符合国家和公司相关要求。

业务外包入场审核要求

1. 项目确定后，承包单位应按照检修业务外包项目发包单位的要求，提供生产业务承包合同和安全协议等书面材料。

2. 承包单位在入场前应向项目现场指挥部提交施工人员概况、相关作业人员资格证书、安全培训记录等资料。

3. 承包单位入场施工所需的主要机具、备件及材料、安全工器具及劳动防护用品等应有齐备的合格证及试验检测合格记录，并在有效期内使用。

4. 承包单位在入场施工前应向项目现场指挥部提交以下文件：工程施工安全目标、工程施工技术方案、特种作业安全技术方案、安全文明施工管理制度及其他安全健康与环境管理制度等资料。

业务外包现场作业要求

（一）检修业务外包项目发包单位应组织双方有关人员共同进行现场查勘，并认真填写现场查勘记录，双方签字确认。
（二）发包单位项目主管部门应组织召开工前交底会（外包单位参与现场指挥部组织的安全技术交底会），对工程进行图纸交底、技术交底，明确工作范围、带电区域和停送电配合工作，交代有关安全注意事项等。
（三）承包单位应根据现场查勘情况和交底会要求，编制施工组织设计、检修方案及组织措施、技术措施、现场标准作业卡、安全措施和针对特殊作业施工的安全措施等资料，报发包单位项目主管部门审查批准备案。其中与电气设备停电相关的安全措施由发包单位负责组织完成。
（四）发包单位项目主管部门根据承包单位确定的检修方案，通知现场指挥部落实设备停电方案、工作票、工作负责人指派等事宜。
（五）对安全风险较大的工作，承包单位应增设现场专责监护人。必要时，发包单位应同时增设现场安全监督人员。
（六）施工中发生紧急事件时，承包单位应立即停止工作，保护好工作现场，并及时汇报发包单位，待查明原因，经发包单位批准同意后，方可重新开始施工。
（七）承包单位对合同范围内的施工质量负总责。

第十四章 标准化作业

标准作业卡编制要求

1. 标准作业卡的编制原则为任务单一、步骤清晰、语句简练。可并行开展的任务或不是由同一小组人员完成的任务不宜编制为一张作业卡，避免标准作业卡繁杂冗长、不易执行。
2. 标准作业卡由检修工作负责人按模板（见国家电网公司变电检修通用管理规定附录L）编制，班长、副班长（专业工程师）或工作票签发人负责审核。
3. 标准作业卡正文分为基本作业信息、工序要求（含风险辨识与预控措施）两部分。
4. 编制标准作业卡前，应根据作业内容开展现场查勘，并根据现场环境开展安全风险辨识、制定预控措施。
5. 作业工序存在不可逆性时，应在工序序号上标注*，如*2。
6. 工艺标准及要求应具体、详细，有数据控制要求的应标明。
7. 标准作业卡编号应在本单位内具有唯一性。按照“变电站名称+工作类别+年月+序号”规则进行编号，其中工作类别包括维护、检修、带电检测、停电试验。例如：城南变检修201605001。
8. 标准作业卡的编审工作应在开工前一天完成，突发情况可在当日开工前完成。

标准作业卡执行要求

（一）现场工作开工前，工作负责人应组织全体作业人员学习标准作业卡，重点交代人员分工、关键工序、安全风险辨识和预控措施等。

（二）工作过程中，工作负责人应对安全风险、关键工艺要求及时进行提醒。

（三）工作负责人应及时在标准作业卡上对已完成的工序打钩，并记录有关数据。

（四）全部工作完毕后，全体工作人员应在标准作业卡中签名确认。工作负责人应对现场标准化作业情况进行评价，针对问题提出改进措施。

（五）已执行的标准作业卡至少应保留一个检修周期。

第十五章 工机具管理

工机具保管要求

1. 工机具到货（安装）后，使用单位应参与到货验收，做好验收记录。

2. 工机具验收合格后，使用单位应建立台账，对使用说明书及图纸等技术资料进行归档。

3. 工机具存放应符合规程及厂家要求。

4. 工机具的报废应由工机具使用单位填写报废计划，经本单位主管部门审核，通过单位分管领导批准，并严格按照国家电网公司资产管理的相关规定执行。

工机具使用要求

1. 工机具实行出入库登记制度。使用工机具应办理手续，归还时做好记录。

2. 工机具要定期检测、保养，不能超期使用。

3. 工机具的使用维护信息应作记录。

4. 工机具使用说明或操作规范应按设备配置到位。

5. 工机具的使用应符合使用说明要求，现场操作人员应掌握工机具的操作规范。

6. 特种工机具应由具备专业资格的人员进行操作。

第十六章 人员培训

培训目的

（1）专业管理人员熟悉变电检修流程、工艺标准，掌握本规定的各项管理要求。
（2）检修人员熟悉设备的结构特点、工作原理，具备现场检修相关技术技能，掌握现场检修工艺要求和工器具及仪器仪表操作方法。

培训项目

（1）变电检修管理要求。
（2）变电设备结构原理。
（3）变电设备检修质量工艺标准。
（4）变电检修工器具及仪器仪表使用方法。

培训要求

（1）检修人员每月至少参加一次检修技术技能培训。
（2）专业管理人员、检修人员每年至少参加一次变电检修通用管理规定及细则培训。

第十七章 检查与考核

各级运检部	检查与考核范围	检查与考核周期	检查与考核内容
国家电网公司运检部	负责对一类变电站进行检查与考核，对二、三、四类变电站进行抽查	每年对省公司管辖一类变电站抽查考核的数量不少于一座，对二、三、四类变电站进行抽查	（1）检修质量。 （2）检修计划和方案。 （3）标准化作业。 （4）抢修管理。 （5）新技术、新工艺、新装备推广应用情况。
省公司运检部	负责对一、二类变电站进行检查与考核，对三、四类变电站进行抽查	每年对管辖一、二类变电站抽查考核的数量不少于1/3，对三、四类变电站进行抽查	
省检运检部	负责对所辖变电站进行检查与考核	每年对管辖一、二类变电站全部进行检查考核，对管辖三、四类变电站抽查考核的数量不少于 1/3	
地市公司运检部		每年对管辖二类变电站全部进行检查考核，对管辖三、四类变电站抽查考核的数量不少于 1/3	
县公司运检部		每年对管辖三类变电站全部进行检查考核，对管辖四类变电站抽查考核的数量不少于 1/3	

（一）国家电网公司运检部对各省公司检修工作情况进行考核，并将结果纳入年度运检绩效和同业对标考核。

（二）各单位应建立对变电检修工作的奖惩机制，对在检修工作中表现突出的，发现严重及以上设备缺陷避免设备损坏事故的，提供跨区域检修支援的，积极开展检修新技术、新工艺、新装备推广应用的，应给予表彰和奖励。对检修质量问题导致重复停电、故障跳闸、设备损坏的，检修计划与设备评价结果不相符的，检修方案编审不规范的，标准化作业执行不到位的，应通报批评并追究相关责任。

（三）各省公司应将奖惩相关规定制度报国家电网公司运检部备案，各地市公司、省检修公司应将奖惩相关规定制度报省公司运检部备案。

第二部分

变电设备检修细则

第1分册
油浸式变压器（电抗器）检修细则

检修分类及要求

1. A类检修
2. B类检修
3. C类检修
4. D类检修

专业巡视要点

1. 本体及储油柜
2. 冷却装置
3. 套管
4. 吸湿器
5. 分接开关
6. 气体继电器
7. 压力释放装置
8. 突发压力继电器
9. 断流阀
10. 冷却装置控制箱和端子箱

检修关键工艺质量控制要求

1. 套管及升高座检修
2. 储油柜及油保护装置检修
3. 分接开关检修
4. 冷却装置检修
5. 非电量保护装置检修
6. 二次端子箱检修
7. 器身检修
8. 排油和注油
9. 例行检查

油浸式变压器的检修周期是多少？

1

基准周期：35kV及以下为4年，110（66）kV及以上为3年。

2

可依据设备状态、地域环境、电网结构等特点，在基准周期的基础上酌情延长或缩短检修周期。调整后的检修周期一般不小于1年，也不大于基准周期的2倍。

3

未开展带电检测设备，检修周期不大于基准周期的1.4倍；未开展带电检测老旧设备（大于20年运龄），检修周期不大于基准周期。

4

110（66）kV及以上新设备投运满1~2年，以及停运6个月以上重新投运前的设备，应进行检修。对核心部件或主体进行解体性检修后重新投运的设备，可参照新设备要求执行。

5

现场备用设备应视同运行设备进行检修。备用设备投运前应进行检修。

6

符合以下各项条件的设备，检修可以在周期调整后的基础上最多延迟1个年度：①巡视中未见可能危及该设备安全运行的任何异常；②带电检测（如有）显示设备状态良好；③上次试验与其前次（或交接）试验结果相比无明显差异；④上次检修以来，没有经受严重的不良工况。

有载分接开关的巡视要点有哪些?

1. 机构箱密封良好，无进水、凝露，控制元件及端子无烧蚀发热。
2. 挡位指示正确，指针在规定区域内，与远方挡位一致。
3. 指示灯显示正常，加热器投切及运行正常。
4. 开关密封部分、管道及其法兰无渗漏油。
5. 储油柜油位指示在合格范围内。
6. 户外变压器的油流控制（气体）继电器应密封良好，无集聚气体，户外变压器的防雨罩无脱落、偏斜。
7. 有载开关在线滤油装置无渗漏，压力表指示在标准压力以下，无异常噪声和振动。控制元件及端子无烧蚀发热，指示灯显示正常。
8. 冬季寒冷地区（温度持续保持零下），机构控制箱与分接开关连接处齿轮箱内应使用防冻润滑油并定期更换。

无励磁分接开关的巡视要点有哪些?

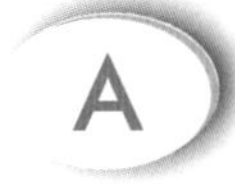

1 密封良好，无渗漏油。

2 挡位指示器清晰、指示正确。

3 机械操作装置应无锈蚀。

4 定位螺栓位置应正确。

Q 散热器检修的安全注意事项是什么？

A

1. 应注意与带电设备保持足够的安全距离，准备充足的施工电源及照明。
2. 吊装散热器时，设专人指挥并有专人扶持。
3. 拆接作业使用工具袋。
4. 高空作业应按规程使用安全带。安全带应挂在牢固的构件上，禁止低挂高用。
5. 严禁上下抛掷物品。
6. 起吊搬运时，应避免散热器片划伤。

器身检修的关键工艺质量控制有哪些?

A

检修工作应选在无尘土飞扬及其他污染的晴天时进行，不应在空气相对湿度超过75%的气候条件下进行。如相对湿度大于75%时，应采取必要措施。

大修时器身暴露在空气中的时间（器身暴露时间是从变压器放油时起至开始抽真空或注油时为止）不应超过如下规定：①空气相对湿度小于或等于65%时为16h；②空气相对湿度小于或等于75%时为12h。

器身温度应不低于周围环境温度，否则应采取对器身加热措施，如采用真空滤油机循环加热，使器身温度高于周围空气温度5℃以上。

检查器身时，应由专人进行，穿着无纽扣、无金属挂件的专用检修工作服和鞋，并戴清洁手套，寒冷天气还应戴口罩。照明应采用安全电压的灯具或手电筒。携带的工器具应登记，使用后交回。

检查所使用的工具应由专人保管并编号登记，用绳索连接在手腕上，防止遗留在油箱内或器身上。

Q 排油和注油的安全注意事项是什么?

A

排油

① 合理安排油罐、油桶、管路、滤油机、油泵等工器具放置位置，并与带电设备保持足够的安全距离。

② 在起吊油罐作业过程中要做好相关安全措施。

③ 主变压器不停电时排油时，应申请停用主变压器重瓦斯保护。

注油

① 合理安排油罐、油桶、管路、滤油机、油泵等工器具放置位置，并与带电设备保持足够的安全距离。

② 主变压器不停电注油时，应申请停用主变压器重瓦斯保护。

第2分册
断路器检修细则

检修分类及要求

1. A类检修
2. B类检修
3. C类检修
4. D类检修

专业巡视要点

1. SF_6断路器本体巡视
2. 油断路器本体巡视
3. 真空断路器本体巡视
4. 液压（液压弹簧）操动机构巡视
5. 气动（气动弹簧）操动机构巡视
6. 弹簧操动机构巡视
7. 电磁操动机构巡视

检修关键工艺质量控制要求

1. SF_6断路器本体检修
2. 真空断路器本体检修
3. 油断路器本体检修
4. 罐式断路器本体检修
5. 液压（液压弹簧）操动机构检修
6. 弹簧操动机构检修
7. 气动（气动弹簧）操动机构检修
8. 电磁操动机构检修
9. 机构二次回路检修
10. 例行检查

Q SF_6断路器本体的巡视要点有哪些?

1. 本体及支架无异物。
2. 外绝缘有无放电，放电不超过第二片伞裙，不出现中部伞裙放电。
3. 覆冰厚度不超过设计值（一般为10mm），冰凌桥接长度不宜超过干弧距离的1/3。
4. 外绝缘无破损或裂纹，无异物附着，增爬裙无脱胶、变形。
5. 均压电容、合闸电阻外观完好，气体压力正常，均压环无变形、松动或脱落。
6. 无异常声响或气味。
7. SF_6密度继电器指示正常，表计防震液无渗漏。
8. 套管法兰连接螺栓紧固，胶装部位无破损、裂纹、积水。
9. 高压引线、接地线连接正常，设备线夹无裂纹、发热。
10. 对于罐式断路器，寒冷季节罐体加热带工作正常。

Q 真空断路器本体检修的关键工艺质量控制有哪些?

A

1. 触头的开距及超行程符合产品技术规定。
2. 波纹管外观无变形、破损及老化。
3. 真空泡壳体清洁，无裂纹、破损。
4. 固定真空泡螺栓无松动。

Q 高压油泵（含手力泵）检修的关键工艺质量控制有哪些?

1. 按照厂家规定工艺要求进行解体与装复，确保清洁。
2. 更换所有密封件，密封良好，无渗漏油。
3. 高、低压逆止阀无变形、损伤等，密封线完好，性能可靠。
4. 柱塞与柱塞座配合良好，运动灵活，密封良好。
5. 油泵内部空间需注满液压油，排净空气后，方可运转工作。
6. 补压及零启打压时间测试，符合产品技术规定。
7. 打压停机后无油泵反转和皮带松动现象。
8. 油泵与电动机联轴器内的橡胶缓冲垫松紧适度。
9. 油泵与电动机同轴度符合要求。

Q 电磁操动机构检修的安全注意事项是什么?

A

工作前应断开相关交、直流电源并确认无电压。

工作前应将弹簧释能。

拆除机构各连接、紧固件，确认连接部位松动无卡阻，按厂家规定正确吊装设备，设置揽风绳控制方向，并设专人指挥。

第3分册

组合电器检修细则

检修分类及要求

1. A类检修
2. B类检修
3. C类检修
4. D类检修

专业巡视要点

1. 组合电器外观巡视
2. 断路器单元巡视
3. 隔离开关单元巡视
4. 接地开关单元巡视
5. 电流互感器单元巡视
6. 电压互感器单元巡视
7. 避雷器单元巡视
8. 母线单元巡视
9. 进出线套管、电缆终端单元巡视
10. 汇控柜巡视
11. 集中供气系统巡视

检修关键工艺质量控制要求

1. 检修
2. 断路器单元检修
3. 隔离开关单元检修
4. 接地开关单元检修
5. 电流互感器单元检修
6. 电压互感器单元检修
7. 避雷器单元检修
8. 母线单元检修
9. 进出线套管、电缆终端气室检修
10. 汇控柜检修
11. 例行检查与试验

Q 组合电器外观的巡视要点有哪些?

1. 外壳、支架等无锈蚀、松动、损坏，外壳漆膜无局部颜色加深或烧焦、起皮。
2. 外观清洁，标识清晰、完善。
3. 压力释放装置无异常，其释放出口无障碍物。
4. 接地端子无过热，接触完好。
5. 各类管道及阀门无损伤、锈蚀，阀门的开闭位置正确，管道的绝缘法兰与绝缘支架良好。
6. 盆式绝缘子外观良好，无龟裂、起皮，颜色标示正确。
7. 二次电缆护管无破损、锈蚀，内部无积水。

Q 间隔整体更换的安全注意事项是什么?

A

1. 断开各类电源并确认无电压，充分释放隔离开关、断路器机构能量。
2. 气动弹簧机构应将气压泄压到零，置于合闸位置；弹簧机构应进行一次合闸一分闸操作，置于分闸位置。
3. 拆除组合电器前，应先回收SF_6气体。
4. 对发生过电弧放电的气室和断路器气室，打开前，将本体抽真空后用高纯氮气冲洗3次。
5. 打开气室封板前，需确认气室内部已降至零压。相邻的气室气体根据各厂家实际情况进行降压或回收处理。
6. 打开气室后，所有人员撤离现场30min后方可继续工作，工作时人员站在上风侧，穿戴好防护用具。
7. 对户内设备，应先开启强排通风装置15min后，监测工作区域空气中SF_6气体含量不得超过1000μL/L，含氧量大于18%，方可进入。工作过程中应当保持通风装置运转。
8. 吊装应按照厂家规定程序进行，选用合适的吊装设备和正确的吊点，设置缆风绳控制方向，并设专人指挥。
9. 起吊前确认连接件已拆除，对接密封面已脱胶。

第4分册

隔离开关检修细则

检修分类及要求

1. A类检修
2. B类检修
3. C类检修
4. D类检修

专业巡视要点

1. 本体巡视
2. 操动机构巡视
3. 引线巡视
4. 基础构架巡视

检修关键工艺质量控制要求

1. 单柱垂直伸缩式本体检修
2. 双柱水平开启式本体检修
3. 双柱水平伸缩式本体检修
4. 三柱（五柱）水平旋转式本体检修
5. 接地开关检修
6. 超B类（B类）接地开关检修
7. 电动操动机构检修
8. 手动操动机构检修
9. 例行检查

Q 底座检修的安全注意事项是什么?

① 电动机构二次电源确已断开，隔离措施符合现场实际条件。

② 拆、装隔离开关时，结合现场实际条件适时装设个人保安线。

③ 按厂家规定正确吊装设备。

Q 底座检修的关键工艺质量控制有哪些?

① 底座无变形，接地可靠，焊接处无裂纹及严重锈蚀。

② 底座连接螺栓紧固无锈蚀，锈蚀严重时应更换，力矩值符合产品技术要求，并作紧固标记。

③ 转动部件应转动灵活，无卡滞。

④ 底座调节螺杆应紧固无松动，且保证底座上端面水平。

机械闭锁检修的关键工艺质量控制有哪些？

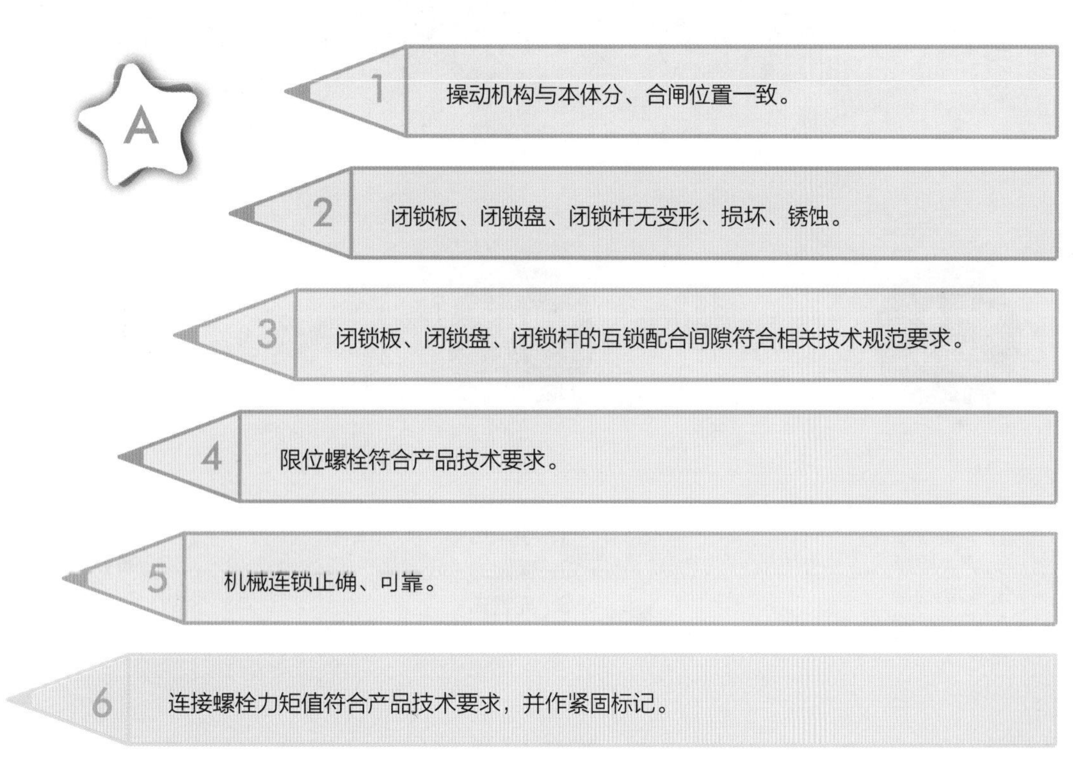

1 操动机构与本体分、合闸位置一致。

2 闭锁板、闭锁盘、闭锁杆无变形、损坏、锈蚀。

3 闭锁板、闭锁盘、闭锁杆的互锁配合间隙符合相关技术规范要求。

4 限位螺栓符合产品技术要求。

5 机械连锁正确、可靠。

6 连接螺栓力矩值符合产品技术要求，并作紧固标记。

第5分册
开关柜检修细则

检修分类及要求

1. A类检修
2. B类检修
3. C类检修
4. D类检修

专业巡视要点

1. 手车式
2. 固定式
3. 充气式

检修关键工艺质量控制要求

1. 整体更换
2. 重要元件的更换
3. 例行检查

Q 固定式开关柜的巡视要点有哪些？

1. 漆面无变色、鼓包、脱落。
2. 外部螺栓、销钉无松动、脱落。
3. 观察窗玻璃无裂纹、破碎。
4. 柜门无变形，柜体密封良好，无明显过热。
5. 泄压通道无异常。
6. 开关柜无异响、异味。
7. 各功能隔室照明正常。
8. 避雷器放电计数器泄漏电流指示正确。
9. 开关柜间母联桥箱、进线桥箱应无沉降变形。

Q 开关柜柜体例行检查的关键工艺质量控制有哪些？

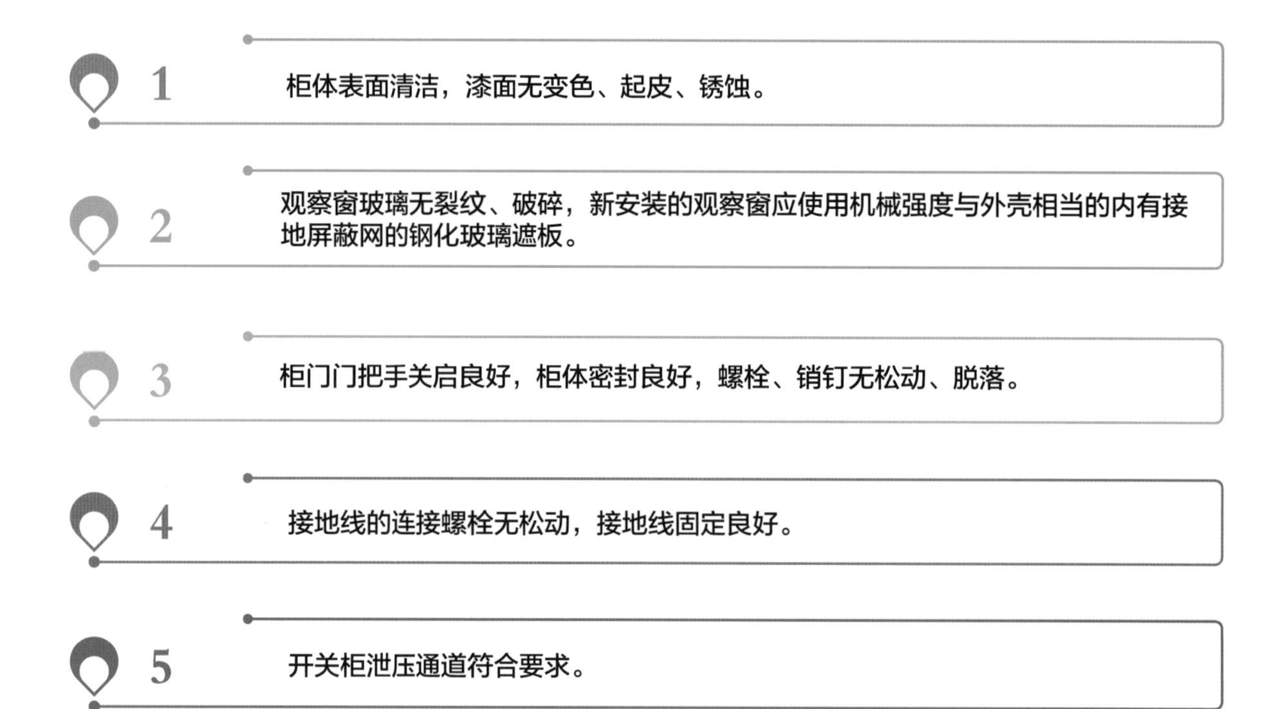

Q SF$_6$开关柜充气、检漏的关键工艺质量控制有哪些?

A

1. 新SF$_6$气体应经检测合格，充气管道和接头应进行清洁、干燥处理。严禁使用橡胶管道，充气时应防止空气混入。

2. 宜采用液相法充气（将钢瓶放倒，底部垫高约30°），使钢瓶的出口处于液相。对于进口气体，可以采用气相法充气。

3. 充气速率不宜过快，以气瓶底部不结霜为宜。环境温度较低时，液态SF$_6$气体不易气化，可对钢瓶加热（不能超过40℃），以提高充气速度。

4. 当气瓶内压力降至0.1MPa时，应停止充气。充气完毕后，应称量钢瓶的质量，以计算断路器内气体的质量，瓶内剩余气体质量应标出。

5. 柜体内充气24h后应进行密封性试验。

6. 充气完毕后静置24h后进行含水量测试检测，必要时进行气体成分分析。

第6分册
电流互感器检修细则

检修分类及要求

1. A类检修
2. B类检修
3. C类检修
4. D类检修

专业巡视要点

1. 油浸式电流互感器巡视
2. 干式电流互感器巡视
3. SF_6电流互感器巡视

检修关键工艺质量控制要求

1. 油浸式电流互感器检修
2. 干式电流互感器检修
3. SF_6电流互感器检修
4. 例行检查

Q 油浸式电流互感器的巡视要点有哪些?

1. 设备外观完好、无渗漏。外绝缘表面清洁，无裂纹及放电现象。
2. 金属部位无锈蚀，底座、构架牢固，无倾斜变形，设备外涂漆层清洁，无大面积掉漆。
3. 一次、二次、末屏引线接触良好，接头无过热，各连接引线无发热、变色，本体温度无异常。
4. 油位正常。
5. 本体二次接线盒密封良好、无锈蚀。无异常声响、振动和气味。
6. 接地点连接可靠。
7. 一次接线板支撑瓷瓶无异常。
8. 一次接线板过电压保护器表面清洁、无裂纹。

Q SF$_6$电流互感器检修整体更换的安全注意事项是什么？

A

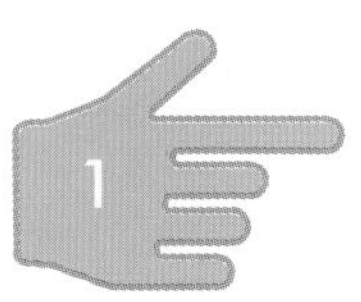

检修场地周围应无可燃或爆炸性气体、液体或引燃火种，否则应采取有效的防范措施和组织措施。

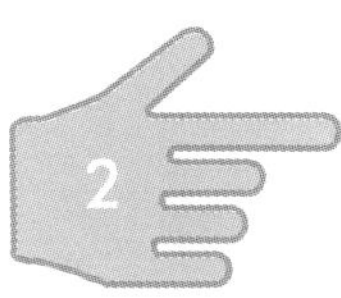

在现场进行电流互感器检修工作时，应注意与带电设备保持足够的安全距离，同时做好检修现场各项准备措施。

按厂家规定正确吊装设备，设置揽风绳控制方向，并设专人指挥。

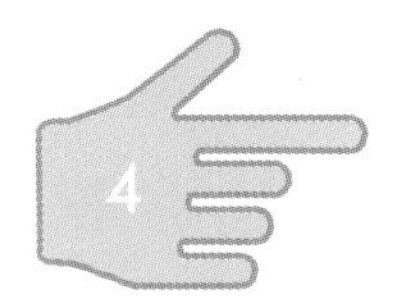

高空作业时工器具及物品应采取防跌落措施，禁止上下抛掷物品。

Q 电流互感器例行检查的关键工艺质量控制有哪些?

A

❶ 一、二次接线端子应连接牢固，接触良好，标识清晰，无过热痕迹。

❷ 二次回路应在端子排处一点接地。

❸ 设备外观完好无损。外绝缘表面清洁，无裂纹及放电现象。

❹ 金属部位无锈蚀，底座、构架牢固，无倾斜变形。

❺ 架构、遮栏、器身外涂漆层清洁，无爆皮掉漆。

❻ 无异常振动、声音及气味。

❼ 接地点连接可靠。

❽ 油浸式电流互感器各部位应无渗漏油现象。

❾ 油浸式电流互感器油位正常。

❿ 油浸式电流互感器金属膨胀器指示正常，无渗漏。

⓫ 气体绝缘电流互感器各部位应无漏气现象。

⓬ 气体绝缘电流互感器防爆膜完好。

⓭ 气体绝缘电流互感器压力表的压力值正常。

⓮ 气体绝缘电流互感器校验SF_6密度继电器的整定值，校验核对信号回路符合设计及运行要求。

⓯ 干式电流互感器各部位应无漏胶、裂纹现象。

第7分册
电压互感器检修细则

检修分类及要求

1. A类检修
2. B类检修
3. C类检修
4. D类检修

专业巡视要点

1. 油浸式电压互感器巡视
2. 干式电压互感器巡视
3. SF_6电压互感器巡视

检修关键工艺质量控制要求

1. 油浸式电压互感器检修
2. 干式电压互感器检修
3. SF_6电压互感器检修
4. 例行检查

Q 油浸式电压互感器的巡视要点有哪些?

1. 设备外观完好、无渗漏。外绝缘表面清洁，无裂纹及放电现象。
2. 金属部位无锈蚀，底座、构架牢固，无倾斜变形。
3. 一、二次引线连接正常，各连接接头无过热迹象，本体温度无异常。
4. 本体油位正常。
5. 端子箱密封良好，二次回路主熔断器或自动开关完好。
6. 电容式电压互感器二次电压（包括开口三角形电压）无异常波动。
7. 无异常声响、振动和气味。
8. 接地点连接可靠。
9. 上、下节电容单元连接线完好，无松动。
10. 外装式一次消谐装置外观良好，安装牢固。

Q 干式电压互感器检修整体更换的安全注意事项是什么？

A

1 工作前必须认真检查停用电压互感器的状态，应注意对继电保护和安全自动装置的影响，将二次回路主熔断器或二次空气开关断开，防止电压反送。

2 在现场进行电压互感器检修工作时，应注意与带电设备保持足够的安全距离，同时做好检修现场各项安全措施。

3 吊装应按照厂家规定程序进行，选用合适的吊装设备和正确的吊点，设置揽风绳控制方向，并设专人指挥。

4 高空作业时工器具及物品应采取防跌落措施，禁止上下抛掷物件。

SF_6电压互感器检修的关键工艺质量控制有哪些?

1. 施工环境应满足要求，电压互感器拆卸、安装过程中要求在无大风扬沙的天气下进行，并采取防尘防雨措施。
2. 安装后，检查设备外观完整、无损，SF_6气体无渗漏，气体压力指示正常，引线对地距离符合相关规定。
3. 电压互感器应有明显的接地符号标志，接地点连接应牢固可靠，螺栓材质及紧固力矩应符合规定或厂家要求，并应有两根接地引下线与地网不同点可靠连接。
4. 末屏引出小套管接地良好，并有防转动措施，以防内部引线扭断。
5. 电压互感器二次侧严禁短路。
6. 二次出线端子密封良好，并有防转动措施，以防内部引线扭断。
7. 所有端子及紧固件应有良好的防锈镀层、足够的机械强度和保持良好的接触面。
8. SF_6气体密度继电器、压力表应加装防雨罩，并按相关要求进行校验。
9. 检验密度继电器，SF_6气体报警接点应符合产品技术要求，并作记录。
10. 当有外装式一次消谐装置时，应安装牢固。

Q 电压互感器例行检查的安全注意事项是什么?

A

1. 工作前必须认真检查停用电压互感器的状态，应注意对继电保护和安全自动装置的影响，将二次回路主熔断器或二次空气开关断开,防止电压反送。

2. 在现场进行电压互感器检修工作时，应注意与带电设备保持足够的安全距离，同时做好检修现场各项安全措施。

3. 高空作业时工器具及物品应采取防跌落措施，禁止上下抛掷物件。

4. 断开与互感器相关的各类电源并确认无电压。

5. 接取低压电源时，检查漏电保安器动作可靠，正确使用万用表。

6. 拆下的二次回路线头所作标记正确、清晰、牢固，防潮措施可靠。

第8分册
避雷器检修细则

检修分类及要求

1. A类检修
2. B类检修
3. C类检修
4. D类检修

专业巡视要点

1. 碳化硅阀式避雷器巡视
2. 金属氧化物避雷器巡视

检修关键工艺质量控制要求

1. 碳化硅阀式避雷器检修
2. 金属氧化物避雷器检修
3. 例行检查

Q 金属氧化物避雷器本体的巡视要点有哪些?

A

❶ 接线板无变形、变色、裂纹。

❷ 复合外套及瓷外套表面无裂纹、破损、变形，无明显积污。

❸ 复合外套及瓷外套表面无放电、烧伤痕迹。

❹ 瓷外套防污闪涂层无龟裂、起层、破损、脱落。

❺ 复合外套及瓷外套法兰无锈蚀、裂纹。

❻ 复合外套及瓷外套法兰粘合处无破损、裂纹、积水。

❼ 避雷器排水孔通畅，安装位置正确。

❽ 避雷器压力释放通道处无异物，防护盖无脱落、翘起，安装位置正确。

❾ 避雷器防爆片应完好。

❿ 避雷器整体连接牢固、无倾斜。连接螺栓齐全，无锈蚀、松动。

⓫ 避雷器内部无异响。

⓬ 带并联间隙的金属氧化物避雷器，外露电极表面应无明显烧损、缺失。

⓭ 避雷器相序标识清晰、完整，无缺失。

⓮ 低式布置的金属氧化物避雷器遮栏内无异物。

⓯ 避雷器未消除缺陷及隐患应满足运行要求。

⓰ 避雷器反事故措施项目执行情况良好。

⓱ 避雷器无家族性缺陷。

Q 金属氧化物避雷器整体或元件更换的安全注意事项是什么?

A

1. 高空作业时禁止将安全带系在避雷器及均压环上。

2. 工作过程中严禁攀爬避雷器、踩踏均压环。

3. 拆除前应先将被拆除部分可靠固定，避免引流线滑出、均压环坠落、绝缘件倒塌。

4. 避雷器在搬运、吊装过程中，严禁受到冲击和碰撞。

5. 按厂家规定吊装设备，并根据需要设置揽风绳控制方向。

6. 断开相关二次电源，并采取隔离措施。

7. 雷雨天气禁止进行避雷器检修。

Q 避雷器例行检查的关键工艺质量控制有哪些?

1. 基座及法兰无裂纹、锈蚀。
2. 绝缘外套无变形、破损、放电、烧伤痕迹。
3. 复合外套和瓷绝缘外套的防污闪涂层憎水性应符合要求。
4. 复合外套和瓷绝缘外套法兰粘合处无破损、积水，防水性能良好。
5. 避雷器连接螺栓无松动、锈蚀、缺失。
6. 支架各焊接部位无开裂、锈蚀。
7. 均压环完好，无变形、缺损。
8. 安装牢固、平正，排水孔通畅。
9. 避雷器引流线无烧伤、断股、散股。
10. 引流线拉紧绝缘子紧固可靠，受力均匀，轴销、挡卡完整可靠。
11. 监测装置无破损，固定可靠、密封良好。
12. 均压环装配牢固，无倾斜、变形、锈蚀。
13. 避雷器法兰排水孔通畅、无堵塞，法兰粘合牢靠、无开裂。
14. 避雷器接线板、设备线夹、导线外观无异常，螺栓应与螺孔匹配。
15. 避雷器释压板及喷嘴无变形、损伤、堵塞现象。
16. 避雷器接地装置应连接可靠，焊接部位无开裂、锈蚀。
17. 充气并带压力表的避雷器的气体压力值应符合要求。
18. 对异常缺陷进行处理。

第9分册

并联电容器组检修细则

检修分类及要求

1. A类检修
2. B类检修
3. C类检修
4. D类检修

专业巡视要点

1. 电容器单元巡视
2. 外熔断器本体巡视
3. 避雷器巡视
4. 电抗器巡视
5. 放电线圈巡视
6. 其他部件巡视
7. 集合式电容器巡视

检修关键工艺质量控制要求

1. 电容器整组更换
2. 电容器检修
3. 例行检查

Q 电容器单元巡视的要点有哪些?

A

1. 瓷套管表面清洁，无裂纹，无闪络放电和破损。
2. 电容器单元无渗漏油，无膨胀变形，无过热。
3. 电容器单元外壳油漆完好，无锈蚀。

Q 集合式电容器的巡视要点有哪些?

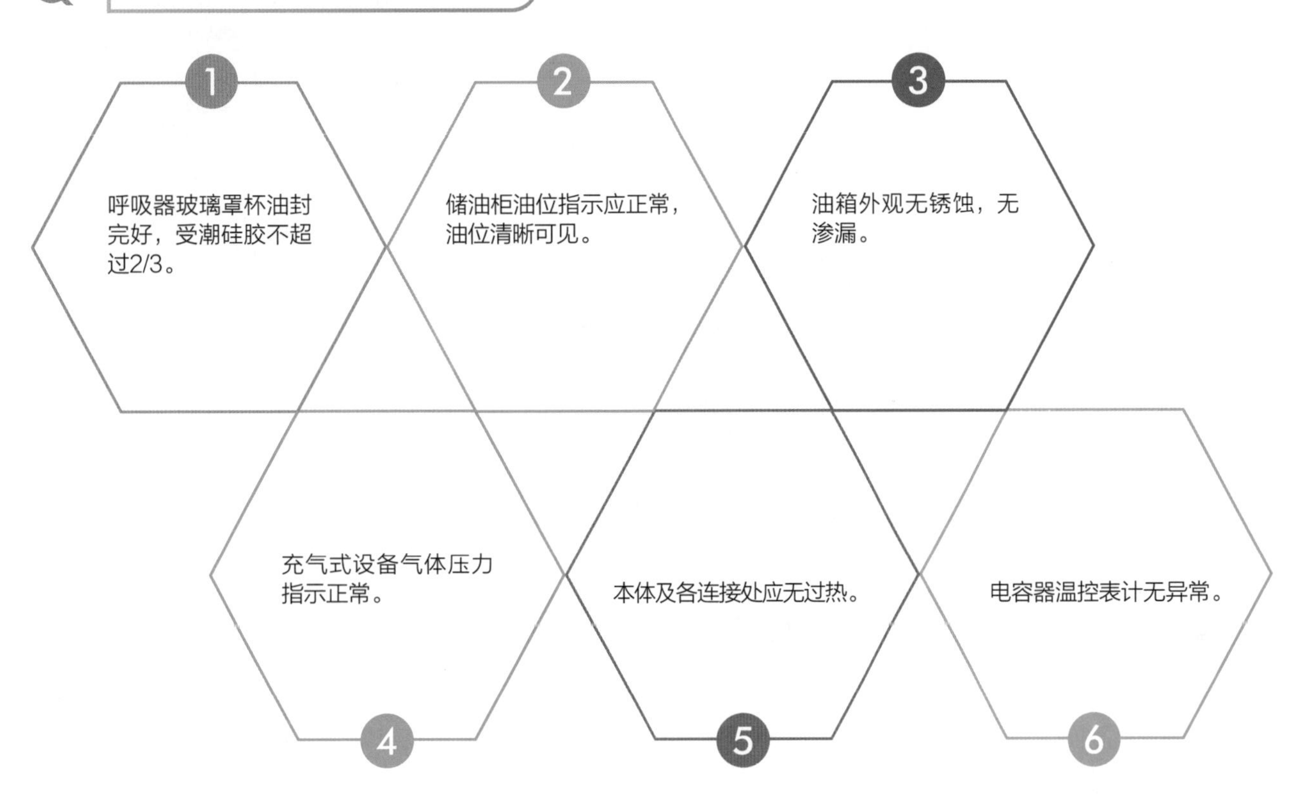

电容器整组更换的安全注意事项是什么？

1. 工作前应将电容器内各高压设备逐个多次充分放电。

2. 按厂家规定正确吊装设备，必要时使用揽风绳控制方向，并设专人指挥。

3. 对安全距离小的电容器进行检修时，应做好安全防护措施。

4. 拆、装电容器一、二次电缆时应做好防护措施。

电容器单元更换的关键工艺质量控制有哪些?

A

1. 按照厂家规定程序进行拆除、吊装。
2. 瓷套管表面应清洁，无裂纹、破损和闪络放电痕迹。
3. 芯棒应无弯曲和滑扣，铜螺栓螺母垫圈应齐全。
4. 无变形、无锈蚀、无裂缝、无渗油。
5. 铭牌、编号在通道侧，顺序符合设计要求。
6. 各导电接触面符合要求，安装紧固，有防松措施。
7. 外壳接地端子可靠接地。凡不与地绝缘的每个电器的外壳及电容器构架均应接地，凡与地绝缘的电容器的外壳均应接到固定的电位上。
8. 引线与端子间连接应使用专用压线夹，电容器之间的连接线应采用软连接。

并联电容器例行检查的关键工艺质量控制有哪些?

1. 高压设备套管无裂纹、破损，无闪络放电痕迹。
2. 电容器无渗漏油、膨胀变形。
3. 各部件油漆完好，无锈蚀。
4. 各电气连接部位接触良好，无过热。
5. 充油集合式电容器呼吸器玻璃罩杯油封应完好，硅胶不应自上而下变色，储油柜油位指示应正常，油位计内部无油垢，油位清晰可见。
6. 对已运行的非全密封放电线圈进行检查，发现受潮时应及时更换。
7. 充油式互感器油位正常，无渗漏。
8. 对所有绝缘部件进行清扫。
9. 各接地点接触良好。
10. 电容器组的接线正确。
11. 放电电阻的阻值和容量符合要求。
12. 电容器组安装处通风应良好。

第10分册

干式电抗器检修细则

检修分类及要求

1. A类检修
2. B类检修
3. C类检修
4. D类检修

专业巡视要点

1. 本体巡视
2. 支柱绝缘子巡视
3. 防护罩巡视
4. 线夹及引线巡视
5. 支架及接地巡视

检修关键工艺质量控制要求

1. 整体更换
2. 元件检修
3. 例行检查

干式电抗器整体更换的关键工艺质量控制有哪些?

A

1. 吊装应按照厂家规定程序进行，使用合适的吊带进行吊装。
2. 瓷套外观应清洁无破损。
3. 设备内外表面清洁完好，无任何遗留物。
4. 电抗器金具完好无裂纹，螺栓紧固，接触良好。
5. 一次引线应无散股、扭曲、断股。
6. 支柱绝缘子表面清洁，无破损、裂纹。
7. 支柱绝缘子铸铁法兰无裂纹，胶接处胶合良好。
8. 对支架、基座等铁质部件进行除锈防腐处理。
9. 电抗器垂直安装时，各相中心线应一致。
10. 电抗器的支柱绝缘子接地，并应符合下列要求：
    a. 上下重叠安装的干式空心电抗器，应在其绝缘子顶帽上放置绝缘垫圈。
    b. 每相单独安装时，每相支柱绝缘子均应接地。
    c. 支柱绝缘子的接地不应构成闭合环路。
11. 电抗器应注明相色标识。
12. 铁芯应有并仅有一点可靠接地。

Q 干式电抗器元件检修的安全注意事项是什么？

A

1. 工作前应将间隔组内各高压设备充分放电。
2. 按厂家规定正确吊装设备，必要时使用揽风绳控制方向，并设专人指挥。

Q 干式电抗器元件检修的关键工艺质量控制有哪些？

A

1. 表面应清洁、无锈蚀。
2. 外观完好无破损，内外无异物。
3. 安装牢固，无松动、无倾斜。

干式电抗器例行检查的关键工艺质量控制有哪些?

1. 各导电接触面接触良好，连接可靠。
2. 电抗器表面涂层应无破损、脱落或龟裂。
3. 本体涂层完好，无锈蚀。
4. 包封表面无爬电痕迹。
5. 通风道无杂物。
6. 户外电抗器表面无浸润。
7. 电抗器包封与支架间紧固带无松动、断裂。
8. 电抗器包封间导风撑条无松动、脱落。
9. 干式空心电抗器支撑条无明显下坠或上移情况。
10. 电抗器防护罩应水平，无倾斜、无破损。
11. 绝缘子表面清洁、无异常。
12. 支座绝缘良好，支座应紧固且受力均匀。

第11分册 串联补偿装置检修细则

检修分类及要求

1. A类检修
2. B类检修
3. C类检修
4. D类检修

专业巡视要点

1. 串补平台巡视
2. 冷却系统巡视
3. 载流导体巡视
4. 绝缘子巡视

检修关键工艺质量控制要求

1. 整体更换
2. 电容器检修
3. 金属氧化物限压器（MOV）检修
4. 触发型间隙检修
5. 电流互感器检修
6. 载流导体检修
7. 阻尼装置检修
8. 光纤柱检修
9. 支柱绝缘子、斜拉绝缘子检修
10. 晶闸管阀及阀室检修
11. 阀控电抗器检修
12. 阀冷却系统检修
13. 例行检查

Q 串补平台的巡视要点有哪些?

A

1. 电容器外壳应无鼓肚、渗漏油。
2. 引线接头、电容器外壳以及电流流过的其他主要设备无异常发热。
3. 瓷瓶清洁，无裂纹、破损和放电痕迹。
4. 引线无松股、断股。
5. 电容器组、金属氧化物避雷器上无鸟巢及其他异物。
6. 晶闸管阀室的门应关闭良好，阀室外面无搭挂杂物等。
7. 观察阀室底部、水冷管路无漏水现象。
8. 串联补偿装置无异常声响。
9. 串联补偿装置的运行数据处于正常范围内。
10. 串联补偿装置遗留缺陷及隐患不应影响正常运行。

串联补偿装置整体更换的安全注意事项是什么?

1 工作人员在进行平台与支柱绝缘子的连接工作时，不得在支柱绝缘子上绑扎安全带。

2 按厂家规定正确选用吊装设备，并设专人指挥。吊物下严禁站人。

3 拆、装串补平台时应采用两台吊车从平台两侧同时起吊，起吊前应对受力大的部件进行验算，必要时采取临时补强措施。

4 在斜拉绝缘子未安装前，为防止平台水平移动，必须保持临时拉线在收紧状态，并设专人监护。

串联补偿装置例行检查的安全注意事项是什么？

1. 工作前必须将串补平台可靠接地并充分放电。
2. 工作人员进入平台后，应将围栏门关好并上锁。
3. 平台上使用梯子时，应固定牢固，并有专人扶持。

第12分册 母线及绝缘子检修细则

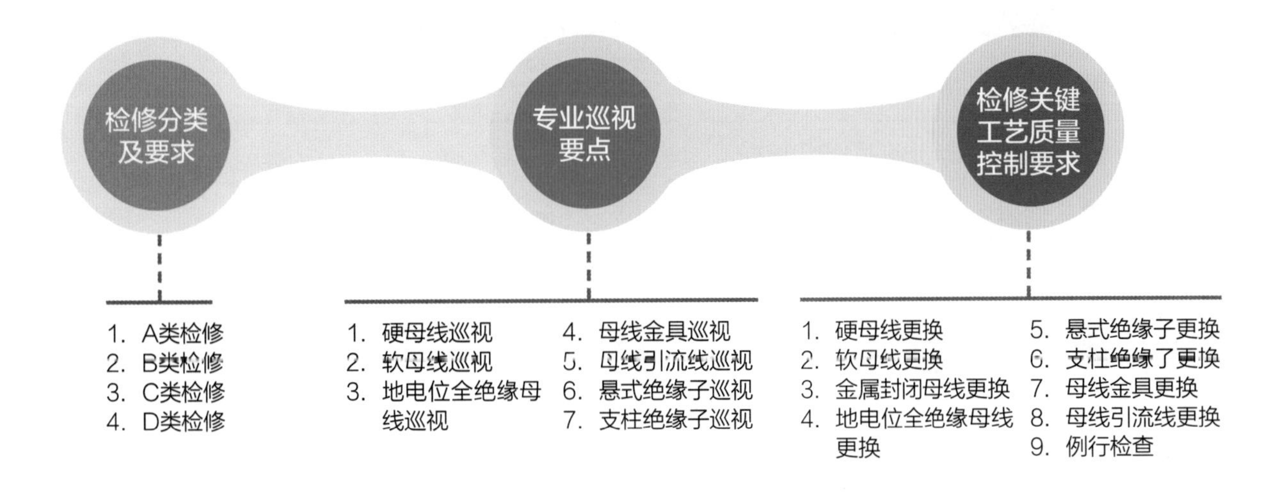

Q 硬母线的巡视要点有哪些?

A

1. 相序及运行编号标示清晰。
2. 导线或软连接无断股、散股及腐蚀，无异物悬挂。
3. 管型母线本体或焊接面无开裂、变形、脱焊。
4. 每节管型母线固定金具应仅有一处，并宜位于全长或两母线伸缩节中点。
5. 导线 、接头及线夹无过热。
6. 固体绝缘母线的绝缘无破损。
7. 封端球正常无脱落。
8. 管型母线固定伸缩节应无损坏，满足伸缩要求。
9. 管型母线最低处、终端球底部应有排水孔。

金属封闭母线更换的关键工艺质量控制有哪些?

1. 母线布置时与接地体的安全距离应符合验收规范相关要求。
2. 应采用防腐蚀性气体侵蚀及机械损伤的包装。
3. 表面应光洁平整，不应有裂纹、折皱。
4. 裸露带电部分应有绝缘包封。
5. 母线与母线、母线与分支线、母线与接线端子搭接时，应符合标准规定。
6. 母线与接线端子连接时，不应使接线端子承受过大的侧向应力。
7. 有防结露、除尘、除湿（伴热）装置时，防结露、除尘、除湿（伴热）电缆的固定应保证与母线及外壳间有足够的安全距离，并封闭防结露、除尘、除湿（伴热）电缆的孔洞。
8. 对于电流大于3000A的导体，紧固件应采用非磁性材料。
9. 金属封闭母线外壳及支持结构的金属部分接地可靠，微正压金属封闭母线密封良好。
10. 母线直线段的支柱绝缘子的安装中心线应在同一直线上。

Q 软母线更换的安全注意事项是什么？

A

① 架空线工作点下方不得站人，高空作业时应使用工具袋，防止高空落物。

② 在5级及以上的大风以及暴雨、雷电、冰雹、大雾、沙尘暴等恶劣天气下，应停止露天高处作业。

③ 利用卷扬机辅助挂架空线，应注意防止滑脱。钢丝绳扣接导线环时要牢固。

④ 使用电动工器具及压接工具时参照该工具的安全注意事项执行。

⑤ 悬式绝缘子挂架时，钢丝绳走绳区域和拉线下方区域拉警戒线，并设专人监护。

⑥ 高空作业人员应系绑腿式安全带，穿防滑鞋，垂直保护应使用自锁式安全带或速差自控式安全带。

Q 硬母线例行检查的安全注意事项是什么?

① 在5级及以上的大风以及暴雨、雷电、冰雹、大雾、沙尘暴等恶劣天气下，应停止露天高处作业。

② 相邻带电架构、爬梯设置警示红布帘。

③ 在强电场下工作时，工作人员应加装临时接地线或使用保安地线。

Q 软母线例行检查的安全注意事项是什么?

A

① 在5级及以上的大风以及暴雨、雷电、冰雹、大雾、沙尘暴等恶劣天气下，应停止露天高处作业。

② 相邻带电架构、爬梯设置警示红布帘。

第13分册
穿墙套管检修细则

检修分类及要求

1. A类检修
2. B类检修
3. C类检修
4. D类检修

专业巡视要点

检修关键工艺质量控制要求

1. 整体更换
2. 例行检查

Q 穿墙套管的巡视要点有哪些？

① 观察外绝缘有无放电，放电不超过第二片伞裙，不出现中部伞裙放电。

② 外绝缘无破损或裂纹，无异物附着，增爬裙无脱胶、破裂。

③ 电流互感器、套管法兰无锈蚀。

④ 均压环无变形、松动或脱落。

⑤ 高压引线连接正常，设备线夹无裂纹、过热。

⑥ 金属安装板可靠接地，不形成闭合磁路，四周无雨水渗漏。

⑦ 末屏、法兰及不用的电压抽取端子可靠接地。

⑧ 油纸绝缘穿墙套管油位指示正常，无渗漏。

⑨ SF_6气体绝缘穿墙套管气体表计指示正常，无泄漏。

⑩ 套管四周应无危及安全运行的异常情况。

Q 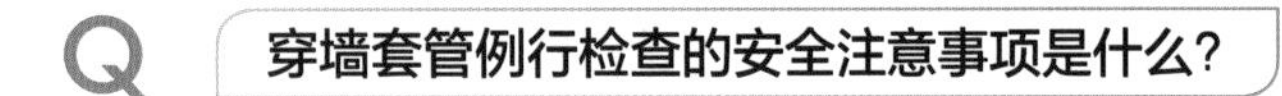

穿墙套管例行检查的安全注意事项是什么?

1. 高处作业应做好防高空坠落、高空坠物措施。

2. 严禁攀爬穿墙套管或将安全带打在穿墙套管上。

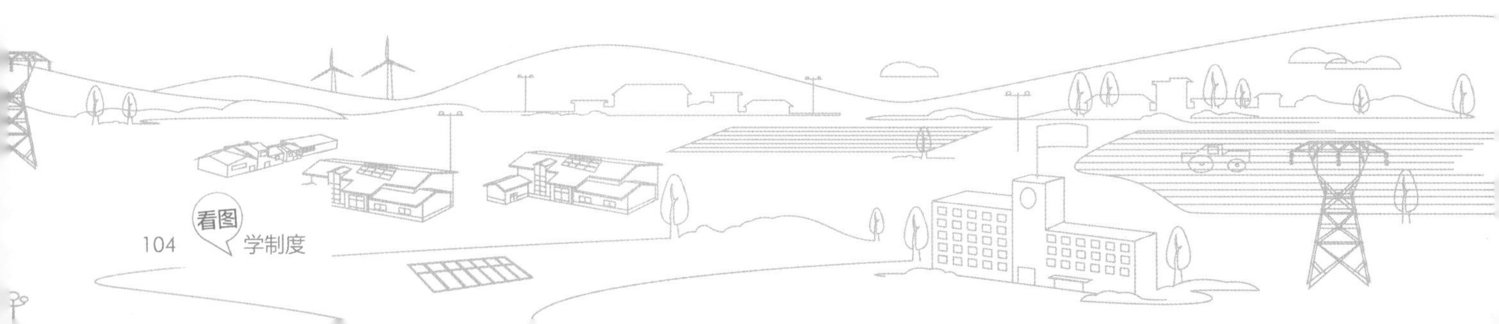

穿墙套管例行检查的关键工艺质量控制有哪些?

1. 修复外绝缘破损，胶合面防水胶完好，必要时重新涂覆。
2. 修复均压环变形及裂纹等异常，安装牢固。
3. 检查金属安装板无开裂、变形等异常现象，接地可靠。
4. 引线、接线端子接触良好。
5. 检查末屏接线端子，确保接地可靠。
6. 对金属部件锈蚀部分进行防腐处理。
7. 复合绝缘外套（含防污闪涂料）憎水性检查结果应处于HC1~ HC3级，必要时对瓷套管防污闪涂料进行复涂。
8. 必要时更换油塞密封件。
9. 充油穿墙套管油位正常，无渗漏，必要时按照厂家要求进行补油。

第14分册 电力电缆检修细则

检修分类及要求

专业巡视要点

1. 本体巡视
2. 附件巡视
3. 附属设备巡视
4. 附属设施巡视

检修关键工艺质量控制要求

1. 本体检修
2. 附件检修
3. 附属设备检修
4. 例行检查

Q 110（66）kV及以上本体巡视的要点有哪些？

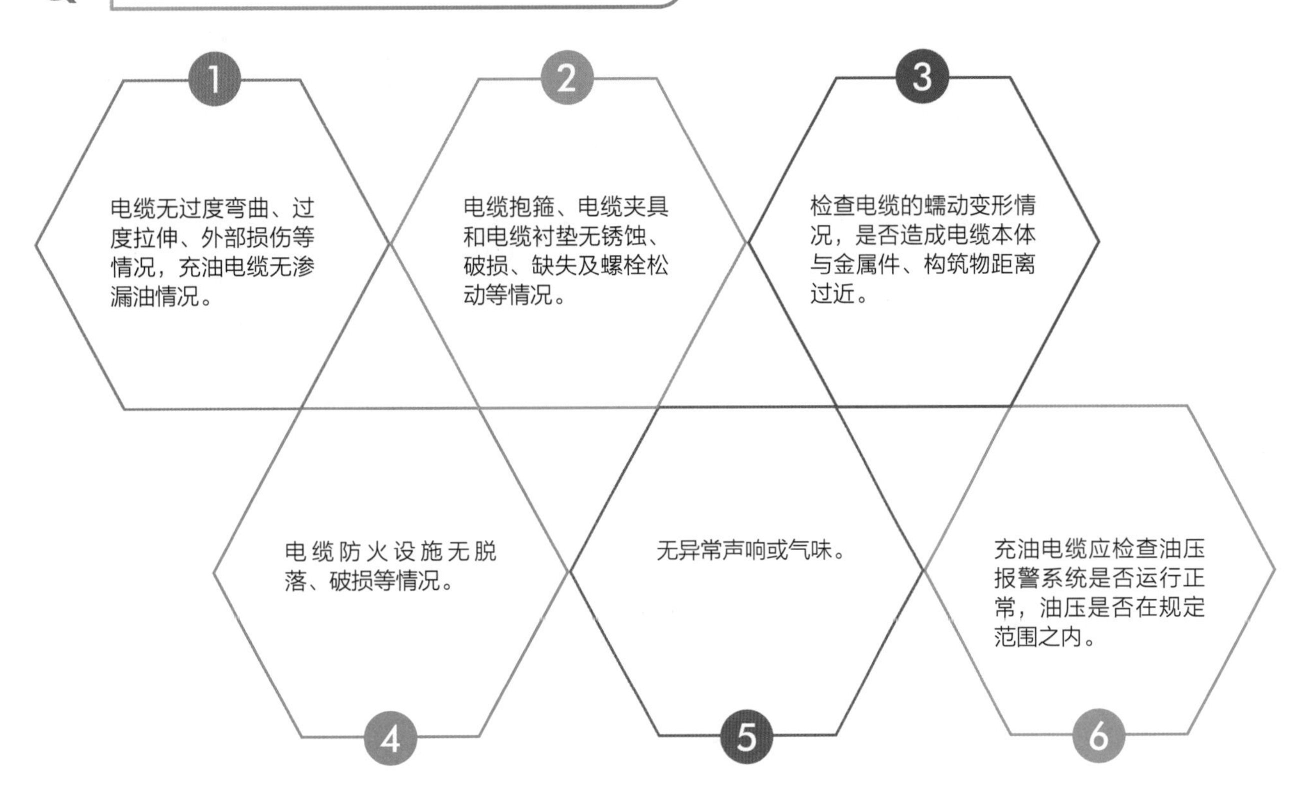

Q 附属设备接地装置的巡视要点有哪些?

1. 接地线及回流线完好，连接牢固。
2. 接地箱无损伤及严重锈蚀，密封完好，箱体接地良好，安装牢固。
3. 接地装置与接地线端子紧固螺栓无锈蚀、断裂。
4. 通过短路电流后应检查护层过电压限制器有无烧熔现象，接地箱内连接排接触是否良好。
5. 必要时测量连接处温度和单芯电缆金属护层接地线电流，有较大突变时应停电进行接地系统检查，查找接地电流突变原因。
6. 接地标识清晰、无脱落。

Q 接地线和回流线更换的关键工艺质量控制有哪些?

接地线和回流线应采用带护层的单芯电缆，且安装孔的尺寸符合设计要求。

选用合适的压接钳和匹配的压接模具进行线鼻的压接。

根据接头盒引出相位，在接地线上正确绕包相色带，接地线应有明显的接地标识。

接地线和回流线的转弯半径应满足最小允许弯曲半径的要求。

接地线和回流线的安装位置不应妨碍设备的拆卸和检修，便于检查。

接地线和回流线的安装应保持平直，在直线段上不应有高低起伏及弯曲等状况。

接地线跨越建筑物伸缩缝、沉降缝处时，应设补偿器。补偿器可用接地线本身弯成弧状代替。

接地线采用金属编织线时，与电缆金属护套应焊接牢固，无虚焊。

电力电缆例行检查的安全注意事项有哪些?

A

1. 在电缆工井、竖井内作业时，应事先做好有毒有害及易燃气体测试，并做好通风，防止发生人员中毒事故。

2. 登高作业时应按规定使用安全带，防止发生人员坠落事故。

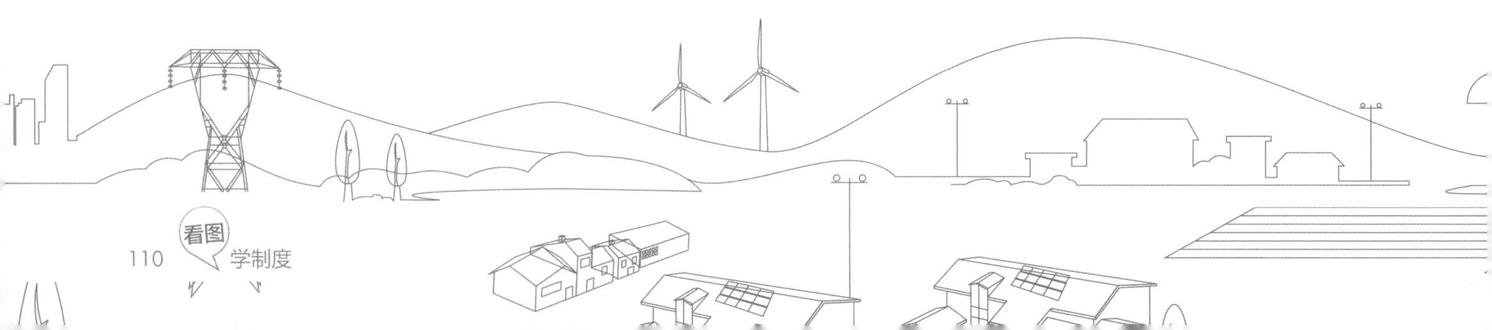

第15分册
消弧线圈检修细则

检修分类及要求

1. A类检修
2. B类检修
3. C类检修
4. D类检修

专业巡视要点

1. 干式消弧线圈本体巡视
2. 油浸式消弧线圈本体巡视
3. 干式接地变压器本体巡视
4. 油浸式接地变压器本体巡视
5. 分接开关巡视
6. 避雷器巡视
7. 中性点隔离开关巡视
8. 电容器巡视
9. 电压互感器巡视
10. 电流互感器巡视
11. 阻尼电阻及其组件巡视
12. 并联电阻及其组件巡视

检修关键工艺质量控制要求

1. 干式消弧线圈本体检修
2. 油浸式消弧线圈本体检修
3. 干式接地变压器检修
4. 油浸式接地变压器检修
5. 消弧线圈成套装置主要附件检修
6. 例行检查

Q 干式消弧线圈整体更换的安全注意事项是什么？

A

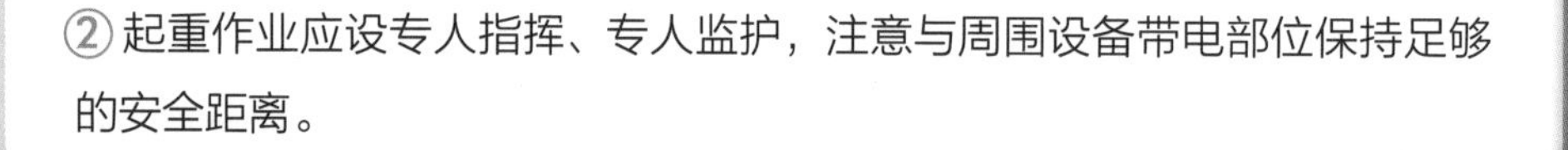

①检修前，应对调容与相控式装置内的电容器充分放电。

②起重作业应设专人指挥、专人监护，注意与周围设备带电部位保持足够的安全距离。

Q 消弧线圈成套装置（干式）例行检查的安全注意事项是什么？

1. 检修前，应对调容与相控式装置内的电容器充分放电。

2. 使用带有绝缘包扎的工器具，防止低压触电。

3. 分接开关传动机构及控制回路检修时，应先断开上级电源空气开关。

4. 二次回路工作时，应使用带有绝缘包扎的工器具，防止交、直流接地或短路。

5. 工作中严禁造成电流互感器二次侧开路、电压互感器二次侧短路。

Q 消弧线圈成套装置（油浸）例行检查的安全注意事项是什么？

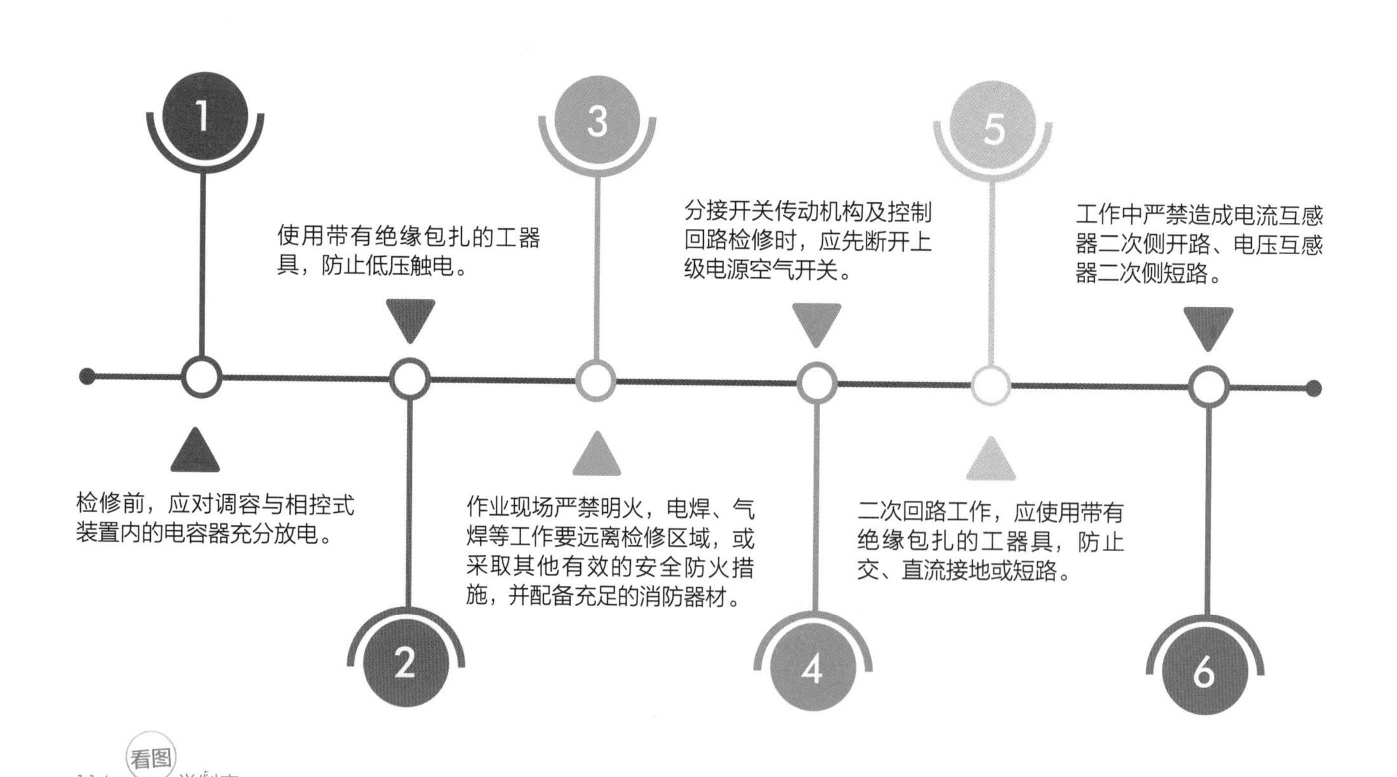

第16分册
高频阻波器检修细则

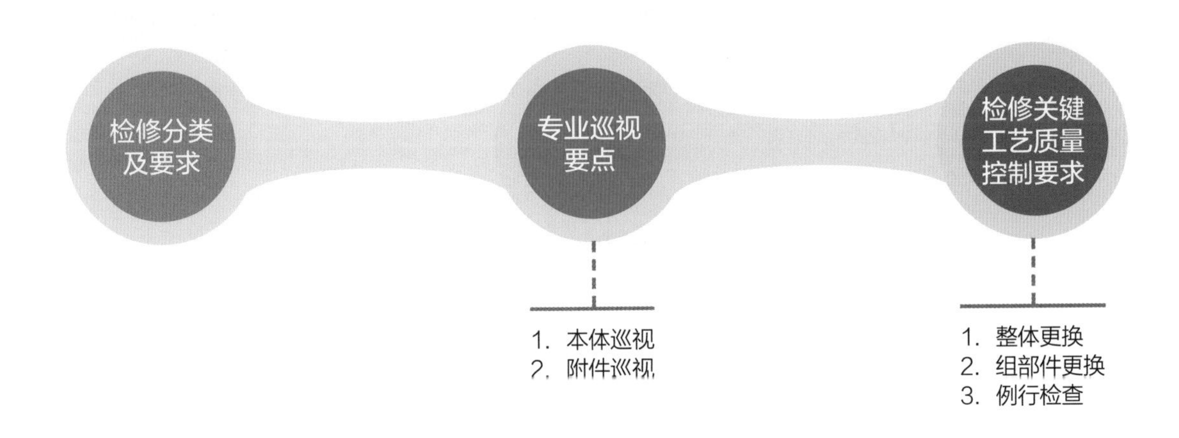

高频阻波器本体巡视的要点有哪些?

1 高频阻波器器身内外无异物。

2 器身完好，线圈无变形，支撑条无明显位移或缺失，紧固带无松动、断裂。

3 线圈无爬电痕迹、无局部过热、无放电声响。

4 螺栓无松动，框架无脱漆、锈蚀。

5 保护元件（避雷器）表面无破损和裂纹，调谐元件无明显发热点。

Q 高频阻波器附件巡视的要点有哪些?

A

1. 悬式绝缘子完整，无放电痕迹，无位移或非正常倾斜。

2. 支柱绝缘子无破损和裂纹，防污闪涂料无鼓包、起皮及破损，增爬裙无塌陷变形，粘接面牢固。

3. 连接金具无松脱、锈蚀，开口销无锈蚀、脱位或脱落。

4. 引线无断股、散股，弧垂适当。

5. 设备线夹无裂纹、过热。

高频阻波器整体更换的安全注意事项是什么?

A

1. 在5级及以上的大风及雨、雪等恶劣天气下，应停止露天高处作业。
2. 作业时应采取防感应电伤人的措施。
3. 按厂家规定正确吊装高频阻波器，设置揽风绳控制方向，并设专人指挥。
4. 拆装高频阻波器时应做好防止高空坠落及坠物伤人的安全措施。
5. 拆装引线时应采取防止引线摆动至相邻带电部位的措施。

第17分册

耦合电容器检修细则

检修分类及要求

1. A类检修
2. B类检修
3. C类检修
4. D类检修

专业巡视要点

1. 耦合电容器巡视
2. 结合滤波器巡视

检修关键工艺质量控制要求

1. 整体更换
2. 耦合电容器单元更换
3. 例行检查

Q 耦合电容器整体更换的安全注意事项是什么？

A

1. 在5级及以上的大风及雨、雪等恶劣天气下，应停止露天高处作业。

2. 按厂家规定正确吊装设备，设置揽风绳控制方向，并设专人指挥。

3. 拆装设备时应做好防止高空坠落及坠物伤人的安全措施。

4. 拆下的引线不得失去原有接地线保护，引线应固定牢固。

5. 工作前应对耦合电容器充分放电。

耦合电容器单元更换的关键工艺质量控制有哪些?

要更换的耦合电容器单元应经试验合格，且为同厂同型号产品。

瓷套外观清洁无破损，防污闪涂料无起皮、鼓包、脱落，增爬裙粘接牢固。

耦合电容器单元法兰浇注部位防水密封胶完好。

更换耦合电容器单元时应从下到上逐节安装。

耦合电容器单元之间电气连接接触良好，螺栓应紧固。

接线板表面无氧化、划痕、脏污，接触良好，各导电接触面应涂有导电脂。

均压环表面光滑、无变形，安装牢固、平正。

导线无断股、散股、扭曲，弧垂适当，接地线连接可靠、无锈蚀。

耦合电容器例行检查的安全注意事项是什么?

1. 在5级及以上的大风及雨、雪等恶劣天气下，应停止露天高处作业。
2. 作业时应做好防止高空坠落及坠物伤人的安全措施。
3. 结合滤波器接地刀闸应在合闸位置。

第18分册
高压熔断器检修细则

检修分类及要求

专业巡视要点

检修关键工艺质量控制要求

1. 喷射式熔断器熔断件更换
2. 限流式熔断器熔断件更换
3. 熔断器底座更换
4. 例行检查

高压熔断器专业巡视的要点有哪些?

A

外绝缘无放电痕迹，支持绝缘件表面无裂纹、损坏。

底座、熔断件触头间无放电、过热、烧伤。

熔断器位置指示装置应指示正常。

喷射式熔断器、户外限流熔断器载熔件密封良好。

引线端子、底座触头无明显开裂、变形。

底座架接地装置接地部分应完好。

Q 喷射式熔断器熔断件更换的安全注意事项是什么？

工作前检查熔断器两端电源已断开，并确认无电压，安全措施到位。

高处作业应按规程使用安全带、绝缘梯，使用绝缘梯应做好防倾倒措施。

工器具、物品上、下传递应使用绳索或工具袋，禁止抛掷。

高压熔断器例行检查的关键工艺质量控制有哪些?

1. 清扫绝缘部件上污秽，检查表面无闪络、损伤痕迹，外露金属件无锈蚀。
2. 载熔件、熔断件表面应无损伤、裂纹。
3. 熔断器触头、引线端子等接连部位无烧伤。
4. 熔断件应无击穿，三相电阻值应基本一致，载熔件与熔断件压接良好。
5. 带指示装置的熔断器指示位置应正确。
6. 各连接处应无松动，连接线无破损，接触弹簧弹性良好。
7. 带钳口的熔断器，其熔断件应紧密插入钳口内，插拔应顺畅。
8. 底座架、支撑件螺栓紧固牢靠。
9. 瓷瓶金属件与瓷件接合处密封良好、无锈蚀。
10. 跌落式熔断器熔断件轴线与铅垂线的夹角应为15°～30° ，其转动部位应灵活，并注入机油润滑。
11. 喷射式熔断器载熔件内腔腐蚀状况应满足正常运行需要。

第19分册

主变压器中性点隔直装置检修细则

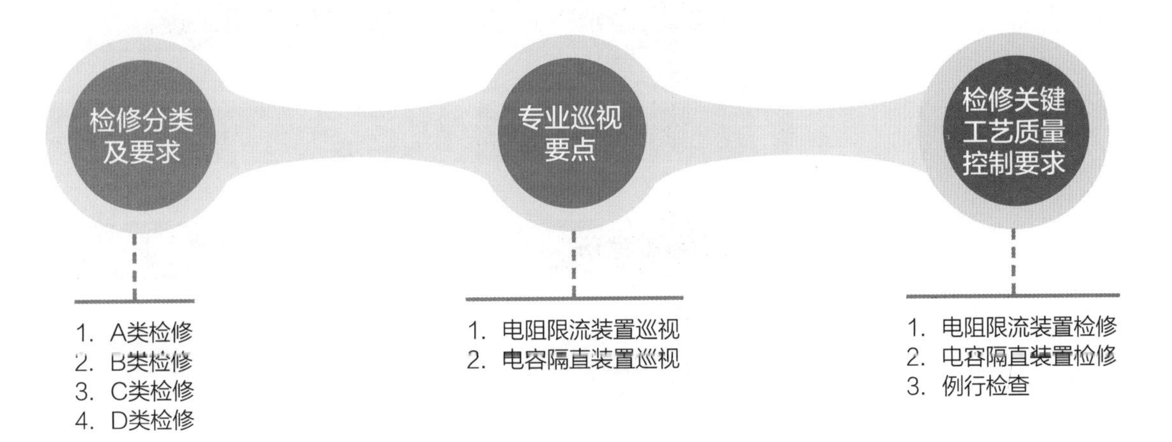

Q 电阻限流装置的巡视要点有哪些?

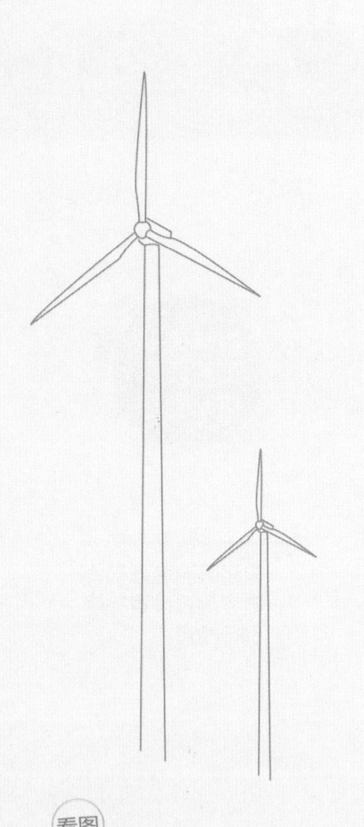

a 外观无锈蚀、无灰尘、无破损、无变形。

b 绝缘体外表面清洁、无裂纹。

c 装置无异常振动、声音及气味，无明显放电痕迹。

d 间隙表面无闪络痕迹。

e 间隙表面无异物。

f 监测装置无报警。

g 遥信、遥测量与装置运行情况一致。

Q 电阻限流装置整体更换的安全注意事项是什么?

A

1. 仪器仪表、工具材料及大型机具摆放到位，并与周围带电设备保持足够的安全距离。

2. 装置确认无电压并充分放电。

3. 按厂家规定正确吊装设备，必要时使用揽风绳控制方向，并设专人指挥。

Q 电容隔直装置整体检修的关键工艺质量控制有哪些？

① 吊装应按照厂家规定程序进行，使用合适的吊带进行吊装。

② 对支架、基座等铁质部件进行除锈防腐处理。

③ 接地可靠，无松动及明显锈蚀等现象。

④ 外观检查无锈蚀、灰尘。

⑤ 清洁瓷套外观，无破损。

⑥ 设备内清洁完好，无任何遗留物。

⑦ 二次接线良好，无松动，防护套无损坏。

⑧ 二次回路绝缘电阻大于5MΩ。

⑨ 主回路导通测试满足规程要求。

⑩ 接地导通测试满足规程要求。

⑪ 转换功能检查正确。

⑫ 上传信号核对正确。

主变压器中性点隔直装置例行检查的安全注意事项是什么？

1 断开与装置相关的各类电源并确认无电压。

2 接取低压电源时，检查漏电保安器动作可靠，正确使用万用表。

3 拆下的控制回路及电源线头所作标记正确、清晰，防潮措施可靠。

4 电容器充分放电。

A

第20分册
接地装置检修细则

检修分类及要求

专业巡视要点

检修关键工艺质量控制要求

1. A类检修
2. B类检修
3. C类检修
4. D类检修

1. 检修通用部分
2. 接地装置检修
3. 防雷接地装置检修

接地装置专业巡视的要点有哪些?

1	变电站设备接地引下线连接正常，无松弛脱落、位移、断裂及严重腐蚀等情况。
2	接地引下线普通焊接点的防腐处理完好。
3	接地引下线无机械损伤。
4	引向建筑物的入口处和检修临时接地点应设有“⏚”接地标识，刷白色底漆并标以黑色标识。
5	明敷的接地引下线表面涂刷的绿色和黄色相间的条纹应整洁、完好，无剥落、脱漆。
6	接地引下线跨越建筑物伸缩缝、沉降缝设置的补偿器应完好。

Q 接地线检修的安全注意事项是什么？

A

1. 雷雨天气时不得开展接地装置检修。
2. 检修需断开电气接地连接回路前，应做好临时跨接。
3. 恢复接地连接断开点前，应确保周围环境无爆炸、火灾隐患。
4. 施工现场应准备检测合格的灭火器等消防器材。
5. 取直卷式水平接地体时，应避免弹伤人员或弹至带电设备。
6. 采用普通焊接时应佩戴专用手套、护目镜。
7. 采用放热焊接时应防止高温烫伤。
8. 开挖接地体时应注意与带电设备保持足够的安全距离，应正确使用打孔及挖掘工具。
9. 开挖接地体时应避开埋设的电缆、光缆、水管、燃气管等设施。

防雷接地装置检修的关键工艺质量控制有哪些?

1. 防雷接地装置接地电阻应满足设计要求。
2. 避雷器应用最短的接地线与主接地网连接。
3. 避雷引下线与暗管敷设的电缆、光缆最小平行距离为1.0m，最小垂直交叉距离应为0.3m。
4. 避雷针(带)与接地引下线之间的连接应采用焊接或放热焊接。
5. 避雷针(带)的接地引下线及接地装置使用的紧固件均应使用镀锌制品。
6. 独立避雷针及其接地装置与道路或建筑物的出入口等的距离应大于3m。当小于3m时，应采取均压措施或铺设卵石或沥青地面。
7. 独立避雷针（线）应设置独立的集中接地装置。与接地网的地中距离不应小于3m。接地电阻不应超过10Ω。
8. 建筑物上的防雷措施采用多根接地线时，应在各接地线距地面1.5～1.8m处设置断接卡。断接卡应加保护措施。
9. 避雷针（网、带）及其接地装置，应采用自下而上的施工程序。

第21分册
端子箱及检修电源箱检修细则

检修分类及要求

专业巡视要点

检修关键工艺质量控制要求

1．整体更换
2．元器件检修
3．例行检查

端子箱及检修电源箱专业巡视的要点有哪些?

1. 端子箱及检修电源箱基础无倾斜、开裂、沉降。

2. 箱体无严重锈蚀、变形，密封良好，内部无进水、受潮、锈蚀，接线端子无松动，接线排及绝缘件无放电及烧伤痕迹，箱体与接地网连接可靠。

3. 电缆孔洞封堵到位，密封良好。通风口通风良好。

4. 驱潮加热装置运行正常，温湿度控制器设置符合相关标准、规范或厂家说明书的要求。

5. 接地铜排应与电缆沟道内等电位接地网连接可靠。

Q 端子箱及检修电源箱整体更换的安全注意事项是什么？

A

工作前确认断开箱内所有交、直流电源。

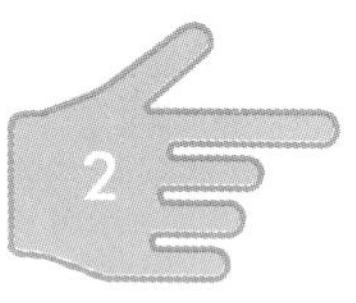

搬运重物时，人员应相互配合。

使用电焊、氧割等设备作业时，现场应有防火措施。

插座检修的关键工艺质量控制有哪些?

① 插座配置满足设计、规范和负荷的要求。

② 解拆二次线应做好相关标识和记录，裸露的线头应立即单独绝缘包扎。

③ 单相两孔插座，面对插座的右孔或上孔与相线连接，左孔或下孔与零线连接。

④ 单相三孔插座，面对插座的右孔与相线连接，左孔与零线连接。

⑤ 单相三孔、三相四孔及三相五孔插座的接地（PE）或接零（N）在上孔。

⑥ 插座的接地端子不与零线端子连接。

⑦ 同一场所的三相插座，接线的相序一致。

⑧ 线芯外露不大于5mm。

⑨ 接地（PE）或接零（N）线在插座间不串联连接。

⑩ 通电后插座电压测量正常。

端子箱及检修电源箱例行检查的安全注意事项是什么?

断开相关电源，确认无电压后方可工作。

检查加热板时要防止烫伤。

防止交、直流回路接地短路，严防误跳运行设备。

第22分册

站用变压器检修细则

检修分类及要求

1. A类检修
2. B类检修
3. C类检修
4. D类检修

专业巡视要点

1. 油浸式站用变压器巡视
2. 干式站用变压器巡视

检修关键工艺质量控制要求

1. 套管检修
2. 储油柜及油保护装置检修
3. 分接开关检修
4. 非电量保护装置检修
5. 端子箱检修
6. 器身检修
7. 排油和注油
8. 干式站用变压器检修
9. 例行检查

油浸式站用变压器本体及储油柜巡视的要点有哪些?

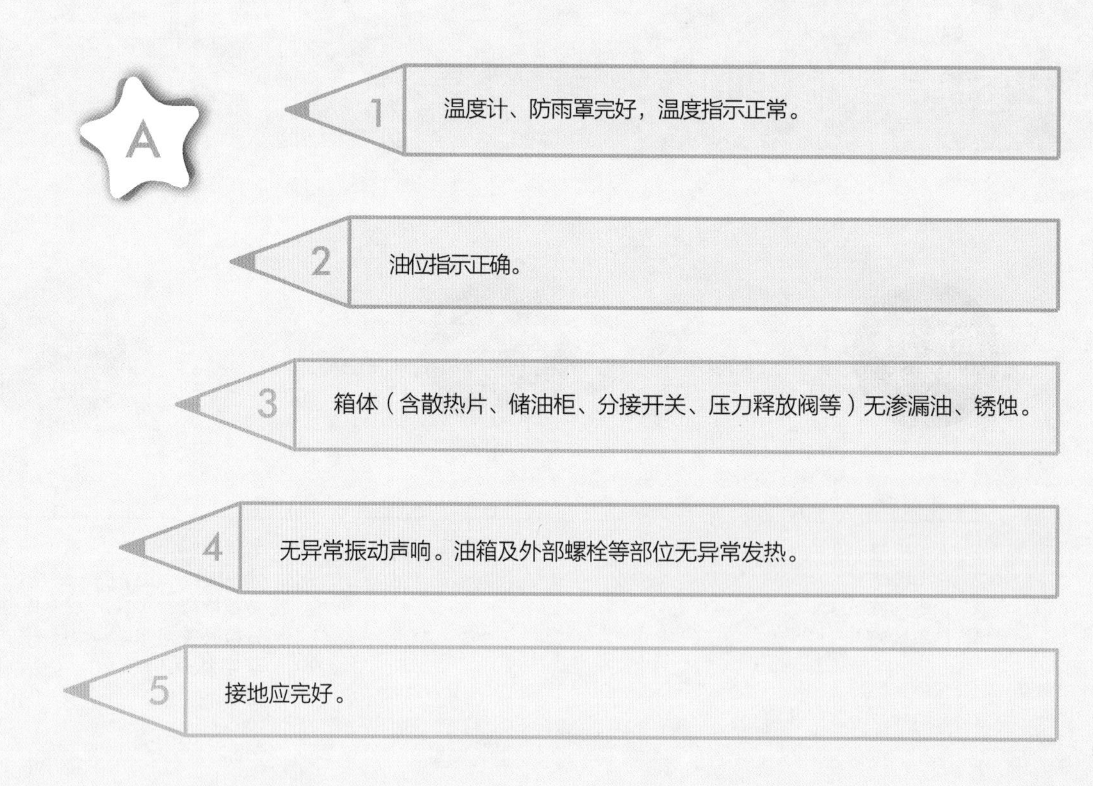

1 温度计、防雨罩完好，温度指示正常。

2 油位指示正确。

3 箱体（含散热片、储油柜、分接开关、压力释放阀等）无渗漏油、锈蚀。

4 无异常振动声响。油箱及外部螺栓等部位无异常发热。

5 接地应完好。

Q 干式站用变压器巡视的要点有哪些?

A

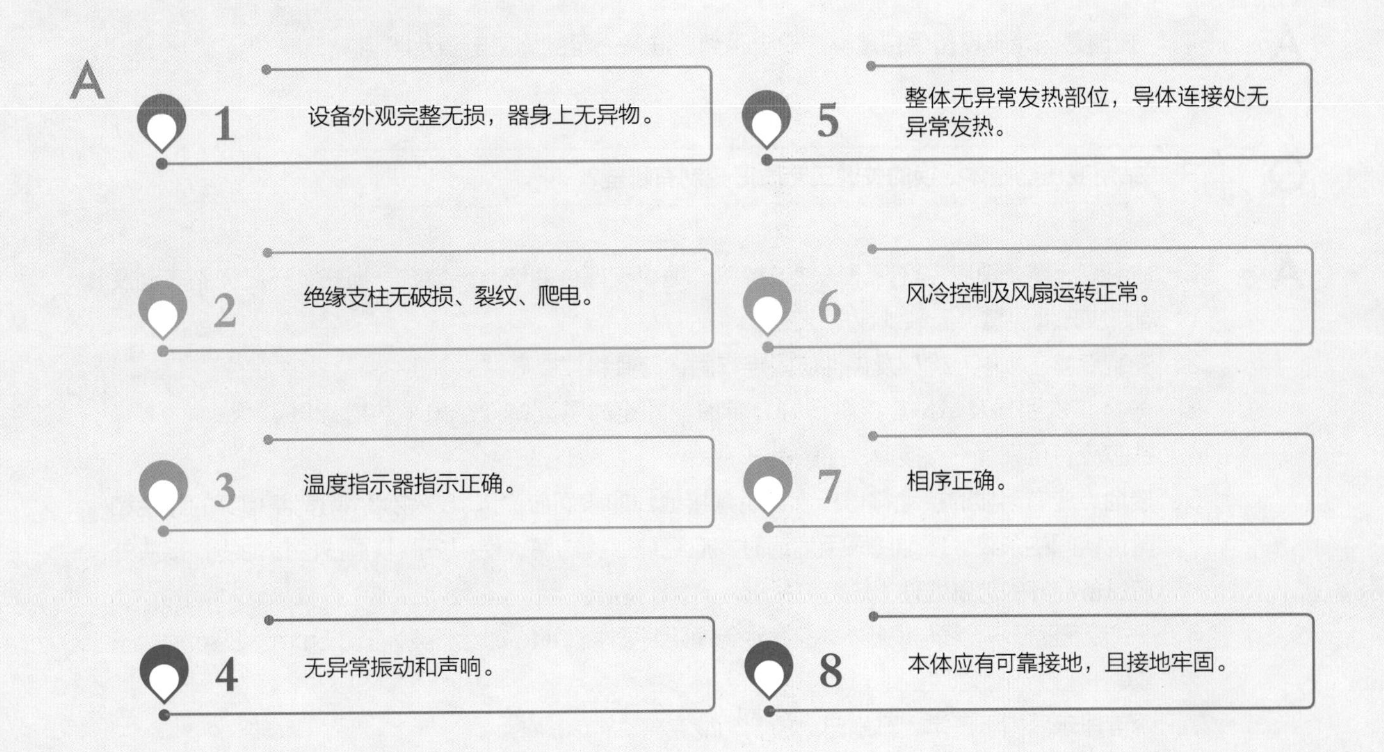

Q 无励磁分接开关检修的安全注意事项是什么？

A 应注意与带电设备保持足够的安全距离，准备充足的施工电源及照明。

Q 干式站用变压器整体更换的关键工艺质量控制有哪些？

A

1. 站用变压器外观应完好，无锈蚀或掉漆。绝缘支撑件清洁，无裂纹、损伤，环氧树脂表面及端部应光滑平整，无裂纹或损伤变形。
2. 安装底座应水平，构架及夹件应固定牢固，无倾斜或变形。
3. 一、二次引线及母排应接触良好，单螺栓固定时需配备双螺母（防松螺母）。
4. 铁芯应有且只有一点接地，接触良好。
5. 接地点应有明显的接地符号标志，明敷接地线的表面应涂以15～100mm宽度相等的绿色和黄色相间的条纹。接地线采用扁钢时，应经热镀锌防腐。使用多股软铜线的接地线，接头处应具备完好的防腐处理（热缩包扎）。
6. 干式变压器低压零线与设备本体空气绝缘净距离要求：10kV时大于或等于125mm，35kV时大于或等于300mm。
7. 温度显示器指示正常，风扇自动控制功能完善。

第23分册

站用交流电源系统检修细则

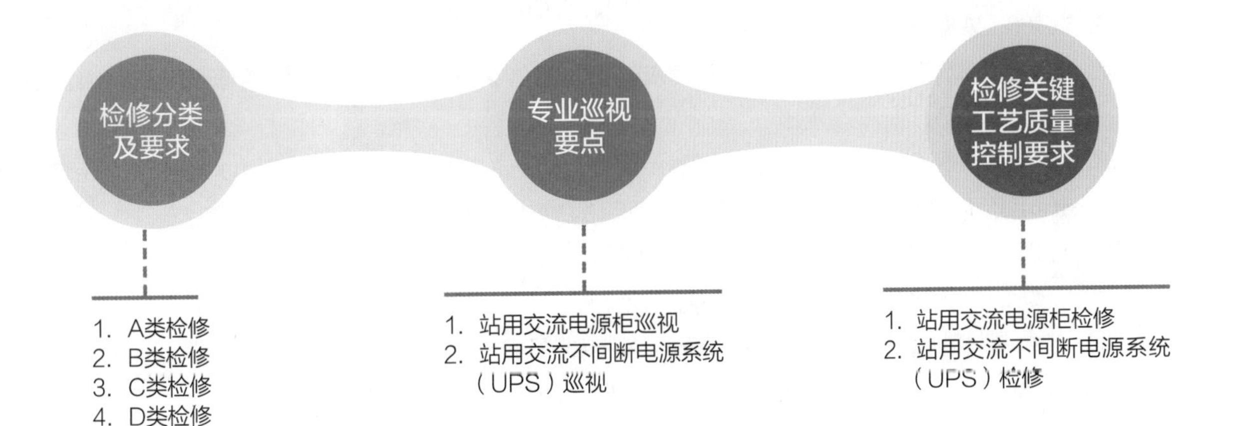

Q 站用交流电源柜巡视的要点有哪些?

A

1. 电源柜安装牢固，接地良好。
2. 电源柜各接头接触良好，线夹无变色、氧化、发热变红等。
3. 电源柜及二次回路各元件接线紧固，无过热、异味、冒烟，装置外壳无破损，内部无异常声响。
4. 电源柜装置的运行状态、运行监视正确，无异常信号。
5. 电源柜上各位置指示、电源灯指示正常，配电柜上各切换开关位置正确，交流馈线低压断路器位置与实际相符。
6. 电源柜上装置连接片投退正确。
7. 母线电压指示正常，所用交流电压相间值应不超过420V、不低于380V，且三相不平衡值应小于10V。三相负载应均衡分配。
8. 站用电系统重要负荷（如主变压器冷却器、低压直流系统充电机、不间断电源、消防水泵等）应采用双回路供电，且接于不同的站用电母线段上，并能实现自动切换。
9. 低压熔断器无熔断。
10. 电缆名称编号齐全、清晰、无损坏，相色标示清晰，电缆孔洞封堵严密。
11. 电缆端头接地良好，无松动、断股和锈蚀，单芯电缆只能一端接地。
12. 低压断路器名称编号齐全，清晰无损坏，位置指示正确。
13. 多台站用变压器低压侧分列运行时，低压侧无环路。
14. 低压配电室空调或轴流风机运行正常，室内温湿度在正常范围内。

Q
站用交流电源柜整体更换的关键工艺质量控制有哪些?
A
1
各接线名称、相别、相序应正确，并做好标识。
2
拆除原交流屏接线时，做好绝缘处理。
3
交流屏安装应可靠接地。
4
接线及交流进线电缆连接正确、紧固。
5
空载试运行应正常。

Q 站用动力电缆检修的安全注意事项是什么?

在运输装卸过程中，不应使电缆及电缆盘受到损伤。

电缆在敷设过程中，应统一由专人指挥。

工作中应使用绝缘良好的工具。

第24分册

站用直流电源系统检修细则

检修分类及要求

1. A类检修
2. B类检修
3. C类检修
4. D类检修

专业巡视要点

1. 蓄电池组巡视
2. 充电装置巡视
3. 直流屏（柜）巡视
4. 直流系统绝缘监测装置巡视
5. 直流系统微机监控装置巡视
6. 直流断路器、熔断器巡视
7. 电缆巡视

检修关键工艺质量控制要求

1. 蓄电池组检修
2. 充电装置检修
3. 直流屏（柜）检修
4. 电缆检修
5. 例行检查

Q

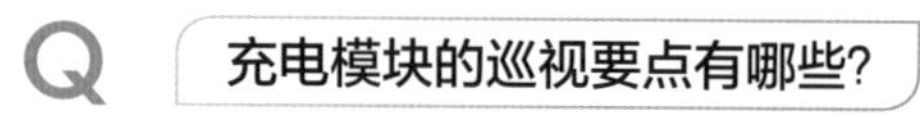

充电模块的巡视要点有哪些?

A

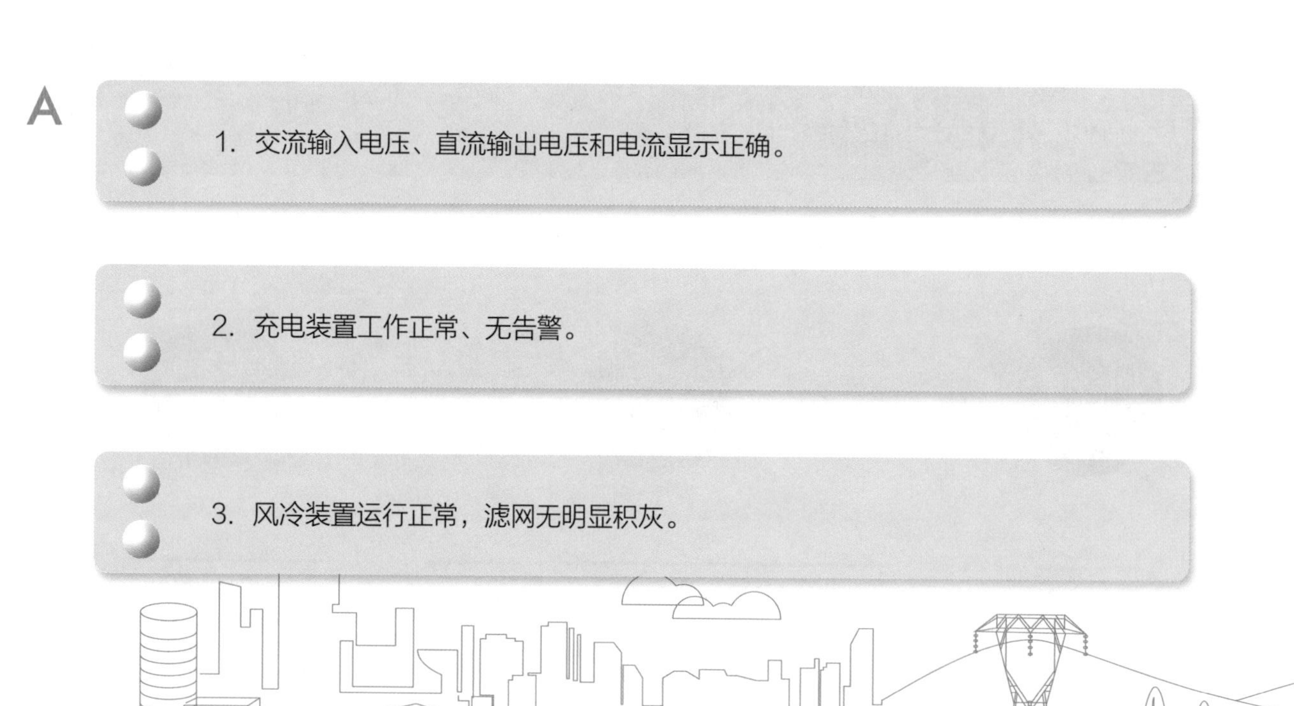

1. 交流输入电压、直流输出电压和电流显示正确。

2. 充电装置工作正常、无告警。

3. 风冷装置运行正常，滤网无明显积灰。

蓄电池单体检修的关键工艺质量控制有哪些?

1 蓄电池更换装置正确接在待处理蓄电池的两端。

2 应保证蓄电池更换装置的接线端子牢固，无松动、脱落。

3 拆下连接片的腐蚀部分进行打磨处理。

4 对有爬酸、爬碱蓄电池的极柱端子用刷子进行清扫。

5 蓄电池极柱端子连接片应确保已紧固完好。

6 蓄电池采集线应紧固，无松动、脱落。

Q 电缆施工的关键工艺质量控制有哪些?

A

1 电缆型号、规格及敷设应符合设计要求。

2 电缆外观应无损伤，绝缘良好。

3 电缆各部位接头紧固，接触良好。

4 电缆正、负极清晰正确，标示清楚。

5 直流系统的电缆应采用阻燃电缆。

6 两组蓄电池的电缆应分别铺设在各自独立的通道内，穿越电缆竖井应加穿金属套管。

7 用防火堵料封堵电缆孔洞。

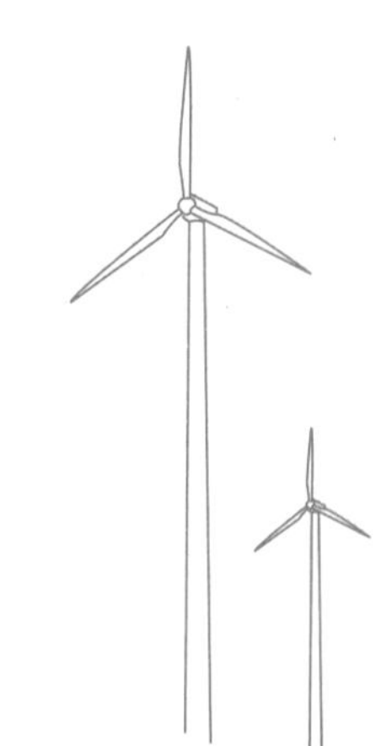

第25分册
避雷针检修细则

检修分类及要求

1. A类检修
2. B类检修
3. C类检修
4. D类检修

专业巡视要点

1. 格构式避雷针巡视要点
2. 钢管杆避雷针巡视要点
3. 水泥杆避雷针巡视要点
4. 构架避雷针巡视要点

检修关键工艺质量控制要求

1. 本体更换
2. 例行检查

Q 钢管杆避雷针的巡视要点有哪些?

1. 镀锌层完好，金属部件无锈蚀。

2. 基础无破损、酥松、裂纹、露筋及下沉。

3. 钢管杆无倾斜、弯曲，连接部件无缺失、松动、破损，排水孔无堵塞。

4. 钢管杆避雷针无涡激振动现象。

5. 钢管杆上不应安装其他设备。

6. 避雷针接地线连接正常，无锈蚀。

Q 避雷针本体更换的安全注意事项是什么？

1. 雷雨天气严禁进行避雷针检修作业。

2. 旧避雷针拆除时应进行避雷针断裂风险评估，吊装应选用合适的吊装设备和正确的吊点，设置缆风绳控制方向，并设专人指挥。

3. 严禁高空抛物，采取措施防止高空坠物。

4. 高空作业应正确使用安全带，做好防护措施。

5. 新安装避雷针就位后立即做好临时接地。

Q 格构式避雷针例行检查的关键工艺质量控制有哪些?

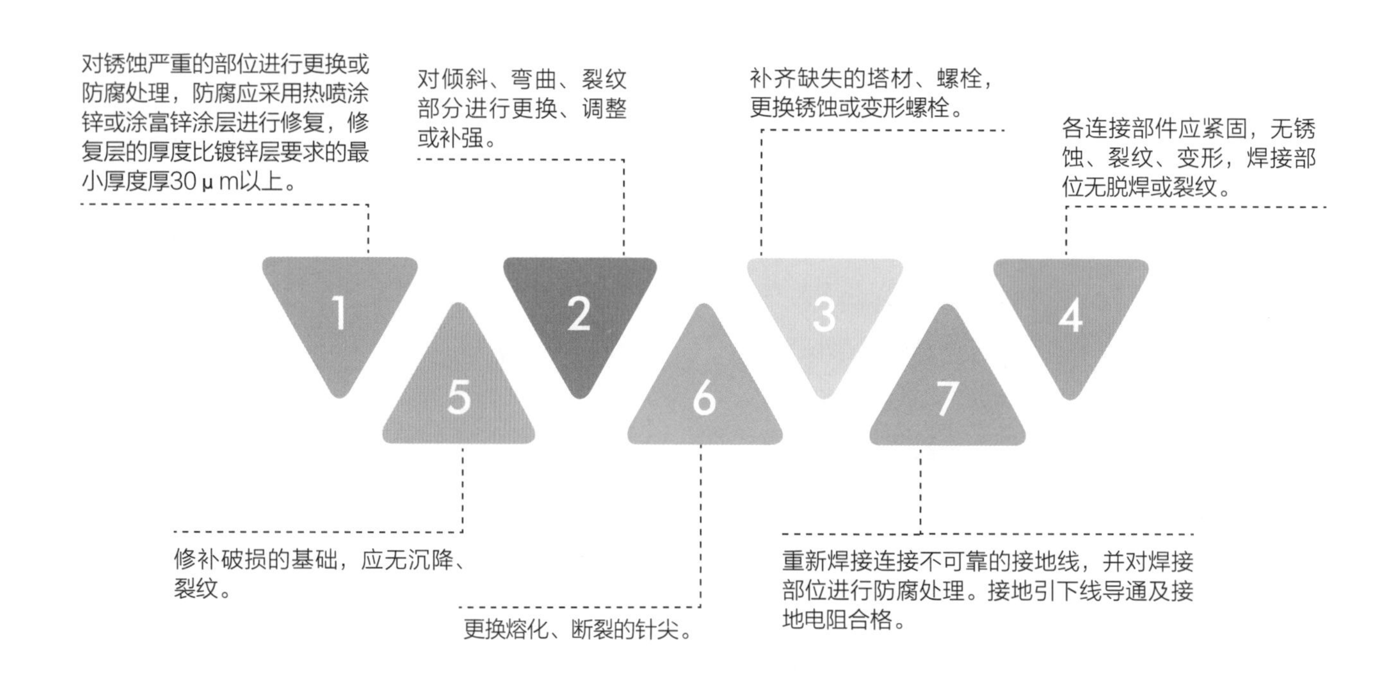

第26分册

主要机具和仪器使用注意事项

SF_6检漏仪使用的注意事项有哪些？

① 为了消除环境中残余SF_6气体的影响，检测前应吹净设备周围的SF_6气体。

② 使用时选择合适的灵敏度，优先选用默认灵敏度。

③ 环境干扰检测时，先复位检漏仪。装置复位时，禁止移动探头。

④ 风速过大影响检测时，屏蔽检测部位进行测量。

⑤ 检测时，传感头应距离设备1～2mm，并避免接触水分或溶剂。

⑥ 更换传感头前应关闭检漏仪电源。

⑦ 检测点周围有胶、油漆等未凝固的挥发性物质时，不宜检测。

⑧ 作业人员应严格按照DL/T 639—2016《六氟化硫电气设备运行、试验及检修人员安全防护导则》的有关要求，采取好防护措施，以防气体中毒。

Q 真空泵使用的注意事项有哪些?

1. 应用经校验合格的指针式或电子液晶体真空计，严禁使用水银真空计，防止抽真空操作不当导致水银被吸入电气设备内部。
2. 真空泵的电源端，应有合格的漏电保安器。
3. 按要求安装、接线、试转向正常。
4. 泵中注入合格真空泵油，油位应满足厂家技术要求，如果油被污染应及时换油。
5. 水冷泵接水。
6. 泵和真空系统连接时，连接管道须内外清洁，密封良好。在严寒季节，如果没有暖气设备，停车后须将泵体水套内的冷却水放出，避免冻裂泵体。
7. 在真空系统中应使用自动放气真空截止阀，或按要求及时关闭人工阀，以防止停泵时出现返油现象，并防止大气进入真空系统。
8. 断续启动次数不能过多。
9. 需要达到高真空，启动罗茨泵必须保证前级泵运行，不能单独启动罗茨泵。

Q 红外测温仪使用的注意事项有哪些？

A

01 避免阳光直射镜头。

02 使用过程中防止剧烈振动。

03 注意保护好镜头。

Q 真空滤油机使用的注意事项有哪些?

① 真空滤油机的电源端，应有足够容量的合格的漏电保安器。

② 真空滤油机应尽量靠近变压器或油罐，连接管道时必须事先清洗干净，并有良好的密封性。

③ 使用前，冷却水箱注水，真空泵油箱注入真空泵油，增压泵保持油杯中有足够的润滑油。

④ 滤油机以及滤油系统的管道必须采取防静电措施。接通电源后必须要接好地线才能操作。操作时，注意电动机转动方向要符合要求。

⑤ 严格按照操作程序使用。真空滤油机正常运行时，应注意观察真空罐下孔里的油位，当超出范围时应调节进油阀的大小。

⑥ 运行过程中，要观察各仪表数值是否正常。真空滤油机运行时，应保持水泵、真空泵、排油泵运行正常，无异音。

⑦ 如果使用加热器，必须要先开启油泵，然后投入加热器，停机时顺序相反。没有油循环时，不得启动加热器。

⑧ 滤油机必须要远离火源及热源，并采取相应的防火措施。

⑨ 滤油机滤芯应定期检查更换。